Kleine Bibliothek 179

Politik Wissenschaft Zukunft

S 282, 304, 305
307 ff.

Wolfgang Ruge

Weimar
Republik auf Zeit

Pahl-Rugenstein

Pahl-Rugenstein Verlag, Köln 1980
Vom VEB Deutscher Verlag der Wissenschaften
genehmigte Lizenzausgabe

Printed in the German Democratic Republic

CIP-Kurztitelaufnahme der Deutschen Bibliothek
Ruge, Wolfgang:
Weimar, Republik auf Zeit / Wolfgang Ruge. –
Köln: Pahl-Rugenstein, 1980
(Kleine Bibliothek: 179)
ISBN 3-7609-0505-6

Inhalt

Vorbemerkung 7
Erstes Kapitel
1919: „Die Staatsgewalt geht vom Volke aus" 9
Zweites Kapitel
1920: Ultras scheitern an Arbeitereinheit 41
Drittes Kapitel
1921: Für oder wider die Spaltung des Proletariats 70
Viertes Kapitel
1922: Friedliches Nebeneinander – mit oder ohne Augenzwinkern 85
Fünftes Kapitel
1923: Die Ausbeuterordnung kracht in allen Fugen 99
Sechstes Kapitel
1924: Das „Ewig-Stresemännische" – Nichtanerkennung der Ostgrenzen 125
Siebentes Kapitel
1925: Kriegsverbrecher Nr. 127 besteigt den Präsidentensessel 147
Achtes Kapitel
1926: „Keinen Pfennig den Fürsten!" 163
Neuntes Kapitel
1927: Der schwarzweißrote Bürgerblock lenkt die schwarzrotgoldene Republik 178
Zehntes Kapitel
1928: Große Koalition – Betrug der kleinen Leute 193
Elftes Kapitel
1929: Wirtschaftskrise und braune Bataillone marschieren im Gleichschritt 213
Zwölftes Kapitel
1930: Die KPD ruft zur nationalen und sozialen Befreiung 233

Dreizehntes Kapitel
1931: Die Politik des „kleineren Übels" – der Anfang vom Ende der Republik 250
Vierzehntes Kapitel
1932: Antifaschistische Aktion gegen Papen, Schleicher, Hitler 282
Fünfzehntes Kapitel
1933: Der Weimarer Tragödie letzter Monat 307
Abkürzungen 317
Anmerkungen 319
Personenregister 337

Vorbemerkung

Am Tage der Annahme der republikanischen Verfassung von 1919 rief der sozialdemokratische Innenminister Eduard David in der Deutschen Nationalversammlung zu Weimar aus: „Der Wille des Volkes ist fortan das oberste Gebot." Er bezeichnete die neue Verfassung als „Verfassung einer sozialen Demokratie" und erklärte: „Nicht nur die politische, auch die wirtschaftliche Demokratie ist in ihr verankert."(1)
Seither sind sechzig Jahre vergangen – sechs durch Faschismus, Krieg und imperialistische Wiedergeburt in der BRD, aber auch durch das Entstehen und Erstarken des ersten sozialistischen Staates auf deutschem Boden gekennzeichnete Jahrzehnte.
Schaut man über diese sechs Jahrzehnte zurück, so fragt man sich unwillkürlich: Waren Davids Worte Irrtum oder Betrug? Hätte die Weimarer Republik ihre historische Bewährungsprobe bestehen können? War das Schicksal, war böser Wille, war die Torheit einzelner für ihren Untergang im Strudel der Hitler-Barbarei verantwortlich?
Den Schlüssel zur Beantwortung dieser Fragen kann man nur finden, wenn man sich vor Augen hält, daß die einflußreichsten Industriemagnaten, Börsenfürsten, Junker und Militärs damals mit Hilfe vorgeschickter Politiker und Parteimanager zur Etablierung einer „freiheitlich" aufgemachten Republik schritten, weil sie den Griff der auf dauernden Frieden und Sozialismus pochenden deutschen Arbeiterklasse an ihrer Gurgel spürten und in Zugeständnissen an die gegen Völkermord, Ausbeutung und Willkürherrschaft aufbegehrenden Massen den einzigen Weg zur Rettung ihrer Macht sahen. Ihre Absicht bestand von vornherein darin, alle ihnen entrissenen Zugeständnisse zurückzunehmen und zur Vorbereitung eines zweiten Griffes nach der Weltmacht erneut ein Regime der unbemäntelten Niederhaltung der Werktätigen zu errichten. So war der Staat von Weimar,

auch wenn liberale Träumer ihn zur Läuterung des bestehenden Gesellschaftssystems befähigt glaubten, von Anbeginn als Republik auf Zeit konzipiert.

Die folgenden Seiten, die unter diesem Gesichtspunkt geschrieben wurden, sind deshalb nicht als eine Geschichte Deutschlands zur Zeit der Weimarer Republik zu betrachten. Sie sollen vielmehr – namentlich unter dem Blickwinkel der Regierungspolitik – illustrieren, welcher tückischer Mittel, welcher abgefeimter Demagogie, welcher brutaler Methoden sich die „schlaue" deutsche Monopolbourgeoisie in der ersten Phase der weltweiten Auseinandersetzung zwischen Sozialismus und Imperialismus bediente, um ihre angeschlagene Herrschaft im Kampf gegen die deutsche Arbeiterklasse zu behaupten und völlig zu restaurieren. Angesichts der Rolle, die die Führung der SPD in den behandelten Jahren spielte, mußte dabei auch relativ ausführlich auf ihre Praxis eingegangen werden.

Erstes Kapitel

1919: „Die Staatsgewalt geht vom Volke aus"

Der letzte Februartag des Jahres 1919, ein Freitag, war trüb und naßkalt. Weimar, das eben noch großherzogliche Residenzstädtchen, triefte in grauer Feuchtigkeit, von der man nicht wußte, ob es Sprühregen oder Nebel war. Über den sonst so munteren Häuschen in den schmalen Straßen lastete ewas Gespensterhaftes. Noch unheimlicher mutete das Städtchen an, weil sich – auf den ersten Blick kaum bemerkbar – hinter Büschen und Hecken, in Hauseingängen und auf Balkonen halbversteckte Doppelposten und Maschinengewehrtrupps verbargen. Das waren Landsknechte des Generals Maercker. Sie wachten über die Einhaltung des von der Regierung verhängten Einreiseverbots nach Weimar. Weil sich das Volk hier eine neue Verfassung geben sollte, hatte man das Volk aus der Stadt ausgesperrt.

Die Straßen Weimars waren fast leer. Nur ab und zu begegnete man einem weltfremden ortsansässigen Kunstenthusiasten, einem pensionierten Geheimrat oder einer kopfschüttelnden alten Dame. Am meisten fielen noch die gut bürgerlich aussehenden Abgeordneten der vor fünf Wochen gewählten Nationalversammlung auf, die meist einzeln, manchmal aber auch in kleineren Gruppen um einen Minister geschart, dahineilten.

Für die Regierungsmitglieder gab es viel Laufereien. Glücklicherweise waren die Entfernungen in Weimar jedoch gering. Vom Hotel (meist mit empfehlenswertem Restaurant!) bis zum Stadttheater, dessen Zuschauerraum recht notdürftig als Sitzungssaal des Parlaments eingerichtet worden war, benötigte man nur wenige Minuten. Ganz in der Nähe befand sich auch (das galt für die 7 sozialdemokratischen der insgesamt 16 Minister) der ehemalige Proberaum der Schauspieler im vierten Stock des Kulissenhauses, wo - Tragödien ins Leben, nicht mehr Leben in Tragödien umsetzend – die Beratungen der

SPD-Fraktion stattfanden. Und schließlich waren es nur – vom Theater gesehen links am Markt vorbei – ein paar Schritte bis zum Schloß, in dem seine exgroßherzogliche Hoheit freundlicherweise einige Räume neben seinen Privatgemächern für Kabinettssitzungen und Büroarbeiten zur Verfügung gestellt hatte.

In aller Frühe hatte der sozialdemokratische Abgeordnete Richard Fischer an diesem 28. Februar noch mit seinen prominenten Parteifreunden Friedrich Ebert (seit 17 Tagen erster Präsident der ersten Deutschen Republik) und Philipp Scheidemann (seit 15 Tagen Ministerpräsident) die große Rede abgestimmt, mit der er die um 10 Uhr beginnende Plenardebatte über den am Montag von Innenminister Preuß vorgelegten Verfassungsentwurf eröffnen sollte. Ebert ermahnte Fischer dabei, ja nicht den Sozialismus zu vergessen, und verwies auf die Worte, mit denen er selbst bei der Eröffnung der Konstituante aufgetreten war. Deutschland sei, hatte er erklärt, „auf dem Wege, der Welt noch einmal sozialistisch voranzuschreiten" und in der Goethe-Stadt Weimar „die Wandlung (zu) vollziehen vom Imperialismus zum Idealismus, von der Weltmacht zur geistigen Größe". So führte denn Fischer in seiner Rede aus: „Ein neues Deutschland wollen wir uns bauen auf dem breiten Fundament der Freiheit, des Rechts und der Gerechtigkeit, ein neues Reich, das mit dem alten Reiche fast nichts gemein hat als den Namen ... Wir Sozialdemokraten, die stärkste Partei des neuen Reichs, haben ... (die) Aufgabe ..., dieses neue Deutschland zu erfüllen mit sozialem, mit sozialistischem Geiste, damit es das werde, was die sozialistischen Arbeiter seit Jahrzehnten erstreben, wofür ihr Herz heute heißer schlägt als jemals."(2)

Doch wußten die höchsten sozialdemokratischen Staatsfunktionäre und Parlamentarier recht gut, daß der eben zusammengezimmerte neue deutsche Staat und sein zur Debatte stehendes Grundgesetz viele in den Betrieben und Bergwerken, in den Fabrikvorstädten und auf den Straßen vorgetragene Hoffnungen enttäuschte, daß er unmißverständliche Forderungen der Arbeiter überhörte. Deshalb griff Fischer einige Punkte des Verfassungsentwurfs mit scharfen Worten an. Er meinte, man dürfe nicht bei der Bezeichnung „Deutsches Reich" bleiben, sondern müsse sich zum Taufnamen „Deutsche Republik" bekennen. Er forderte den Einheitsstaat oder zumindest die Beschränkung der Rechte der einzelnen Landesregierungen. Heftig wandte er sich gegen die allzu großen Befugnisse des Reichspräsidenten und verlangte, Mitgliedern der ehemals regierenden Fürstenhäuser den Weg zum Posten des Staatsoberhauptes zu versperren.

Diese Kritik war zweifellos berechtigt. Doch handelte es sich hier um jene Fragen, die die Hirne und Herzen der Arbeiter unmittelbar bewegten, um derentwillen im Ruhrgebiet und in Sachsen, in Süddeutschland und an der Wasserkante Proletarierblut auf das Pflaster strömte? O nein!

Überfliegt man die Schlagzeilen der Zeitungen in den vier Tagen zwischen dem Verfassungsreferat von Preuß und der Rede Fischers, so erkennt man, für welche Forderungen, für welche Ziele sich die Werktätigen einsetzten, weshalb sie sich nicht mit dem neuen Staat und seinen Organen abfanden. „Die 38 ermordeten Arbeiter von Hervest-Dorsten mahnen", hieß es da, „Mitteldeutsche Bergleute verlangen volle Demokratie in den Betrieben", „Die Gegenrevolution schreitet von Verbrechen zu Verbrechen", „Ruhrgebiet: einrückende Söldner zerschlagen die Errungenschaften der Revolution", „Standrecht in Augsburg verhängt", „Besetzung Bottrops", „Einzug der Truppen in Sterkrade", „Wieder Sozialisierungsstreiks", „Demonstranten stürmen Gefängnis", „Düsseldorf in den Händen der Spartakisten", „Räteherrschaft in Mannheim rückgängig gemacht", „Freikorps Lichtschlag greift durch", „Wiederkehr der Ruhe im Ruhrgebiet", „100 000 Münchener beim Begräbnis Kurt Eisners", „Massenkundgebung am Grabe des Ermordeten", „General Maercker aus Gotha vertrieben", „Auflösung der Soldatenräte", „Arbeitslosenkrawalle in Plauen", „Generalstreik in Zeitz", „Aufhebung der Pressefreiheit in Halle", „Streikende fordern restlose Anerkennnung der Arbeiter- und Soldatenräte", „Politischer Streik in Leipzig", „Belagerungszustand in Aschaffenburg", „Spartakistenverhaftungen in Anhalt", „Fordert Festnahme und Bestrafung der Schuldigen am Freikorps-Terror", „Vollversammlung der Berliner A.- und S.-Räte verteidigt Lebensrechte der Räte", „Rätemacht in Braunschweig proklamiert", „Unruhen in Thorn, Dresden, Pirna, Detmold, Oberschlesien, Hamburg" usw. usw.

Worum es bei all diesen Aktionen und Kämpfen ging, wußte die sozialdemokratische Führung nur zu gut. Das beweist allein der am Tag nach Fischers Rede von Parteivorstand und Parlamentsfraktion angenommene Aufruf „Gegen die Tyrannei", in dem nicht von ungefähr folgende Sätze fett gedruckt waren: *„Die Soldatenräte verschwinden nicht! ... Die Arbeiterräte verschwinden ebensowenig! ... Die Sozialisierung wird ebenso sicher kommen ..."*(3)

Schöner Worte Schall und Rauch! Mit keiner Tat setzte sich die sozialdemokratische Führung für die durch den Rätebegriff verkörperte politische Macht der Arbeiterklasse oder für die mit der Losung „Sozialisierung" gemeinte ökonomische Entmachtung des Monopolkapitals ein. Die Praxis der Regierungssozialdemokraten ging in ganz andere Richtung. Erst am Tage vor Fischers Rede hatte die SPD-Fraktion in der Nationalversammlung dem Gesetz über die vorläufige Reichswehr zugestimmt, dem zufolge Offiziere und Unteroffiziere des alten Heeres bevorzugt in die neue Wehrmacht aufgenommen und „Einrichtungen und Behörden", d. h. der ganze vom preußischen Zopf beherrschte Apparat der kaiserlichen Armee, das Rückgrat der republikanischen Streitkräfte bilden sollten. Die SPD hatte ein Gesetz gebilligt, welches ohne Umschweife bestimmte, daß dieselben Freiwilligenverbände, die in vielen Teilen Deutschlands einen blutigen Bürgerkrieg gegen das Volk führten, als Grundstock in das neue „Volksheer" zu überführen seien. Über dieses Gesetz schrieb der letzte faktische Generalstabschef des Kaisers, General Groener, daß es die Gelegenheit gebe, „das Offizierskorps von den ihm aus dem Kriege und aus der Revolutionszeit anhaftenden Schlacken zu reinigen", und ermögliche, „das beste und stärkste Element des alten Preußentums in das neue Deutschland" hinüberzuretten.(4) Das waren ganz andere Töne als die Beteuerung Fischers, daß das neue, von der Sozialdemokratie mitgeschaffene Deutschland nichts mit dem alten Reiche gemein haben dürfe.

Die rechten Sozialdemokraten erhoben nicht nur im Parlament ihre Hände für die Rettung der von den Massen verfluchten „besten" Elemente des alten Staats- und Gesellschaftskadavers. Sie liehen den militaristischen Mordbrennern nicht nur ihre Zeitungen, in denen dutzendweise Annoncen der Freikorps mit Appellen an „deutsche Männer" erschienen, sich zum Kampf gegen den „plündernden und brandschatzenden" Bolschewismus zu melden. Sie begnügten sich nicht damit, das Treiben der konterrevolutionären Kräfte zu decken, indem sie den Werktätigen vorgaukelten, die Staatsgewalt gehe – wie es in Artikel 1 des neuen Verfassungsentwurfs feierlich hieß(5) – von nun ab vom Volke aus. Die sozialdemokratisch geführte Reichsregierung, insbesondere SPD-Minister Gustav Noske, der sich selbst zynisch als „Bluthund" bezeichnete, leiteten und koordinierten die Terrorfeldzüge gegen das deutsche Proletariat.

Welche Erklärung gibt es nun dafür, daß sich die Ebert, Scheidemann und Noske in Worten zur „geistigen Größe" bekannten, tatsächlich

aber mit Pulver und Blei gegen die zur Schaffung menschenwürdiger Verhältnisse drängenden Arbeiter vorgingen?
Dieses schändliche Verhalten, dieser Riesenbetrug war nur möglich, weil die erste Deutsche Republik, der Staat von Weimar, als Ergebnis einer abgewürgten Revolution entstand, einer Revolution, die trotz des Heldentums der revolutionären Volksmassen zu keinen grundsätzlichen Veränderungen der Machtverhältnisse geführt hatte.

Als die deutschen Arbeiter und Soldaten im November 1918 gegen jene zum Sturm angetreten waren, die in ihrem Profit- und Eroberungswahn schon fünfzig lange Weltkriegsmonate hindurch bedenkenlos und verbrecherisch Blut und Gut des Volkes in unvorstellbarem Ausmaße geopfert hatten, da ging es ihnen nicht um das Aushängeschild des Staates, nicht darum, ob die Gesetze in der Reichs- oder in den Landeshauptstädten erlassen, ob das Staatsoberhaupt adliger oder bürgerlicher Herkunft sein würde, sondern um die Erkämpfung einer dem Wesen nach neuen Gesellschaftsordnung – des Sozialismus. Die Arbeiter und Soldaten hatten sich erhoben, um ein System zu vernichten, in dem der Mensch immer billiger und das Brot immer teurer wurde, ein System, das alle Reichtümer, alle Macht, alle Verfügungsgewalt über Leben und Tod in die Hände einer kleinen Gruppe von Finanzherren, Industriemagnaten und Junkern und des in ihrem Auftrage agierenden Staates legte.

Die deutsche Novemberrevolution war kein Zufall der Geschichte, wie jene bürgerlichen und sozialdemokratischen Geschichtsschreiber behaupten, die den Werktätigen in der BRD einreden möchten, daß revolutionäre Explosionen „unnötig“ seien und der deutschen Mentalität widersprächen. Die Revolution war vielmehr Ausdruck und Bestandteil des gesetzmäßigen Ringens zwischen dem zukunftsträchtigen Sozialismus und dem historisch überholten Kapitalismus.
Dieses Ringen hatte mit der Großen Sozialistischen Oktoberrevolution in Rußland im November 1917 eine neue Qualität erreicht, es war, zu einem intersystemaren Kampf geworden, in ein neues, in sein entscheidendes Stadium getreten. Der Sieg des roten Oktober markierte den Beginn einer neuen weltgeschichtlichen Epoche – der Epoche des gewaltigsten gesellschaftlichen Umbruchs seit Menschengedenken, des Übergangs von der Ausbeutung des Menschen durch den Menschen zur sozialen Gerechtigkeit, von der Unterdrückung der Geknechteten und Entrechteten zur freien, sich selbst

verwaltenden Völkergemeinschaft, von verheerenden und blutigen Kriegen zur schrankenlosen und allseitigen Entfaltung menschlicher Schöpferkraft.

In diesen Umwälzungsprozeß wurden zuerst die am stärksten von inneren und äußeren Widersprüchen zerrissenen Bastionen der alten Gesellschaft einbezogen. Nach dem Ausbruch Rußlands aus dem System des Imperialismus war Deutschland zum schwächsten Punkt in diesem System geworden. Hier war der Gegensatz zwischen der modernen hochentwickelten Produktion und dem in düsterer Vergangenheit wurzelnden halbabsolutistischen Staat besonders hervorstechend. Dem durch den Weltkrieg grauenhaft vermehrten Elend des Volkes standen die schwindelerregenden Profite der Nutznießer des Massenmordes gegenüber. Die Positionen der deutschen Machthaber waren durch die militärische Niederlage, die ihnen ihre westeuropäischen und amerikanischen Rivalen zugefügt hatten, schwerstens erschüttert. Zugleich gab es in Deutschland eine mächtige Arbeiterbewegung; Millionen Proletarier fühlten sich zutiefst mit den großen Ideen von Marx und Engels verbunden. So waren diese Ideen im Herbst 1918, da die Befreiungstat der russischen Arbeiter und Bauern die Möglichkeit ihrer Verwirklichung in der Praxis bewiesen hatte, ungestümer als je zuvor zur materiellen Gewalt geworden.

Von dem aus Petrograd und Moskau herüberleuchtenden revolutionären Feuer zum Handeln ermutigt, hatten die Kieler Matrosen am 3. November auf den Schlachtschiffen der kaiserlichen Marine die rote Fahne der Revolution gehißt und Organe der Volksmacht – Räte – gebildet. Wie ein Sturmwind war der Aufruhr über Deutschland hinweggebraust, hatte im Laufe einer Woche fast das ganze Reich erfaßt, überall Gefängnistore aufgebrochen, das Treiben in den Amtsstuben paralysiert, militärische Dienststellen ausgeräumt, den Achtstundentag erzwungen, schlotternde Konzernherren in dunkle Winkel getrieben, dutzendweise Throne umgeworfen und den Kaiser verjagt. In großen und kleinen Städten wurden die Redaktionen bürgerlicher Presseorgane stillgelegt, Rotationsmaschinen spieen revolutionäre Zeitungen und Flugblätter aus, allerorts entstanden Arbeiter- und Soldatenräte. Begeistert vom scheinbar leichten Sieg über die Reaktion, freudetrunken über den Anbruch des langersehnten Friedens, zogen die Massen demonstrierend durch die Straßen, verbrüderten sich mit den Soldaten, bejubelten die zum Greifen nahe scheinende Sternenstunde der Freiheit.

Da der überwältigenden Mehrheit der Arbeiter aber klare Vorstellungen über den Inhalt des Sozialismus und über den Weg zur sozialistischen Zukunft fehlten, glaubte sie, daß mit der Erringung der Republik und des allgemeinen Wahlrechts schon die politische Macht erobert und die Voraussetzungen für eine grundlegende gesellschaftliche Umgestaltung geschaffen seien. Um das sozialistische Wollen der Werktätigen in die Tat umzusetzen, um den Widerstand des verbissen an seinen Privilegien hängenden Klassengegners zu brechen, um zunächst die Kontrolle und dann die Leitung der Produktion auf neuer Grundlage zu organisieren und einen antiimperialistischen Machtappparat aufzubauen, hätte es jedoch – wie gerade auch das russische Beispiel bewies – einer theoretisch klaren, festgefügten, eng mit den Arbeitern und den anderen Werktätigen verbundenen revolutionären Massenpartei bedurft. Nur eine solche Partei, die den bürgerlichen Geist in allen seinen Spielarten bekämpft, stets eingedenk des Endzieles der Arbeiterklasse zu erkennen vermag, welche Schritte als nächste auf der Tagesordnung stehen und mit welchen Mittteln sie zu verwirklichen sind, eine Partei, die die Massen schult und befähigt, die eigenen teuer bezahlten Erfahrungen optimal auszuwerten, und den festen organisatorischen Zusammenhalt ihrer Mitglieder und Anhänger in der Aktion gewährleistet – nur eine solche Partei ist imstande, im Zeitalter des Übergangs vom Kapitalismus zum Sozialismus eine Revolution zum Siege zu führen. Eine solche Partei aber gab es zu Beginn der Novemberrevolution nicht. Das war, wie Lenin schrieb, für Deutschland (und auch für andere europäische Länder) das größte Unglück und die größte Gefahr.(6)
Lediglich als Keimzelle einer solchen Partei existierte die Spartakusgruppe, die Vereinigung der mutigsten, dem Proletariat ergebensten und dem Vermächtnis von Marx und Engels treuesten Linken in der deutschen Arbeiterbewegung. Einen Monat vor Ausbruch der Revolution hatte diese Gruppe, deren hervorragendste Führer, Karl Liebknecht und Rosa Luxemburg, im Kerker schmachteten, in tiefster Illegalität eine Reichskonferenz durchgeführt und dort das Programm der herannahenden Volkserhebung entworfen. Die Situation zutreffend beurteilend und in richtiger Einschätzung des Bewußtseinsstandes der Arbeiter, der Schwankungen der Halbproletarier und des Kleinbürgertums sowie des Widerstandswillens der Bourgeoisie, hatte Spartakus demokratische Forderungen – Beseitigung der Macht der Monopolherren und Junker, Zerschlagung des Militarismus, sofortige Beendigung des Krieges, revolutionäre Erkämp-

fung weitgehender politischer und sozialer Rechte, Errichtung einer einheitlichen deutschen Republik – formuliert, deren Verwirklichung die Überleitung der Revolution in sozialistische Bahnen ermöglicht hätte.(7)
Die Losungen der konsequenten Linken fanden, wie bereits der große Munitionsarbeiterstreik im Januar/Februar 1918 bewiesen hatte, breiten Widerhall unter den klassenbewußten Arbeitern, doch betrachteten auch diese Spartakus meist nicht als selbständigen Führungstrupp der Bewegung, sondern lediglich als den äußersten linken Flügel der durch radikales Auftreten hervorstechenden Unabhängigen Sozialdemokratie (USPD), die in Wirklichkeit auf zentristischen, versöhnlerischen Positionen stand. Da die Revolutionäre den Zentrismus zwar schonungslos kritisierten, sich jedoch nicht zum entscheidenden organisatorischen Bruch mit ihm entschlossen, sahen viele kampfbereite Arbeiter die USPD weiterhin als ihre Partei an. Dadurch aber wurde auch die Überwindung des von den Spitzen der Mehrheitssozialdemokratie verkörperten Opportunismus in der Arbeiterbewegung außerordentlich erschwert.
Wenn auch unzufrieden mit Kriegskreditbewilligung und Durchhalteparolen, vertrauten die meisten Arbeiter dennoch weiterhin den Führern der einst so stolzen SPD, an der sie nach wie vor als der in vielen Klassenschlachten bewährten Partei Wilhelm Liebknechts und August Bebels hingen. Da sie die gewaltigen Schwierigkeiten des Kampfes rings um sich sahen, glaubten sie den Führern, daß es vorläufig keinen andern Weg gäbe, als zähneknirschend auszuharren, um später, mittels der sich angeblich schon ankündigenden Demokratisierung, den Staatsapparat mit Hilfe des Stimmzettels zu erobern. Angesichts der durchtriebenen Demagogie der Scheidemänner war es für die durch Blutopfer und namenloses Elend zermürbten Massen schwierig, zu erkennen, daß sich hinter den reformistischen Phrasen von der Notwendigkeit, einen opferreichen Bürgerkrieg und den weiteren Verfall der Wirtschaft zu vermeiden, nichts als das schimpfliche Einschwenken der SPD- und Gewerkschaftsführung auf die Linie des Imperialismus verbarg. Direkt und indirekt korrumpiert, durch Hunderte von Fäden an die bestehenden Verhältnisse gebunden, hatten die Spitzenfunktionäre der alten Arbeiterorganisationen, wie ein kaiserlicher General über eine drei Tage nach Ausbruch des Kieler Matrosenaufstandes abgehaltene Sitzung mit Ebert, Scheidemann, Südekum, David, Bauer, Legien und Schmidt berichtete, „Verständnis“ für die Belange des Militarismus

gefunden. „Von keiner Seite", hieß es weiter im Bericht des Generals über diese Sitzung, in der Südekum sogar Tränen über die bedrohte Kaiserwürde vergoß, „ist ein Wort gefallen, das darauf schließen ließ, daß die Herren etwa auf eine Revolution hinstrebten. Im Gegenteil, von der ersten bis zur letzten Äußerung ist nur davon gesprochen worden, wie man die Monarchie erhalten könne."(8)

Man denke sich tief in diese nüchternen zwei Worte hinein: *im Gegenteil!* Sie bestätigen, was auch Hunderte anderer Quellen bezeugen, nämlich daß die „Herren Sozialdemokraten" schon vor der Revolution gemeinsam mit deren verschworensten Feinden Maßnahmen zur Unterdrückung der Volksbewegung ausgeklügelt hatten. Eben mit diesem Ziel hatten Scheidemann und Bauer im Oktober 1918 auf Empfehlung des Abgotts der Reaktion, General Ludendorffs, kaiserliche Ministerfräcke angezogen und, von der sozialdemokratischen Presse assistiert, die zur gleichen Zeit angekündigten stümperhaften parlamentarischen Reformen als Ende des Obrigkeitsstaates, als Anfang des Volksstaates gepriesen.

So fand die Revolution, der die wegweisende Kraft der zielklaren Massenpartei fehlte, schon in der Stunde ihres Aufbegehrens eine Konterrevolution auf den Posten, die mit den Diensten der an der Spitze der größten Arbeiterorganisationen stehenden Politiker rechnen konnte. Darin bestand die Tragik des November 1918. Zwar wurde der Reifeprozeß der revolutionären Kräfte durch die Volkserhebung gewaltig beschleunigt, so daß in Tagen und Wochen Entwicklungen vor sich gingen, die in ruhigeren Zeitläufen Monate und Jahre beansprucht hätten. Zugleich entwickelte aber auch die durch die „russische Erfahrung" gewitzigte deutsche Bourgeoisie, die es, wie Lenin bemerkte, verstand, das Geheul aus den Reihen der Sozialdemokraten beider Schattierungen glänzend auszunutzen(9), eine den neuen Umständen geschickt angepaßte Strategie zur Niederwerfung der antiimperialistischen Kräfte. So entstand im dramatischen Ringen von Revolution und Konterrevolution jene Konstellation der Klassenkräfte, aus der die zwiespältige, ihrem Charakter nach monopolkapitalistische, ihrem Antlitz nach parlamentarisch-demokratische Weimarer Republik hervorging.

Indes war die erste deutsche Volksrevolution gegen Imperialismus und Militarismus keineswegs von vornherein zum Scheitern verurteilt gewesen. Lenin hatte zu Beginn der Revolution zuversichtlich geschrieben, daß eine mächtige revolutionäre Bewegung der Massen zur Gründung einer Kampfpartei führen und damit alle Widrig-

keiten der Situation wettmachen könne.(10) Und tatsächlich schwoll die Massenbewegung zu einem Strome an, der den Kapitalismus in Deutschland in seinen Grundfesten erschütterte. In den Räten erstarkte vielerorts die Aktionseinheit aller klassenbewußten Arbeiter. In Hunderten von Städten, Fabriken und Werken übten die jungen Kampforgane der Revolution reale Macht aus. Sie leiteten Sofortmaßnahmen zur Sicherung der Lebensgrundlagen der Werktätigen ein, setzten die Löhne herauf, erleichterten die Arbeitsbedingungen, verbesserten die Versorgung der Bevölkerung. Nicht selten gelang es ihnen auch, die Konzernherren aus den Betrieben zu verdrängen, erste Schritte zur Durchsetzung der Produktionskontrolle in Angriff zu nehmen und so die ökonomische Macht der bisher Allgewaltigen einzuschränken. Dort, wo Spartakusleute, linke unabhängige Sozialdemokraten oder andere aufrechte Revolutionäre an der Spitze der Räte standen, bahnten sich Entwicklungen an, die ahnen ließen, welche gewaltigen schöpferischen Kräfte in den Massen schlummerten. Örtliche Staatsorgane wurden von reaktionären Elementen gesäubert, einzelne Zellen eines demokratischen Verwaltungsapparates aufgebaut; die Bildung bewaffneter Formationen der Revolution wurde in Angriff genommen.
Zwei Tage nach dem Sturz der Hohenzollernmonarchie, am 11. November, als sich die meisten der eben erst aus den Gefängnissen befreiten Führer der Spartakusgruppe in Berlin eingefunden hatten, erfolgte mit der Konstituierung des Spartakusbundes der so dringend notwendige, allerdings noch keiner Parteigründung gleichkommende, organisatorische Zusammenschluß der bewährtesten Revolutionäre. Wenige Tage später setzte eine Welle von Massenversammlungen ein, in denen der Spartakusbund sein Revolutionsprogramm proklamierte. Mehr und mehr revolutionäre Presseorgane erblickten das Licht der Welt. Immer beharrlicher drängte die ständig anwachsende Vorhut der Arbeiterklasse auf Beschleunigung des Tempos der Revolution. Weit über die Reihen des Spartakusbundes hinaus begriffen Zehntausende, wie recht Karl Liebknecht hatte, wenn er forderte: „Die gesamte gesetzgebende, vollziehende, richterliche Gewalt muß ... ungekürzt und ausschließlich in den Händen der städtischen und ländlichen Arbeiter einschließlich des nur scheinbar selbständigen kleinen Mittelstandes und der proletarischen Soldaten liegen, die allein in direkter Aktion Macht gegen Macht die Zwingburg des Kapitals brechen können.“(11)
Angesichts einer solchen Entwicklung sahen sich die mehrheitssozial-

demokratischen Führer, die – wie Scheidemann – den Bolschewismus zum schlimmsten Feind erklärt und – wie Ebert – versprochen hatten, keine „russischen Zustände" zuzulassen,(12) gezwungen zu lavieren und mit verschiedenen Eisen im Feuer zu versuchen, dem weiteren revolutionären Aufschwung Einhalt zu gebieten. Die beiden taktischen Hauptwaffen ihres Kampfes gegen die Revolution, dessen Schilderung viele Bände füllen könnte, waren dabei einmal das vor dem Volke ängstlich geheimgehaltene Bündnis mit den wankenden alten Gewalten und zum zweiten die Irreführung der Massen durch halbe und scheinbare Zugeständnisse, durch die später als „Einseifungspolitik" charakterisierte Schönrednerei von der angeblich bereits begonnenen Verwirklichung des Sozialismus, dessen Fortschreiten und Gedeihen man nun nur noch mit im Schoß gefalteten Händen zu verfolgen brauche.

Das Bündnis mit den Spitzen des alten Staatsapparates, mit den plötzlich zum Gedanken der „Arbeitsgemeinschaft" (heute würde man sagen: der „Sozialpartnerschaft") bekehrten Großindustriellen und mit anderen Leitzentren der Konterrevolution fand seinen vollendeten Ausdruck in dem berüchtigten Pakt, den Ebert, der Chef des unter dem Firmenschild „sozialistische Revolutionsregierung" gebildeten neuen Kabinetts, des „Rates der Volksbeauftragten", am ersten Tag seiner Amtsführung mit dem einflußreichsten General der Obersten Heeresleitung, Groener, schloß. „Am 10. (November) abends", sagte Groener darüber sieben Jahre später vor Gericht aus, „habe ich telefonisch ein Bündnis geschlossen mit dem Volksbeauftragten Ebert zur Bekämpfung der Revolution. Wir haben gemeinsam – und ich rechne mir das zu meinem Verdienst an – von Anfang an die Revolution bekämpft, und zwar nach meiner Initiative und mit meiner Zielsetzung und mit allen den Mitteln, die ich zur Bekämpfung der Revolution für geeignet hielt!"(13)

Wenn Lenin darauf hinweist, „wie groß das Geheimnis ist, in dem der Krieg geboren wird",(14) so deutet allein der Pakt Ebert-Groener an, wie dicht auch der Schleier ist, der über der Entfesselung des Bürgerkrieges durch die Konterrevolution liegt. Der Mann, der, mit seiner volkstümlichen Schlichtheit posierend, als Spitzenrepräsentant des neuen Regimes auftrat, holte sich zu allen wichtigen Fragen in allnächtlichen Geheimtelefonaten zwischen 23 und 1 Uhr morgens den – oft in Form von direkten Anweisungen erteilten – „Rat" des führenden Kopfes der Armee, d. h. des „am meisten verknöcherten Werkzeuges, mit dem sich das alte Regime hält"(15).

Oft noch während Deputationen der Arbeiter das Reichskanzlerpalais verließen, in dem sie dem auf ihren Schultern zur Macht gelangten Parteiführer ihre sozialistischen Forderungen unterbreitet hatten, griff dieser zum Telefonhörer, lüftete, wenn er die vertraute Stimme Groeners hörte – wie ein Chronist berichtet –, „die eiserne Maske, die sein Gesicht Tag und Nacht verhüllt"(16), und traf Abmachungen über die Wiederherstellung der Befehlsgewalt der kaiserlichen Offiziere, die Entwaffnung der Arbeiter, den Einmarsch konterrevolutionärer Truppen in die Reichshauptstadt . . .

Als dieser schändliche Pakt Jahre später bekannt wurde, überschlug sich die großbürgerliche Presse in Lobpreisungen für die Verschwörer. „General und Volkstribun", schrieb eine der seriösesten Zeitungen der Weimarer Republik zynisch, „reichten sich die Hand." Und heute hallt dieses Echo im Bonner Blätterwald wider: „Man kann der staatsmännischen Größe Eberts sowohl wie der Einsicht seiner militärischen Partner nur Respekt entgegenbringen. Sie haben aus der russischen Revolution gelernt."(17)

Da die von der Revolution erfaßte alte Armee jedoch im Zerbröckeln begriffen und infolgedessen nicht einsatzbereit war, konnte das Bündnis der rechtssozialdemokratischen Führer mit der eben noch kaiserlichen Generalität die erhofften giftigen Früchte erst in vollem Maße tragen, nachdem aus „zuverlässigen" Offizieren, Bürgersöhnchen und gewissenlosen Haudegen neue gegenrevolutionäre Streitkräfte – die späteren Freikorps – aufgestellt waren. Zumindest bis zu diesem Zeitpunkt mußte sich der Klüngel um Ebert und Scheidemann vor allem auf die zweite Waffe seines Arsenals, auf Betrug und Betörung, verlassen. Deshalb verkündete der Antrittsaufruf der „Volksbeauftragten", daß das sozialistische Programm nunmehr verwirklicht würde. Deshalb nahmen die drei mit allen Wassern gewaschenen mehrheitssozialdemokratischen „Volksbeauftragten" (Ebert, Scheidemann und Landsberg) noch drei USPD-Führer (Haase, Dittmann und Barth) in die „Revolutionsregierung" auf – unsichere, inkonsequente und von Vorstellungen über die eigene „historische Rolle" aufgeblähte Zentristen, denen die nach Groeners Rezepten bereiteten und von Ebert servierten Brocken zwar revolutionäre Bauchschmerzen verursachten, die sich aber trotzdem bereit fanden, sie zu schlucken.

Charakteristisch für die Haltung der Unabhängigen im „Rat der Volksbeauftragten" war, wenn es sich beispielsweise der von Landsberg kollegial als „unser Papierkorb" verspottete Dittmann gefallen ließ, daß alle grundsätzlichen Entscheidungen in Wirtschaftsfragen, die eigentlich sein Ressort ausmachten, von einem engen Vertrauten der großen Monopole, dem ehemaligen Chef der Kriegsrohstoffabteilung und nunmehrigen Leiter des Demobilmachungsamtes, Oberstleutnant Koeth, konzipiert wurden, während man ihm selbst nur „allen möglichen Abfall“ überließ.(18)

Die Beteiligung der USPD an der Regierung ermöglichte es den Mehrheitssozialdemokraten, die Hirne der zu geschlossenen Aktionen drängenden Arbeiter mit Phrasen über die angeblich erreichte „Einheit aller Sozialisten“ zu vernebeln und so die Spartakusanhänger, die gegen die volksfeindliche Politik der „Volksbeauftragten“ auftraten, als Feinde der Einheit, als Spalter und Stänker zu diffamieren. Dadurch, daß die führenden Unabhängigen ihren unverdienten Ruf als Bändiger des Opportunismus hergaben und ihre Namen unter die Appelle und Versprechungen der Regierung setzten, ließ sich auch ein Großteil jener Arbeiter, die den Ebert und Scheidemann nicht mehr trauten, dazu verleiten, den amtlichen Kundgebungen, so demagogisch sie auch waren, Glauben zu schenken. Wie unverfroren in diesen Kundgebungen gelogen wurde, ist - um nur ein Beispiel zu nennen – u. a. aus der Tätigkeit der „Sozialisierungskommission“ zu ersehen, mit der noch weit bis in das Jahr 1919 hinein Reklame gemacht wurde.

Bei der Bildung dieser Regierungskommission handelte es sich nicht um einen wohlgemeinten Reformversuch wirklichkeitsfremder Weltverbesserer, die etwa nicht begriffen hätten, daß eine grundlegende Veränderung der Gesellschaft nur durch den Kampf der Volksmassen für die Machterhebung der fortschrittlichsten Klasse, nie aber durch einige im stillen Kämmerlein knobelnde amtlich beglaubigte Fachleute bewältigt werden kann. Nein, die Väter der „Sozialisierungskommission“ wußten um die Impotenz ihrer Schöpfung, die sie nicht einmal mit irgendwelchen Vollmachten ausstatteten. Ihnen ging es darum, den Werktätigen vorzutäuschen, daß nun endgültig mit der „Einführung des Sozialismus“ begonnen werde. Zugleich sollten „gelehrte“ und langwierige Beratungen über die Methoden einer „geordneten Sozialisierung“ allen „wilden“, d. h. allen tatsächlich revolutionären Maßnahmen zur Vergesellschaftung der Produktionsmittel, einen Riegel vorschieben. Um zu verhindern, daß die Kommission, von den breiten Massen getragen, sich am Ende – etwa wie die Vertreter des dritten Standes in der Französischen Revolution von 1789 – selbst die Vollmachten nehmen könnte, die ihr vorenthalten waren, benannte man zu ihren Mitgliedern in der Mehrzahl sittsame bürgerliche Professoren. Ihnen assistierten ein paar opportunistische Schönredner und einige Konzernherren, wie etwa der Bankier Theodor Vogelstein, ein Mann, der schon während des Weltkrieges den Leitspruch formuliert hatte, daß „Schwindel in großem Maßstabe" zulässig sei, wenn der Profit auf dem Spiele stehe.(19) So kann es nicht wundernehmen, wenn die „Sozialisierer" sich von vornherein darauf einigten, daß der Zweck ihres Wirkens darin bestehe, den Besitzlosen Nutzen zu schaffen, „ohne der besitzenden Klasse Schaden zuzufügen",(20) also dem kapitalistischen Bär den Pelz zu waschen, ohne ihn naß zu machen.

Als immer mehr Arbeiter dieses Spiel durchschauten und zu begreifen begannen, daß eine vom Bürgertum befürwortete „Sozialisierung im Rahmen der gesellschaftlich geleiteten Marktwirtschaft" reinster Betrug ist, daß sich – wie es der führende Kommunist Julian Marchlewski ausdrückte – Sozialismus und Fortbestehen des Eigentums an den Produktionsmitteln eben nicht reimen,(21) da wurde plötzlich mit erstaunlicher Energie etwas angekurbelt, was man nur als „Sozialisierungs"rummel bezeichnen kann. Nicht etwa, daß nun auch nur ein einziger Konzernherr, Bankier oder Großgrundbesitzer enteignet worden wäre – gottbehüte! Aber obwohl die Kommission eben noch von der Regierung so kurz gehalten worden war, daß sie weder über Geld zur Beschaffung von Schreibfedern noch für die Beheizung ihrer Büroräume verfügte, fand man flugs Zehntausende von Mark, um in allen Industriestädten des Reiches Riesenplakate anschlagen zu lassen, auf denen zu lesen war: „Die Sozialisierung marschiert!", „Der Sozialismus ist da!" Zu diesem Zeitpunkt brauchten die empörten Arbeiter die Plakate oft nicht einmal mehr abzureißen: die provozierenden Anschläge wurden (im März 1919 in Berlin und in anderen Gebieten Deutschlands) häufig genug von den Maschinengewehrsalven der Truppen zerfetzt, die die „sozialistische" Regierung gegen die zur Revolution stehenden Arbeiter einsetzte. Brach ein Freiheitskämpfer, von einer Söldnerkugel getroffen, zusammen, so konnte sein letzter Blick manchmal noch die schreienden Lettern auf der zur Barrikade umgestürzten Litfaßsäule erhaschen: „Das ist der Sozialismus!"

Anfang März 1920, nachdem die Sozialisierungsbestrebungen der Massen mit Feuer und Schwert zurückgedrängt und die „Sozialisierungskommission" längst begraben war, einigte sich das Reichskabinett darüber, daß man – da die „politischen und technischen" Schwierigkeiten der „Sozialisierungs"frage nicht mehr bestünden –

die Protokolle der Kommission als „rein literarische Arbeit“ veröffentlichen könne.(22) Doch kurz danach offenbarte sich der ganze „Sozialisierungs“schwindel nochmals. Denn ganz unerwartet, wenige Tage später bei der Abwehr des Kapp-Putsches, erhob sich die Arbeiterklasse erneut, und die Regierung mußte wiederum nach Beschwichtigungsmitteln Ausschau halten. SPD-Minister Schmidt hatte nun die Stirn, in einem die ganze erste Seite einer Sonntagsnummer des „Vorwärts“ füllenden Artikel zu erklären, daß die Regierung, wie ihr unlängst gefaßter Beschluß über die Veröffentlichung der Protokolle beweise, „schon Wochen zuvor die Arbeiten der früheren Sozialisierungskommission wieder aufgenommen“ habe(23), daß also die Arbeiter friedlich sein und auf die Republik vertrauen sollten. Und als die Kämpfer gegen Kapp ihre Waffen dann wirklich aus der Hand gelegt hatten, wurde auch die zweite „Sozialisierungskommission“ stillschweigend zu Grabe getragen ...
Doch zurück zur Politik des Massenbetruges vom November/Dezember 1918. So wie in der Frage der „Sozialisierung“, lavierten die „Volksbeauftragten“ auch in anderen Fragen, insbesondere im Umgang mit den Räten, die sie mit Sirenengesängen einlullten, um ihnen desto sicherer den Garaus machen zu können. „Vorübergehend“, schrieb ein einflußreicher rechter Sozialdemokrat später ganz offen, „mußten der Räteidee Zugeständnisse gemacht werden. Das war das beste Mittel, einer Rätediktatur vorzubeugen.“(24)

In der Alternative Räte oder bürgerliches Parlament kristallisierte sich die für das Ergebnis der Revolution letztlich entscheidende Frage heraus, ob nämlich die Macht an die antiimperialistischen Volksmassen übergehen oder ob sie in den Händen der Großkapitalisten und ihrer politischen Beauftragten bleiben würde. Deshalb traten alle gegenrevolutionären Kräfte, von der Obersten Heeresleitung über Konservative und Liberale bis zum sozialdemokratischen Parteivorstand und den führenden Unabhängigen für die baldige Wahl einer Nationalversammlung, gegen die Losung „Alle Macht den Räten!“ ein. Zwar erklärten die Zentristen, daß die Räte neben dieser Versammlung weiter wirken, daß also parallel bürgerliche und proletarische Herrschaftsorgane bestehen könnten. Doch diente diese absurde Propagierung einer Vermählung von Feuer und Wasser nur dazu, unter den Massen Illusionen über eine mögliche Aufteilung der Macht zwischen den sich befehdenden Klassen zu wecken und Vorstellungen darüber zu erzeugen, daß wahre De-

mokratie nicht die konsequente Anwendung der Staatsgewalt im Interesse der Mehrheit des Volkes bedeute, sondern gleiche „Freiheit“ für Gegenrevolution und Revolution, für Mörder und Ermordete. Da sich der Zusammentritt eines zentralen Rätekongresses nicht mehr verhindern ließ, benutzten die Opportunisten, denen die Mehrheit der Räte folgte, diesen Kongreß (16. bis 20. Dezember), um dort die Wahl eines bürgerlichen Parlaments sanktionieren, d. h. um faktisch die Räte ihr eigenes Todesurteil sprechen zu lassen. Die Revolution, die durch diese Entscheidung in eine neue Phase eintrat, war nunmehr aufs höchste gefährdet. Trotzdem war noch nicht alles verloren. Noch hätte die Vollstreckung des gefällten Todesurteils verhindert werden können; noch war die Konterrevolution nicht genügend gerüstet, um zum entscheidenden Schlage auszuholen; noch hätte die Möglichkeit bestanden, der Mehrheit der Arbeiter in letzter Stunde das verhängnisvolle Zusammenspiel zwischen Opportunismus und Militarismus zum Bewußtsein zu bringen.
Von gewaltiger Bedeutung für die weitere Entwicklung war die in dieser spannungsgeladenen Situation erfolgte Gründung der Kommunistischen Partei an der Jahreswende 1918/19. „Die Masse des Proletariats ist berufen“, verkündete die junge Partei in ihrem Programm, „nicht bloß der Revolution in klarer Erkenntnis Ziele und Richtung zu stecken. Sie muß auch selbst, durch eigene Aktivität, Schritt um Schritt den Sozialismus ins Leben einführen ... Nicht wo der Lohnsklave neben dem Kapitalisten, der Landproletarier neben dem Junker in verlogener Gleichheit sitzen, um über ihre Lebensfragen parlamentarisch zu debattieren: dort, wo die millionenköpfige Proletariermasse die ganze Staatsgewalt mit ihrer schwieligen Faust ergreift, um sie, wie der Gott Thor seinen Hammer, den herrschenden Klassen aufs Haupt zu schmettern: dort allein ist die Demokratie, die kein Volksbetrug ist.“(25)
Der im Feuer der Revolution entstandenen, tausendfach geschmähten, verleumdeten und gehetzten Kommunistischen Partei gelang es damals nicht mehr, die Pläne der Konterrevolution zu vereiteln. Dennoch stellte die Gründung der Partei einen Wendepunkt in der Geschichte Deutschlands dar. Hier trat eine organisierte Kraft auf die historische Bühne, die klare Vorstellungen über den Weg zur Befreiung des Volkes von allen Unmenschlichkeiten und permanenten Verbrechen des Imperialismus besaß und bereit war, ohne Opfer zu scheuen, diesen Weg durch Pionierarbeit zu ebnen und auf ihm voranzuschreiten.

Die Gründung der Kommunistischen Partei, die immer deutlichere Linkswendung der Massen veranlaßten die kaiserlichen Generäle, die Bildung konterrevolutionärer Formationen beschleunigt abzuschließen. Die Ebert und Scheidemann, die ihren unabhängigen Kollegen im „Rat der Volksbeauftragten" nunmehr den Stuhl vor die Tür setzten, traten von jetzt an offen Arm in Arm mit den Militaristen auf. „Mit Beginn des Jahres 1919", erklärte General Groener später rückblickend, „durften wir uns zutrauen, in Berlin zuzupacken und zu säubern."(26)

Als sich die Berliner Arbeiter gegen die provokatorischen Anschläge auf ihre revolutionären Errungenschaften erhoben, ließ Noske, der nun Mitglied der vermeintlich „sozialistischen" Regierung geworden war, am 8. Januar die von ehemals kaiserlichen Offizieren befehligten Truppen zum Angriff gegen die in den Händen der Revolutionäre befindlichen Bezirke der Reichshauptstadt übergehen. Die „Säuberung" entpuppte sich als abgrundtiefer Verrat und Gemeinheit, als Wortbruch und Meuchelmord. Auf die politische Unreife und die mangelnde Organisiertheit der Arbeiter bauend, setzten die weißen Banden Verhandlungsangebote und Schrapnelle, Täuschung und Minenwerfer ein, um die proletarischen Kämpfer zu desorientieren, zu zersplittern, niederzumetzeln. Am „Vorwärts"-Gebäude erschlugen sie rote Parlamentäre, denen freies Geleit zugesichert war. An den Anschlagsäulen – zwischen Varieté-Programmen und Sekt-Reklamen – erschienen Plakate, die zur Ermordung von Karl Liebknecht und Rosa Luxemburg aufriefen. Ein von den Monopolherren gedungener Bürgerkriegsmanager, dem Stinnes, Vögler, Borsig, Siemens, Deutsch, Mankiewitz und andere Größen der Industrie- und Bankwelt Hunderte von Millionen Mark für den Aufbau antibolschewistischer Organisationen zusteckten, erklärte dem Chef einer konterrevolutionären Elitetruppe, Hauptmann Pabst von der Garde-Kavallerie-Schützen-Division: „Wenn auf unserer Seite vorerst keine Führer zu sehen seien, dann dürfe . . . die Gegenseite auch keine haben."(27) Pabst, der sich später unter dem Faschismus ebenso wohl fühlte wie nach dem zweiten Weltkrieg als Düsseldorfer Geschäftsmann, protzte bis 1970, als er 90jährig verstarb, in Interviews mit Bonner Presseorganen: „Ich gewann den Eindruck, die beiden (Liebknecht und Luxemburg – W. R.) seien die geistigen Führer der Revolution, und ich beschloß, sie umzubringen."(28)

Die frevelhafte Mordtat geschah am 15. Januar 1919. Karl Liebknecht, der von der unsterblichen Poesie des Freiheitskampfes beseelte mutige Denker, der leidenschaftliche Antimilitarist und unbestechliche Volkstribun, und Rosa Luxemburg, die flammende Theoretikerin, eine der menschlichsten und klügsten Frauen der Weltgeschichte, wurden von käuflichen Sadisten durch hinterhältige Schüsse und Kolbenschläge ermordet. Der Sarg dieser großen Toten stand an der Wiege der Weimarer Republik, des angeblich „freiesten Volksstaates" seiner Zeit.

Während Liebknechts sterbliche Hülle im tristen Kellergewölbe des Berliner Leichenschauhauses lag, während Rosa Luxemburgs zerschundener Leichnam vom schmutzigen Wasser des Landwehrkanals umspült wurde, während Dutzende von Arbeiterfrauen ihre dahingemordeten Männer, Brüder, Väter und Söhne beweinten, während der Söldnerruf „Straße frei!" noch in den Ohren der Bewohner der Berliner Mietskasernen klang, fanden am 19. Januar die angeblich „freien" Wahlen zur verfassunggebenden Nationalversammlung statt. Nun konnte sich das bürgerliche Parlament daran machen, einen „Volksstaat" nach seiner Fasson aus der Taufe zu heben . . .

Mit der blutigen Niederschlagung der Berliner Januarkämpfe war es der imperialistischen Bourgeoisie gelungen, der Arbeiterklasse die für den Verlauf der Revolution entscheidende Niederlage zuzufügen.(29) Obgleich aber die Grundfrage der Revolution – die Frage der Macht – in den folgenden Monaten (von lokalen Bereichen abgesehen) nicht mehr auf die historische Tagesordnung gesetzt werden konnte, dauerten die revolutionären Kämpfe weiter an. An den auf die Verteidigung und z. T. auf die Ausweitung der erkämpften sozialen und politischen Errungenschaften gerichteten Streiks und bewaffneten Aktionen beteiligten sich sogar vielfach weit mehr Werktätige als an den Aufständen und Arbeitsniederlegungen der ersten Revolutionsmonate.

Zur endgültigen Niederwerfung der antiimperialistischen Volksbewegung verlangten Groener und Noske, die – vornehm als „Herrschaft der Regierung" umschriebene – Konterrevolution müsse sich „wie ein Ölfleck" (richtiger wohl: wie ein Blutstrom) von der „Ordnungszelle" Berlin aus über das ganze Land ausbreiten. Nach der Reichshauptstadt, berichtet Groener selbstgefällig, „erschienen Mitte Januar die Freiwilligen-Truppen vor Bremen, um die radikale Regierung zu beseitigen. Dann folgte Schlag auf Schlag: Mitte Februar Münster und das Ruhrrevier, im zweiten Drittel des Februar das mitteldeutsche Industriegebiet, Anfang März noch einmal Berlin, um den Generalstreik niederzuschlagen, Anfang März auch Braun-

schweig, im April der Freistaat Sachsen."(30) Während der Berliner Märzkämpfe, bei denen aus den Fingern gesogene „Nachrichten" über die Erschießung von Geiseln durch Kommunisten zur Begründung des Standrechtes dienten, mußten mehr als tausend Arbeiter, Soldaten und Matrosen ihr Leben lassen. Leo Jogiches, nach Karl und Rosa der scharfäugigste politische Kopf der Kommunistischen Partei und ihr erprobter, großzügigster Organisator, wurde auf der Treppe des Gefängnisses Moabit hinter siebenfach verriegelten und verschlossenen Türen „auf der Flucht" erschossen. Die Garde-Kavallerie-Schützen-Division wertete die „Erfahrungen" der Märzkämpfe aus: „Je schärfer die Mittel, um so schneller der Erfolg . . . Deshalb keine halben Maßnahmen wie Schreckschüsse, Manöver, Kartuschen usw.! Infanterie- und M.G.-Feuer, gegen das sich der Gegner hinter Häuserecken und Barrikaden schützen kann, machen wenig Eindruck, Artillerie- und Minenfeuer, gegen das es im Straßenkampf keinen Schutz gibt, schafft in kürzester Zeit Ordnung . . . Keine Verhandlungen, sondern restlose Ergebung erzwingen."(31)
Nach diesem Rezept wurde auch Anfang Mai gegen die Münchener Räterepublik vorgegangen. Hunderte von Leichen bedeckten die Straßen der bayerischen Landeshauptstadt. Unerschrocken, vom Glauben an den Sieg der Sache des Volkes beseelt, starb der Führer der Räterepublik, der Kommunist Eugen Leviné, am 5. Juni unter den Kugeln eines weißen Erschießungskommandos . . .

Diese knapp skizzierte Entstehungsgeschichte des Weimarer Staates läßt erkennen, warum sich die aus der deutschen Revolution von 1918/19 hervorgegangene Republik im Gegensatz zu anderen Republiken, die im Feuer früherer Revolutionen geboren worden waren, nicht vom Erbe des alten Regimes loszusagen vermochte. Denn (um nur dies zu erwähnen) nicht allein in der Großen Sozialistischen Oktoberrevolution in Rußland war mit dem Zaren und seinem Vermögen kurzer Prozeß gemacht worden – auch die großen bürgerlichen Revolutionen in England und Frankreich hatten den Monarchen mitsamt den Kronen die Köpfe vor die Füße gelegt. Anders in Deutschland. Hier war die junge Republik sogar darauf erpicht, dem Exkaiser die Juwelen seiner auf der Flucht verlorenen Krone hinterherzuwerfen. Als das preußische Finanzministerium ein knappes Jahr nach der Revolution, noch während der Hunger grassierte, beschloß, Wilhelm II. zehn Millionen Goldmark zum Ankauf eines holländischen Gutes zu überweisen, sagte die republikanische

Regierung Ja und Amen dazu. Die – wie in der „guten alten Zeit“ – unter dem Prunkporträt des Kaisermachers Bismarck beratenden Reichsminister rechtfertigten sich vor sich selbst (vor dem uninformierten Volk hatten sie es nicht nötig) damit, daß diese Summe im Vergleich zum Gesamtvermögen des Kaisers gering sei, daß sie als Vorschuß für künftige Zahlungen (!) gelten könne und daß es die „politische Klugheit“ gebiete, dem obdachlosen Kaiser ein Asyl zu schaffen und ihn auf diese Weise an der Rückkehr nach Deutschland zu hindern.(32)

Erich Weinert schrieb später ironisch:

„O du höfliche deutsche Revolution;
Du verkanntest damals den Sinn der Laternen!
Du vergoldest die Strolche, die dich bedrohn. –
Wann wirst du gegen den ‚guten Ton‘
Und die ‚guten Sitten‘ verstoßen lernen?“

Über derartige „Unfaßbarkeiten“ der republikanischen Regierung, über die mit dem „künstlerischen Wert“ von Schnörkeln begründete Konservierung monarchistischer Embleme an den Amtsgebäuden, über die aus „nautischen“ Erwägungen beibehaltene (nur mit einem schwarzrotgoldenen Feigenblatt verzierte) schwarzweißrote Handelsflagge, über die Duldung monarchistischer Verbände waren ehrliche bürgerliche Demokraten aufrichtig empört. Hilflos bespöttelten sie die Republik als „schmächtiges Persönchen“ und beklagten, daß das Volk um seine Geschichte geprellt werde. Auf der Suche nach den Ursachen dieser Halbheiten zeterten sie über den deutschen Charakter, die Trottelhaftigkeit des ewigen Michels, der angeblich nie etwas zu Ende führe und selbst in der Revolution noch auf „nationale Stubenreinheit“ bedacht sei.

Doch diese Demokraten – persönlich integer und meist hochgebildet – irrten. Nicht eine a priori gegebene deutsche Misere verhunzte die Entwicklung. Im Bauernkrieg, in der Revolution von 1848/49, in den Berliner Januarkämpfen von 1919 hatten deutsche Freiheitshelden nicht schlechter zu sterben verstanden als ihre Brüder in Frankreich oder Rußland. Deutsche Denker hatten nicht weniger als große Geister anderer Nationen zu den Ideen des Humanismus, des Fortschritts und des Sozialismus beigesteuert. Entscheidend für die faulen und verhängnisvollen Kompromisse der ersten bürgerlichen Republik in Deutschland war das nüchterne Kalkül der um Besitz und Macht

bangenden Fabrikherren und Bankiers, deren Vorfahren in London und Paris bei der Enthauptung Karls I. und Ludwigs XVI. keine Angst vor der eigenen revolutionären Courage kannten, weil es damals noch keine über sie hinwegdrängende Klasse, kein Proletariat, gegeben hatte. Im 20. Jahrhundert jedoch waren die Schlot- und Börsenfürsten selbst schon zu Repräsentanten einer morschen und überlebten Ordnung und damit zu Spießgesellen aller am Alten hängenden Kräfte geworden. In Deutschland hatten sie sich erst mit dem halbfeudalen Regime der Hohenzollern gegen die zukunftsträchtigen Kräfte verbündet und dann, als der erbärmliche Kaiser nicht mehr zu halten war, dieses Bündnis nicht nur mit dessen Generälen und Beamten erneuert, sondern auch ihren Segen zu deren unstandesgemäßer Liaison mit den rechten sozialdemokratischen Führern erteilt. Wie die klügeren der alten Militärs und Staatsfunktionäre, die davor warnten, daß seniler Unverstand – nachdem man die „Schweinerei" der Novemberrevolution dank der Haltung der SPD einigermaßen überwunden habe – unverhofft eine „richtige" Revolution heraufbeschwören könne, hatten auch die Konzerngewaltigen genau in dem Moment „eine außerordentlich rasche Anpassungsfähigkeit ... an die neue Zeit" bewiesen(33) und ihr Herz für „Demokratie" und „Volksstaat" entdeckt, als sie begriffen, daß *ihre* Ruhe und *ihre* Ordnung nur mit Unterstützung der Ebert und Noske, also mit Hilfe von Männern gerettet werden konnten, für die – selbst noch während der Feldzüge gegen das Proletariat – der Verzicht auf demokratische und sozialistische Phrasen politischen Selbstmord bedeutet hätte.
Zwölf Jahre später, als die Industriekapitäne sich eine im Vergleich mit der SPD weit zuverlässigere und in mancher Beziehung sogar mehr als die Monarchie mit mittelalterlichen Begriffen arbeitende politische Hilfstruppe – die Faschisten – herangezüchtet hatten, als sie deshalb in den Sitzungssälen der Aufsichtsräte und in den Wandelgängen des Parlaments darüber beraten konnten, in welcher Form der Sozialdemokratie der „Fußtritt" zu verabreichen sei, da taten sie so, als hätten sie nie mit Ausdrücken wie „Demokratie" und „Volksstaat" kokettiert. Diese Floskeln waren von ihnen eben nur benötigt worden – und das ist bei der Gesamteinschätzung der Weimarer Republik stets im Auge zu behalten –, um die zum Kampf für die Entmachtung des Großkapitals angetretenen Massen durch Vorspiegelung angeblich veränderter Machtverhältnisse zu desorientieren, sie zu spalten, zu entwaffnen und zu lähmen.

Die Weimarer Republik stellte also nichts anderes dar als eine parlamentarisch-demokratische Tarnung der Diktatur des Monopolkapitals, zu der die Bourgeoisie einzig und allein durch die grandiosen Aktionen der Arbeiterklasse gezwungen worden war, die sich in der Revolution als mächtige und mit den alten Gewaltmitteln allein nicht mehr niederzuhaltende Klasse erwiesen hatte. Anders ausgedrückt: Das wichtigste Charakteristikum dieser parlamentarisch-demokratischen Verbrämung waren die Zugeständnisse, zu denen sich der Imperialismus gegenüber dem Proletariat hatte bequemen müssen. Prägnant kam dies in der neuen Verfassung zum Ausdruck, die ein für bürgerliche Verhältnisse fortschrittliches Wahlrecht festlegte, die Rede-, Presse-, Koalitions- und Versammlungsfreiheit deklarierte, die Freiheit der Person, die Gleichheit aller Bürger vor dem Gesetz, die Gleichstellung der Frau sowie manches andere und nicht zuletzt die Anerkennung der Betriebsräte als wirtschaftlicher Interessenvertretung der Arbeiter verkündete. Damit wurden – gemessen an den Verhältnissen des Kaiserreichs – weitaus günstigere Bedingungen für den auf die Zurückdrängung und schließliche Überwindung des Imperialismus gerichteten parlamentarischen und außerparlamentarischen Kampf der Arbeiterklasse und ihrer Verbündeten geschaffen. In der Tat konnten sich die Werktätigen in der Weimarer Republik zunächst für jene Zeit höchst bedeutsame soziale Errungenschaften sichern, die Waffe des Streiks häufiger und wirksamer anwenden als in den Jahren davor oder danach, die Parlamentstribüne zur Mobilisierung ihrer Kräfte ausnutzen und sich bei verschiedenen Aktionen gegen reaktionäre Umtriebe auf einzelne Bestimmungen der Verfassung (z. B. über den Volksentscheid) stützen. Die neu gegründete revolutionäre Partei vermochte in den Jahren der Weimarer Republik weitaus größeren Einfluß zu gewinnen als unter irgendeinem anderen bürgerlichen Regime. Von 1920 bis 1933 war die KPD die weitaus stärkste kommunistische Partei in der kapitalistischen Welt und stellte einen aus dem Geschehen in Deutschland überhaupt nicht mehr wegzudenkenden Faktor dar. Wenn auch verfolgt und mit hundertfältigen Waffen bekämpft, konnte sie doch eine Reihe von mächtigen überparteilichen Organisationen ins Leben rufen, eine großartige revolutionäre Presse aufbauen, hervorragende proletarische Führungskader erziehen, wertvolle, für die Zukunft entscheidende Erkenntnisse über die Vervollkommnung der Strategie und Taktik unter den sich stets verändernden Klassenkampfbedingungen gewinnen und maßgebliche Teile der Arbeiterklasse zu verschiedenen Zeitpunkten an Positionen heranführen, von denen aus der Generalangriff gegen den deutschen Imperialismus möglich gewesen wäre.

In welchem Ausmaß die in der Revolution erkämpften bürgerlich-demokratischen Rechte und Freiheiten zur realen Erweiterung des Kampfbodens für Demokratie und Sozialismus beitragen würden, hing allerdings von der konkreten Entfaltung des Klassenkampfes, von der durch mannigfaltige Umstände beeinflußten weiteren Gestaltung des Kräfteverhältnisses in Deutschland und auch in der Welt ab. Denn zunächst waren die fortschrittlich klingenden Verfassungsbestimmungen lediglich papierne Deklarationen. Betrachtet man beispielsweise die damals schwarz auf weiß verbriefte Pressefreiheit, so kann man unschwer feststellen (und dies gilt für alle deklarierten Rechte), daß ihrer Verwirklichung dreifache Schranken im Wege standen.
Erstens waren dies die ökonomischen Machtverhältnisse, die der Bourgeoisie den Löwenanteil an Papier und Druckereien, an Informations- und Vertriebsmöglichkeiten belassen hatten, die es ihr gestatteten, Pressemonopole aufzubauen und das Land mit gezielten Desinformationen und betäubendem kleinbürgerlichem Kitsch zu überschwemmen. So bedeutete die Pressefreiheit in erster Linie, wie Lenin sagte, „*die Freiheit für die Reichen*, die Presse zu kaufen und zu korrumpieren, die *Freiheit für die Reichen*, das Volk mit dem Fusel der bürgerlichen Zeitungslügen betrunken zu machen"(34). Zweitens wurde die deklarierte Pressefreiheit durch die politischen Machtverhältnisse eingeengt, die – wie es im Artikel 118 der Verfassung hieß – jedem Deutschen nur erlaubten, „*innerhalb der Schranken der allgemeinen Gesetze*" seine Meinung in Wort, Schrift, Druck und Bild zu äußern. Über eine ähnliche Bestimmung in der französischen Verfassung von 1848 hatte Karl Marx bereits 70 Jahre zuvor geschrieben, daß „jeder Paragraph der Konstitution ... seine eigene Antithese, sein eigenes Ober- und Unterhaus in sich (enthält), nämlich *in der allgemeinen Phrase die Freiheit, in der Randglosse die Aufhebung der Freiheit*"(35). Da die Gesetze von Vertretern der Bourgeoisie gemacht wurden, boten sie stets Handhaben, um Zeitungen, die den Monopolen unbequem waren, zu unterdrücken, Druckereien der Arbeiterorganisationen zu schließen, fortschrittliche Redakteure einzukerkern usw. usf. Die Praxis der Weimarer Republik bestätigt dies voll und ganz: Allein 1919, im Verkündungsjahr

der Pressefreiheit, war die „Rote Fahne", das Zentralorgan der KPD, 270 Tage verboten.

Drittens schließlich (und auch dies war Ausdruck der politischen Machtverhältnisse) traf für die Weimarer Republik und ihr Recht die Feststellung Lenins zu: „Es gibt keinen einzigen (bürgerlichen – W. R.) Staat, und sei es auch der demokratischste, wo es in der Verfassung nicht Hintertürchen oder Klauseln gäbe, die der Bourgeoisie die Möglichkeit sichern, ‚bei Verstößen gegen die Ruhe und Ordnung' – in Wirklichkeit aber, wenn die ausgebeutete Klasse gegen ihr Sklavendasein ‚verstößt' und versucht, sich nicht mehr wie ein Sklave zu verhalten – Militär gegen die Arbeiter einzusetzen, den Belagerungszustand zu verhängen u. a. m."(36)

Als ein solches Hintertürchen (von Carl v. Ossietzky als „Giftfläschchen in der inneren Rocktasche der Verfassung" bezeichnet) war in das Weimarer Grundgesetz der berüchtigte Artikel 48 eingebaut worden, der dem Reichspräsidenten das Recht einräumte, sobald „im Deutschen Reiche die öffentliche Sicherheit und Ordnung erheblich gestört oder gefährdet wird", die Pressefreiheit sowie sämtliche anderen Freiheiten aufzuheben und jede demokratische Regung mit Waffengewalt zu unterdrücken. Dabei konnte der Präsident nicht nur selbstherrlich bestimmen, wann eine Störung oder Gefährdung der Sicherheit gegeben sei; er ließ sich auch von Leuten beraten, die (wie z. B. General Groener in einer Denkschrift) schlankweg erklärten, „Ordnung und Arbeit" sei gleichbedeutend mit „Belagerungszustand und Streikverbot".(37)

Jeder, der sich auch nur flüchtig mit der Geschichte der Weimarer Republik beschäftigt hat, weiß, welche verhängnisvolle Rolle der Notstandsartikel 48 in den Jahren zwischen 1919 und 1933 gespielt hat. Er wurde mißbraucht, um Streiks niederzuknüppeln, verfassungsmäßige Landesregierungen auseinanderzujagen, sozialreaktionären Forderungen der Großindustriellen und Junker Gesetzeskraft zu verleihen, das Parlament auszuschalten, und diente am traurigen Ende als Geburtshelfer der faschistischen Diktatur. Doch von 1919 bis zum Faschismus war es noch ein weiter und keineswegs schicksalhaft vorgezeichneter Weg. 1919 mußten sich die Kriegsverbrecher und Industriegewaltigen noch drehen und wenden, um überhaupt die Grundlagen ihrer Macht retten zu können. Angesichts der Forderungen der Massen, denen bewaffnete Kämpfe und riesige Streiks Nachdruck verliehen, mußten sie sich – wie es ein Redner im Reichsverband der deutschen Industrie tat – fragen, ob der „Standpunkt

„Der Rat der Volksbeauftragten" nach der Ausbootung der USPD-Politiker. V. l. n. r.: Scheidemann, Landsberg, Ebert und die neu kooptierten Mitglieder Noske und Wissel

Antibolschewistisches Plakat. 1919

Karl Liebknecht

Rosa Luxemburg

schroffer Ablehnung (aller Zugeständnisse gegenüber der Arbeiterschaft – W. R.), abgesehen von seiner Richtigkeit oder Unrichtigkeit (!), gegenwärtig überhaupt noch möglich und durchführbar ist". Sie mußten sich von den sie beschwörenden sozialdemokratischen Ministern sagen lassen, daß (um ein Wort des Arbeitsministers Wissell zu zitieren) bestimmte Zugeständnisse nicht rückgängig gemacht werden könnten, weil „die Regierung gezwungen gewesen sei, den Wünschen der Arbeiter Rechnung zu tragen, um die radikalen Strömungen auf diese Weise abfangen zu können"(38).

Dabei kann man die Gesamtsituation des angeschlagenen deutschen Imperialismus im Jahre 1919, namentlich seine Unsicherheit und eingeengte Bewegungsfreiheit, nur verstehen, wenn man neben Thema Nr. 1 der Tagesordnung des damaligen politischen Lebens und der Nationalversammlung, nämlich neben der Gestaltung des nachrevolutionären Deutschlands, auch Thema Nr. 2, d. h. die Liquidierung des verlorenen Weltkrieges, betrachtet und sich den engen Zusammenhang dieser beiden Problemkreise vor Augen hält.
1914, in einer von kriegslüsternen imperialistischen Großmächten beherrschten Welt, hatte das deutsche Kaiserreich das Schwert gezogen, um sich einen „Platz an der Sonne" zu erobern, d. h. um den Industriemagnaten rivalisierender Staaten Erzgruben und Hochöfen, fremden Großgrundbesitzern Güter, fremden Reedern Schiffe, fremden Plantagenbesitzern die Kolonialpeitsche zu entreißen. Da die deutschen Truppen in dem aus solchen Motiven entfesselten Völkermorden zunächst Siegeschancen zu haben schienen, trugen die Phantasielandkarten mit ausgelöschten und in Protektorate verwandelten Feindstaaten sowie die Losung „Der Gegner bezahlt alles" zuerst stets das Signum „Made in Germany". Doch als sich das Blatt zu wenden begann und sich herausstellte, daß die auf Blut und Eisen schwörenden alldeutschen Weltverschlinger über weniger Blut und Eisen verfügten als ihre Gegner, da bekehrten sie sich plötzlich (genau zu der Zeit, da sie ihr Herz für „Demokratie" und „Volksstaat" entdeckten) zur „internationalen Verständigung" und zum „Selbstbestimmungsrecht der Völker".
Mit derartigen Phrasen wollten die Beherrscher Deutschlands nicht nur ihre nunmehr bedrohten Reichtümer vor dem Zugriff der Entente retten, ja – wie im Falle Österreichs – sich durch als „Anschluß" ausgegebene Annexionen deutschsprachiger Gebiete für ihre zerronnenen Eroberungsträume entschädigen. Vor allem ging es ihnen dar-

um, die Volksmassen weiterhin an ihren verfahrenen Karren zu ketten, die nationalen Gefühle und die millionenfache Sehnsucht nach Gerechtigkeit auszunutzen, um das Volk gegen den angesichts des militärischen Zusammenbruchs unabwendbar gewordenen schweren Friedensvertrag zu mobilisieren und es zur Parteinahme für die Verantwortlichen an Krieg und Kriegspolitik zu bewegen. Die Mittel, derer sie sich dazu bedienten, waren außerordentlich vielfältig und – der komplizierten Situation entsprechend – höchst widerspruchsvoll. Sie reichten von der antikommunistischen Dolchstoßlegende, die eine Einheit von ruhmumwobener militärischer Führung und tapferem Volk gegenüber den vermeintlich an Not, Besatzung und Entrechtung schuldigen Gegnern des imperialistischen Krieges konstruierte, bis zu den „klassenkämpferischen" Erklärungen des (sinnfälligerweise adligen) ersten Außenministers der Republik über die im „neuen" Reich verwirklichte „demokratische Selbstbestimmung und soziale Gerechtigkeit", die dem von der Entente repräsentierten Kapitalismus und Imperialismus – so hieß es – den Kampf ansage.
Im Frühsommer 1919, als Deutschland noch immer die Nachwehen der Revolution durchlebte, als die Reichsregierung durch Verkündung und Zurücknahme von Versprechungen hinsichtlich der Verankerung von Betriebsräterechten in der Verfassung auf die stets von neuem aufwallenden Aktionen der Arbeiter reagierte, berieten Parlament und Minister unentwegt darüber, wie man dem am 7. Mai bekannt gewordenen Friedensvertragsentwurf der Siegerstaaten gegenübertreten solle. Die Regierung war sich darüber einig, daß ihre Propaganda das Ziel verfolgen müsse, dem Volk den Schrei „Unerträglich! Unerfüllbar!" zu entreißen. Dabei wußten die Minister genau, daß dieser Schrei im Spiegelsaal des Versailler Schlosses, dem Domizil der Friedenskonferenz, ungehört verhallen würde. Als das Kabinett in Berlin den Entwurf von Scheidemanns berüchtigter Parlamentsrede mit dem Satz „Welche Hand müßte nicht verdorren, die sich und uns diese Fesseln legt!" beriet, wurde von seinen Kollegen der Wunsch geäußert, er solle das Wort „unannehmbar" aussprechen. „Die Frage", hieß es weiter im Sitzungsprotokoll, „ob der Vertrag schließlich unter dem Druck der Gewalt ... doch unterzeichnet werden müsse, werde dadurch nicht unbedingt entschieden."(39) Im Kern ging es also darum, das Volk gegen den „äußeren Feind" aufzuputschen, um es vom Kampf gegen den inneren Feind abzulenken. Mit Verlautbarungen darüber, daß man die „Sünden der alten Regierung aufs schärfste verurteilen" müsse, daß

„wir" (soll heißen: das deutsche Volk) „nicht verantwortlich sind für das, was Leute getan haben, auf deren Entschlüsse wir keinen Einfluß hatten"(40), versuchten die Minister, die dennoch heimlich Millionensummen für die Verteidigung dieser „Leute", nämlich der Kriegsverbrecher, bewilligten,(41) den Gerechtigkeitssinn der Massen anzusprechen, die sich nicht für den Krieg verantwortlich fühlten. Um sich öffentlich von den alten gekrönten und ungekrönten Machthabern zu distanzieren, ging die republikanische Regierung so weit, in der 66. Sitzung der Nationalversammlung einen bürgerlichen (nicht einmal einen sozialdemokratischen!) Minister mit Enthüllungen über die von den rheinisch-westfälischen Schwerindustriellen während des Krieges bei der Ausraubung Belgiens begangenen Verbrechen vorzuschicken. Dieser Minister, der Zentrumspolitiker Matthias Erzberger, nannte die Hauptverbrecher mit Namen und Adresse: Geheimer Finanzrat Hugenberg von der Friedrich Krupp AG, Hugo Stinnes von der Deutsch-Luxemburgischen Bergwerks AG, Geheimer Kommerzienrat Kirdorf von der Gelsenkirchener Gesellschaft, Geheimer Baurat Beukenberg vom Phönixkonzern, Kommerzienrat Reusch von der Gutehoffnungshütte.(42)

Doch was tat die Regierung, welche Konsequenzen zog die „freie Volksvertretung" daraus, daß diese Herren um ihrer Dividenden willen das Völkerrecht gebrochen und sich krimineller Vergehen schuldig gemacht hatten? Wurden sie vor Gericht gestellt? Wurden ihnen ihre Werke und Reichtümer abgenommen, die die Grundlage ihrer politischen Macht bildeten? Mitnichten!

Geheimrat Hugenberg saß selbst in der „freien Volksvertretung". Im Auftrage eines das Licht der Öffentlichkeit scheuenden zwölfköpfigen Kollegiums führender rheinisch-westfälischer Schwerindustrieller erhielt er in der Weimarer Republik die Möglichkeit, einen Presse- und Propagandakonzern aufzubauen, der nicht nur alles, was es bisher in Deutschland an Fortschrittsdiffamierung, Völkerverhetzung und Massenverdummung gegeben hatte, in den Schatten stellte, sondern sich auch durch Unterwerfung der Provinzblätter, des Anzeigengeschäfts, des Films usw. eine für damalige Zeiten einzigartige Monopolstellung im Kommunikationswesen verschaffte. Unbehelligt konnte Hugenberg die republikanische Regierung unter Zuhilfenahme der modernsten Technik millionenfach als „Judenpack" und „Novemberverbrecher" beschimpfen, konnte (gemeinsam mit Geheimrat Kirdorf) zu einem der Hauptfinanziers und Schirmherren Hitlers werden, in dessen Regierung er 1933 eintrat. Und nicht anders verhielt es sich mit den anderen „entlarvten" Verbrechern: Der 1924 verstorbene Hugo Stinnes und sein engster Mitarbeiter und faktischer Nachfolger Albert Vögler (beide – wie auch Hugenberg – Mitglieder des Reichstages) wurden vom Weimarer Staat häufig zu offiziellen Sachverständigen bei entscheidenden außenpolitischen Verhandlungen bestellt. Stinnes ging, wie einer der engsten Mitarbeiter von sechs Regierungschefs berichtet, in der Reichskanzlei ein und aus und gebärdete sich dort „meist höchst diktatorisch". Geheimrat Beukenberg stand als erster auf der Liste der nach Versailles zu den Friedensverhandlungen beorderten Regierungsexperten. Kommerzienrat Reusch schließlich gehörte neben den Großindustriellen Bosch, Duisberg, Siemens u. a. zu jenen Vertrauten der Regierung, mit denen die Minister in Geheimbesprechungen die in Versailles einzuschlagende Linie festlegten.(43)

Auf den ersten Blick scheint diese Zusammenarbeit der sich öffentlich begeifernden Gegner unerklärlich. Doch des Rätsels Lösung ist einfach: Die mit ihrem Antiimperialismus hausierenden Erzberger & Co. und die stur hurrapatriotischen Hugenbergianer vertraten zwar die Interessen verschiedener Monopolgruppen, plädierten zwar für unterschiedliche Zwischenlösungen, versuchten zwar, sich durch wechselseitige Verleumdungen das Vertrauen breiter Volksmassen zu erschleichen, doch verfolgten sie in der entscheidenden Grundfrage ein und dasselbe Ziel – die Erhaltung der Macht des Kapitals.

Außenpolitisch ging es dabei darum, die in Versailles den deutschen Konzernherren durch ihre Rivalen auferlegten Beschränkungen rückgängig zu machen und womöglich die Voraussetzungen für einen zweiten Griff nach der Weltmacht zu schaffen. „Wir müssen Macht bekommen", erklärte der spätere Reichswehrchef General v. Seeckt unumwunden, „und sobald wir die Macht haben, holen wir uns selbstverständlich alles wieder, was wir verloren haben."(44)

Da es mit der deutschen militärischen Macht jedoch zunächst schlecht bestellt war, verlegten sich diese Herren vorerst aufs Manövrieren und Ausweichen, aufs „Finassieren" und Erpressen. Und eben hier konnten sich die Erzberger, Hugenberg und Seeckt (die 1914 – was sie beziehungsweise ihre Erben 1939 wiederholen sollten – alle auf der „Immer-feste-druff"-Linie gestanden hatten) nicht darüber einigen, welche Manöver man einschlagen, welche Erpressungen man androhen sollte.

Dabei sahen sowohl „gemäßigte" wie extreme Monopolpolitiker, daß – wie es in einer Kabinettssitzung formuliert wurde – „der Kampf ge-

gen den Bolschewismus eine der wenigen gemeinsamen Grundlinien für die Wiedervereinigung mit den Westmächten", d. h. für die Milderung der Friedensbedingungen, bilde.(45) „Die Entwicklung des Bolschewismus im Osten", schrieb der Großbankier Hjalmar Schacht (damals Mitbegründer der Demokratischen Partei, später Hitler-Minister und einer der Hauptkriegsverbrecher des zweiten Weltkrieges) am 2. April 1919 im Leitartikel des „Berliner Tageblatts", bringe „auch den führenden Staatsmännern der Entente zum Bewußtsein ..., daß nach diesem ungeheuren Kriege und den als Folgeerscheinungen aufgetretenen Revolutionen in Deutschland und in den östlichen Ländern ganz andere und sehr wesentliche Faktoren bei der politischen Gestaltung mitsprechen, als dies vor dem Kriege der Fall war" ... Deutlicher ausgedrückt: früher sei es ganz legitim gewesen, daß sich die Kapitalisten der verschiedenen Staaten um die Profitquellen rauften, jetzt müßten sie sich jedoch zunächst einmal zusammenschließen, um den Kapitalismus vor der proletarischen Revolution zu retten.
Die antibolschewistischen deutschen Monopolherren spielten sich vor ihren Kollegen in Paris, London und New York als selbstlose Streiter für die „gemeinsame Sache" auf. Doch sie waren alles andere als Altruisten. Erzberger schrieb an den Nuntius Pacelli (den späteren Papst Pius XII.), daß die „Solidarität der Entente mit Deutschland in der Bekämpfung des Bolschewismus" natürlich nur auf der Grundlage des alliierten Verzichts auf Annexionen und finanzielle Vergewaltigung zustande kommen könne.(46) Und die deutschen Generäle, die ihre Truppen im Baltikum halb offiziell, halb privatim gegen den Sowjetstaat kämpfen ließen, wiederholten in allen Tonlagen, daß Deutschland auf Grund seiner „Osterfahrungen" zum Vorreiter gegen die Revolution prädestiniert sei. Um die deutsche „Führungsrolle" sogleich zu dokumentieren, ließen sie einen Mitarbeiter der Obersten Heeresleitung, den späteren Hitlergeneral Stülpnagel, unverzüglich einen „Entwurf für eine Operation gegen die Bolschewisten", d. h. für einen deutsch-amerikanisch-französisch-englisch-polnisch-finnischen Kreuzzug ausarbeiten, der – wie sich Groener im Kabinett ausdrückte – „der ganzen Sowjetherrlichkeit ein Ende" machen sollte.(47)

Die erste außenpolitische Aktivität des „freien deutschen Volksstaates" bestand also darin, sich den „Feindmächten" als Büttel der Weltreaktion gegen die russische Revolution und gegen die konsequent revolutionären Kräfte in Deutschland selbst anzubieten! Angeekelt schrieb selbst der als Zyniker bekannte französische Ministerpräsident Clemenceau, die Taktik der deutschen Unterhändler bestehe „in der Behauptung, daß sie vom Bolschewismus überwältigt werden, wenn wir ihnen nicht beim Widerstand gegen ihn helfen, und daß dann diese Pest auch bei uns ihren Einzug halten wird... *Sie erklärten,... daß wir ihnen zu viele Maschinengewehre wegnähmen und daß ihnen keine blieben, um auf ihre eigenen Landsleute zu schießen.*"(48)

Wenn auch ein Sprecher des an der Erhaltung des deutschen Imperialismus besonders interessierten amerikanischen Finanzkapitals, der Beuftragte Präsident Wilsons, Oberst Conger, der deutschen Regierung eben im Hinblick auf diese Taktik riet, „Keep up your policy!"(49), so hatten die Siegermächte, die zudem nicht die weltweiten Sympathien der Volksmassen für Sowjetrußland ignorieren konnten, doch zu schwere Opfer im Kampf gegen ihren imperialistischen Rivalen gebracht, um nun völlig auf die Realisierung ihrer Raubziele zu verzichten. Die deutsche Rechnung der Ausnutzung des Gegensatzes Sozialismus – Kapitalismus zur Umkremplung der Widersprüche zwischen den imperialistischen Staaten ging deshalb 1919 ebensowenig auf wie zwei Jahrzehnte später, als Hitler hoffte, Englands, Frankreichs und Amerikas Antikommunismus würde die Bildung einer Koalition gegen das faschistische Deutschland verhindern.

So fiel der in Versailles diktierte (am 28. Juni 1919 unterschriebene) Frieden hart aus. Deutschland verlor einen Teil der in früheren Jahrhunderten von Preußen zusammengeraubten polnischen Territorien, das 1871 annektierte Elsaß-Lothringen, seine Kolonien, fast seine gesamte Flotte, es wurde zu riesigen Kontributionen (Reparationen) verpflichtet, mußte der Beschneidung seiner Souveränität zustimmen und durfte von nun an nur noch ein 100 000-Mann-Heer halten, dem moderne Waffen verboten waren.

Doch die deutschen Kriegstreiber und -verbrecher verstanden es, noch aus dieser schweren Niederlage Kapital zu schlagen. In einer Lügenkampagne ohnegleichen stellten sie die angeblich durch die Revolution verschuldeten harten Friedensbedingungen als Ursache des Wirtschaftschaos, des Elends und der Not hin, in die sie das Land durch ihre eigene Profitgier gestürzt hatten. Sie lenkten die Verzweiflung und Empörung von Millionen Kleinbürgern und Bauern einmal gegen jene, die für die revolutionäre Beendigung des Krieges gekämpft hatten, und zum anderen gegen den „äußeren Feind", nutzten also ihr militärisches Fiasko zur langfristigen ideologischen Vorbereitung einer Neuauflage der Schandtaten von 1914/18.

Von der Sozialdemokratie irregeführt, begriff dabei selbst die Mehrheit der Arbeiterklasse nicht, daß das Unglück des Friedensvertrages nicht in der Einengung der Raub- und Expansionsmöglichkeiten des deutschen Monopolkapitals bestand, sondern – im Gegenteil – in der Konservierung seiner Machtgrundlagen. Denn schlimm war nicht, daß in der deutschen Armee nur noch 100 000 Mann dienen durften, sondern schlimm war, daß diese Armee weiterhin ein Instrument des Militarismus blieb; schlimm war nicht, daß Deutschland zur Teilnahme an der Wiedergutmachung der Kriegsschäden verurteilt wurde, sondern schlimm war, daß das System bestehenblieb, welches es den gestrigen Kriegsgewinnlern ermöglichte, Milliarden von Reparationen und darüber hinaus noch viel größere Summen als Profit aus den Werktätigen herauszupressen; schlimm war nicht, daß Deutschland die hauptsächlich von Polen und Franzosen besiedelten Landesteile verlor, sondern schlimm war, daß die Macht im Reiche selbst weiterhin in den Händen der nach innen und außen aggressiven Kräfte verblieb.

Der Versailler Vertrag bestätigte das (in Anbetracht des Kriegsausganges einseitig von den imperialistischen Siegerstaaten festgelegte) Resultat der interimperialistischen militärischen Auseinandersetzung die zwar den besonders raubgierigen deutschen Imperialismus geschwächt, ihn aber in seiner Substanz erhalten hatte. Insofern hing dieser Vertrag engstens mit dem Ergebnis der Novemberrevolution zusammen, deren Niederlage er völkerrechtlich fixierte.

Während die deutschen Schlachtenverlierer danach strebten, dieses Resultat *nach außen* zu verändern, verlangten die Lebensinteressen des deutschen Volkes die grundsätzliche Veränderung der Machtverhältnisse *im Innern.* Das hatten klar nur die Kommunisten erkannt. Dafür setzten nur sie sich konsequent ein. „Der Spartakusbund", erklärte die KPD bei den ersten Wahlen nach Friedensschluß, „hat dieses Ende des Krieges vorausgesagt, als der Krieg begann. Dafür wurden seine Anhänger in die Zuchthäuser und Gefängnisse geworfen, verfolgt und gehaßt von denen, die im ‚Durchhalten' sich nicht genugtun konnten. Daß dieses Ende aber kam, konnte mit alldem nicht verhindert werden ... Die geschichteten Leichenhügel und die gefüllten Siechhäuser, der Krüppel auf der Straße und die ragenden Trümmer sprechen Anklage und Urteil zugleich. Die Anklage, die lautet: Das hat der Kapitalismus getan! Das Urteil, das lautet: Darob hat der Kapitalismus den Tod verdient!"(50)

Von dieser Grundhaltung aus gingen die Kommmunisten auch an die Frage der Annahme oder der Ablehnung der Friedensbedingungen heran. „Ihr könnt euch von diesem Frieden erretten“, rief ihre Partei den Massen zu, „indem ihr rücksichtslos das Werk der Revolution vollendet!“(51)

Zweites Kapitel

1920: Ultras scheitern an Arbeitereinheit

Mitten in der Revolution, an einem Dezembernachmittag des Jahres 1918, ging der untersetzte, kurzbeinige General Groener, der sich an der Spitze des Offizierskorps dem neuen Regime „zur Verfügung" gestellt hatte, mit den Orden des alten Regimes und den von der Revolution geschmähten Rangabzeichen protzend, zu Fuß durch die menschenüberströmte Leipziger Straße in Berlin. Als er einen Soldaten, der sich ihm empört entgegenstellte, von seinen Begleitern verhaften ließ, johlte die Menge um ihn herum zwar, ließ sich aber diese Provokation gefallen.(1)
Groener begab sich damals zu einer Beratung des Generalstabs, auf der Deutschlands künftige aggressive Ziele zur Diskussion standen. Noch waren nicht alle Toten des ersten Weltkrieges verscharrt, da begannen die Organisatoren des Völkermordes bereits mit der Ausarbeitung der Pläne eines zweiten, noch schrecklicheren Weltkrieges. Noch waren diejenigen nicht geboren, oder befanden sich erst im frühen Kindesalter, die beim nächsten Mal verheizt werden sollten, da wurde schon über ihr Schicksal entschieden. Noch waren die Friedensbedingungen der Entente im einzelnen nicht bekannt, da kalkulierte man bereits mit dem Kräfteverhältnis nach ihrer Aufhebung. Noch machten bürgerliche und sozialdemokratische Politiker die Massen mit der Verkündung einer nun angeblich angebrochenen ewigen Ära des Friedens trunken, da hörten sich die Generäle in einem vom revolutionären Sturm abgeschirmten militärischen Dienstzimmer nüchtern überlegend die Sentenzen Groeners an, der präzis formulierte: „Wenn man um die Weltherrschaft kämpfen will, muß man dies von langer Hand her vorausschauend mit rücksichtsloser Konsequenz vorbereiten. Man darf nicht hin- und herschaukeln und Friedenspolitik treiben, sondern muß restlos Machtpolitik treiben."(2)
Noch war die Republik nicht konstituiert, da legten die bewährte-

sten Diener der gestürzten Monarchie die verbindlichen Richtlinien ihrer Politik fest.
Die Historiker wissen nicht, ob das Zimmer, in dem jene Generalstabsberatung stattfand, gut beleuchtet war. Doch selbst wenn der Raum, in dem die geschniegelten, nach der „Badekur" des Weltkrieges von Gesundheit strotzenden Generäle zusammensaßen, in hellstem Lampenschein erstrahlte, kann man sich kaum einen gespenstischeren Anblick vorstellen: Diejenigen, die das Volk auf den Kehrichthaufen der Geschichte gefegt zu haben glaubte, steckten den Weg ab, auf dem dieses Volk zur Schlachtbank geführt werden sollte ...
Das zur Debatte stehende Programm wurde vom Leiter des (auch für Spionage zuständigen) Politischen Büros der Obersten Heeresleitung, Major v. Schleicher, vorgetragen, einem primadonnahaften ausgekochten Akteur hinter den Kulissen, der die zahlreichen Bank- und Konzernherren, mit denen er auf du und du stand, durch seine „bezaubernde Rücksichtslosigkeit" und seinen sprühenden Witz begeisterte, der 1923 als des Militärdiktators Seeckt rechte Hand fungieren sollte, spätestens 1926 „Kardinal in politicis" der Reichswehr wurde, 1929 als General zum faktischen Staatssekretär des Wehrministeriums avancierte und von dort aus über die „Zivil-Schleicher" in anderen Ministerien die Fäden der Intrigen zum Sturz und zur Einsetzung der Reichsregierungen spann, 1932 als seines Protegés, Fränzchen v. Papens, Wehrminister den Staatsstreich gegen Preußen durchführte, schließlich im Dezember desselben Jahres als lächelnder „sozialer General" das Platzhalterkabinett für Hitler bildete, dann aber 1934 von SS-Leuten als Rivale des „Führers" wie ein Hund abgeknallt wurde.
Prägnant gibt der Chronist das Programm wieder, das Schleicher an jenem Winterabend 1918 dem Generalstab unterbreitete: „Zunächst müsse man im Innern eine Regierungsgewalt wieder aufrichten, die sich durchzusetzen vermöge. Wenn der Soldat dabei helfe, könne das verhältnismäßig schnell gehen. Auf der Basis der wiederhergestellten Ordnung müsse man sodann zur Gesundung der Wirtschaft kommen. Erst auf den Schultern einer aus den Trümmern wiederaufgebauten Wirtschaft könne alsdann nach langen, mühevollen Jahren an die Wiedererringung der äußeren Macht herangegangen werden."(3) Diesen programmatischen Grundlinien stimmten nicht nur die Generäle zu; dem Wesen nach wurden sie anderthalb Jahrzehnte hindurch von allen republikanischen Regierungen ver-

folgt – ganz gleich, ob der Kanzler ein sozialdemokratisches Parteibuch in der Tasche hatte, ob er ein eingeschriebenes Mitglied der Zentrums- oder der Volkspartei war oder ob er sich mit seiner „Parteilosigkeit“ brüstete.

Doch das heißt keineswegs, daß Strategie und Taktik der Reaktion, einmal von ihren weitsichtigen Vertretern ausgeklügelt, nun unabänderlich feststanden und gewissermaßen fahrplanmäßig realisiert werden konnten. Fest standen nur die von den Profit- und Raubinteressen der großen Monopolherren geprägten Endziele. Ob und wie sie verwirklicht würden, hing von Tausenden von Fakten und Gegebenheiten ab, in erster Linie von der Kampfkraft des gegen Ausbeutungsverbrechen und Expansionswahnsinn auftretenden Proletariats. Immer wieder machte die Arbeiterklasse den Herren in der Regierung, im Reichsverband der Industrie und im Generalstab Striche durch die Rechnung, immer wieder zwang sie sie, die vorderste Linie preiszugeben, neue Umgehungsgefechte zu planen, unterschiedliche Konzeptionen zu entwickeln. So verfielen die an den Schalthebeln der Macht sitzenden Konzerngewaltigen, Militärs und Politiker im Kampf gegen ihre Klassenfeinde, aber auch im Ringen mit ihren Rivalen und mit ihren anderen Profitmöglichkeiten nachgehenden Konkurrenten sowie im Bemühen, die historisch widrigen Umstände doch noch für sich zu nutzen, auf hunderterlei Manöver und Schliche, deren Durchsetzung sie oft hektisch, von den Geschehnissen gejagt, mit Korruption und Betrug, ja mitunter sogar mit Mord und Totschlag in den eigenen Reihen betrieben.

Diese Auseinandersetzungen der an einer Stelle mit-, an einer anderen gegeneinander auftretenden, bisweilen miteinander verschmelzenden, hier sich voneinander abgrenzenden und dort wieder Einheitlichkeit vortäuschenden Fraktionen des Monopolkapitals durchdrangen Regierung und Armee, einzelne Institutionen des Staatsapparates, bürgerliche Parteien und Unternehmerverbände, verwandelten dieses Ministerium oder jene Partei bzw. jenen Parteiflügel ständig oder vorübergehend in Stützpunkte der einen oder der anderen politischen Clique und verkörperten insgesamt die Labilität der zur Lösung der gesellschaftlichen Hauptwidersprüche unfähigen und deshalb historisch zum Untergang verurteilten Bourgeoisie.

Mit besonderer Deutlichkeit traten in dieser Zeit, die als revolutionäre Nachkriegskrise (1919-1923) in die Geschichte eingegangen ist, zwei – in ihren Grundtendenzen schon lange vorhandene – strategische Hauptströmungen der deutschen imperialistischen Politik her-

vor: die „Erfüllungs"- und die „Katastrophen"politik. Diese Bezeichnungen gehen auf die außenpolitischen Konzeptionen der beiden großen sich gegenüberstehenden Monopolfraktionen zurück. Die „Erfüllungs"politiker setzten sich für eine „begrenzte Erfüllung" des Friedensvertrages, insbesondere der Reparationsverpflichtungen, ein, um den Siegermächten vor Augen zu führen, daß der Vertrag unerfüllbar sei und gemildert werden müsse, weil er zur wirtschaftlichen Zerrüttung Deutschlands und damit sowohl zur Revolutionierung der Massen als auch zur Störung der Weltwirtschaft und folglich in doppelter Hinsicht zur Gefährdung der Herrschaft und der Profite auch der Entente-Kapitalisten führen werde. Demgegenüber verlangten die „Katastrophen"politiker, den Friedensvertrag weitgehend zu sabotieren. Sie erhofften sich aus der dadurch heraufbeschworenen „Katastrophe" (verschärfte Sanktionen der Alliierten, Besetzung Deutschlands durch feindliche Truppen) das Auseinanderbrechen der Siegerkoalition, vor allem aber den Ausbruch bürgerkriegsähnlicher Hungerrevolten, die das Proletariat von seinen potentiellen Verbündeten isolieren und die westlichen Imperialisten veranlassen sollten, sich mit dem deutschen Kapital zu solidarisieren.
Hinter den „Erfüllungs"politikern standen einflußreiche Konzernherren der Elektro- und Chemiebranche, die schon vor dem Kriege durch zahlreiche Kartell-, Patent- und Marktabkommen eng mit dem anglo-amerikanischen Kapital verbunden gewesen waren. Sie hatten durch den Friedensvertrag verhältnismäßig wenig Betriebe verloren, benötigten den Zugang zum Weltmarkt dringender als andere Industrielle und wollten unter den gegebenen Bedingungen kriegerischen Verwicklungen ausweichen, weil sie als deren Folge noch energischere Zwangsmaßnahmen ihrer ausländischen Rivalen und die weitere Radikalisierung der Arbeitermassen befürchteten. Die an der Spitze der „Katastrophen"fraktion stehenden rheinisch-westfälischen Montanherren, denen der Versailler Vertrag viel größere unmittelbare materielle Verluste zugefügt hatte (allein die Stinnessche Deutsch-Luxemburgische Bergwerks AG verlor 60 Prozent ihrer Gesamtproduktion), spekulierten demgegenüber in erster Linie darauf, daß das vorübergehend zwar militärisch mächtige, seinen beiden mißtrauischen Hauptpartnern – den USA und England – jedoch ökonomisch unterlegene Frankreich durch eine neue Kraftprobe allseitig geschwächt und so für eine „Zusammenarbeit" mit und spätere Unterordnung unter Deutschland gefügig gemacht werden könne.
Doch der Kampf zwischen „Erfüllungs"- und „Katastrophen"politi-

kern entzündete sich nur äußerlich an den Fragen der Friedensregelung. Seinem Wesen nach war es ein Kampf um die imperialistischen Herrschaftsmethoden überhaupt. Die Bergwerksbesitzer und Stahlproduzenten hatten weniger Möglichkeiten zur Rationalisierung und zur Intensivierung der Ausbeutung, mußten also viel energischer als die in dieser Beziehung günstiger situierten Elektro- und Chemieindustriellen auf die Verlängerung der Arbeitszeit, die Senkung der Löhne, die Abschaffung des Tarifrechts, generell auf die Zerschlagung der sozialen Errungenschaften der Arbeiterschaft, auf die Durchsetzung des „Herr-im-Hause"-Standpunktes, auf die Niederhaltung der revolutionären Bewegung mit Gewalt und Terror drängen. Sie konnten sich deshalb viel weniger als ihre wendigeren Rivalen, die zudem nicht durch ein traditionelles Bündnis mit den monarchistisch-konservativen Junkern belastet waren, auf die Gewerkschaftsführungen und überhaupt auf ein von der Sozialdemokratie mitgetragenes Regierungssystem stützen. Dementsprechend richtete sich ihre Propaganda entschieden gegen den Parlamentarismus, nicht zuletzt auch gegen die vermeintlich demokratisch regierten Westmächte. Während sich die Herren von Elektro und Chemie noch auf Jahre hinaus mit dem Pazifismus der SPD und der bürgerlichen Demokraten abfinden konnten, waren die Schwerindustriellen bei der Schaffung einer ihnen hörigen Massenbewegung auf die Entfachung eines kleinbürgerlichen Hurrapatriotismus und Chauvinismus angewiesen, der zusätzlich dazu diente, die vom Kapital ausgehaltenen konterrevolutionären Terrorgarden als vermeintlich „nationale", der Allgemeinheit, nicht einer kleinen Interessengruppe dienende Organisationen auszuweisen.

Da nun aber die rheinisch-westfälischen Schlot- und Kohlenbarone und die Konzerngewaltigen der sogenannten neuen Industrien (Elektrotechnik, Chemie, Feinmechanik, Optik) hundertfältig miteinander versippt und verschwägert waren, da es unzählige Verbindungen zwischen ihnen und den großen Bankhäusern, Reedereien, Maschinenbauunternehmen sowie den Beherrschern der anderen Industriezweige gab, die hier mit der einen, dort mit der anderen Fraktion konform gingen, da bei allen taktischen Planungen und Abmachungen der Bourgeoisie auch Vertreter der auf ihren Machtanteil bedachten Ministerialbürokratie, kastenegoistische Militärs, um ihren Masseneinfluß bangende Parteifunktionäre, mit Hof und Hofadel liierte Junker, antikommunistische Phantasten und viele andere mit hineinredeten, da die Haltung all dieser Personen von familiären und religiösen Interessen, subjektiven Vorurteilen und Rücksichtnahmen beeinflußt wurde, da schließlich vielfach die Einsicht bestand, daß es angesichts der Stärke der rivalisierenden Fraktion nicht möglich sei, die eigene Konzeption uneingeschränkt durchzusetzen, trat keine der beiden großen Monopolfraktionen in hundertprozentiger Reinheit auf. Ja, oftmals berücksichtigte die eine Seite bei der Konzipierung einer taktischen Wendung schon die zu erwartende Reaktion der Gegenseite, so daß bisweilen ein Spiel mit verteilten Rollen entstand.

Als Spitzenrepräsentanten der „Erfüllungs"- bzw. der „Katastrophen"-politik galten, zweifellos zu Recht, Walter Rathenau, Präsident der AEG, und Hugo Stinnes, Generaldirektor der Deutsch-Luxemburgischen Bergwerks AG, später der Siemens-Rheinelbe-Schuckert-Union. Rathenau, 84faches Aufsichtsratsmitglied, technisch-wissenschaftlich und humanistisch hochgebildet, war ein Mann, der es verstand, eine Zone geistigen Parfüms um sich zu legen, und sich in der Pose eines unverstandenen, von geheimnisvollen sozialen Visionen heimgesuchten kosmopolitischen Philosophen gefiel. Er tat so, als leite er fast nebenbei einen der größten Konzerne der Welt, die deutsche Kriegsrohstoffwirtschaft oder auch die verfahrene deutsche Außenpolitik der Nachkriegszeit und sei dabei erfolgreicher als die von blindem Geschäftssinn oder von politischen Axiomen Besessenen. Stinnes dagegen, schon rein äußerlich ungeschlacht und grob, auf jedes gepflegte Gehabe verzichtend und den Geist demonstrativ verachtend, trat als der nur auf Gewinn bedachte Spekulant, als der allein Feuer und Schwert anerkennende, ihre Fertigung beherrschende und deshalb stets vom Schicksal begünstigte Praktiker auf. Viele bürgerliche Historiker erklären die Auseinandersetzungen der beginnenden zwanziger Jahre innerhalb der deutschen Machthaber mit dem Charakterunterschied zwischen Rathenau, dem „Don Juan der Freundschaft", und dem Erzegoisten Stinnes, der „das Wohl Deutschlands mit dem Wohl seiner Unternehmungen" identifizierte.(4) Derartige Thesen lassen sich jedoch allein durch den für die teilweise Verschmelzung von „Erfüllungs"- und „Katastrophen"politik wichtigen Nachweis widerlegen, daß Rathenau bisweilen ausgesprochen Stinnessche Gedankengänge äußerte, während Stinnes mitunter Verteidigungsreden für die „Erfüllungs"politiker hielt. So hatte Rathenau beispielsweise bei Bekanntwerden der harten Friedensbedingungen geraten, den deutschen Staat aufzulösen, Deutschland der alliierten

Okkupation preiszugeben, weil sich nur auf diesem Wege das „Condominimum der Entente-Regierungen ... davon überzeugen wird: es ist das beste, wenn in Deutschland wieder eine Regierung geschaffen wird und wenn man ihr Gelegenheit gibt, das Land leistungsfähig zu machen“(5). Und Stinnes sagte 1922 beim Stapellauf seines auf den Namen des Gewerkschaftsführers Carl Legien getauften Schiffes über diesen Reformisten: „Ihm und einigen tatkräftigen Führern unseres Volkes . . . verdanken wir an erster Stelle, daß wir heute zwar ein verstümmeltes und niedergeworfenes, aber doch noch in seinen Hauptteilen zusammenhängendes Reich und Volk bilden.“(6)

Derartige Reden waren keine falschen Zungenschläge oder zu weit getriebene Versuche, den Gegner irrezuführen, sondern Ausdruck der Tatsache, daß die beiden strategischen Hauptlinien der Monopolherren ein und derselben klassenmäßigen Grundeinstellung entsprangen, daß die historischen Gegebenheiten, die die Haltung der einen Fraktion bestimmten, auch von der anderen Fraktion nicht ignoriert werden konnten.

Dabei machten Stinnes, der voll auf den Positionen der „Katastrophen“politiker stehende erzreaktionäre General Freiherr v. Lüttwitz und ihre Kumpane sowie die Führer der von ihnen zur Durchsetzung der Diktatur aufgezogenen Terrorbanden im engen Kreise keinen Hehl aus ihrem animalischen Haß gegen die sozialdemokratischen Führer und deren anrüchiges pseudomarxistisches Geschwafel. „Selbstverständlich“, schrieb der bereits erwähnte Pabst, einer der engsten Mitarbeiter von Lüttwitz, „leitete uns ... nicht der Wunsch, die Sozialdemokratie in den Sattel zu heben ..., sondern wir wollten und mußten zunächst einmal – weil es bei der damals in Deutschland herrschenden Stimmung und angesichts des Alpdrucks des äußeren Feindes anders nicht ging – ein Stück mit der Sozialdemokratie zusammen marschieren, um unseren gemeinsamen Feind, den ‚Spartakismus‘ abzuwürgen. War dies geglückt, dann wollten wir unseren Verbündeten die Rechnung vom November 1918 vorlegen und von ihnen begleichen lassen.“ Und noch offener äußerte sich Ludendorff (damals auch noch Idol eines kleinen, von der Reichswehr gedungenen Wortwüstlings namens Adolf Hitler), der aus Schweden, wohin er sich mit blauer Brille verkrochen hatte, an seine Frau schrieb: „Na, ich komme wieder zur Macht. Dann gibt's kein Pardon. Mit ruhigem Gewissen würde ich Ebert, Scheidemann und Genossen aufknüpfen lassen und baumeln sehen.“(7)

Somit konnten nicht nur die parlamentarischen Illusionen nachhängenden SPD-Politiker, sondern selbst die rechtesten und abgefeimtesten sozialdemokratischen Führer, die sich voll und ganz dem Antikommunismus verschrieben hatten, den Militaristen nicht über den Weg trauen. Weil sie auf ihren Masseneinfluß bedacht sein mußten, mit dessen Verlust sie auch jeden Wert in den Augen der Bourgeoisie verloren hätten, gaben sie ihre Namen nicht für eine offene Militärdiktatur her und erteilten dem Liebeswerben der Lüttwitz und Co. Absagen. Die konterrevolutionären Brachialpolitiker machten sich deshalb daran, allein eine Verschwörung gegen die Republik in Szene zu setzen.

Von Reusch, Krupp, Hugenberg, Stinnes, der Deutschen Bank, der Commerz- und Discontbank, der Dresdner Bank, der Nationalbank und ähnlichen Kreisen finanziert, von der deutschnationalen und volksparteilichen Führung unterstützt, schufen sie eine Dachorganisation der Verschwörer, die „Nationale Vereinigung", mit Pabst, Ludendorff, Lüttwitz und dem als Ultrachauvinisten bekannten antikommunistischen Gutsbesitzer Kapp an der Spitze, von dem später ein sozialdemokratischer Politiker schrieb, daß die Republik „ihn versehentlich (!) . . . zum Vorsitzenden des ostpreußischen Heimatdienstes" gemacht hatte.(8) Bereits Mitte September 1919 erließ Lüttwitz, dem die republikanische Regierung (wohl ebenso „versehentlich"!) den höchsten Offiziersposten (Befehlshaber des Reichswehrgruppenkommandos I) überlassen hatte, einen „Vorbereitenden Befehl zur Unterdrückung größerer Unruhen", der zum „rücksichtslosen Gebrauch der Machtmittel" verpflichtete und durch „allgemeine Richtlinien für die Bekämpfung des Generalstreiks" ergänzt wurde.(9) Während die Reaktionäre im ganzen Lande einen wüsten Propagandafeldzug gegen die Regierung starteten, entwarfen die Staatsstreichler im engsten Kreise eine Notstandsverfassung, deren ganzer Inhalt sich in einem Satz zusammenfassen läßt: Wer nicht pariert, wird arretiert.(10)

Die ultrachauvinistischen und verbissen antisowjetischen Verschwörer rechneten sich nicht zuletzt deshalb eine Chance für ihr Unternehmen aus, weil sie die weltpolitische Situation für die Wiedererrichtung eines schwarzweißroten Reiches für günstig hielten. Da es der Entente weder mit eigenen Mitteln noch mit Hilfe der von ihr gedungenen weißen Generäle gelungen war, die russische Sowjetmacht zu vernichten, glaubten sie, daß den Westmächten nichts anderes übrigbleibe, als – wie sich ein Parteigänger Kapps ausdrückte –

den Degen Ludendorffs für sich in Anspruch zu nehmen, also eine extrem konterrevolutionäre und zur sofortigen Teilnahme an einem antisowjetischen Kreuzzug bereite Regierung in Deutschland zu fördern.

Reichswehrminister Noske war über die Putschvorbereitungen informiert, unternahm aber nur halbe und viertel Maßnahmen, um sie zu durchkreuzen. Allein die Kommunisten warnten die Massen vor dem bevorstehenden Anschlag der Reaktion und riefen zur Organisierung des Widerstandes auf. „Es hieße blind sein", schrieb die „Rote Fahne" am 12. März 1920 über die Aufgaben der Partei, „wenn man nicht sehen wollte, daß die große Masse des großen, mittleren und kleineren Bürgertums ... sich im raschen Tempo der Linie Hindenburg–Ludendorff wieder nähert. Wenn jedoch die militärische Gegenrevolution sich zunächst mit den Mitteln, die ihr die Einrichtungen der Republik in die Hand geben, vorwärtsarbeitet, so wäre es jedoch eine große Täuschung, zu glauben, daß damit die Mittel der Gewalt für sie ausscheiden. Gleichzeitig mit der Propaganda und Vorarbeit auf sogenanntem demokratischen Weg geht Hand in Hand die systematische Vorbereitung von Pogromen und Putschen größten Stils ... Diese Entwicklung hat innenpolitisch ein so rasches Tempo angenommen, daß die revolutionäre Arbeiterklasse sich auf überraschende Aktionen der militärischen Gegenrevolution gefaßt machen muß." Kaum war die Druckerschwärze dieser Zeitungsnummer getrocknet, da schlugen die Verschwörer, die Vorhut der abenteuerlich-militaristischen Monopolfraktion, los(11). In der Geisterstunde zwischen zwölf und eins am 13. März rückten die in Döberitz bei Berlin stationierten Truppen in Richtung Reichshauptstadt aus. Einigen Geschützen an der Spitze der Kolonne folgten Bagagewagen, von denen die Läufe schußbereiter MGs starrten. Dahinter hallte das im Marschrhythmus klingende Lied:

„Hakenkreuz am Stahlhelm,
Schwarzweißrot das Band –
Sturmbrigade Ehrhardt
Werden wir genannt."

Berlin schlief. Aber schon bald eilten Kuriere zu den höchsten Reichswehroffizieren und beorderten sie eiligst zu dem durch die letzten Nachrichten nun doch aufgeschreckten Wehrminister in die Bendlerstraße. Wenig später traten die finster dreinblickenden Mili-

tärs einer nach dem anderen in Noskes Arbeitszimmer. Der Hausherr war nervös. Vor kurzem noch, als die Maschinengewehrläufe in Nord und Süd, in Ost und West auf streikende und demonstrierende, auf zum Widerstand gegen Verrat und Betrug aufbegehrende Arbeiter gerichtet waren, hatte er nicht daran gezweifelt, daß er den Paladinen des gestürzten Hohenzollernreiches imponiere. Jetzt aber, da die MGs hinter einem Ultimatum anrollten, das bis 7 Uhr früh den Rücktritt Eberts, des sozialdemokratischen Kanzlers Bauer und seiner Minister forderte, spürte Noske, daß ihn seine Kumpane im Stich lassen würden. Kurz erläuterte er die Lage. Doch nur General Reinhardt und Noskes Adjutant v. Gilsa äußerten ihre Bereitschaft, die Regierung zu unterstützen. Alle übrigen schwiegen. Noske verlor die Nerven und brüllte: „Ihr verlaßt mich alle!"
Nach diesem hysterischen Aufschrei lastete die Stille noch drückender auf den Anwesenden. Da erhob sich eine hagere Gestalt mit fest ins Auge geklemmtem Monokel, Hans v. Seeckt – ein als Organisationsgenie gefürchteter General, der es in arroganter Eleganz einer unnahbaren Sphinx liebte, die ihn umgebenden Landsknechtsseelen mit einem Lao-tse-Zitat oder einem Originalvers aus der Ilias verächtlich auf die Distanz zwischen Führern und Geführten hinzuweisen. Eisig klangen seine Worte: „Es kann doch keine Rede davon sein, daß man Reichswehr gegen Reichswehr kämpfen läßt. Truppe schießt nicht auf Truppe."(12)
Diese kaltschnäuzige Antwort des Chefs des Truppenamtes (d. h. des vor der Entente getarnten geheimen Generalstabs) konnte nur bedeuten – und bedeutete tatsächlich –, daß die aufsässigen Truppen zwar auf die regierungstreuen, die regierungstreuen aber nicht auf die aufsässigen schießen würden. Faktisch hatte der als Gehorsamsfanatiker bekannte „letzte Gardegeneral preußischen Stils" damit den Gehorsam gekündigt. Dafür wurde er jedoch wenige Tage später vom formalen Oberbefehlshaber, Präsident Ebert, zum Chef der Reichswehr befördert: Die „rechts"staatliche Republik blieb ihrem Grundsatz treu, nur jene zu ihren Dienern zu berufen, deren Gewehre nie nach rechts, sondern immer nur nach links losgingen.
Zunächst mußten Ebert, Reichskanzler Bauer und die übrigen Regierungsmitglieder (bis auf Vizekanzler Schiffer, den man für alle Fälle für Verhandlungen mit den Putschisten in Berlin ließ) jedoch, da sie keinen militärischen Rückhalt mehr hatten, nach Dresden fliehen, wo sich der Reichswehrkommandeur allerdings auch als unzuverlässig erwies, so daß die Flucht nach Stuttgart weiterging.

Während das Staatsoberhaupt und die Minister im Schnellzug saßen, eilte Ludendorff mit polierter Pickelhaube und ordenübersäter Brust zum Brandenburger Tor, um die „Reichserneuerer" dort feierlich zu begrüßen (vor Gericht sagte er später aus, er sei „ganz zufällig" um 6 Uhr früh und in diesem Aufzug spazierengegangen). Willkommensphrasen wurden ausgetauscht, „nationale" Machtworte klirrten durch die kühle Morgenluft. Dann zogen Lüttwitz und Konsorten an der Spitze ihrer Garden durch den Triumphbogen, von dem jeder preußische Krieger träumte, ihn einmal als Sieger zu passieren, setzten sich im Regierungsviertel fest und begannen (Kapp in Zylinder und Cut, als selbsternannter Reichskanzler, Lüttwitz, einen Kopf kleiner und immer in Paradehaltung, als sein Oberbefehlshaber) zu „regieren".

Doch zum Regieren gehören zwei Seiten: die „oben", die regieren, und die „unten", die sich regieren lassen. Und diesmal wollten die „unten" nicht mitmachen... Wie ein Lauffeuer breitete sich die Nachricht vom schwarzweißroten Staatsstreich in der Hauptstadt und über ganz Deutschland aus. Noch hatten die auf den Straßen und Plätzen Berlins kampierenden Kapp-Söldlinge ihre Feldküchen nicht angeheizt, da wußten schon Zehntausende von Arbeitern in den Vororten, daß es heute keinen Strom und kein Gas, kein Wasser und keine Zeitungen geben dürfe, daß Lokomotiven und Turbinen, daß Werkbänke und Motoren stillstehen müßten, um das monarchistische Gesindel davonzujagen. Noch hatten die von den Putschisten in allen Teilen des Reiches auf die Beine gebrachten reaktionären Offiziere ihre Mannen nicht gesammelt, da begannen die Proleten mit der Aufstellung von Arbeiterwehren, mit der Aushebung von Waffenlagern der geheimen Terrororganisationen, mit der Bildung von Führungszentren für den bewaffneten Kampf.

Die erste Hoffnung der Putschisten erwies sich als katastrophale Fehlspekulation. Die von den Ebert und Noske betrogenen, drangsalierten und bitter enttäuschten Arbeiter, von denen Kapp und seine Hintermänner geglaubt hatten, daß sie keinen Finger zur Rettung der Republik rühren würden, erhoben sich wie ein Mann. „Nicht ihretwegen", rief die Kommunistische Partei, auf Ebert und Noske weisend, den Massen zu, „sondern euretwegen müßt ihr den Kampf aufnehmen!"(13) Kommunisten, linke Unabhängige, rechte USPD-Leute und Sozialdemokraten, von denen die Reaktionäre geglaubt hatten, daß sie außerstande sein würden, sich über ein gemeinsames Vorgehen zu einigen, stellten alles Trennende zurück, um ihre Organisa-

tionen, ihre Lebensgrundlagen, ja ihre nackte Existenz zu verteidigen. In Sachsen, Thüringen, Mitteldeutschland, in Mecklenburg, Pommern, Ostpreußen, Schlesien, an der Wasserkante entstanden Aktionsausschüsse, Einheitskomitees, revolutionäre Vollzugsorgane.
Nach kurzem Zögern überwand auch die Zentrale der KPD die Bedenken einiger ihr angehörender engstirniger Dogmatiker gegen die Bildung einer geschlossenen Kampffront mit der Sozialdemokratie und rief (bereits am 14. März) zur einheitlichen Abwehr des Putsches, zur Verjagung der konterrevolutionären Regierung, zur Entwaffnung aller reaktionären Truppen und Wehrverbände, zur Bildung bewaffneter Formationen des Proletariats auf.
Keine Kraft konnte dem mächtigen Einheitswillen der Arbeiterklasse widerstehen. Selbst die reformistische Gewerkschaftsführung mußte zum Generalstreik aufrufen, und der sozialdemokratische Parteivorsitzende setzte die Unterschriften der SPD-Minister unter einen Appell zur Niederlegung der Arbeit.
Dem Generalstreik, der am Montag, dem 15. März, mit voller Wucht einsetzte, schlossen sich nicht nur die in den Arbeiterparteien und den Gewerkschaften organisierten Arbeiter, sondern auch Millionen christlicher und parteiloser Proletarier, Handwerker, Gewerbetreibende, Kaufleute, kleine und mittlere Angestellte und Beamte an. Zwölf Millionen Menschen brachten in diesem gewaltigsten Streik der deutschen Geschichte ihren festen Willen zum Ausdruck, die – wenn auch von vielen als unzulänglich erkannten – Errungenschaften der Novemberrevolution zu verteidigen. Der Streik bewies, daß die Arbeiterklasse, wenn sie einheitlich handelt, auch die proletarischen Randschichten, die Landarbeiter, die Mehrheit des Kleinbürgertums, ja alle in irgendeiner Weise den demokratischen Traditionen verhafteten Teile des Bürgertums und der Intelligenz zu einer unwiderstehlichen Volksbewegung mitreißen kann. So zerschlug sich auch die zweite Hoffnung der Kapp und Lüttwitz, die mit der geschlossenen Unterstützung der Mittelschichten gerechnet hatten.
Den in allen Teilen des Reiches aufflammenden Herden der Konterrevolution stellte sich eine unüberwindliche Front von kampfentschlossenen Streitern gegen die stahlbehelmten Ewiggestrigen entgegen. In Chemnitz, dem heutigen Karl-Marx-Stadt, wurde auf Initiative der KPD schon am 13. März ein provisorischer Aktionsausschuß gebildet, der 3 000 Arbeiter bewaffnete, die Entwaffnung der Zeitfreiwilligen durchführte, die strategischen Punkte der Stadt besetzte und die politischen Gefangenen aus dem Gefängnis befreite.

Auf Großkundgebungen am folgenden Tage traten auch Unabhängige und Mehrheitssozialdemokraten für eine geschlossene Kampffront gegen die Putschisten ein. In Zwickau, Plauen, Oelsnitz, Borna, Hohenstein-Ernstthal, Pirna, Wurzen, Riesa, Oschatz und fast allen anderen sächsischen Industriestädten entstanden gleicherweise bewaffnete Formationen der Arbeiterschaft und Aktionsausschüsse. Als am 14. März eine von den drei Arbeiterparteien organisierte Massendemonstration auf dem Leipziger Augustus-Platz von konterrevolutionären Truppen überfallen wurde, bildete sich dort ebenfalls eine Arbeiterwehr. Ähnlich verlief die Entwicklung in anderen großen Städten. Die kampfbereiten Proletarier entwaffneten die Truppen, beschlagnahmten die bei Haussuchungen und in den Studentenheimen zutage geförderten Gewehre, hoben die geheimen Waffenlager der militaristischen Verbände aus. In fast allen Städten Thüringens errangen die Arbeiter großartige Siege über die konterrevolutionäre Reichswehr. In Gera mußten die Putschisten eine weiße Fahne auf ihrer Kaserne hissen und über 1 000 Gewehre und 150 Maschinengewehre abliefern. Die Waffenfabriken von Suhl und Zella-Mehlis und deren Läger fielen in die Hände der Arbeiter. Mit fünf Panzerwagen und 1 500 Gewehren bewaffnet, zogen die Kampfformationen des Suhler Proletariats nach Gotha, um die dort einmarschierte putschistische Reichswehr zu vertreiben. Auf ihrem Marsch besetzten sie den Truppenübungsplatz Ohrdruf, nahmen fast alle dort stationierten Söldner gefangen und erbeuteten zahlreiche Waffen. Nach ihrem Siege in Gotha bildeten die Arbeiter die 1. Thüringer Volkswehrarmee, der etwa 5 000 Kämpfer angehörten. In Magdeburg wurden die Kasernen gestürmt und der kommandierende General verhaftet. Das ganze mitteldeutsche Industriegebiet stand in Flammen. Selbst in den Hochburgen der junkerlichen Reaktion, in Mecklenburg und Pommern, kam es zu gewaltigen Kampfaktionen des städtischen und ländlichen Proletariats. Die Rostocker Arbeiter bemächtigten sich des Flugplatzes Warnemünde und anderer militärischer Objekte in der Umgebung der Hafenstadt. In Stettin entstand eine „Rote Vulcanarmee", der sich 9 000 Arbeiter, meist Belegschaftsmitglieder der Vulcanwerft, anschlossen. Zu bewaffneten Kämpfen gegen die Putschisten kam es in Kiel, Harburg, Schwerin, Greifswald, Wittstock, Hannover, Senftenberg, in den Städten des Ruhrreviers und an vielen anderen Orten.

Da das Kappsche Unternehmen infolge dieses Widerstandes in Aussichtslosigkeit zu versacken begann, gerieten die verkappten Kappisten, die Großindustriellen, Bankiers und ihre politischen Beauftragten, in eine schwierige Situation. Die Deutschnationalen und Volksparteiler, die den Staatsstreichlern gegenüber von einer „uns grundsätzlich alle vereinenden Übereinstimmung" gesprochen, unmittelbar nach Ausbruch des Putsches ihre Bereitschaft zur Zusammenarbeit mit den Verschwörern erklärt hatten(14), mußten sich jetzt, um nicht vom Scherbenhaufen ihrer Politik erdrückt zu werden, von Kapp öffentlich distanzieren. Und damit platzte die dritte der Kappschen Spekulationen. Obwohl Stinnes im Familienkreis äußerte: „Wenn Kapp wenigstens durchgreifen wollte... und wenn sie mir die ganzen Hochöfen zusammenschießen!"(15), verkündete das Rheinisch-Westfälische Kohlensyndikat angesichts der Haltung der Arbeiter, daß es den Anordnungen der Kapp-„Regierung" nicht Folge leisten werde.

Die volksparteilichen und deutschnationalen Führer verlangten nun plötzlich den Rücktritt der Staatsstreichler, „sobald die Rücksicht auf die öffentliche Sicherheit dies gestatte"(16)!

Diesen Kräften ging es jetzt nicht mehr um die bereits vorentschiedene Alternative, ob Kapp bleiben werde oder nicht, sondern um die große Frage: *Was kommt danach?* Aus den hundert- und tausendfach von Streik- und Aktionskomitees, von Orts- und Bezirksorganisationen der Arbeiterparteien und Gewerkschaften erhobenen Forderungen ging nämlich klar hervor, daß sich die Massen nicht mit der Verjagung von Kapp und Lüttwitz begnügen würden, sondern entschlossen waren, in der Machtfrage ein Stück vorwärts zu kommen und Verhältnisse zu erkämpfen, die erneute Versuche, eine Säbelherrschaft zu errichten, ausschlossen. Eindeutig formulierte die Kommunistische Partei den Willen von Millionen: „Die nächsten Ziele und Maßregeln sind: 1. Bewaffnung der Arbeiter, d. h. Ausgabe von Waffen an alle organisierten Arbeiter durch die Streikleitung. Zusammenfassung der bewaffneten Arbeiter zu Arbeiterwehren. 2. Unschädlichmachung der gegenrevolutionären Offiziere. 3. Keine Wiederkehr der Ebert-Noske-Regierung." Selbst die reformistischen Gewerkschaften mußten erklären: „Arbeiter, Angestellte und Beamte!... Zunächst sind alle unzuverlässigen Truppen restlos zu entfernen und zu entwaffnen. Die Neuorganisation der Truppen muß so erfolgen, daß für die Zukunft jeder militärische Putsch unmöglich ist. Wir fordern entscheidende Mitwirkung bei der Normalisierung der Verhältnisse... Der Generalstreik ist fortzusetzen, bis unsere Forderungen erfüllt sind."(17)

Da die bürgerliche Herrschaft somit wankte, da der – wie eine unentrinnbare Gewitterwand am Himmel aufziehende – Volkszorn sich anschickte, den Imperialismus auf der ganzen Linie zurückzudrängen, ließen die Hintermänner und Einbläser Kapps nichts unversucht, um den in Bewegung geratenen Millionen – wie in der Novemberrevolution – unter Ausnutzung „guter Dienste" der sozialdemokratischen Führer vorzutäuschen, daß ihre Kampfziele schon erreicht seien, und auf diese Weise die Bewegung zu spalten, zu entwaffnen und sie der Früchte ihres Sieges zu berauben. Und hier zeigte sich wieder einmal, auf wessen Seite die sozialdemokratischen Führer im Klassenkampf standen. Während die einfachen SPD-Mitglieder in ihrer überwältigenden Mehrheit Seite an Seite mit Kommunisten, Unabhängigen und Parteilosen das Räderwerk der Wirtschaft mit ihren starken Armen anhielten, während sie an vielen Orten ihr Blut im Kampf gegen die Soldateska vergossen, setzten sich die Beauftragten des sozialdemokratischen Parteivorstandes und der Gewerkschaftsführung an den Verhandlungstisch mit den bürgerlichen Ministern, die darüber zeterten, daß man sich nicht dem Druck der Gewerkschaften, „also dem Druck von Organisationen, die außerhalb der Verfassung stehen"(18), fügen dürfe, verhandelten mit den Wortführern der schwarzweißroten Parteien, die nicht laut genug darüber lamentieren konnten, daß nicht der Staatsstreich, sondern der Generalstreik ein „Verbrechen am Volke" sei.(19)
Nachdem Kapp und Lüttwitz am 17. März (einem Tage, den sich ihr Mitverschwörer Pabst nicht entblödete, den „heldischen Mittwoch" zu nennen(20)) unter dem Druck der Massenaktionen, die auch ihrem „väterlichen Berater" Ludendorff und den bürgerlichen Parteiführern den „bleichen Bolschewistenschreck" eingejagt hatten, zurückgetreten waren, speisten die reformistischen Führer die nach einer Umwälzung der Verhältnisse drängenden Arbeiter mit einem Neun-Punkte-Programm ab, das den Gewerkschaften „entscheidenden Einfluß" bei der Neubildung der Regierung und der „Neuregelung der wirtschafts- und sozialpolitischen Gesetze" (Punkt 1) sowie die „sofortige Entwaffnung und Bestrafung aller am Putsch ... Schuldigen" (Punkt 2) zusicherte, den Rücktritt Noskes und zweier seiner Kumpane verlangte (Punkt 3), die Reinigung der Verwaltungen (auch der Betriebsleitungen) von gegenrevolutionären Elementen (Punkt 4), die Durchführung einer demokratischen Verwaltungsreform und die Mitbestimmung der Arbeiter (Punkt 5) in Aussicht stellte, die sofortige Schaffung neuer Sozialgesetze (Punkt 6) sowie die „Soziali-

sierung" der „reifen" Wirtschaftszweige (Punkt 7) ankündigte und die Notwendigkeit der Auflösung aller konterrevolutionären militärischen Formationen (Punkt 8) sowie der verstärkten Bekämpfung des Wuchers und Schiebertums (Punkt 9) anerkannte.

Dieses Programm, das bis in die Einzelheiten auf den Bewußtseinsstand der überwiegenden Mehrheit der Werktätigen abgestimmt war (d. h. den allerorts erhobenen Forderungen weitgehend Rechnung trug), war durchaus geeignet, die Positionen der antiimperialistisch-antimilitaristischen Kräfte wesentlich zu stärken, die Demokratisierung der Weimarer Republik voranzutreiben, den Arbeitern Gelegenheit zu geben, ihre Erfahrungen im Klassenkampf zu mehren und sie in kurzer Zeit an weitere, an den ökonomischen und politischen Grundlagen der imperialistischen Herrschaft rüttelnde Forderungen heranzuführen. Voraussetzung dafür wäre natürlich gewesen, daß sich die Verfechter dieses Programms ehrlich und konsequent für seine Verwirklichung eingesetzt hätten. Wie aber stand es damit?

Zunächst mußte es schon mißtrauisch stimmen (und wäre dies nicht so peinlich geheimgehalten worden, so hätte es auch das Mißtrauen der Massen erweckt), daß die sozialdemokratischen Führer, als deren Verhandlungsbevollmächtigter der preußische Ministerpräsident Hirsch fungierte, ihr Aktionsprogramm vor der Veröffentlichung nicht mit den im Kampf gegen Kapp und Lüttwitz stehenden Arbeitern, nicht mit erprobten sozialdemokratischen Funktionären und Mitgliedern, sondern mit den Vertretern der bürgerlichen Parteien berieten – mit dem gleichen Führer des Zentrums, Karl Trimborn, der über die Novemberrevolution sagte: „Wir haben sie nicht gebilligt und wir werden sie niemals billigen", mit den gleichen Führern der Deutschnationalen und der Volkspartei, Oskar Hergt und Gustav Stresemann, die den Putsch mit vorbereitet hatten,(21) die also eigentlich – den Versprechungen gemäß – als Mitschuldige hätten bestraft werden müssen. Einige Punkte des Programms wurden bereits in diesen Besprechungen abgeändert. Beispielsweise ließ man die Vorlage eines Enteignungsgesetzes gegen die die Lebensmittelversorgung sabotierenden Großgrundbesitzer fallen.(22) Bei den unmittelbar danach folgenden nächsten Beratungen, an denen neben bürgerlichen Politikern auch hohe sozialdemokratische Gewerkschafts- und Parteifunktionäre teilnahmen, die zum Teil zwischen ihren Verpflichtungen gegenüber den Massen und ihrem durch jahrelangen Opportunismus anerzogenen bürgerlichen „Ordnungssinn" hin- und herschwankten, wandten sich die Vertreter der Demokratischen Partei (Gothein, Schiffer) schon offen gegen einen „entscheidenden gewerkschaftlichen Einfluß auf die Neuordnung" der Dinge.(23) Um die Herrschaft einer kleinen Minderheit zu retten, erklärten sie – wie sie es schon in der Novemberrevolution getan hatten –, daß der „ausschließliche" Einfluß „einer Gruppe", nämlich der gegen Diktatur und Kriegswahnsinn auftretenden Arbeiterklasse, die „anderen Kreise des Volkes", nämlich die Bourgeoisie, schädigen würde, also gegen die „Demokratie" verstoße. Doch damit nicht genug. Die sozialdemokratischen Führer trafen während dieser Verhandlungen mit ihren bürgerlichen „Herren Kollegen" eine „nicht für die Öffentlichkeit bestimmte" Vereinbarung, derzufolge sie sich verpflichteten, in der Nationalversammlung einem Gesetzentwurf über die Amnestierung der Kappisten zuzustimmen!(24) Dabei erwies sich später, daß ein solches Gesetz nicht einmal erforderlich war, weil die Regierung sich damit begnügte, kurzerhand „die Unmöglichkeit (!! – W. R.) der ausführlichen Verfolgung aller im Zusammenhang mit dem Kapp-Putsch angeschuldigten Personen" zu konstatieren. Ja, die vom sozialdemokratischen Reichspräsidenten Ebert berufenen Minister kamen überein, die „Verfolgung" der Staatsstreichler als Schirm zu nutzen, hinter dem der ganze militaristische Apparat ungeschoren bleiben konnte. Es sei „politisch notwendig", hieß es in einem (später allerdings durchgestrichenen, durch die Regierungspraxis jedoch keineswegs entkräfteten) Absatz eines Kabinettsprotokolls, „so schnell wie möglich einige der am Kapp-Putsch hervorragend beteiligten Persönlichkeiten abzuurteilen; dann träte die Frage der strafrechtlichen Verurteilung des größten Teiles der übrigen Angeschuldigten in der Öffentlichkeit zurück"(25).

Und tatsächlich wurden 3 (in Worten: drei!) der Verschwörer – v. Jagow, v. Wangenheim und Schiele (Kapp war nach Schweden geflüchtet und Lüttwitz zunächst „unauffindbar") – vor das Reichsgericht gestellt, um sich dort, wie ein Prozeßberichterstatter sarkastisch vermerkte, bei den Unterhaltungen mit dem alten Senatspräsidenten über Staat und Freiheit noch dümmer geben zu können, als sie schon waren. Gekrönt wurde diese republikanische Justizkomödie dann durch einen Urteilsspruch, in dem die Zusammenfassung der Hauptverhandlung mit folgenden Worten begann: „Kapp wird von allen, die ihn kennen, als eine überaus tatkräftige, zielbewußte Persönlichkeit geschildert, von glühender Vaterlandsliebe beseelt. Was ihn als Ostpreußen mit besonderer Sorge erfüllte, war die Gefahr des von Osten hereindringenden Bolschewismus. Gerade hierin aber traf er mit den Bestrebungen der Nationalen Vereinigung zusammen, die schon im Jahre 1919 in Berlin mit dem ausgesprochenen Zwecke gegründet worden war, alle Widerstandskräfte des Bürgertums ohne Unterschied der Parteien zur Abwehr der bolschewistisch-kommunistischen Umsturzbewegung zusammenzufassen ... Für den Fall, daß die revolutionäre Entwicklung in Deutschland weitere Fortschritte machen und die Kommunisten versuchen würden, sich der Herrschaft zu bemächtigen, sollte ein militärischer Gegenschlag einsetzen und der Versuch unternommen werden, womöglich eine Regierung der Rechtsparteien zustande zu bringen. Dies alles waren jedoch mehr oder minder Pläne der Zukunft, die noch keinerlei greifbare Gestalt angenommen hatten, wenn man schon, um für den Eintritt des besprochenen Falles nicht ungerüstet zu sein, vorsorglich darauf bedacht gewesen ist, durch Aufstellung von Proklamationen, Aktionsprogrammen und Gesetzentwürfen den Umschwung der Dinge vorzubereiten."(26) Kann es verwundern, daß Richter, denen – wie die angeführten Sätze beweisen – der gegen jede demokratische Regung als Wunderrezept wirkende Antikommunismus Eingebung und Richtschnur war, noch zwei der drei Kapp-Komplizen freisprachen? Kann es verwundern, daß eine Republik, die die „Unabhängigkeit" solcher Richter zum höchsten Gebot erklärte, auch den dritten Komplizen (Jagow) vorfristig aus dem Gefängnis entließ und ihm obendrein (wie auch dem dann plötzlich wieder auffindbaren Lüttwitz) eine jährliche Pension von 24 000 Mark bewilligte?

Die reformistischen Versprechungen über die Bestrafung der Kappisten entpuppten sich also als dreifacher Betrug: einmal, weil sie schon vor ihrer Verkündung durch ein Geheimabkommen mit den bürgerlichen Parteiführern aufgehoben waren, zum zweiten, weil nichts zu ihrer Durchsetzung unternommen wurde, zum dritten schließlich, weil sie überhaupt nur die Möglichkeit in Erwägung zogen, die „Verurteilung" Richtern zu überlassen, denen es lediglich darum ging, den Verbrechern ehrerbietig ihre „Vaterlandsliebe" und ihren glühenden Kommunistenhaß zu attestieren.

Nicht besser war es auch um die anderen Punkte des reformistischen Aktionsprogramms bestellt. Dem Wesen nach brachen die sozialdemokratischen Führer der Forderung nach der demokratischen Erneuerung der Regierung sofort die Spitze ab, indem sie darauf bestanden, daß „die Frage der Arbeiterregierung mit den bürgerlichen Parteien (! – W. R.) besprochen werden müsse".(27) Die Politiker der Bourgeoisie erklärten dazu mit schamlosem Zynismus – wie es der

Chef der ersten rein bürgerlichen Regierung der Weimarer Republik, Fehrenbach, etwas später tat –, daß eine „äußerlich gewissermaßen ... bürgerliche Regierung", nämlich ein Kabinett ohne Vertreter der Arbeiterparteien und der Gewerkschaften, „keinen Gegensatz zu einer Arbeiterregierung bedeuten solle und könne"!(28) Als es dennoch zu Verhandlungen über eine Arbeiterregierung mit Gewerkschafts- und Parteivertretern kam, nutzte die SPD-Führung den Umstand, daß Crispien und andere Unabhängige, die sich plötzlich vor Radikalismus überschlugen, Abmachungen mit den Gewerkschaften ungemein erschwerten, und ging erneut eine Koalition mit Zentrum und Demokraten ein. Am Morgen des 25. März schrieb der „Vorwärts", der (in der Abendausgabe des gleichen Tages!) Entrüstung darüber heuchelte, daß das Militär auch nach dem Rücktritt Kapps ungehindert weiterregiere, ganz lapidar, eine „reine Arbeiterregierung" sei nun eben mal „nicht gewünscht". Der Frage, wem sie erwünscht und wem sie unerwünscht war, geschweige denn einer Stellungnahme dazu, ging das Zentralorgan der Mehrheitssozialdemokratie aus dem Wege.

Auf dem Papier blieben auch alle Ankündigungen des reformistischen Aktionsprogramms über eine Neugestaltung der wirtschafts- und sozialpolitischen Gesetzgebung sowie der „Sozialisierung". Dabei handelte es sich nicht etwa um die Unfähigkeit politischer Führer, die außerstande waren, ihr Programm zu realisieren, sondern – wie an Hand der zweiten „Sozialisierungskommission" bereits nachgewiesen wurde – um ausgeklügelten Betrug an den Massen. Am Beispiel der Beförderung des Generals v. Seeckt wurde auch schon gezeigt, wie die versprochene „Auflösung" der konterrevolutionären Formationen und die „Reinigung" der Verwaltungen in Wirklichkeit aussah. Doch das war noch nicht alles: Wenige Tage nach Veröffentlichung der Versprechungen wurden selbst jene Truppen gegen die zur Verteidigung der Demokratie angetretenen Arbeiter eingesetzt, die eben noch aktiv für Kapp, gegen die republikanische Regierung gekämpft hatten.

Der einzige Punkt des Neun-Punkte-Programms, der erfüllt wurde, war der Rücktritt Noskes, von dessen Tätigkeit sich selbst der „Vorwärts" distanzieren mußte. Vierzehn Wochen nach dem Putsch zog dafür allerdings Noskes Lehrmeister, General Groener, als Minister in die Reichsregierung ein ...

Auf Grund der übrigen (in bewußter Irreführung als gesichert hingestellten) acht Punkte des Programms riefen die Gewerkschaftsführer am 20. März zur Beendigung des Generalstreiks auf und trieben damit den ersten Keil in die zunächst auch nach dem Rücktritt Kapps einheitliche Arbeiterfront. Da die Mehrheit der Streikenden jedoch auf Garantien für die Erfüllung der Versprechungen beharrte, schlug der sozialdemokratische Parteivorstand zwei Tage später noch verführerischere Töne an und erklärte, mit dem Abbruch des Generalstreiks sei die Arbeit der proletarischen Organisationen nicht getan, sondern beginne erst. „Mit den Fehlern der Vergangenheit muß rücksichtslos aufgeräumt werden“, hieß es in dem neuen Aufruf, der zugleich – ganz im Sinne der alten Fehler – dazu ermahnte, nicht in jedem „Volksgenossen in Uniform“ einen Meuterer und Gegenrevolutionär zu sehen. Als auch diese Sirenenklänge den Streikwillen der Arbeiter nicht zu brechen vermochten, vervollständigten Sozialdemokratie und Gewerkschaften in der Nacht zum 23. März ihre Versprechungen mit Zusagen über die sofortige Aufhebung des verschärften Belagerungszustandes, den Rückzug der Truppen sowie über die Aufnahme von Arbeitern in die preußischen Sicherheitswehren. Damit erwirkten sie die Zustimmung auch der USPD-Führung zum Streikabbruch(29) und würgten so den Ausstand der Millionen in den meisten Teilen Deutschlands ab.

Doch nicht überall waren die Arbeiter bereit, leerer Versprechungen wegen auf die eben geschmiedete Einheit zu verzichten, in die Betriebe zurückzukehren, in denen alles beim alten geblieben war, und den Kampf gegen die Soldateska einzustellen, deren Charakter sich um keinen Deut geändert hatte. Besonders im Ruhrgebiet, wo die USPD und die KPD den größten Einfluß ausübten, dauerten die Kämpfe fort.

Hier war der Generalstreik schon mit elementarer Wucht ausgebrochen, ehe die zentralen Leitungen der proletarischen Organisationen zur Arbeitsniederlegung aufgerufen hatten. Vierzig Jahre später berichtete ein Bergarbeiter darüber: Nachdem wir am Morgen des 13. März eingefahren waren, „kamen leere Wagen den Bremsberg herauf, auf allen Seiten mit Kreide vollgeschrieben. ‚Putsch in Berlin‘ stand in dicken Kreidestrichen auf dem Kopfende; darunter ‚Schmeißt die Brocken hin!!! Sofort rausfahren!‘ . . . Und dann lasen wir gemeinsam, was offenbar in großer Eile auf alle Wagen geschrieben war: ‚Brigade Ehrhardt in Berlin einmarschiert! – Kapp Regierung übernommen! – Ebert und Regierung aus Berlin geflüchtet! – Schmeißt die Brocken hin!‘ . . .

Die Kumpel aus den anderen Streben waren zu uns heraufgekommen. Sie hatten ihre Kaffeepullen und Butterbrote mitgebracht, und wir frühstückten gemeinsam. In das Rätselraten der allgemeinen Diskussion, was denn in Berlin eigentlich passiert wäre, platzte ... unser Reviersteiger herein, der alles das, was wir bereits von den beschriebenen Wagen wußten, bestätigte... Inzwischen war der Bremser, dem es unten am Haspel zu langweilig geworden war, mit einem Pferdejungen heraufgekommen. Sie erzählten uns, daß auch aus den anderen Abbauen keine Kohle mehr käme. Die Kumpel säßen dort auch alle zusammen und diskutierten. Von Weiterarbeiten war jetzt keine Rede mehr. Bohrhämmer und Luftschläuche wurden abmontiert und nach vorne gebracht. Das Werkzeug wurde so weggepackt, als wenn man seine Arbeitsstelle für längere Zeit verlassen würde."(30)

Die Bezirksleitungen Niederrhein der KPD und USPD sowie der (von den Massen vorangedrängten) SPD bildeten eine Zentrale Streikleitung und gaben Richtlinien für die allerorts entstehenden Aktionsausschüsse und Vollzugsräte heraus, die in den meisten Ruhrstädten eine wirksame Kontrolle der örtlichen Behörden und Verwaltungen übernahmen. Hoch über den Fördertürmen und Schloten des industriellen Herzens Deutschlands wehten rote Fahnen, davon kündend, daß das deutsche Proletariat der Gegenrevolution offensiv entgegenzutreten bereit war.

Der Befehlshaber des Wehrkreiskommandos VI, General v. Watter, der seinen Korpsführern zu Beginn des Putsches gedrahtet hatte: „Habe mich von der alten Regierung losgesagt, kann mich aber wegen Volksstimmung nicht auf den Boden der neuen Regierung stellen"(31), sich also als gehemmter Parteigänger Kapps bekannte, befahl seinen Truppen am 14. März, unter Berufung auf eine Direktive Noskes zur „Aufrechterhaltung der Ruhe und Ordnung", ins Ruhrgebiet einzumarschieren. In wenigen Stunden stampften daraufhin von KPD- und linken USPD-Funktionären geführte Arbeiter der verschiedensten parteipolitischen und gewerkschaftlichen Richtungen eine regionale Rote Armee aus dem Nichts, die bald auf 100 000 Mann anwuchs. Auf die von ihnen selbst geschaffenen Organe gestützt, organisierten die Arbeiter die Bewaffnung und Verpflegung der revolutionären Kämpfer, schufen eine vorbildliche revolutionäre Disziplin und – soweit es die mit Windeseile ablaufenden Ereignisse ermöglichten – eine einheitliche Führung.

Am 15. März begannen die Kämpfe der Roten Ruhrarmee gegen die vorrückende Reichswehr und die zu Kapp stehenden Polizeieinheiten. Überall von der werktätigen Bevölkerung mit Begeisterung begrüßt und unterstützt, nahm die Arbeiterarmee am 17. März nach schweren Gefechten Dortmund ein und stürmte in den beiden darauffolgenden Tagen Remscheid und Essen. Am 23. März, als der Generalstreik in den übrigen Teilen Deutschlands endgültig torpediert wurde, befand sich fast das ganze Ruhrgebiet in den Händen der Roten Armee.

Todesmutig vor dem Feind und einig in der unmittelbaren Aktion, fehlte den Ruhrarbeitern jedoch die Einmütigkeit bei der Festlegung ihrer Kampfziele. Ein Teil der Proleten – auch derer, die zu den Waffen gegriffen hatten – stand noch unter dem Einfluß der Mehrheitssozialdemokratie, glaubte den „Sozialisierungs"phrasen sowie den übrigen Versprechungen der Regierung und meinte, Aufgabe der Arbeiter sei es nur, Reichswehr und Freikorps aus dem Revier hinauszudrängen, im übrigen könne man sich auf die Genossen Minister in Berlin verlassen. Andere wieder, von berechtigtem Haß gegen die „Noskes" (wie kurzerhand alle gegen die Arbeiter eingesetzten weißen Söldner genannt wurden) erfüllt und von revolutionärer Ungeduld brennend, verbreiteten sektiererische Parolen und forderten, sofort zur Errichtung der Diktatur des Proletariats und zur „Einführung" des Sozialismus zu schreiten. So konnten sich nicht überall die klassenbewußtesten Arbeiter durchsetzen, die – den Aufrufen der KPD entsprechend – darauf orientierten, „den proletarischen Massen, den Arbeitern und Angestellten, Landarbeitern und Kleinbauern ihre politischen Aufgaben bewußt zu machen, ... ein Mindestmaß der Organisations- und Kampffähigkeit der Arbeiterschaft sicher(zu)stellen, ... die Arbeiterschaft für ihre Losungen und Ziele (zu) sammeln, sie (zu) organisieren, ihre soziale und politische Macht (zu) steigern, um den erwünschten Reifegrad des Proletariats auf dem schnellsten Wege (zu) erreichen". Die kommunistischen und oft auch linke USPD-Arbeiter erläuterten den Massen die grundsätzliche Einschätzung der Lage durch die Zentrale der Partei, in der hervorgehoben wurde: „Das gegenwärtige Stadium des Kampfes, wo dem Proletariat noch keine ausreichende militärische Macht zur Verfügung steht, wo die mehrheitssozialistische Partei noch einen starken geistigen Einfluß auf Beamte, Angestellte und bestimmte Arbeiterschichten hat, wo die USPD die städtische Arbeiterschaft in ihrer Mehrheit hinter sich hat, ist ein Zeichen dafür, daß die objektiven Grundlagen für die proletarische Diktatur im gegenwärtigen Moment nicht gegeben sind."(32) Die Kommunistische Partei bezeichnete es deshalb als vordringliche Aufgabe, die Arbeitermassen für die Ideen der Revolution zu gewinnen, eine maximale Erweiterung der bürgerlich-demokratischen Freiheiten zu erkämpfen und die Bildung einer Übergangsregierung aus Vertretern der Arbeiterparteien und der Gewerkschaften durchzusetzen.

Die unter den Soldaten und Helfern der Roten Armee bestehenden Unklarheiten über die Ziele des Kampfes ermöglichten es den wieder in Gemeinschaft mit der militaristischen Führungsclique und den bürgerlichen Regierungsparteien auftretenden reformistischen Führern, auch im Ruhrgebiet den entscheidenden Schlag gegen die Arbeitereinheit zu führen. Unmittelbar wurde damit der mehrheitssozialdemokratische Spitzenfunktionär Carl Severing beauftragt, der als ehemaliger Metallarbeiter das Vertrauen vieler Arbeiter genoß, sich aber – und wie die Folgezeit bewies, mit Erfolg – anschickte, in die Fußtapfen Noskes zu treten. Severing wurde als Reichs- und Preußischer Staatskommissar ins Ruhrgebiet entsandt, interessierte sich dort aber nicht für die Nöte und Forderungen seiner unter größten Opfern für die Verteidigung und den Ausbau der Demokratie eintretenden Parteigenossen und deren Kampfgefährten, sondern kollaborierte vom ersten Augenblick an mit dem gehemmten Kappisten und ungehemmten Arbeitermörder General Watter. Am 21. März ließ er der Regierung durch einen Gewährsmann berichten: „Die militärischen Stellen in Münster (d. h. General Watter – W. R.) und Reichskommissar Severing seien der Ansicht, daß militärisch der Aufruhr (! – W. R.) nicht niederzuwerfen sei ... Zunächst sei es erforderlich, die operierenden (roten – W. R.) Truppen ... durch Aufklärung (! – W. R.) auseinanderzubringen; Zeitungen, Flugblätter müßten hier wirken. In kurzer Zeit werde die Lebensmittelversorgung den kommunistischen Machthabern unüberwindliche Schwierigkeiten bereiten; man solle daher erst verhandeln, wenn ihnen das Feuer auf den Nägeln brenne. Truppen in größerer Stärke müßten in der Nähe gehalten werden, dürften aber zunächst nicht eingreifen."

Die Regierung stimmte diesem eindeutigen Programm – erst verwirren und aushungern, dann niederschlagen – zu und sperrte die Lebensmittelzufuhren aus Holland nach dem Ruhrgebiet.(33)

Drei Tage später wurde auf Initiative Severings auf einer Konferenz der Abgesandten der Vollzugsausschüsse und der Stadtverwaltungen des Ruhrgebietes, einzelner preußischer Minister, Vertreter der Arbeiterparteien, der Demokratischen Partei und des Zentrums das sogenannte Bielefelder Abkommen geschlossen, das die acht Punkte der reformistischen Versprechungen (also Bestrafung der Putschisten, Auflösung der konterrevolutionären militärischen Formationen, Bildung republikanischer Ortswehren aus organisierten Arbeitern, „Sozialisierung" des Bergbaus usw.) wiederholte, dafür den Abbruch des Generalstreiks, die Auflösung der Roten Ruhrarmee sowie die Abgabe ihrer Waffen verlangte und den Arbeitern zusicherte, daß die Reichswehr nicht ins Industriegebiet einmarschieren werde.

In diesem Abkommen, das äußerlich wichtige antimilitaristische und demokratische Forderungen der Massen fixierte, steckte derselbe Pferdefuß wie in dem ihm zugrunde liegenden Acht-Punkte-Aktionsprogramm der Reformisten: der arbeiterfeindliche Vertragspartner war nicht gewillt, die von ihm übernommenen Verpflichtungen einzuhalten. Ein sozialdemokratischer Reichsminister (David) formulierte unmißverständlich, das Bielefelder Abkommen sei „eine geeignete politische Waffe, um die Arbeiterentente zu sprengen"(34). Es sollte Verwirrung und Uneinigkeit unter den Führern und Kämpfern der Roten Ruhrarmee stiften, Zweifel darüber auslösen, ob die Reichswehr nach Entwaffnung der proletarischen Bataillone nicht doch ins Revier einrücken werde, Streitigkeiten darüber entfachen, ob die Regierung die von Severing unterzeichnete Vereinbarung als bindend ansehen würde oder nicht.

Deshalb beschloß die neue Reichsregierung (am 27. März war der Sozialdemokrat Gustav Bauer durch den Sozialdemokraten Hermann Müller als Regierungschef abgelöst worden) denn auch am 29. März, als der Essener Zentralrat von ihr eine Stellungnahme zum Bielefelder Abkommen forderte, diese Anfrage unbeantwortet zu lassen.(35) Gleichzeitig bekräftigten die Minister aber die eigenmächtig ultimativ von General Watter erlassenen „Ausführungsbestimmungen" zum Abkommen, die dessen Text, z. B. hinsichtlich der Auflösung der Vollzugsräte,(36) ausdrücklich widersprachen. Obwohl der „Vorwärts" den Befehl des Generals scheinheilig als „gänzlich unmöglich" bezeichnete, stimmten auch die sozialdemokratischen Minister dem Kabinettsbeschluß zu, der darüber hinaus festlegte, daß von Berlin aus „keine Anweisung ... über Art seines (Watters – W. R). militärischen Vorgehens" zu erfolgen habe,(37) also dem eben noch zu Kapp stehenden Militär einen Blanko-Freibrief ausstellte. So war jedes Wort bitterste Wahrheit, mit dem die KPD die Reichsführung anprangerte. „Die erste Tat der Regierung Müller", schrieb die Zentrale der Partei, „war das schamlose Ultimatum an das Proletariat des Ruhrreviers. Ihr erster Gedanke: das Bündnis mit der

hochverräterischen Soldateska gegen das Proletariat, auf dessen Schultern diese Regierung, dank der schwachmütigen und zweideutigen Haltung der Gewerkschaftsbürokratie, der Mehrheitssozialisten und des rechten Flügels der USP, sich an die Macht geschwindelt hatte. Kaum befreit durch Proletarierfäuste, unternimmt die Regierung die Strafexpedition gegen ihre Befreier, gegen die Proletarier.
Schamlosere Prellerei, schwärzerer Undank, feigere Niedertracht ward nie erhört."(38)
Das einzige, was die sozialdemokratischen Minister in der Kabinettssitzung vom 29. März „erreichten", war ein Regierungsbeschluß über die „Ausrüstung" der gegen die Ruhrarbeiter entsandten Truppen mit ... *schwarzrotgoldenen* Abzeichen!(39) So rückten wenige Tage später unter anderem auch die (ebenfalls dem Kommando Watters unterstehenden) Freikorps Lützow, Lichtschlag und Schulz, die im Bielefelder Abkommen namentlich als konterrevolutionäre Einheiten bezeichnet worden waren, mit republikanischer Kokarde am Helm gegen das Ruhrgebiet vor... Unter diesem Emblem wütete der Terror, den zu entfesseln Lüttwitz mit dem Hakenkreuz am Stahlhelm in Berlin eingezogen war.
Eine Vorstellung über die Ausmaße der in diesem Feldzug begangenen Unmenschlichkeiten gibt der Privatbrief eines Freikorpsmannes aus der Brigade Epp (eines späteren prominenten Hitlerfaschisten), den dieser am 2. April an nationalistische Krankenschwestern schrieb, die ihn vorher nach einer Verwundung bei Kämpfen gegen oberschlesische Arbeiter gepflegt hatten. „Gestern vormittag", schrieb dieser „Volksgenosse in Uniform", „kam ich zu meiner Kompanie, und nachmittags um 1 Uhr machten wir den ersten Sturm. Wenn ich Euch alles schreiben würde, da würdet Ihr sagen, das sind Lügen. Pardon gibt es überhaupt nicht. Selbst die Verwundeten erschießen wir noch. Die Begeisterung ist großartig, fast unglaublich. Unser Bataillon hat zwei Tote. Die Roten 200 bis 300. Alles, was uns in die Hände kommt, wird mit dem Gewehrkolben zuerst abgefertigt und dann mit der Kugel. Ich dachte während des ganzen Gefechts an Station A. Das kommt nämlich daher, daß wir auch zehn Rote-Kreuz-Schwestern sofort erschossen haben, von denen jede eine Pistole bei sich trug. Mit Freuden schossen wir auf diese Schandbilder, und wie sie geweint und gebeten haben, wir sollten ihnen das Leben lassen. Nichts! Wer mit einer Waffe angetroffen wird, der ist unser Gegner und muß dran glauben. Gegen die Franzosen waren

wir im Feld viel humaner."(40) Hunderte von Arbeitern, darunter auch Frauen und Jugendliche, wurden im Ruhrgebiet ohne Gerichtsverfahren erschossen, zum Teil bestialisch zu Tode gefoltert. Die Zahl der Opfer in ganz Deutschland betrug ein Mehrfaches. Viele Tausende wurden in die Zuchthäuser und Gefängnisse geworfen.

Dennoch hatte die deutsche Arbeiterklasse den Versuch der extremen Militaristen abgewehrt, das Rad der Geschichte auf die Zeiten vor der Novemberrevolution zurückzudrehen. Ihr einheitliches Handeln hatte die konterrevolutionären Verschwörer verjagt und den Bestand der Republik gerettet. Die Tragik bestand jedoch darin, daß die opportunistischen, auf die Erhaltung der imperialistischen Machtverhältnisse bedachten mehrheitssozialdemokratischen Führer und die schwankenden, von einer Halbheit in die andere taumelnden Spitzenfunktionäre der USPD die proletarische Aktionseinheit in dem Moment sprengen konnten, als es galt, die errungenen Erfolge auszubauen und zu festigen. So verhinderten sie die Absicherung der spärlichen bürgerlichen Demokratie gegen künftige Anschläge der offenen Reaktion. Die KPD war organisatorisch noch zu schwach und besaß keine ausreichenden Erfahrungen, um die Arbeiter für den Kampf zur Sicherung ihres Sieges über die Kapp-Putschisten um sich scharen zu können.

Die Kommunisten und die revolutionären Kräfte in der USPD verzagten jedoch nicht. Die Erkenntnisse, die sie im Kampf um die Aktionseinheit gewonnen hatten, beflügelten ihr Streben zur Verschmelzung des linken Flügels der unabhängigen Sozialdemokratie mit der KPD. Was Ernst Thälmann, damals einflußreicher revolutionärer USPD-Führer in Hamburg, bereits 1919 geschrieben hatte, nämlich daß es darauf ankomme, die Kommunistische Partei durch Vereinigung mit dem entscheidenden Teil der USPD zur Massenpartei zu machen(41), begriffen jetzt Tausende und aber Tausende seiner Parteigenossen. In den Monaten nach der Niederschlagung des Kapp-Putsches konzentrierten die Kommunisten und die klassenbewußten Mitglieder der USPD all ihre Anstrengungen auf die Förderung des Reifeprozesses innerhalb der unabhängigen Sozialdemokratie, auf die Klärung des Wesens von Opportunismus und Zentrismus, auf die Herausarbeitung eines klaren Standpunktes zur Kommunistischen Internationale und zur russischen Sowjetrepublik.

Von gewaltiger Bedeutung war dabei die machtvolle Bewegung „Hände weg von Sowjetrußland!", die – gleich einem Schmelztiegel – in hohem Maße dazu beitrug, die revolutionären Kräfte in Deutschland zu einer festgefügten Kampffront zusammenzufügen. Diese Bewegung richtete sich unmittelbar gegen alle Versuche der in- und ausländischen Reaktion, das von der Entente vorgeschickte weißgardistische Polen in seinem Krieg gegen Sowjetrußland zu unterstützen. Mit unüberhörbaren Kundgebungen und mutigen Taten bewiesen die deutschen Arbeiter, daß sie sich ihrer internationalistischen Solidaritätsverpflichtungen gegenüber ihren heldenhaft kämpfenden russischen Brüdern bewußt waren. Sie hielten die von Westen nach Polen rollenden Züge an, kontrollierten sie, hängten die mit Gewehren, Munition und sonstigem Kriegsgerät beladenen Waggons ab und zerstörten die Waffen. In den Häfen rührte sich keine Hand zur Abfertigung der mit Militärgut beladenen Schiffe. Hunderttausende von Menschen demonstrierten in allen größeren Städten Deutschlands für das rote Rußland. Der Druck der Massen war so stark, daß auch die reformistischen Führer zur Verhinderung jeglicher Waffentransporte nach Polen aufrufen mußten. Die Reichsregierung sah sich gezwungen, ihre strikte Neutralität im polnisch-sowjetischen Krieg mit allen sich daraus ergebenden Konsequenzen zu verkünden.

Die gemeinsamen Aktionen der Kommunisten und linken unabhängigen Sozialdemokraten, deren Zusammengehörigkeitsgefühl unwiderstehlich durch den Schulter an Schulter geführten Kampf gegen Kapp und Konsorten gewachsen war, erfaßten alle Bereiche der Klassenauseinandersetzungen. In kameradschaftlichen Diskussionen über die Grundprobleme der Arbeiterbewegung, über den notwendigen Zusammenschluß aller konsequenten Streiter gegen Imperialismus und Militarismus gelang es, die ideologischen und organisatorischen Voraussetzungen für die Vereinigung der beiden Parteien zu schaffen. Die Krönung dieses Prozesses stellte der Vereinigungsparteitag der KPD und USPD Anfang Dezember 1920 in Halle dar. Der Zusammenschluß der revolutionären Mitgliedermasssen der USPD mit den Kommunisten bedeutete eine schwere Niederlage des organisierten Zentrismus. „Die KPD", stellt der Grundriß „Klassenkampf – Tradition – Sozialismus" fest, „war zu einer revolutionären Massenpartei geworden. Die Vereinigung des revolutionären Flügels der USPD mit der KPD war ein bedeutender Erfolg für die deutsche Arbeiterbewegung. Das bot bessere Voraussetzungen, um den Kampf um die Herstellung der Aktionseinheit der Arbeiterklasse aufzunehmen."(42)

War der Zusammenschluß von KPD und USPD/Linke auch ein

gewaltiger Erfolg der revolutionären Bewegung, so darf doch nicht übersehen werden, daß die Märzereignisse von 1920 Teile des Proletariats in tiefe Enttäuschung stürzten. Die den revolutionären Organisationen ferner stehenden Arbeiter sahen vor allem, daß ihr opferreicher Kampf gegen den reaktionärsten Vortrupp des Kapitals keine Verbesserung ihrer Lage gebracht hatte. Die zum Greifen nahe geglaubte antiimperialistische Regierung war nicht zustande gekommen. Alle Versprechungen über eine Erneuerung der Sozialgesetzgebung, über die Schaffung eines Reichsarbeiterrates, über die „Sozialisierung" zerflossen, wie der in kühler Herbstnacht gefallene erste Schnee, zu einem Nichts. Viele Arbeiter wandten sich von der Mehrheitssozialdemokratie ab, gingen aber, da sie sich noch nicht von rechtsstaatlichen Illusionen zu lösen vermochten und keine Klarheit über den Weg zur Macht besaßen, zunächst nicht zu den Kommunisten oder zum revolutionären Flügel der USPD, sondern resignierten. Daneben erhielt die schwelende „Kinderkrankheit im Kommunismus", der Dogmatismus, vorübergehend Auftrieb. Während die Parteiführung der KPD unzweideutig erklärte, daß „der Prozeß der Sammlung des Proletariats, der durch gemeinsame Kämpfe wie die im März ungemein gesteigert und vertieft wird, ... auf das empfindlichste gestört (wird), wenn im Laufe der Kämpfe sich Teile des Proletariats loslösen und Ziele unmittelbar verwirklichen wollen, die das Proletariat in seiner überwiegenden Mehrheit noch ablehnt", traten sogenannte „linke" Kommunisten dafür ein, „das Proletariat zu seiner Befreiung (zu) zwingen".(43)

Zahlreiche Angehörige der notleidenden halbproletarischen und kleinbürgerlichen Schichten, die sich während des Kampfes gegen Kapp und Lüttwitz der Arbeiterklasse angeschlossen hatten, verloren das Vertrauen zu den proletarischen Organisationen und wandten sich entweder den äußerlich für einen „Ausgleich" von Schwarzweißrot und Schwarzrotgold auftretenden nationalistischen Parteien zu oder zogen sich, die Politik verfluchend, in ihre Schrebergärten und Sparvereine zurück.

Zugleich wurde die politische Konstellation nach der Niederschlagung des Kapp-Putsches durch gewisse Gewichtsverlagerungen im Lager der herrschenden Klasse gekennzeichnet. Die Auffassung der wendigeren Monopolfraktion, daß man nicht offen und brutal gegen die Arbeiterklasse regieren könne, war durch die Ereignisse bestätigt worden. Viele Rechtspolitiker (zumindest, wie Lenin sagte, „die gebildeteren und gerisseneren unter ihnen"(44)) erkannten – meist ohne ihre Partei zu wechseln – die Zweckmäßigkeit der vorübergehenden Republikbejahung an. Die Volkspartei ging von ihrer „halben Opposition" gegen das Weimarer Regime ab und erklärte sich zur „Mitverantwortung" im neuen Staat bereit. Sogar die Deutschnationalen gaben für eine gewisse Zeit ihre „grundsätzliche Gegnerschaft" zur parlamentarischen Koalitionspolitik auf und arbeiteten in aller Stille vorsorglich Bedingungen aus, unter denen sie gemeinsam mit der SPD in eine Regierung eintreten würden.(45)

Da den wendigeren Monopolherren, die voller Entsetzen vermerkten, daß auch viele sozialdemokratische Arbeiter zu den Waffen gegriffen hatten, der Schreck über die gewaltige Kraft der einheitlich handelnden Arbeiterklasse tief in die Glieder gefahren war, rückten sie zur selben Zeit merkbar nach rechts. Die bisherigen Koalitionspartner der SPD, Zentrum und Demokraten, distanzierten sich in verschiedenen Fragen betont von der führenden Regierungspartei und begannen mehr denn je mit Stresemanns Volkspartei zu kokettieren. So näherten sich die beiden großen Monopolfraktionen (was sehr bald in der Bildung der Fehrenbach-Regierung sichtbar zum Ausdruck kommen sollte) vorübergehend einander an.

All diese Veränderungen des Klassenkräfteverhältnisses spiegelten sich in den Reichstagswahlen vom 6. Juni 1920 wider, in denen die KPD fast eine halbe Million Stimmen, allerdings nur zwei Mandate errang (bei den durch die Wahlgesetzgebung begünstigten bürgerlichen Parteien hätte diese Stimmenzahl mindestens für sieben Mandate ausgereicht), und die USPD, deren Gros bald darauf zur KPD stieß, nahezu 5 Millionen Stimmen erhielt. Die SPD verlor über die Hälfte ihrer Wähler (5,9 Millionen). Die Demokratische Partei und das Zentrum erlitten ebenfalls erhebliche Verluste. Die Volkspartei konnte ihre Stimmen dagegen mehr als verdoppeln. Auch die Deutschnationalen erzielten einen Zuwachs von etwa 30 Prozent.

Die bürgerlichen Parteien, die in der Nationalversammlung nur über eine knappe Mehrheit verfügt hatten, stellten nun 58 Prozent der Abgeordneten. Der Niederlage der Reaktion im Kapp-Putsch war im Ergebnis der Sprengung der Arbeitereinheit ein Machtzuwachs der Bourgeoisie gefolgt.

Drittes Kapitel

1921: Für oder wider die Spaltung des Proletariats

1918 war der Kaiser gegangen, aber Monopolherren, Junker und Generäle waren geblieben. 1920 hatten sie Kapp vorgeschickt, doch als er davongejagt war, saßen sie, obwohl sich die Republik behauptet zu haben schien, fester im Sattel als am Ende der Revolution.
Wenn der Putsch vom März 1920 auch äußerlich zu keinen grundsätzlichen Veränderungen in der Machtkonstellation geführt hatte, wirkte er doch wie kaum ein anderes Ereignis auf das weitere Schicksal des Weimarer Staates fort. Aus dem geplanten Todesstoß gegen die Republik war der Schlag der Militärs vom 13. März zur Generalprobe der Reaktion für den Tag „x" der Innenpolitik geworden, und diese werteten die Feinde des Weimarer Staates nun in den nächsten zehn bis zwölf Jahren aus. Ob im Düsseldorfer Industrieklub, wo die mächtigsten Konzernherren bei Burgunder und Zigarre Kredit und Debet der Republik abwägten; ob in den Kabinettssitzungen, wo man aus Rücksicht gegenüber den sozialdemokratischen Kollegen (oder – wenn die SPD im Reich außerhalb der Koalition stand – gegenüber den Vertretern von Otto Brauns Preußenregierung) auch mal die „berechtigten Wünsche der Arbeitnehmerschaft" erwähnte; ob in den Vorstandsbüros der bürgerlichen Parteien, wo krampfhaft Schneid bewahrende ehemalige Offiziere exaltierten älteren Fräuleins den „deutschen Gruß" unter interne Briefe diktierten – überall, wo kapitalistische Politik gemacht wurde, geisterte das Gespenst des Generalstreiks und der bewaffneten Abwehrkämpfe der Arbeiter umher. Wo immer darüber beraten wurde, mit welchen Methoden – um einen Ausspruch des Industriekapitäns Reusch zu zitieren – „das Unternehmertum durch die Entwicklung der Verhältnisse gezwungen sein wird, aus der seit Kriegsende beobachteten Defensive herauszutreten",(1) fürchtete man nichts mehr als die Einheit des Proletariats.

„Die notwendige Bedingung jeder sozialen Rekonsolidierung der bürgerlichen Herrschaft, die in Deutschland seit dem Kriege möglich ist", schrieben die „Deutschen Führerbriefe", eine nur für die „obersten" 200 Familien bestimmte interne Korrespondenz, *„ist die Spaltung der Arbeiterschaft.* Jede geschlossene, von unten hervorwachsende Arbeiterbewegung müßte revolutionär sein, und gegen sie wäre diese Herrschaft dauernd nicht zu halten, auch nicht mit den Mitteln der militärischen Gewalt." Nüchtern schätzte das so klar sehende Organ der Großbourgeoisie deshalb den Wert der „sozialdemokratischen Ummünzung der Revolution in Sozialpolitik", der „Verlegung des Kampfes aus den Betrieben und von der Straße in das Parlament, die Ministerien und die Kanzleien" ein und konstatierte, daß durch die „Verwandlung des Kampfes ‚von unten' in die Sicherung ‚von oben' ... fortan Sozialdemokratie und Gewerkschaftsbürokratie, mithin aber auch der gesamte von ihnen geführte Teil der Arbeiterschaft, mit Haut und Haaren an den bürgerlichen Staat ... gekettet (sind), und zwar solange, als erstens auch nur noch das Geringste von jenen (sozialen – W. R.) Errungenschaften auf diesem Wege zu verteidigen übrigbleibt und als zweitens die Arbeiterschaft ihrer Führung folgt".(2)
Diese in ihrer Eindeutigkeit geradezu klassischen Worte wurden zwar erst 1932 (an einer neuen taktischen Wende im Kampf um die Erhaltung der bürgerlichen Herrschaft) geschrieben, doch handelten die maßgebenden Politiker der Bourgeoisie schon ein Jahrzehnt zuvor nach der hier dargelegten Maxime. Selbst diejenigen, die die „graue Masse" am meisten verachteten und früher nur an die vermeintlich Wunder wirkende Kraft herrenmenschlichen Willens geglaubt hatten, betonten nun, daß der Kampf um „die Seele des deutschen Arbeiters" (richtiger: der Kampf für die Erhaltung und Vertiefung der Spaltung der Arbeiterklasse) von schicksalhafter Bedeutung sei, daß „die ganze Zukunft der deutschen Industrie abhänge von dem richtigen Verhältnis zwischen Arbeiter und Unternehmer", daß es darauf ankomme, „den staatsbejahenden Flügel der Sozialdemokratie von den Radikalen abzuspalten".(3)
Aus monarchistischer Not eine republikanische Tugend machend, entdeckte sogar die Deutschnationale Partei, zu deren rührigsten Vorstandsmitgliedern eben noch Kapp gehört hatte, ihr Herz für den von den reformistisch beeinflußten Arbeitern bejahten neuen Staat und posaunte in die erstaunte Öffentlichkeit hinaus: „Wer den verfassungsmäßigen Weg verläßt, wird rücksichtslos von uns bekämpft

werden." Die DNVP, die sah, daß man in absehbarer Zeit nicht ohne Sozialdemokratie auskommen würde, plädierte plötzlich für eine „Front von den hochkonservativen Herren bis zu den sozialdemokratischen Gewerkschaftsführern" und ließ ihren Vorsitzenden, Exzellenz Hergt, alle mit neuen Putschabsichten spielenden Parteifunktionäre „ebenso herzlich wie dringend (bitten), unter allen Umständen von derartigen Plänen abzusehen".(4)
Die Formel, auf die sich die verschiedensten Fraktionen der Monopolbourgeoisie nun im Grunde (ohne dazu formelle Absprachen zu benötigen) einigten, faßte der führende Kopf der novemberlichen militärischen Konterrevolution, General Groener, der nach dem Kapp-Putsch über die Hintertür des Verkehrsministeriums in die Regierung gelangt war, in präzise Worte. „Regieren", sagte er laut Kabinettsprotokoll, „heiße Macht anwenden, um politische Ziele zu erreichen. Habe man die notwendige Macht nicht, so müsse man die Ziele zurückstellen und zunächst die Macht schaffen." Und sein Kollege vom Reichswehrressort, der „Demokrat" Geßler, setzte als Rezept für die „Schaffung der Macht" hinzu, daß eine in „kritischen Zeiten" benötigte Diktatur „auch auf verfassungsmäßigem Wege zustande kommen könnte".(5)
Wenn somit – in großen Linien gesehen – „Erfüllungs"- und „Katastrophen"politik nach dem Scheitern des Kapp-Putsches auch immer mehr zusammmenflossen (nämlich dergestalt, daß das „erfüllungspolitische" Lavieren der Schaffung einer „katastrophenpolitisch" einzusetzenden Macht diente), so hörten doch die Kämpfe, Auseinandersetzungen, Rivalitätsränke und Zänkereien innerhalb der Bourgeoisie keineswegs auf. Nicht nur, daß das Zusammenfließen der beiden strategischen Linien widerspruchsvoll verlief und – man denke nur an das Jahr 1923! – zahlreiche Rückschläge erlebte. Nicht nur, daß die Sonderinteressen der einzelnen Monopolgruppen und damit auch objektive Grundlagen für unterschiedliche Taktiken bestehenblieben. Nicht nur, daß viele reaktionäre Politiker einfach nicht klug genug waren, um das Gewicht der Realitäten zu erkennen, oder aber daß sie es, an „glorreichen" Traditionen hängend, nicht über sich bringen konnten, den alten Leitspruch „Mit Feuer und Eisen" aufzugeben. Als Aufputschungselixier und Hetzmittel lebte die Gewaltdoktrin vor allem auch deshalb weiter, weil die offenen und verkappten Ultras die chauvinistische Trommel rührten, um den Antikommunismus und Revanchismus im Kleinbürgertum und in anderen ideologisch unbeständigen Bevölkerungsschichten wachzuhalten, weil

sie glaubten, die „Schaffung der Macht“ durch Druck auf die vorläufig von ihnen am Ruder des Staatsschiffes geduldeten „vorsichtigeren“ Männer beschleunigen zu können, weil sie die – später von Hitler so drastisch vorexerzierte – Diskreditierung dieser Männer in der Stunde des Umschwungs von der Politik des Glacéhandschuhs zur Politik der gepanzerten Faust vorbereiten wollten. Dabei waren Hetzpropaganda und fanatische Forderungen des Unmöglichen nur bedingt von der tagespolitischen Praxis zu trennen. Die Ultras stifteten nicht nur zu Attentaten an, indem sie in ihren Zeitungen schrieben, „Reichsverderber“ Erzberger sei zwar kugelrund, doch nicht kugelfest, Außenminister Rathenau, die „gottverfluchte Judensau“, müsse gekillt werden, Reichspräsident „Friedrich der Vorläufige“ sei das Pulver nicht wert, das seinem Leben ein Ende setzen könne – sie griffen auch zu Handgranaten und Revolvern, ermordeten im August 1921 Erzberger (denselben, der im Juli 1919 Hugenberg, Stinnes & Co. vor der Nationalversammlung angeprangert hatte), im Juni 1922 Rathenau (denselben, der kurz zuvor seinen Namenszug unter den ersten deutsch-sowjetischen Vertrag gesetzt hatte) und unternahmen zahlreiche weitere Mordanschläge gegen führende bürgerliche und rechtssozialdemokratische Politiker. Insgesamt hüteten sie sich jedoch vor dem Versuch, ihre große Losung „Alles oder Nichts“ in die Tat umzusetzen. Zwar berieten sie . . . zigmal zwischen 1921 und 1926 über neue Putschpläne, zwar sondierten sie schon vorsorglich die Haltung der USA und der anderen Westmächte zu etwaigen konterrevolutionären Umsturzversuchen(6), doch wichen sie immer wieder vor dem Risiko zurück, das die gefürchtete Einheit der Arbeiterklasse darstellte, und versagten ihre Unterstützung jenen, die sich – wie z. B. der im November 1923 exaltiert in die Decke eines Münchner Bierkellers schießende Hitler – selbstherrlich über die gegebenen Tatsachen hinwegsetzen wollten.

In der Geheimkorrespondenz der führenden Ultras tauchten, um den Bericht eines deutschnationalen Landesverbandsvorsitzenden aus dem Jahre 1921 über die Lage im mitteldeutschen Industriegebiet zu zitieren, periodisch kategorische Feststellungen darüber auf, „daß irgend welcher (rechter – W. R.) Umschwung mit Gewalt in unserer Gegend aussichtslos bleiben“ müsse. „Es befinden sich im hiesigen Regierungsbezirk“, schrieb dieser offensichtlich vom Schrecken der Arbeitereinheit gejagte Gewaltpolitiker weiter, „Riesenindustriebetriebe, deren Fortbestand für das gesamte deutsche Wirtschaftsleben von größter Bedeutung ist, wie z. B. die Stickstoffwerke in Leuna bei Merseburg und die Elektrizitätswerke in Golpa bei Gräfenhainichen. Würde irgendwo im Reiche ein gewaltsamer Umschwung Erfolg haben, so muß man leider auch heute noch zugeben, daß fast die gesamte Arbeiterschaft in unserem Bezirk sofort in einen Generalstreik eintreten und außerdem mit Gewalt sich der Einführung eines anderen Regierungssystems entgegenstellen würde. Ähnlich liegen, soweit man es von Halle aus beurteilen kann, die Verhältnisse in Thüringen und im ehemaligen Königreich Sachsen. So bedauerlich es ist, muß man mit diesen Tatsachen rechnen."(7)

Es nimmt deshalb nicht Wunder, wenn der stellvertretende Vorsitzende des Reichsverbandes der deutschen Industrie, der Monopolherr und Bankier Paul Silverberg, 1926 in einer programmatischen Rede vor Industriellen, ohne auf betonten Widerspruch der noch an ihrer letzten Konspiration krankenden Hugenbergianer zu stoßen, feststellen konnte, „daß das industrielle Unternehmertum sich zu der Erkenntnis durchgerungen hat, daß das Heil für Deutschland und Deutschlands Wirtschaft nur in der vertrauensvollen Kooperation mit der deutschen Arbeiterschaft (gemeint waren natürlich die reformistischen Gewerkschaftsführer – W. R.) liegt und daß, darauf fußend, auch weite Kreise des deutschen industriellen Unternehmertums den Mut zu der Schlußfolgerung haben, daß die politische Mitarbeit und Mitverantwortung der Sozialdemokratischen Partei angestrebt werden muß".(8)

Und selbst weitere drei Jahre später, als die Weltwirtschaftskrise ausbrach und die beiden von den „Deutschen Führerbriefen" so scharfsinnig genannten Voraussetzungen für das Zusammenwirken von Großbourgeoisie und sozialdemokratischer Parteibürokratie ins Wanken gerieten, als nämlich erstens die Aufrechterhaltung der sozialen Errungenschaften zu einer spürbaren Profiteinbuße für die Unternehmer wurde und sich zweitens immer größere Teile der Arbeiterschaft von der SPD ab- und der revolutionären Bewegung zuwandten, als sich die Monopolherren deshalb von der direkten Zusammenarbeit mit der Sozialdemokratie lösen mußten und allmählich auf neue strategische Positionen einschwenkten – selbst da wurde man in den Beratungszimmern der politischen Führungsgremien der Bourgeoisie nicht müde, vor einer Haltung gegenüber der SPD zu warnen, die am Tage „x" erneute einheitliche Abwehrkämpfe der Arbeiterklasse gegen die Reaktion heraufzubeschwören drohte. Immer wieder wurde die Frage erörtert, wie die Spaltung der Arbeiterklasse auch unter den neuen Bedingungen gesichert werden könne, und nicht zufällig verfiel man dabei auf den Gedanken, nun auch die offene Reaktion als „verfassungstreu“ und „rechtsstaatlich“ hinzustellen.

Deshalb setzte Hitler, der gelehrige Schüler der reaktionären Drahtzieher, der die Republik und ihr „undeutsches“ Grundgesetz bisher nur mit Kübeln von Unflat begossen hatte, plötzlich eine parlamentarische Miene im konterrevolutionären Spiel auf und schwor am 25. September 1930 vor dem Reichsgericht, daß er nicht *gegen* sondern *um* den Staat kämpfen und dabei allein „geistige“, d. h. rechtlich erlaubte Mittel einsetzen wolle. Die einflußreiche „Deutsche Allgemeine Zeitung“ schrieb daraufhin: „Man mag die Ziele der Nationalsozialisten mißbilligen und bekämpfen – der Weg, den Hitler hier zeigt, ist nach der Verfassung völlig legal.“(9)

Aus Furcht vor einer einheitlichen antimilitaristisch-antifaschistischen Abwehrfront der Arbeiterklasse führte man, als Staatsstreichkanzler Papen im November 1932 die Vertagung des Reichstages auf den Sankt-Nimmerleins-Tag ins Auge faßte, eine Planübung der Reichswehr durch, bei der der Einsatz der Wehrmacht gegen einen von den sozialdemokratischen freien Gewerkschaften und der kommunistischen Revolutionären Gewerkschaftsopposition gemeinsam ausgelösten Generalstreik „durchgespielt“ wurde(10), und servierte – als sich die Aussichtslosigkeit eines solchen Einsatzes bestätigte – den nach Kappschen Rezepten planenden Kanzler ab.

Aus ebenderselben Furcht erlaubte man es Hitler an seinem Triumphtage im Januar 1933 nicht – wie er sich das jahrelang vorgestellt hatte –, sich als „Bezwinger“ des Weimarer Staates und seiner verfassungsmäßigen Ordnung zu gebärden, sondern führte ihn, den faktischen Henker der Republik, als deren vermeintlichen Diener mit einem Treueid auf die Verfassung in das Amt des Regierungschefs ein. Auf diese Weise konnte man den Widerstandswillen der sozialdemokratischen Arbeiter mit Phrasen über das Beharren „auf dem Boden der Verfassung“, mit „Warnungen“ vor „undiszipliniertem Vorgehen einzelner Organisationen oder Gruppen“ und dem daraus angeblich erwachsenden „schwersten Schaden“ für die Arbeiter(11) lähmen (als konnte es für sie etwas Schlimmeres als die Hitlerdiktatur geben!) und damit die Aktionseinheit der Arbeiterklasse verhindern, die allein imstande gewesen wäre, dem Nazichef das Schicksal von Kapp zu bereiten.

So begleitete der Schatten der Märzereignisse von 1920 die Republik bis an ihr Totenbett...

Es waren aber nicht nur die Monopolherren und ihre politischen Beauftragten, die entscheidende Lehren aus den machtvollen proletarischen Abwehraktionen gegen Kapp und Konsorten sowie daraus zogen, auf welche Weise die Massen um die Früchte ihres Kampfes geprellt worden waren. Auch die für die Verteidigung und Erweiterung der demokratischen Errungenschaften eintretenden Kräfte werteten die Erfahrungen der Kämpfe gegen die Reaktion aus. Insbesondere spielten die Lehren der Abwehraktionen gegen Kapp eine entscheidende Rolle bei der Weiterentwicklung der kommunistischen Strategie und Taktik im Kampf für die Zurückdrängung und Entmachtung des Monopolkapitals und die Errichtung der Macht der Arbeiterklasse.

Anfangs hatte unter den deutschen Kommunisten, wenn auch nirgends definitiv formuliert, die Auffassung vorgeherrscht, daß es der Partei im revolutionären Ansturm gelingen werde, gleichzeitig mit der Eroberung der Macht auch die Mehrheit des Proletariats zu gewinnen. Eine solche Meinung schien durch das Beispiel der russischen Revolution von 1917 gerechtfertigt, in der die zahlenmäßig verhältnismäßig kleine, jedoch konsequent revolutionäre, hervorragend geführte und organisierte Partei der Bolschewiki in wenigen Monaten vor dem Oktoberaufstand den Einfluß der Paktiererparteien paralysiert, die Mehrheit der Räte zunächst in den entscheidenden Industriezentren und dann auch in weiteren Städten erobert und die Masse der werktätigen Bauern für den Sturz des alten Regimes mitgerissen hatte.

Die Praxis des Klassenkampfes in Deutschland zeigte jedoch, daß sich die Arbeiterklasse hier bei der Lösung ihrer geschichtlichen Aufgabe aus verschiedenen Gründen besonderen Schwierigkeiten gegenübersah. Die deutsche Großbourgeoisie war – trotz der schweren Schläge, die sie erlitten hatte - nicht nur ökonomisch ungleich stärker als die russische Bourgeoisie im Jahre 1917, konnte also weiterhin bestimmte soziale Schichten und Gruppen korrumpieren; sie war auch außerordentlich gut organisiert und „entwickelte, alarmiert durch die vernichtende Niederlage der russischen Bourgeoisie, eine vielseitige und raffinierte Politik des Kampfes gegen die deutsche Arbeiterklasse und alle Werktätigen"(12). Über die rechten sozialdemokratischen Führer beeinflußte sie die mit vulgärdemokratischer und pseudosozialistischer Phraseologie irregeführte Mehrheit der deutschen Arbeiterklasse; über die klerikale und chauvinistische Reaktion verstand sie es auch, sich eine nur schwer zu

erschütternde kleinbürgerliche Massenbasis zu schaffen. Neben umfangreichen politischen Manövern zur Vernebelung der Klassengegensätze führte die Monopolbourgeoisie ferner den in die Weimarer Republik übernommenen preußisch-deutschen Militarismus, die reaktionäre Staatsbürokratie sowie andere Elemente der ehemals feudalabsolutistischen Ordnung gegen die Arbeiterklasse ins Feld. Von nicht zu unterschätzender Bedeutung für die Klassenkampfsituation in Deutschland war darüber hinaus die Unterstützung, die die internationale, vom Alptraum einer siegreichen sozialistischen Revolution im Herzen Europas gejagte Bourgeoisie dem deutschen Imperialismus gewährte.
Auf Grund dieser und einer Reihe anderer Gegebenheiten hatte schon die Novemberrevolution bewiesen, daß es in Deutschland keine Möglichkeit gab, mit einem Sprung zur Diktatur des Proletariats zu gelangen. Indes konnte dieser bedeutsame Tatbestand von der Kommunistischen Partei Deutschlands natürlich nicht mit einem Schlage erkannt sowie theoretisch und praktisch ausgewertet werden. Von den gewaltigen schöpferischen Potenzen der deutschen Kommunisten, von ihrer Befähigung, die schwierigsten gesellschaftlichen Prozesse zu meistern und ihre historischen Aufgaben zu erfüllen, zeugte jedoch, daß sich die Partei schon auf den ersten Etappen ihres Entwicklungsweges Schritt für Schritt der Erkenntnis von der Notwendigkeit näherte, die proletarische Macht in Deutschland über bestimmte Zwischenstufen zu erkämpfen.
Wichtige Elemente einer Strategie und Taktik, die dieser Erkenntnis Rechnung trug, wurden bereits auf dem 2. Parteitag der KPD im Oktober 1919, in den Aufrufen anläßlich des Kapp-Putsches und bei anderen Anlässen überall dort formuliert, wo sich die Partei mit dem Verhältnis von Endziel und Etappenzielen der Arbeiterbewegung, mit der Verschmelzung von demokratischem Kampf und Ringen um den Sozialismus, mit der Einstellung zu den nichtkommunistischen Arbeitern und zu den möglichen Verbündeten des Proletariats sowie mit anderen Grundproblemen des Klassenkampfes auseinandersetzte. Eine neue, für die weitere Vervollkommnung der kommunistischen Politik bedeutsame Qualität erreichte der Reifeprozeß der Partei dann 1921, im Jahre des III. Weltkongresses der von Lenin begründeten Kommunistischen Internationale.
Lenin, der die Entwicklung der Arbeiterbewegung in den kapitalistischen Ländern, namentlich auch in Deutschland, aufmerksam verfolgte und den kommunistischen Parteien dieser Länder wertvolle

Hilfe leistete, hatte schon ein Jahr zuvor in seinem Werk „Der ‚linke Radikalismus', die Kinderkrankheit im Kommunismus" darauf hingewiesen, daß die revolutionäre Partei, nachdem sie die klassenbewußte Vorhut des Proletariats für die Diktatur der Arbeiterklasse gewonnen hat, den nächsten Schritt tun und darangehen muß, die breiten Massen der Werktätigen auf einen Weg mitzureißen, der sie an den entscheidenden Endkampf zum Sturz der unmenschlichen Ausbeuterordnung heranführt. Dies aber konnte, wie Lenin ausführlich dargelegt hatte, nicht allein mit der Wiederholung des kommunistischen Programms erreicht werden; dazu bedurfte es (und all diese Hinweise sind auch heute noch voll gültig) der eigenen politischen Erfahrungen der Massen, die sie sich aber nur anzueignen vermögen, wenn die Kommunisten auch bereit sind, notwendige praktische Kompromisse einzugehen,(13) d. h. ohne Preisgabe ihrer grundsätzlichen Ziele zeitweilig jene Nahziele in den Vordergrund zu stellen, die auf Grund des Klassenkräfteverhältnisses unmittelbar realisiert werden können. Die Leninschen Gedankengänge befruchteten und bestimmten die Diskussionen, die in der kommunistischen Weltorganisation über die erforderlichen neuen Formen und Methoden zur Sammlung des Proletariats und zur Gewinnung seiner Verbündeten geführt wurden. Der III. kommunistische Weltkongreß, der unter der Losung „Heran an die Massen!" stand, orientierte dementsprechend auf die Erkämpfung der Aktionseinheit der Arbeiter und vermittelte namentlich den deutschen Kommunisten entscheidende Impulse.

Am 7. Januar 1921 appellierte die Zentrale der KPD in einem „Offenen Brief" an alle deutschen Arbeiterorganisationen, sich zu einheitlichen Aktionen für die Verbesserung der unmittelbaren Lebensbelange der Werktätigen zusammenzufinden. Die Partei ging bei diesem Appell von den objektiv einheitlichen Interessen des gesamten Proletariats aus. Sie verschwieg nicht die politischen und weltanschaulichen Gegensätze zwischen Kommunisten und Nichtkommunisten, zeigte aber klar auf, daß selbst die nur ein Minimalprogramm betreffenden, in der gegebenen Situation für die überwältigende Mehrheit der Arbeiter einleuchtenden Losungen einzig und allein durch den geschlossenen Kampf aller Arbeiterorganisationen verwirklicht werden konnten. Die Partei ließ sich dabei von dem Hinweis Lenins leiten, daß die Massen nur durch ihre selbständig gesammelten Erfahrungen dazu veranlaßt würden, den Kampf gegen den Klassengegner immer prinzipieller zu führen, d. h. letztlich die

Notwendigkeit des Sturzes der bürgerlichen Herrschaft erkennen müßten.

Mit der Veröffentlichung des „Offenen Briefes“ wiesen sich die Kommunisten nicht nur als Verfechter der unmittelbaren Interessen der gesamten Arbeiterklasse, sondern zugleich auch als klar sehende und konsequente Streiter gegen die für den modernen Kapitalismus lebensnotwendige Spaltung des Proletariats aus. Trotz nicht endender Versuche der Bourgeoisie und der rechtssozialdemokratischen Führer, die kommunistische Einheitsfrontpolitik zu diffamieren und zu stören, sie als parteiegoistisches Betrugsmanöver zu verleumden, blieb die KPD in den folgenden Jahrzehnten ihrer Verpflichtung treu, alles zu unternehmen, um die Einheit der deutschen Arbeiterklasse herbeizuführen. 1921 stellte sie sich die Aufgabe, „ein engeres Verhältnis zu den in der SPD und USPD Organisierten wie zu den Parteilosen zu finden“. Sie war dabei bereit, wie der führende Kommunist Theodor Neubauer 1923 erklärte, „viele berechtigte Verbitterungen, Vorwürfe, Anklagen (zu) begraben . . ., um zu der einheitlichen Front des Proletariats zu kommen“. 1925 schrieb die „Rote Fahne“: „Nicht nur die Arbeiter in den freien Gewerkschaften, sondern auch alle ehrlichen Arbeiter und die achthunderttausend Mitglieder der Sozialdemokratie sind unsere Brüder, zu denen wir Kommunisten als Klassenbrüder sprechen und mit denen wir gegen die Bourgeoisie kämpfen wollen.“ 1932 erklärte Ernst Thälmann: „Es ist für uns Kommunisten selbstverständlich, daß sozialdemokratische und Reichsbannerarbeiter an der Antifaschistischen Aktion teilnehmen können, ohne daß sie aus ihrer Partei auszutreten brauchen. Wenn ihr bloß in Millionen, in geschlossener Front hereinströmen würdet, wir würden es mit Freuden begrüßen, selbst wenn über gewisse Fragen der Einschätzung der SPD nach unserer Meinung in euren Köpfen noch Unklarheit besteht.“(14)

Da die von den antiimperialistischen Kräften und auch von ihren Rivalen besonders bedrängte deutsche Monopolbourgeoisie gewissermaßen als internationaler Schrittmacher bei der Ausarbeitung neuer Methoden der Machtausübung auftrat und neue Wege bei der Einspannung der rechtssozialdemokratischen Führer für ihre Interessen beschritt, waren die Bemühungen der deutschen Kommunisten um ein kameradschaftliches Verhältnis zu den irregeführten sozialdemokratischen Arbeitern ein bedeutender Beitrag zu einer den modernen Herrschaftsmethoden des Imperialismus Rechnung tragenden internationalen revolutionären Strategie und Taktik.

Wenn die kommunistische Einheitsfrontpolitik infolge der hundertfachen Ablehnung aller Einheitsangebote durch die sozialdemokratische Führung, unter dem Druck des Klassengegners, durch die objektiv bei der Massenmobilisierung bedingten Rückschläge und auch unter dem Einfluß dogmatischer Kräfte innerhalb der KPD nicht immer geradlinig weiterverfolgt werden konnte, so wurde sie doch kontinuierlich und erfolgreich zu höheren Formen entwickelt. Die Partei war unermüdlich bemüht, den konkreten Gegebenheiten entsprechend, neue Anwendungsmöglichkeiten dieser Politik ausfindig zu machen und aktionsfähige Einheitsorgane ins Leben zu rufen. Viele dieser Organe, revolutionäre Betriebsräte, mannigfaltige Einheitsausschüsse, proletarische Hundertschaften, Rußlandausschüsse, Kampfstaffeln des Roten Frontkämpferbundes und der Antifaschistischen Aktion, Antikriegskomitees und zahlreiche andere, spielten in den Kämpfen des nächsten historischen Zeitabschnittes gegen die politische und soziale Reaktion eine hervorragende Rolle.
Und wenn die deutschen Kommunisten bei ihren Appellen an die sozialdemokratischen Arbeiter nicht in jedem konkreten Fall den richtigen Ton fanden, so mögen sich diejenigen, die die KPD rückblickend zeitweiliger Überspitzungen beschuldigen, vor Augen halten, was die klassenbewußten Proletarier damals empfinden mußten, als sie sich in ihrer praktischen Tätigkeit tagtäglich davon überzeugten, wie recht Lenin mit der Feststellung hatte, daß die Bourgeoisie in Westeuropa ohne Unterstützung der rechtssozialdemokratischen Führer gar nicht imstande wäre, ihre Macht zu behaupten.(15) Gerade aus heutiger Sicht sollten solche Kritiker die Ungeduld gegenüber der Sozialdemokratie, die aus manchen kommunistischen Erklärungen jener Zeit spricht, abwägen gegen das welthistorische Versagen der rechten sozialdemokratischen Führer. Denn es ist doch eine Tatsache, daß diese Führer seit dem ersten Weltkrieg in zahlreichen kapitalistischen Ländern an der Regierung beteiligt waren, oft sogar die Führung der Staatsgeschäfte in die Hand nahmen, aber nie und nirgend auch nur versuchten, mit der Verwirklichung ihrer lauthals deklarierten sozialistischen Ziele Ernst zu machen. Durch ihr Engagement für die bürgerliche Ordnung halfen sie objektiv den Boden bereiten, aus dem Faschismus und zweiter Weltkrieg erwuchsen. Bei der Beurteilung des damaligen kommunistisch-sozialdemokratischen Verhältnisses kann man auch nicht an solchen Tatsachen vorbeigehen, daß z. B. – wie beschämend! – die offen neofaschistische „Deutsche Nationalzeitung und Soldatenzeitung" 1968 anläßlich

des 100. Geburtstages von Gustav Noske dazu riet, einen Mann von dessen Format zum Verteidigungsminister der BRD zu berufen,(16) also auf Grund historischer Erfahrungen schlußfolgerte, daß rechte Sozialdemokraten die zuverlässigsten Büttel bei der Durchsetzung imperialistischer Revanche- und Diktaturpläne sind.

Hatten die revolutionären Kräfte im Sommer 1920 durch die grandiose Bewegung „Hände weg von Sowjetrußland!" Millionen Werktätiger für proletarische Einheitsaktionen mobilisiert, hatten sie durch die Vereinigung von KPD und USPD eine Hunderttausende zählende Kampforganisation geschaffen, so galt es 1921 vor allem, konkrete, für das Gros der sozialdemokratischen Arbeiter annehmbare Teilziele und Losungen ausfindig zu machen, um auch die reformistisch beeinflußten Proletarier für den gemeinsamen Kampf mit den Kommunisten zu gewinnen und ihnen – eben durch ihre Teilnahme an derartigen Aktionen – die Möglichkeit zu geben, die Fronten im Klassenkampf klarer zu erkennen.

Solche Losungen waren: Sachwerterfassung, Produktionskontrolle, Arbeiterregierung. Die Sachwerterfassung zielte auf die zumindest teilweise Enteignung der im werktätigen Volke verhaßten Kriegsverbrecher und -gewinnler ab, die die Lasten des von ihnen verschuldeten harten Friedensvertrages auf die ohnehin äußerste Not leidenden Massen abwälzten und deren von der Inflation unberührte Reichtümer die materielle Hauptreserve der politischen Reaktion darstellten. Unter Produktionskontrolle verstanden die Arbeiter das tatsächlich gewährleistete Recht auf Mitbestimmung in den Betrieben, für das sie sich – unabhängig von Partei- und Gewerkschaftszugehörigkeit – schon in den großen Klassenschlachten des Jahres 1919 eingesetzt hatten.

Von besonderer Bedeutung war die Losung der Arbeiterregierung, d. h. einer aus außerparlamentarischen Klassenkämpfen hervorgegangenen revolutionär-demokratischen Koalitionsregierung der Arbeiterorganisationen, mit der die Kommunistische Partei einen wesentlichen Beitrag zur Konkretisierung der Zwischenstufen auf dem Wege zur Diktatur des Proletariats leistete. Der Aufstellung dieser Losung, die den demokratischen Inhalt des Kampfes für den Sozialismus zum Ausdruck brachte, waren innerhalb der KPD tiefgreifende schöpferische Auseinandersetzungen vorausgegangen. Die Tatsache, daß die Mehrheit der Arbeiterklasse im Kampf gegen Kapp und Konsorten zwar ihre Bereitschaft zur tatkräftigen Abwehr der Konterrevolution unter Beweis gestellt hatte, aber noch nicht bereit gewesen war, für die proletarische Diktatur einzutreten, hatte die deutschen Kommunisten gezwungen, sich mit der Problematik einer aus Gewerkschaftern, Sozialdemokraten und Unabhängigen zusammengesetzten Regierung zu befassen. Kurz nach dem Kapp-Putsch hatte die Zentrale der Partei eine von Lenin dem Wesen nach positiv beurteilte Erklärung(17) veröffentlicht, in der sie einer solchen Regierung ihre Loyalität zusicherte. Dieser richtige Beschluß wurde in der Folgezeit des öfteren von engstirnigen Kräften innerhalb der KPD angegriffen, die fürchteten, daß der Begriff Arbeiterregierung, der zudem durch die unselige Praxis des „Rates der Volksbeauftragten" diskreditiert war, als Synonym für die sozialdemokratische Unterordnungspolitik unter die Bourgeoisie aufgefaßt werden könnte. Dennoch setzte sich die richtige Linie in der KPD durch. Im November 1921 erklärte sich die Partei bereit, eine Arbeiterregierung, die für die von den Massen aufgestellten Forderungen eintreten würde, zu unterstützen, und am 8. Dezember bekundete sie ihren Willen, „auch in solch eine Regierung einzutreten, wenn sie die Gewähr haben wird, daß diese Regierung im Kampfe gegen die Bourgeoisie die Interessen und Forderungen der Arbeiterschaft vertreten ... wird"(18). Die Parteiführung hob hervor, daß die Arbeiterregierung ihre Berechtigung habe für einen – in Deutschland real gegebenen – „Zeitabschnitt, wo die selbständige Massenbewegung des Proletariats eine bestimmte Höhe und Breite erreicht hat, wo ihr Gegensatz zur Bourgeoisie und den mit ihr verbündeten Arbeiterführern sich vertieft, wo sie aber in ihrer Mehrheit noch nicht bereit ist, den Rahmen der bürgerlichen Demokratie zu sprengen".(19)

Indem es die KPD bei ihren weiteren Stellungnahmen zur Möglichkeit einer Arbeiterregierung vermied, den bisher gebrauchten irreführenden Terminus „*sozialistische* Arbeiterregierung" zu verwenden, indem sie 1923 den Begriff Arbeiterregierung präzisierte und von einer Arbeiter-und-Bauern-Regierung sprach, brachte sie den antiimperialistisch-demokratischen Charakter der angestrebten Übergangsregierung noch deutlicher zum Ausdruck. Allerdings wurden die positiven Erkenntnisse über eine solche Regierung in den folgenden Jahren zum Teil verschüttet. Dies lag vor allem daran, daß die Losung der Arbeiterregierung ihre Massenwirksamkeit verlor, nachdem im Herbst 1923 in Sachsen und Thüringen sozialdemokratisch-kommunistische Landesarbeiterregierungen zustande gekommen waren, die jedoch die Hoffnungen der breiten Massen enttäuschten, weil sie es nicht verstanden, sich mit Nachdruck für die unmittelbaren Lebensinteressen der werktätigen Massen einzusetzen.

Doch die grundlegende Erkenntnis, aus der die *Losung der Arbeiterregierung* hervorgegangen war, nämlich die Erkenntnis von der Notwendigkeit, den spezifischen Gegebenheiten der Klassenkampfsituation entsprechende Übergangsformen zur Diktatur des Proletariats ausfindig zu machen, ging nicht verloren. Sie half der Partei später bei der Konzipierung der antifaschistischen Einheits- und Volksfront und spielte eine entscheidende Rolle bei der Ausarbeitung der strategischen Grundlinie für die antifaschistisch-demokratische Umwälzung nach der Überwindung des Faschismus.

Dem Eintreten der KPD für eine revolutionär-demokratische Arbeiterregierung in den ersten Jahren der Weimarer Republik kommt auch deshalb große Bedeutung zu, weil damit die Verleumdungen der imperialistischen Geschichtsschreibung über die angeblich gemeinsame Feindschaft von Kommunisten und Faschisten gegenüber der bürgerlich-parlamentarischen Republik widerlegt werden. Die Kommunisten befehdeten nie die Republik an sich, sondern stellten stets den konkret klassenmäßigen Inhalt dieser Republik in den Mittelpunkt ihres Kampfes. Ihre klare und durch die Geschichte eindeutig bestätigte Alternative lautete: „Entweder Schutz der Republik und der Grundrechte der Arbeiterschaft durch das Proletariat selbst, durch eine auf die Massen sich stützende Arbeiterregierung oder Fortsetzung der Koalitionspolitik mit der Bourgeoisie, Auslieferung der Republik an die gegenrevolutionären Beamten, Richter, Offiziere, weitere politische und wirtschaftliche Knebelung der schaffenden Massen."(20) Die Angriffe der Kommunisten galten nicht – wie die der Faschisten – den demokratischen Ansätzen im bürgerlich-parlamentarischen Staat; sie waren vielmehr darauf gerichtet, diese Ansätze im Interesse der werktätigen Massen zu nutzen und auszubauen. Dabei sah die KPD klar, welche realen Chancen jeweils zur Erweiterung der Demokratie, zur partiellen Zurückdrängung des Imperialismus bestanden, und formulierte dementsprechend ihre Aktionslosungen. Vor allem berücksichtigte die Partei in allen Situationen, daß die Weimarer Republik bedeutende Möglichkeiten zur Mobilisierung der Massen gegen die brutalste Fraktion der imperialistischen Bourgeoisie eröffnete. Deshalb erklärte z. B. Theodor Neubauer 1922 in einer Landtagsrede, in der er den antikommunistischen Mordterror und die Klassenjustiz des Weimarer Staates anklagte, zugleich: „Und trotzdem wir haben demonstriert, und wir

haben keinen Zweifel daran gelassen, wir sind bereit, diese Republik auch mit dem Leben gegen die Reaktion zu verteidigen, denn wir wissen, was die Reaktion ... hier bringen würde."(21)
Dieser vom proletarischen Klassenstandpunkt ausgehenden und den politischen Realitäten Rechnung tragenden Einstellung entsprach es, wenn die KPD zu Beginn der dreißiger Jahre, als die faschistische Reaktion zum Todesstoß gegen die Weimarer Republik ansetzte, am konsequentesten für die Verteidigung der Reste der bürgerlich-demokratischen Rechte und Freiheiten eintrat. Die Einheitsangebote der deutschen Kommunisten an die sozialdemokratischen Organisationen zum gemeinsamen Handeln gegen den Staatsstreich Papens am 20. Juli 1932 oder gegen die Berufung Hitlers zum Reichskanzler am 30. Januar 1933 entsprangen nicht irgendwelchen taktischen Winkelzügen, sondern waren in den Grundlinien der kommunistischen Politik verankert, die die Weimarer Republik unter vollem Einsatz aller Kräfte gegen die Reaktion abschirmen, sie zugleich aber im Sinne des gesellschaftlichen Fortschritts verändern wollte. Daß diese beiden Aufgabenstellungen sich nicht – wie die imperialistische Geschichtsschreibung behauptet – widersprachen, sondern eine Einheit bildeten, bezeugen die Ereignisse jener Zeit mit besonderem Nachdruck. Denn gerade die Jahre von Weimar lehren – und nicht zuletzt deshalb beschäftigen sich die Historiker noch heute so intensiv mit der Geschichte der ersten deutschen bürgerlichen Republik –, daß die Werktätigen trotz gewisser demokratischer Errungenschaften, trotz vorübergehend erreichten verhältnismäßigen Wohlstandes in die Katastrophe zurückgeworfen werden können, wenn sich ihre stärkste Kraft, die Arbeiterklasse, durch verblendeten Antikommunismus daran hindern läßt, ihre mächtigste Waffe – die Einheit – gegen die Feinde der Demokratie und der sozialen Gerechtigkeit ins Feld zu führen.

Viertes Kapitel

1922: Friedliches Nebeneinander – mit oder ohne Augenzwinkern

In der Nacht zum Ostersonntag 1922 wälzte sich Reichsaußenminister Walther Rathenau schlaflos im Bett eines Genueser Hotelzimmers. Gemeinsam mit Reichskanzler Wirth war er an die Ligurische Riviera gekommen, um an einer Weltwirtschaftskonferenz teilzunehmen, auf der – versteht sich: zu Bedingungen, die den Interessen der Siegermächte entsprachen – die Wiedereinbeziehung Deutschlands in das internationale Wirtschaftsleben behandelt werden sollte.

Da zu dieser Konferenz – obgleich noch weitgehend diskriminiert – auch Delegierte Sowjetrußlands eingeladen waren, sahen sich die deutschen Diplomaten erstmalig ihren Verhandlungspartnern aus Ost und West, den Vertretern der Sowjetrepublik und denen der Entente, auf einem Parkett gegenüber. Infolge der internationalen Isolierung des Sowjetstaates hatte man bisher stets getrennt mit diesen beiden Seiten verhandeln und sie dabei, als Hauptziel die Rückgängigmachung der Kriegsergebnisse im Auge behaltend, gegeneinander ausspielen können. In den Auseinandersetzungen mit den Westmächten über die Erfüllung des Friedensvertrages hatte man gedroht, sich „den Russen in die Arme zu werfen", d. h. normale Beziehungen zur Sowjetrepublik anzuknüpfen, und damit der Entente „in den Rücken zu fallen", die das neue Rußland, das der Intervention standgehalten hatte, nun wirtschaftlich aushungern wollte. Die Sowjetdiplomaten dagegen hatte man, um ihnen politische und ökonomische Konzessionen abzuzwingen, mit dem möglichen Eintritt Deutschlands in ein kapitalistisches Weltsyndikat zum „Wiederaufbau" (d. h. zur Unterwerfung) Rußlands oder gar in eine militärische Antisowjetallianz zu schrecken versucht. Allerdings hatten diese „Trümpfe" nie richtig gestochen: In Paris und London hatte man stets darauf gebaut, daß die deutsche Großbourgeoisie nicht bereit sein würde, ein echtes Bündnis mit dem ersten Arbeiter-und-Bauern-Staat einzugehen, und in Moskau hatte man keinen Zweifel darüber gehegt, daß sich die westlichen Siegermächte auch unter dem Banner eines antibolschewistischen Kreuzzuges nicht so leicht (und schon gar nicht von heute auf morgen) bereit finden würden, dem eben erst mit Mühe und Not zu Boden gezwungenen deutschen Rivalen wieder vollständig auf die Beine zu helfen.

In jener Aprilnacht des Jahres 1922 fand Rathenau keinen Schlaf, weil vieles darauf zu deuten schien, daß die zweischneidig gegen den imperialistischen Westen und den proletarischen Osten angewandte Waffe der Erpressung sich nun als Bluff herausstellen und gegen seine Urheber kehren würde. Inwieweit Rathenau selbst seine Politik als Erpressung empfand, ist aus den bekannt gewordenen Quellen nicht eindeutig zu ersehen. Für die Beurteilung der Historie ist diese Frage, die von bürgerlichen Geschichtsschreibern zur Ablenkung von den Hauptzusammenhängen immer wieder abgewandelt wird, auch von untergeordneter Bedeutung. Wichtig ist der aus realen Gegebenheiten erwachsene objektive Tatbestand der deutschen Taktik, die sich – wie z. B. die teils miteinander unvereinbaren Äußerungen und Taten Rathenaus bezeugen – auf höchst komplizierte und widerspruchsvolle Weise in den Köpfen der bürgerlichen Staatsmänner widerspiegelte. So akzeptierte Rathenau, der – fest der bürgerlichen Gedankenwelt verhaftet – an die unausweichliche „Rückentwicklung“ Rußlands zu einem „bäuerlichen Kapitalismus“ glaubte, die Sowjetmacht nur als unsympathischen Vorläufer einer solchen Ordnung, sah aber einerseits die gewaltigen wirtschaftlichen Perspektiven einer deutsch-sowjetischen Zusammenarbeit und andererseits die durch ein Bündnis mit den Siegermächten heraufziehende Gefahr, Deutschland zum einfachen Soldatenlieferanten einer internationalen Antisowjetkoalition zu degradieren. Zugleich ließ er jedoch, Monopolkapitalist und Wolf unter Wölfen, während er z. B. dem sowjetischen Außenkommissar gegenüber Anfang April 1922 gepflegt von seinen freundschaftlichen Gefühlen zu Rußland sprach, in London über die deutsche Teilnahme an einem antisowjetischen Wirtschaftskonsortium verhandeln, dessen Zustandekommen er einzig und allein davon abhängig machte, ob die Konzernherren der ehemaligen Feindmächte ihren deutschen „Kollegen“ völlige „Gleichberechtigung“ bei der Ausraubung des Riesenreiches im Osten einräumen würden.

Jetzt, auf der Konferenz von Genua, auf der England und Frankreich ihrerseits mit Druck und Winkelzügen versuchten, Deutschland und Sowjetrußland gegeneinander auszuspielen, stellte sich heraus, daß die deutsche Diplomatie mit Drohungen nach Ost und West zugleich nichts mehr erreichen konnte. Nun stand Deutschland vor der Alternative, sich entweder offen in eine Antisowjetfront einzureihen oder aber einen Schritt zu unternehmen, der als Anfang eines Wirtschaftsbündnisses mit dem Sowjetstaat gedeutet werden konnte. Dabei hatte es für die deutsche Diplomatie nur Sinn, offen für den Westen zu optieren, wenn sie dafür wichtige Zugeständnisse in der Frage der Regelung der Kriegsfolgen einzuhandeln vermochte, Zugeständnisse, denen die Siegermächte jedoch ausweichen zu können glaubten, weil sie (und nicht ohne Grund) fest von der imperialistischen, also antisowjetischen Grundhaltung der deutschen Regierung und damit von ihrer Entschlossenheit überzeugt waren, nichts zur Stärkung des Sowjetstaates zu tun. Solche Zugeständnisse hätten nur über eine Veränderung der starren französischen Haltung in der Reparations- und Entwaffnungsfrage, praktisch also nur durch die Einwirkung Englands auf seinen Bündnispartner, d. h. durch eine mehr oder weniger weitreichende Spaltung der anglo-französischen Allianz erreicht werden können. Das aber schien – und ebendieser Umstand bereitete Rathenau Kopfschmerzen – höchst unwahrscheinlich. Gerade in den letzten Tagen hatten sich die englischen Delegierten auf der Genueser Konferenz allen deutschen Annäherungsversuchen gegenüber besonders unzugänglich gezeigt und damit ihre Unterstützung Frankreichs demonstriert. Die sowjetischen Vertreter waren über diese Sachlage gut informiert und hatten – darin eben kam die Zuspitzung der Situation zum Ausdruck – Rathenau unmißverständlich zu verstehen gegeben, daß sie sich jetzt nicht länger hinhalten lassen würden. Sie verlangten kategorisch den Abschluß des deutscherseits schon lange in Aussicht gestellten Vertrages über die Normalisierung der deutsch-sowjetischen Beziehungen und die Nichtbeteiligung Deutschlands am faktischen Wirtschaftskrieg des internationalen Imperialismus gegen Sowjetrußland.

Spät am Karsamstagabend war die deutsche Delegation in banger Erwartung darüber auseinandergegangen, ob der britische Ministerpräsident Lloyd George, bei dem man schon tagelang antichambriert hatte, seine Weigerung, die Deutschen am Sonntag zu empfangen, nicht doch noch rückgängig machen würde. Von dieser scheinbaren Kleinigkeit hing nun die weitere deutsche Taktik und damit in gewissem Sinne auch das politische Schicksal des Außenministers ab.

Deshalb fragte Rathenau, als Ago Freiherr von Maltzan, der ebenfalls zur deutschen Delegation gehörige Leiter der Ostabteilung des Auswärtigen Amtes, gegen zwei Uhr nachts in sein Schlafzimmer trat: „Sie bringen mir wohl mein Todesurteil?“ Doch Maltzan, der, obwohl jeder Zoll ein Junker, für eine Annäherung mit dem Sowjetstaat eintrat, in dem er eine Reserve im Kampf gegen die verhaßten Siegermächte sah, erklärte, daß sich die Engländer nicht gemeldet hätten und ihren Entschluß, den morgigen Tag bei Gottesdienst und Osterkuchen zu verbringen, nun kaum noch ändern würden. Dafür seien aber die Russen vor wenigen Minuten telefonisch vorstellig geworden und hätten so nachdrücklich wie noch nie gefordert, morgen unbedingt zu vertraglichen Vereinbarungen zu kommen.

Nun war guter Rat teuer. Sollte man sich auf diesen Vorschlag einlassen? War er nicht als Wink aufzufassen, daß die Sowjetdiplomatie anderenfalls einen Modus vivendi mit den Engländern vereinbaren würde? Steckte eine solche Wendung am Ende hinter der englischen Verschlossenheit? Würde man die „russische Karte“, wenn man jetzt der Sowjetdelegation die kalte Schulter zeigte, gänzlich aus der Hand verlieren? Würde es auch nach der großen Verstimmung der britischen und französischen Minister, die der Abschluß eines Vertrages mit Sowjetrußland zweifellos auslösen mußte, weiterhin möglich sein, den Osten gegen den Westen auszuspielen? Oder bestand gar eine Chance, Lloyd George unter erpresserischer Ausnutzung des sowjetischen Angebotes noch in den nächsten 24 Stunden umzustimmen? Schließlich mußten auch die schon viel debattierten innenpolitischen Auswirkungen einer deutsch-sowjetischen Übereinkunft erwogen werden. Wie weit könnte sich die Regierung mit einem solchen Schritt Rückhalt unter der deutschen Arbeiterschaft verschaffen? Böte der Abschluß eines derartigen Vertrages nicht die Möglichkeit, sich dem Vorwurf zu entziehen, man sei mit leeren Händen aus Genua zurückgekehrt? Könnte man hier nicht auch den bürgerlichen Parteien einmal beweisen, daß die Regierung auf internationalen Konferenzen nicht nur Rückzieher machte? Was würde andererseits der sozialdemokratische Reichspräsident Ebert sagen, der sich stets allen Abmachungen mit dem Sowjetstaat widersetzt hatte?

Fragen über Fragen! Und so wenig Zeit zu ihrer Entscheidung! Es blieb nichts anderes übrig, als Reichskanzler Wirth zu wecken und ihn in Rathenaus Appartement bitten zu lassen. So begann eine der sonderbarsten Konferenzen der Diplomatiegeschichte: Drei Staatsmänner saßen in Pyjamas einander gegenüber – Rathenau und Maltzan, der Monopolherr und der Aristokrat, auch da noch elegant; Wirth, der badensische Oberlehrer, im zerknitterten Schlafanzug. Sie rauchten, sprangen auf, liefen hin und her und beschlossen schließlich, schon in den frühen Morgenstunden, auf das sowjetische Angebot einzugehen.

Der deutsch-sowjetische Vertrag (nach dem Ort seines Abschlusses, einem Badeort bei Genua, als Rapallovertrag in die Geschichte eingegangen) wurde am nächsten – richtiger: noch am gleichen – Tage, dem 16. April 1922, unterzeichnet. Er legte die Wiederaufnahme diplomatischer und konsularischer Beziehungen zwischen beiden Staaten fest und verpflichtete sie, sich bei der Intensivierung der wirtschaftlichen Zusammenarbeit wohlwollend entgegenzukommen. Sowjetrußland verzichtete auf deutsche Kriegsentschädigungen, Deutschland erklärte, keine Entschädigungsansprüche für die in Volkseigentum überführten ehemals deutschen Betriebe in Rußland erheben zu wollen. Ferner verpflichtete sich Deutschland in einer vertraulichen Note ausdrücklich, sich nicht an einem antisowjetischen internationalen Wirtschaftssyndikat zu beteiligen.

Wenn auch, zumindest von deutscher Seite, auf so widersprüchliche Weise zustande gekommen (der sowjetische Diplomat Litwinow berichtete nach Moskau, Rathenau sei „halb lebendig, halb tot" gewesen(1), kam dem Rapallovertrag doch gewaltige Bedeutung zu. Er fixierte erstmalig in einem internationalen Dokument die Gleichberechtigung des sozialistischen und kapitalistischen Eigentumssystems(2) und verankerte damit völkerrechtlich den Grundsatz der friedlichen Koexistenz von Staaten mit unterschiedlicher Gesellschaftsordnung. Mit der De-jure-Anerkennung des ersten Arbeiter-und-Bauern-Staates der Welt durch ein hochentwickeltes, nur zeitweilig von seiner Großmachtposition verdrängtes imperialistisches Land leitete der Vertrag eine neue Etappe in den Beziehungen des Sowjetstaates zur kapitalistischen Umwelt ein. Zugleich löste er Deutschland aus seiner aus dem Weltkrieg herrührenden internationalen Isolierung und verwandelte es wieder aus einem Objekt in ein Subjekt der Politik. Der Vertrag schuf Voraussetzungen zur Anknüpfung enger, allseitiger und gleichberechtigter Beziehungen zu dem einzigen Staat der Welt, der die Souveränitätsrechte des deutschen Volkes uneingeschränkt anerkannte und Deutschland nicht als Ausbeutungsfeld betrachtete. Er war ein Schritt zu einer vernünftigen deutschen Außenpolitik, deren Grundbestandteil die Freundschaft mit der Sowjetunion ist. Unabhängig davon, wie weit sich die einzelnen deutschen Politiker, die am Zustandekommen des Vertragswerkes mitgewirkt hatten, darüber im klaren waren, eröffnete der Rapallovertrag Deutschland objektiv die Möglichkeit, innerhalb der kapitalistischen Welt als Vorkämpfer für die Verlagerung des epochalen Wettbewerbes zwischen Sozialismus und Kapitalismus auf friedliche Ebene aufzutreten und somit einen bedeutenden Beitrag zur Verhinderung künftigen unermeßlichen Blutvergießens zu leisten. Der Vertrag bot Deutschland großartige Perspektiven für den Rohstoffimport aus dem damals industriell noch rückständigen Sowjetrußland und für die Ausfuhr (später auch für den intensiven Austausch) von Fertigwaren. Auf dem Wege der Rapallopolitik konnte sich Deutschland durch friedliche Leistungen in Wissenschaft, Technik, Produktion und Kultur einen geachteten Platz im Kreise der Nationen erwerben.

Doch von diesen Möglichkeiten bis zur Wirklichkeit war es ein riesiger Schritt. Der Rapallovertrag schuf zwar die Grundlagen für eine den Interessen des deutschen Volkes entsprechende Entwicklung des deutsch-sowjetischen Verhältnisses; gesichert war eine solche Entwicklung jedoch noch nicht. Deshalb riefen die deutschen Kommunisten die Arbeiterschaft auf, alles zu tun, um den Vertrag mit Leben zu erfüllen.(3) Es galt, die deutsche Regierung zu einer echten freundschaftlichen Einstellung gegenüber dem Sowjetstaat zu zwingen, zu einer ehrlichen Politik der friedlichen Koexistenz – zu einer Politik ohne Augenzwinkern.

Diese Aufgabe konnte aber nur in harten Auseinandersetzungen, im Kampf um die Zurückdrängung des deutschen Monopolkapitals gelöst werden. Denn gerade auch die damals erst dreijährige außenpolitische Praxis der Weimarer Republik bewies (nicht weniger als ihre Innenpolitik), daß die imperialistischen Herrscher – wie immer sie ihre Macht auch firmieren mögen – ihre klassenegoistischen Ausbeutungs- und Raubinteressen gegen die nationalen Interessen des Volkes durchzusetzen bestrebt sind. In der Tat: Was hätte das Wohl des deutschen Volkes in jenen Jahren, in einer Situation erfordert, in der – noch dazu in unmittelbarer Nähe Deutschlands – in Gestalt der russischen Sowjetrepublik erstmals in der Weltgeschichte ein Staat entstanden war, der nicht nur in Verlautbarungen für Frieden, friedliche internationale Zusammenarbeit, Völkerfreundschaft sowie Recht auf Selbstbestimmung eintrat, sondern der diese Grundsätze auch konsequent verwirklichte, weil er von Arbeitern und Bauern, also von Kräften beherrscht wurde, denen Krieg und Völkerverhetzung statt Profit und Bereicherung lediglich Elend und Not verhießen? Die Antwort auf diese Frage konnte nur lauten: Das Wohl des deutschen Volkes verlangte feste Freundschaft und ehrliche Zusammenarbeit mit dem ersten sozialistischen Staat der Welt. Gemeinsam mit dem Sowjetstaat war es notwendig, mit allen der konkreten Situation entsprechenden Mitteln den beiden Völkern den Frieden zu sichern und die Anschläge der imperialistischen Siegermächte abzuwehren, die unter der Fahne der Konterrevolution in Rußland eingefallen waren und Deutschland mit Hilfe des Friedensvertrages auspowerten.

Genau das Gegenteil verlangten jedoch – und von diesen Erfordernissen war die Weimarer Außenpolitik bisher bestimmt worden – die nackten Ausbeutungs- und Raubinteressen der Monopolherren, Junker und Militaristen. Für sie war der Sowjetstaat, der in seiner Geburtsstunde das Tor zu einer für sie furchterregenden Zukunft ohne Unterdrückung und Gewalt aufgestoßen hatte, der Feind par excellence. Sie fürchteten die russische Arbeiter-und-Bauern-Macht, weil die deutschen Werktätigen in ihr instinktiv den Vorboten der Zukunft sahen und allein schon durch die Existenz des Sowjetstaates zum Kampf für eine gerechte und menschliche Ordnung, also zum Kampf gegen ihre eigenen Ungerechtigkeiten und Unmenschlichkeiten, beflügelt wurden. Um den Einfluß der welthistorischen Pioniertat der russischen Werktätigen auf die deutschen Arbeiter zu vernichten, mußten sie darauf bedacht sein, die Oktoberrevolution aus den Annalen der Geschichte zu streichen und ihr Resultat – den Sowjetstaat – zu erdrosseln. Hinzu kam, daß sie sich durch einen Sieg über das rote Rußland zugleich jene – in Anbetracht der Kriegsverluste noch wertvolleren – Ausbeutungssphären zu erschließen hofften, nach denen sie schon zu jener Zeit gegiert hatten, als Rußland noch ihr imperialistischer Rivale gewesen war.

Doch konnten die deutschen Machthaber (und zwar nicht nur, weil sie genug damit zu tun hatten, sich im eigenen Lande zu behaupten) die Verwirklichung ihrer Ziele in der komplizierten Nachkriegssituation nicht geradlinig in Angriff nehmen. Daran hinderte sie vor allem die Entschlossenheit der klassenbewußten deutschen Arbeiter, keine Vernichtung der größten Errungenschaft der revolutionären Weltbewegung, der russischen Sowjetrepublik, zuzulassen. Ins Gewicht fielen ferner die allgemeine Kriegsmüdigkeit sowie die weit in nichtproletarische Schichten hineinreichenden Sympathien für die titanische Leistung der Sowjetmacht, an der viele Kleinbürger und Bürger vor allem bewunderten, daß sie sich trotz unermeßlicher

Schwierigkeiten gegen eine feindliche Welt – namentlich auch gegen die Mächte, die Deutschland auf die Knie gezwungen hatten – zu behaupten vermochte.
Die Zickzackpolitik des deutschen Monopolkapitals ging aber auch noch auf andere Faktoren zurück – auf Faktoren, die nicht weniger als die oben genannten dazu beitrugen, daß sich Deutschland zum Knotenpunkt der weltweiten Auseinandersetzung zwischen Sozialismus und Kapitalismus entwickelt hatte. Mit dem Sieg der Großen Sozialistischen Oktoberrevolution war nämlich der Zweifrontenkampf der deutschen Bourgeoisie – ihr Kampf gegen die Arbeiterklasse einerseits und gegen die imperialistischen Rivalen andererseits – in ein qualitativ neues Stadium getreten. Da sich der Klassenkampf seit der Entstehung und Festigung der Sowjetrepublik auch auf zwischenstaatlicher Ebene vollzog, verflocht er sich auf vielfältigste Weise mit dem durch Deutschlands militärische Niederlage von 1918 ohnehin äußerst verschärften imperialistischen Rivalitätskampf. Anders ausgedrückt: Die vieler ihrer Machtmittel beraubten deutschen Imperialisten konnten, wenn sie dem Druck der Siegermächte überhaupt etwas entgegensetzen wollten, nicht darauf verzichten, ihre tatsächlichen oder auch nur ihre vorgeschützten Beziehungen zum sozialistischen Rußland als Aktivum ihrer Politik ins Feld zu führen, mußten also bis zu einem gewissen Grade gegen die gemeinsamen Klasseninteressen des internationalen Imperialismus verstoßen. „Die deutsche bürgerliche Regierung", schrieb Lenin, „hegt einen wütenden Haß gegen die Bolschewiki, aber die internationale Lage drängt sie gegen ihren eigenen Willen zum Frieden mit Sowjetrußland."(4)
Im Frühjahr 1919 glaubten und hofften die meisten deutschen Großbourgeois und bürgerlichen Politiker noch - wie u. a. die im ersten Kapitel angeführten Aussprüche Schachts und Erzbergers beweisen –, daß die gemeinsame Feindschaft der kapitalistischen Regierungen gegen Sowjetrußland sich als stärker erweisen werde als der sogenannte Vernichtungswille der Entente (d. h. der Wille, Deutschland als gefährlichen Rivalen auszuschalten) und daß es Deutschland deshalb gelingen werde, sich durch aktive Teilnahme an der Bekämpfung des Bolschewismus verhältnismäßig milde Friedensbedingungen zu sichern. Der einzige Weg künftiger Außenpolitik, hatte die reaktionäre „Kreuzzeitung" – diesmal als Sprachrohr aller Fraktionen der Großbourgeoisie – am Tage nach der Ermordung von Karl Liebknecht und Rosa Luxemburg unter der Überschrift „Sparta-

kus und Sowjetregierung" geschrieben, bestehe „in einem Zusammengehen mit unseren bisherigen Gegnern und den in Betracht kommenden Neutralen" bei einem „gemeinschaftlichen polizeilichen Vorgehen gegen die russischen Revolutionäre... Hier könnte der Völkerbund tatsächlich seine erste praktische Arbeit leisten." Wie und unter wessen Führung diese „praktische Arbeit" gedacht war, erläuterte das Blatt mit der Forderung: „Nur wenn die Oberste Heeresleitung freie Hand zur Organisation erhält, wird sie uns vor dem Schlimmsten bewahren können."

Diesem zugleich der Stärkung der inneren Konterrevolution dienenden „Rezept" waren schon die ersten sozialdemokratisch geführten Reichsregierungen gefolgt. Sie entfachten im Baltikum einen unmenschlichen Ausrottungskrieg gegen die dortigen Sowjetrepubliken und gegen die russische Rote Armee, verkauften, um „das Erreichte zu erhalten"(5), also um sich die geraubten Provinzen zu sichern, die (selbst nach den Worten des Generals von Seeckt hauptsächlich aus Gesindel bestehende) „Eiserne Division" an lettische Konterrevolutionäre und setzten sich, als ihr Abenteuer kläglich gescheitert war, nach den rührenden Worten Reichskanzler Bauers, dafür ein, die „deutschen Landeskinder" - nämlich dieselben reaktionären Truppen, die dann während des Kapp-Putsches gegen die republikanische Reichsregierung kämpften – „nicht zugrunde gehen zu lassen".(6)

Allein diese Brachialvariante der Antisowjetpolitik erlitt – wie viele andere danach – vollständigen Schiffbruch. Einerseits erwies sich der Bolschewismus als unbesiegbar. Zum anderen ließen sich die Westmächte, sosehr sich Deutschland auch die Finger verbrannte, um die Kastanien für den Weltimperialismus aus dem sowjetischen Feuer zu holen, nicht auf eine wesentliche Milderung der Friedensbedingungen ein. So mußten die deutschen Imperialisten bereits Mitte 1919 eine Wende ihrer Rußlandpolitik ins Auge fassen.

Als Einzelheiten über die von der Entente vorbereiteten Friedensbedingungen durchzusickern begannen, regte (ausgerechnet!) Erzberger auf einer Kabinettssitzung an, zu prüfen, ob man nicht wieder Beziehungen zu Sowjetrußland anknüpfen solle. Dieser vage Vorstoß blieb jedoch zunächst ohne Folgen, weil Außenminister Brockdorff-Rantzau Bedenken anmeldete, und zwar „wegen der Wirkung auf die Entente" und weil es, wie Maltzan später erklärte, „innerpolitisch unerträglich (sei), die Sowjetfahne Unter den Linden (d. h. auf dem russischen Botschaftsgebäude – W. R.) zu sehen".(7) Charakteristisch für die Labilität der deutschen Ostpolitik und für die

Unsicherheit einzelner Politiker war dabei, daß die Normalisierung der deutsch-sowjetischen Beziehungen zu diesem Zeitpunkt gerade von zwei Diplomaten – Rantzau und Maltzan – abgelehnt wurde, die sich später zu einer in manchen Punkten realistischen Einschätzung des Sowjetstaates durchrangen und als aktive Befürworter der deutsch-sowjetischen Annäherung bekannt geworden sind.

Die weiteren Auseinandersetzungen innerhalb der deutschen Regierung über die Gestaltung des deutsch-sowjetischen Verhältnisses standen unter dreifachem Druck. Einmal verlangten die deutschen Arbeiter immer nachhaltiger, das rote Rußland anzuerkennen, ihm bei seinem wirtschaftlichen Aufbau zu helfen und mittels dieser Hilfe die Arbeitslosigkeit und das Elend in Deutschland selbst zu bekämpfen. Zum zweiten zeigten immer größere Kreise von Industriellen und Exporteuren verstärktes Interesse am Abschluß von Wirtschaftsvereinbarungen mit dem Sowjetstaat. Drittens schließlich wurde immer offensichtlicher, daß sich die, wie es Clara Zetkin im Reichstag formulierte, Politik „der Demut und des Duckens vor dem Ententeimperialismus und der gepanzerten Faust gegen Räterußland" nicht auszahlte, daß sie nichts einbrachte. So näherten sich die in schneller Reihenfolge wechselnden bürgerlichen Reichskanzler und Außenminister immer mehr der Auffassung, daß es unumgänglich sei, auf die sowjetischen Vorschläge zur Normalisierung der Beziehungen einzugehen. Mehrmals sprachen sich Minister im Parlament verklausuliert für die Anerkennung des Sowjetstaates aus, mehrmals nahmen sie ihre Worte, von reaktionären Hintermännern zurückgepfiffen, wieder zurück. Schließlich kam es (am 6. Mai 1921) zum Abschluß eines die De-facto-Anerkennung der Russischen Sowjetrepublik einschließenden deutsch-sowjetischen Wirtschaftsabkommens. Zwei Wochen vor Rapallo beschloß die Reichsregierung dann, der Sowjetvertretung in Berlin das alte Botschaftsgebäude zurückzugeben, also die rote Fahne mit Hammer und Sichel doch über der ehemals kaiserlichen Prachtstraße Unter den Linden wehen zu lassen.

Bemerkenswert an dieser hier nur mit wenigen Strichen skizzierten Entwicklung war nicht zuletzt, daß die rechten sozialdemokratischen Führer in der Frage des deutsch-sowjetischen Verhältnisses stets bestrebt waren, Konservative (z. B. Graf Rantzau und Freiherr v. Maltzan) und sogar extreme Reaktionäre alldeutscher und ähnlicher Prägung von rechts zu überrunden. Das hatte verschiedene Ursachen, lag aber zum Teil auch daran, daß die monarchistisch gesinnten bürgerlichen Politiker, die die deutsche Republik nur als notwendiges und zeitweiliges Übel hinnahmen, davon ausgehen konnten, daß die von ihnen beeinflußten Massen dem Sozialismus ohnehin ablehnend gegenüberstanden, während die SPD-Führer den Weimarer Staat als Alternative zum „sowjetischen Modell des Sozialismus" hinstellten und deshalb darauf bedacht sein mußten, die Diktatur des Proletariats in Rußland in den Augen der Arbeitermassen mit allen Mitteln zu diskreditieren. So zeigte sich Reichspräsident Ebert empört über den Rapallovertrag, und Vizekanzler Bauer geiferte, als der Vertragsabschluß im Kabinett beraten wurde, in einer für Ministerbesprechungen ungewöhnlich unsachlichen Weise darüber, daß Wirth und Rathenau „Politik auf eigene Faust" getrieben hätten, daß Sowjetrußland überhaupt kein zuverlässiger Vertragspartner sei u. ä. m.(8)

In der Folgezeit standen die rechten sozialdemokratischen Führer stets in der ersten Reihe jener, die die Rapallopolitik zu torpedieren versuchten. Während sie auf der einen Seite das verlogene Schlagwort vom „Sowjetimperialismus" aufbrachten und den heldenhaften Einsatz der russischen Arbeiter und Bauern beim Wiederaufbau der Volkswirtschaft und an den Fronten der Fünfjahrpläne als „Zwangsarbeit" diffamierten, verbreiteten sie auf der anderen Seite mit pazifistischen und „wirtschaftsdemokratischen" Phrasen Illusionen darüber, daß der seinem Wesen nach menschheitsfeindliche Imperialismus auf seine alten Tage zum zahmen Vegetarier geworden sei. Kautsky jammerte in der sozialdemokratischen Presse über das angeblich unfreie „Hungerdasein" der sowjetischen Werktätigen, und der „Vorwärts" berichtete, eine „Alternative" zeigend, in rührenden Stories, wie der durch die „Ordnung" in den Fordschen Profitfabriken beglückte amerikanische Arbeiter jeden Tag im sauberen weißen Hemd an seinem Fließbandplatz erscheine. So wurde der Sowjetstaat als historisch unnötiges, ungerechtfertigte Opfer erforderndes und allein dem „Machthunger" der Bolschewiki dienendes „Experiment" hingestellt, für das man im besten Falle ein die „Asiaten" bemitleidendes Lächeln, nie aber eine kameradschaftlich helfende Hand erübrigen könne.

Diese völlige Verfälschung der welthistorischen, auch für das deutsche Proletariat wegweisenden Pioniertat des Sowjetvolkes trug – das sei hier nur am Rande erwähnt – auch erheblich zur Verschlechterung des Verhältnisses zwischen deutschen Kommunisten und Sozialdemokraten bei. Denn in der Frage des stolzen und uneingeschränkten Bekenntnisses zur Sowjetunion als der Keimzelle der künftigen sozialistischen Welt, in einer Frage also, in der die Stellungnahme zur Auseinandersetzung zwischen Sozialismus und Imperialismus ein eindeutiges „Ja" oder „Nein" erforderte, konnte es bei der vom proletarischen Internationalismus durchdrungenen KPD keinerlei Kompromisse geben.

Der Antisowjetismus der rechten sozialdemokratischen Führer bewies einmal mehr, daß unter imperialistischen Verhältnissen eine bestimmte „Arbeitsteilung" zwischen offener Reaktion einerseits und Revisionismus und Opportunismus andererseits besteht. Während sich die schwarzweißroten Parteien des Bürgertums mit ihrer Antisowjethetze an jene vorwiegend kleinbürgerlichen Kreise wandten, für die der Sozialismus ein Schreckgespenst war, und deshalb mit prononciert prokapitalistischen Argumenten zu beweisen versuchten, daß der Internationalismus des Sowjetstaates den Weg zu jeder nationalen Wiedergeburt verriegele, erklärten die sozialdemokratischen Führer, deren Propaganda auf die sozialistisch gesinnten Arbeitermassen abgestimmt war, daß die sowjetischen Kommunisten den Sozialismus abgeschrieben und sich auf großrussische nationalistische Positionen begeben hätten. Sich widersprechende, für verschiedene Zuhörer bestimmte Argumente verfolgten hier ein und dasselbe Ziel: Um jeden Preis sollten die Sympathie der Werktätigen für den ersten Arbeiter-und-Bauern-Staat der Welt zerstört und all jene konkreten Aktionen gerechtfertigt werden, mit denen die deutsche Großbourgeoisie die beim Abschluß des Rapallovertrages zutage getretenen Ansätze politischer Vernunft Schritt für Schritt zunichte zu machen trachtete.

Denn obgleich es Vertreter der herrschenden Klasse waren, die ihren Namenszug unter den Vertrag mit Sowjetrußland vom 16. April 1922 gesetzt hatten, ja obgleich es 1926 noch zum Abschluß eines Neutralitätsvertrages zwischen dem Deutschen Reich und der UdSSR – dem Berliner Vertrag – kam, traten die maßgebenden Kreise der Monopolbourgeoisie doch immer massiver gegen den Geist von Rapallo, d. h. gegen die Verwirklichung der völkerrechtlichen Gleichberechtigung des sozialistischen Wirtschaftssystems und des Sowjetstaates auf. Diese Abwendung von Rapallo hing engstens mit der in den folgenden Kapiteln zu behandelnden Annäherung Deutschlands an die imperialistischen Westmächte zusammen, die als „Versöhnung" von Siegern und Besiegten gefeiert wurde, faktisch aber einen – wenn auch von zahlreichen Widersprüchen unterhöhl-

ten – Zusammenschluß des Weltimperialismus gegen die Sowjetunion und die revolutionäre Bewegung bedeutete und deshalb die deutschen Bemühungen, den Osten gegen den Westen auszuspielen, von Jahr zu Jahr gegenstandsloser machten. Allerdings versuchten die deutschen Politiker auch weiterhin (z. B. bei den internationalen Abrüstungsverhandlungen in der zweiten Hälfte der zwanziger Jahre), sich ihrer Beziehungen zum Sowjetstaat zu bedienen, um sich unter Ausnutzung der Gegensätze zwischen den einzelnen imperialistischen Gruppierungen erneut die verlorene Großmachtstellung zu erschleichen. Trotz aller Deklarationen darüber, daß man nicht zwischen Westen und Osten optieren wolle, bemühte man sich hierbei jedoch keineswegs, als echter Mittler zwischen West und Ost aufzutreten; vielmehr ging es allein um die Frage, mit welcher imperialistischen Mächtegruppe es vorteilhafter sei, gegen die Sowjetunion zusammenzuarbeiten. So stellte der deutsche Botschafter in Moskau, Dirksen, obwohl er zum Teil recht realistische Gedanken über den Nutzen des deutsch-sowjetischen Handels vertrat, 1929 Überlegungen darüber an, ob man den französischen Paneuropaprojekten zur Unterwerfung der Sowjetunion beitreten solle oder ob „die Aufnahme unserer Beziehungen zu Amerika zwecks gemeinschaftlicher Erschließung des russischen Marktes“ vorzuziehen sei.(9)
Am Buchstaben von Rapallo hielt die deutsche Großbourgeoisie jedoch noch bis in die letzten Jahre der Weimarer Republik hinein fest, weil die einzelnen vertraglichen Vereinbarungen über den Ausbau der deutsch-sowjetischen Wirtschaftsbeziehungen beachtliche Profite verhießen, auf die man namentlich während der Weltwirtschaftskrise nicht verzichten wollte. Dennoch betrachteten die meisten deutschen Monopolherren und ihre politischen Beauftragten die deutsch-sowjetischen Beziehungen auch in diesen Jahren vornehmlich als bereitgehaltenes Wechselgeld für künftige Zugeständnisse seitens der westlichen Siegermächte. Bezeichnenderweise verband der amtierende Reichswirtschaftsminister 1931 im Kreise seiner Kollegen einen Appell zur Erweiterung des „Russenhandels“ mit folgender Erklärung: „Bei den (westlichen – W. R.). Ländern müsse sich auf längere Sicht die Einsicht durchsetzen, daß die Entwicklung in Deutschland zu Bedenken Anlaß gäbe, wenn die wirtschaftliche Annäherung (an Rußland – W. R.) weiter voranschreite. Wenn die kapitalistischen Mächte Deutschland entsprechenden Vorteil einräumen würden, dann müßten nötigenfalls die deutschen Beziehungen zu Rußland revidiert werden.“(10)

Dieser erpresserische Gedankengang, der das Wesen der deutschen Politik gegenüber der Sowjetunion haargenau charakterisierte, hatte nichts mehr mit dem großen, den Krieg ächtenden Gedanken des friedlichen Nebeneinanderlebens von Staaten mit unterschiedlicher Gesellschaftsordnung gemein. Folgerichtig strich Reichskanzler Brüning deshalb etwa zur gleichen Zeit naserümpfend den Terminus „freundschaftliche Beziehungen" aus dem Entwurf eines deutsch-sowjetischen Kommuniqués.(11)

Und bei einem Bankett anläßlich des 10. Jahrestages der Unterzeichnung des Rapallovertrages weigerte er sich sogar, auch nur in einem flüchtigen Trinkspruch irgend etwas über Vergangenheit und Gegenwart, über Zukunft und Bedeutung der deutsch-sowjetischen Beziehungen zu sagen. Mit einem verächtlichen Blick auf die gespannt ihre Bleistifte spitzenden Journalisten erhob er sich, prostete dem sowjetischen Repräsentanten Litwinow zu und formte die schmalen Lippen zu einem kühlen „Auf Ihr Wohl, Herr Volkskommissar!"

Dieser Trinkspruch des Jahres 1932 symbolisierte, daß die politischen Beziehungen Deutschlands zum Sowjetstaat am Vorabend der Machtübernahme des Faschismus nahezu auf dem Nullpunkt angelangt waren. Wie auf vielen anderen Gebieten hatte der Weimarer Staat auch im Bereich der deutsch-sowjetischen Beziehungen das wenige Positive, das zu einem beträchtlichen Teil unter dem Druck der Arbeiterklasse erreicht worden war, „bewältigt" und den Boden für die verbrecherische faschistische Politik bereitet.

Fünftes Kapitel

1923: Die Ausbeuterordnung kracht in allen Fugen

Tollhauszeit riesigster Proportionen nannte Stefan Zweig die deutsche Inflation. Und in der Tat: Nie und nirgends in der Geschichte der Menschheit hat die Währung solche schwindelerregenden Sprünge gemacht wie 1923 in Deutschland. Fieberhaft im Preise steigend, kostete ein Schnürsenkel plötzlich mehr als wenige Tage vordem ein Schuh, ja, mehr als eine Woche vorher ein Luxusgeschäft mit vielen tausend Paar Schuhen. Bettler wurden zu Multimilliardären und standen dennoch hungrig vor den kargen Schmalz- und Pferdewurstauslagen der Schaufenster. Arbeiter schleppten ihren Wochenverdienst, der früher in einer schmalen Lohntüte Platz gehabt hatte, in Rucksäcken und Wäschekörben nach Hause und konnten, wenn sie ihr Geld nicht gleich ausgaben, kaum soviel Kohlen kaufen, wie die Scheine wogen, die sie dafür zu entrichten hatten. Oft genug verdoppelten sich die Preise im Laufe von Stunden. Eine Summe, für die man morgens noch ein Pfund Fleisch erhalten hatte, reichte abends kaum noch für einen Kanten Brot. Für Ersparnisse, die Beamtenfrauen mühselig in Jahrzehnten zurückgelegt hatten, konnte man schließlich gerade noch einen Straßenbahnfahrschein lösen.

Die Banknotenpressen, von dreihundert auf Hochtouren laufenden Papierfabriken unermüdlich gespeist, spieen Tag und Nacht Millionen- und Milliardenscheine aus, die, kaum getrocknet, schon wieder wertlos waren und nur noch durch roten Überdruck neuer, noch mehr Nullen aufweisender Zahlen als kurzlebige Zahlungsmittel erhalten werden konnten.

Spekulanten und Wucherer ergaunerten sich Devisen, kauften für einen Pappenstiel ganze Fabriken und verjubelten astronomische Summen in den wie Pilze aus dem Boden schießenden Vergnügungslokalen. Das Tempo des Lebens überschlug sich in wahnsinniger Hektik. Der Amüsierrummel erreichte Ausmaße, denen gegenüber

die panisch enthemmten Gelage in den Pestjahren des Mittelalters wie schlichte Veranstaltungen gesitteter Gesangvereine anmuteten.
Während die Arbeitervorstädte – nun mehr und mehr zu Arbeitslosenvorstädten werdend – in tristem und unheimlichem Dunkel lagen, weil in den Haushalten sogar das Geld für einen kümmerlichen Kerzenstummel fehlte, während ungezählte Angestellte, kleine Beamte und Rentenempfänger, verzweifelt das Ende allen Seins herbeisehnend, den Gashahn öffneten, solange sie noch den von den Stadtverwaltungen gelieferten todbringenden Hauch bezahlen konnten, schwelgten Halbweltgrößen und Parvenüs hinter pompösen Vorhängen der Luxusbars in Perversitäten.
Im Strudel der allerorts zusammenbrechenden Existenzen, der allgemeinen Ratlosigkeit und des schrankenlosen Verfalls der Moral sahen viele die dämonische Macht des vom Menschen geschaffenen, sich nun aber über den menschlichen Willen hinwegsetzenden Geldes – ein Zauberlehrlingsdrama in höchster Potenz. Aus gewohnten Bahnen geworfene Kleinbürger und erschütterte Intellektuelle waren außerstande zu begreifen, daß es sich hier nicht um eine Tragödie der Menschheit schlechthin, sondern um eine Ausgeburt der Ausbeutergesellschaft, um einen Veitstanz des Kapitalismus handelte. Die unglaubliche Geldentwertung, die eng mit dem imperialistischen Raubbau während des Krieges, mit den Folgen der Kriegswirtschaft und des Diktatfriedens zusammenhing und insgesamt aus dem chaotischen Charakter der kapitalistischen Produktion erwuchs, war aber nicht ohne oder gar gegen den Willen der die Gesellschaft beherrschenden Finanzmagnaten und Industriekapitäne zustande gekommen. Da es sich bei der Inflation darum handelte, den Preis der Ware Arbeitskraft durch Verringerung des Reallohnes zu drücken und so die Mehrwerts- und Profitrate zu erhöhen, gleichzeitig aber auch die kleinen Besitzer mit Hilfe von Finanzmanipulationen zu enteignen, da es dem Wesen nach also um eine Umverteilung des Nationalvermögens ging, d. h. einerseits um eine Bereicherung jener, die ohnehin viel besaßen, nämlich der Schlot- und Kohlebarone, der Gutsbesitzer und Fabrikherren, kurz: der Sachwertbesitzer, andererseits um die auf die Spitze getriebene Auspowerung all derer, die nur oder fast nur über ihre jetzt allein in Papiergeld umsetzbare Arbeitskraft verfügten, wurde der Sturz der Mark von den rabiatesten Industrie- und Bankbossen – allen voran wieder von Stinnes – zielstrebig forciert. Sie bereicherten sich dabei auf vielfältigste Weise – auf Kosten der Werktätigen, die sie mit bunten,

jeder Kaufkraft entbehrenden Papierfetzen entlohnten und deren Produkte sie auf dem Weltmarkt gegen Goldwährung verkauften, auf Kosten der Steuerzahler, die die ihnen gewährten staatlichen Kredite aufgebracht hatten, die nun mit wertlosen Banknoten zurückgezahlt wurden, auf Kosten ihrer in punkto Rohstoffbeschaffung und Absatzmöglichkeiten ungünstiger situierten Rivalen, deren Betriebe und Aktien sie zu Spottpreisen aufkauften.

Den Inflationsgewinnlern ging es aber nicht nur um materielle Werte, nicht nur darum, die Kosten des verlorenen Krieges und die vom Friedensvertrag festgelegten Kontributionen von den breiten Massen zahlen zu lassen, nicht nur darum, den Profit, den sie in den besiegten Feindländern zu erwirtschaften gehofft hatten, nun aus dem eigenen Volk herauszupressen. Es ging zugleich um politische Ziele – um die Diskreditierung der Republik und die Aufhetzung der Massen gegen die als unersättliche Blutsauger bezeichneten Siegermächte, um die Auslösung spontaner Hungerrevolten, deren Niederschlagung die beste Gelegenheit bieten würde, die militaristischen Kräfte als Retter vor dem Untergang auszugeben, um die Erpressung der westlichen Imperialisten mit dem Gespenst der deutschen Revolution und der ruinierten Weltwirtschaft und darum, in den verzweifelten Mittelschichten den Wunsch nach einer „durchgreifenden Macht", also einer Militärdiktatur, zu wecken und dieser Diktatur so die erforderliche Massenbasis zu verschaffen.

Wie jede Aktion der Imperialisten im Wettlauf um Macht und Profit, im Klassen- und Rivalitätskampf, führte aber auch die Inflation, die einen Höhepunkt in derartigen Auseinandersetzungen markierte, zu durchaus nicht vorgesehenen und unerwünschten, die Widersprüchlichkeit des imperialistischen Gesellschaftssystems charakterisierenden Erscheinungen. Durch die Geldentwertung wurde die Kaufkraft katastrophal reduziert. Der Import brach zusammen, der Binnenmarkt schrumpfte, die Produktion stockte, der Reproduktionsprozeß des Kapitals kam zum Stillstand. Der Gewinn von heute stellte die Existenz von morgen in Frage. Das Geld begann seinen Sinn als Zirkulationsmittel einzubüßen. Jedwede finanzielle und damit überhaupt jedwede ökonomische Planung – sei es im Bereich des kapitalistischen Unternehmens, sei es beim Staatshaushalt – wurde gegenstandslos.

Doch damit nicht genug. Auch die politischen Spekulationen der Inflationspolitiker erfüllten sich nicht oder doch nur zum geringen Teil bzw. mit großen Verzögerungen. Dem französischen Rivalen saß das Hemd näher als der Rock; er beschloß vorerst, die wirtschaftliche Zerrüttung Deutschlands für die Realisierung seiner alten Annexionspläne am Rhein auszunutzen, sich auch für den Fall einer deutschen Revolution ein Faustpfand zu sichern, und ließ – wie an anderer Stelle noch näher ausgeführt wird – seine Truppen im Januar 1923 ins Ruhrgebiet einmarschieren.

Noch kläglicher scheiterten die innerpolitischen Hoffnungen der zur Katastrophe drängenden Monopolherren. Große Teile der Mittelschichten schlossen sich enger an das Proletariat an, beteiligten sich an Aktionen gegen Wucher und Teuerung, an Mieterstreiks und Hungermärschen, begannen einzusehen, daß Elend, Unsicherheit und Kriegsgefahr nur durch die Überwindung der bürgerlichen Herrschaft gebannt werden können. Sie begreife nicht, schrieb beispielsweise die deutschnationale Parteiführung in einem weinerlichen Schreiben an den Reichskanzler, warum die Regierung nicht energischer gegen die kommunistische „Hetze" einschreite. „Der äußerst geschickte Aufruf der ‚Roten Fahne' gegen das Großkapital", zeterte sie, „findet in unseren Kreisen (d. h. unter den deutschnationalen Anhängern – W. R.) merkwürdiges Verständnis und vollen Beifall. Wir haben unsere Leute nicht mehr in der Hand, wenn nicht die Regierung rücksichtslos gegen die ‚Rote Fahne' eingesetzt wird."(1)

Vor allem aber vermochten Not und Entbehrung nicht, wie Stinnes und seine Komplicen gehofft hatten, den Kampfwillen und die Organisiertheit der Arbeiterklasse zu lähmen. Ganz im Gegenteil. Der rapide Aufschwung der Arbeiterbewegung stand nicht im Zeichen spontaner Verzweiflung, sondern führte zur verstärkten Hinwendung der Massen zur zielklaren proletarischen Vorhut – zur Kommunistischen Partei. Erstmalig seit der Novemberrevolution war der dominierende Einfluß der Sozialdemokratie auf die Arbeiterklasse in Frage gestellt; erstmalig ergab sich für die KPD die reale Chance, die Mehrheit des deutschen Proletariats zu erobern.

Schon vor Beginn der Hochinflation, Ende 1922, als der Dollar „nur" 1 000 bis 8 000 Mark kostete (Ende 1923 mußte man für einen Dollar bis zu 4 000 000 000 000 Mark zahlen!), traten die Kommunisten als einzige Kraft konsequent gegen die verbrecherische Aushungerungspolitik der deutschen Bourgeoisie gegenüber dem eigenen Volke auf. „Diese schreckliche Katastrophe", erklärte der Zentralausschuß der KPD im Oktober 1922 in einer Resolution, die das Großkapital des eigenen Landes als Hauptfeind anprangerte, „ist durch keine kleinen Mittelchen bürgerlicher Finanzkunst zu beheben ... Helfen können keinerlei bürokratische Scheinmaßregeln, die die Machtstellung der Schwerindustrie und der Banken unangetastet lassen, helfen kann allein die eigene Aktion, der eigene Eingriff der Arbeiter und Angestellten in die Grundlagen der Wirtschaft, der Industrie, der Landwirtschaft, der Banken; die von der Arbeiterschaft sofort örtlich in Angriff genommene und von Arbeiterorganen schließlich zentralisiert durchgeführte Kontrolle und Regelung der gesamten Wirtschaft kann allein durch ständig verstärkten Druck den bürgerlichen Staat zwingen, die Kampforgane sich entwickeln zu lassen, die die Koalitionsregierung stürzen und sich in der Arbeiterregierung ein Instrument schaffen und den ersten Schritt zur planmäßigen Beeinflussung der Wirtschaft im proletarischen Interesse tun."(2) Entsprechend dieser Zielsetzung, organisierte die KPD in allen Teilen des Reiches überparteiliche proletarische Kontrollausschüsse, die in unermüdlicher Kleinarbeit und im lokalen Bereich oft mit bedeutenden Teilerfolgen gegen die brutale Offensive der Monopolherren auftraten. Während die Kontrollausschüsse vom preußischen Innenministerium unter dem Sozialdemokraten Severing und von anderen staatlichen Stellen verboten wurden, trug ihre Tätigkeit, wie die gesamte Einheitsfrontpolitik der KPD, wesentlich dazu bei, immer neue Proletarier und Halbproletarier am lebendigen Beispiel ihres Tageskampfes von der Richtigkeit der kommunistischen Losungen und Zielsetzungen zu überzeugen. Die revolutionäre Gärung, die Einsicht in den revolutionären Ausweg, wuchs von Woche zu Woche.

In dieser Situation, im November 1922, stürzten die scharfmacherischsten Kräfte der Großbourgeoisie die in mancher Beziehung unentschlossene, sich nicht blind dem Diktat der Mammutmonopole beugende Regierung des linken Zentrumskanzlers Wirth und veranlaßten Reichspräsidenten Ebert, ein Kabinett aus sogenannten Fachleuten, d. h. aus Konzernvertretern, zu berufen. Chef dieser bisher reaktionärsten Regierung des Weimarer Staates, des Kabinetts von „Männern mit discontfähiger Unterschrift", wurde Wilhelm Cuno, bislang Generaldirektor eines der größten deutschen Trusts, der Hamburg–Amerika–Linie. Das Wirtschaftsressort in dieser Regierung übernahm das Vorstandsmitglied der Rheinischen Stahlwerke Johannes Becker. Ministerposten erhielten ferner ein besonders markanter Vertreter der selbstherrlichen Kaste der preußischen Oberbürgermeister, Hans Luther, General Groener und der kaiserliche Diplomat v. Rosenberg. Zu unsichtbaren, aber allmächtigen Beratern der

Regierung avancierten Stinnes, der deutschnationale Finanzmagnat Helfferich sowie einige der engsten Vertrauten Krupps. Das Kabinett Cuno steuerte brutal auf die schrittweise Verwirklichung eines von Stinnes entworfenen Planes zur Niederzwingung aller fortschrittlichen Kräfte und zur uneingeschränkten Restauration der Macht des deutschen Monopolkapitals zu. Dieser Plan sah u. a. vor, alle Arbeiter zehn bis fünfzehn Jahre lang zu zwei unbezahlten täglichen Überstunden zu verpflichten, für die Dauer von fünf Jahren jegliche Streiks zu verbieten, die Akkumulation von Kapital mit allen Mitteln zu fördern und sämtliche seit Krieg und Novemberrevolution in Kraft getretenen Gesetze zu „überprüfen".(3)
Die Realisierung eines solchen Programms, das sich der auf die Verfassung vereidigte Reichskanzler zu eigen machte, hätte die völlige Liquidierung des in der republikanischen Gesetzgebung verankerten sozialen und politischen Fortschritts und damit faktisch das Ende der Weimarer Republik bedeutet. Demgegenüber traten die revolutionären Kräfte für die Sicherung und den Ausbau der von den Werktätigen im Rahmen der Republik erkämpften Errungenschaften, also für die Festigung und Weiterentwicklung des – mit welchen Mängeln auch immer behafteten – republikanischen Staates ein. Der Kongreß der revolutionären Betriebsräte Ende November 1922 stellte dem antirepublikanischen Programm Cunos ein demokratisches Aktionsprogramm entgegen, das die Sicherung des Achtstundentages, die Säuberung der Verwaltungen von reaktionären Elementen, die „Einführung der Produktionskontrolle durch Organe des Staates von oben und (durch) Organe der Arbeiter und Angestellten von unten", die Beseitigung aller die Existenzgrundlagen der arbeitenden Massen beeinträchtigenden Gesetzesbestimmungen forderte.(4)
Auch in der Außenpolitik standen sich die beiden Klassenlinien – die Linie des Proletariats und die der Monopolbourgeoisie – kraß gegenüber. Die Kommunisten setzten sich entschlossen dafür ein, den imperialistischen Kriegstreibern aller Länder das Handwerk zu legen, propagierten die internationale Solidarität der Arbeiter und ihre brüderliche Verbundenheit mit Sowjetrußland, verlangten die Abwälzung der Kriegslasten auf die Kriegsgewinnler und -verbrecher und mobilisierten die Völker zum Kampf für die Aufhebung des Versailler Vertrages, dem zufolge, wie es im Aufruf des Betriebsrätekongresses an die Proletarier der Ententeländer hieß „die letzten Groschen aus den Taschen der deutschen Arbeiter in die Taschen eurer Kapitalisten wandern".(5)

Demgegenüber intensivierte die Cunoregierung den kriegsschwangeren imperialistischen Rivalitätskampf. Sie ging davon aus, daß der deutsche Imperialismus zwar – namentlich politisch und militärisch – außerordentlich geschwächt war und in allernächster Zeit mit weiteren Einbußen seiner Macht zu rechnen habe, aber auf lange Sicht über größere ökonomische Potenzen verfüge als sein augenblicklich gefährlichster Rivale, das französische Monopolkapital. Aus dieser widerspruchsvollen Lage ergab sich die Aufgabe, den deutsch-französischen Konflikt rasch, dem revolutionären Aufbegehren des deutschen Volkes zuvorkommend, zuzuspitzen, ihn in einer Form voranzutreiben, die die angelsächsischen, gegen die Ausweitung des französischen Machtbereichs auftretenden Mächte zur Parteinahme für Deutschland zwingen würde und ihn so einer Lösung zuzuführen, bei der Frankreich nicht nur die Grenzen seiner Macht spüren, sondern sich auch bereit finden mußte, die weiteren Auseinandersetzungen über die Kriegsfolgen auf eine für die deutschen Konzernherren aussichtsreichere Ebene zu verlagern. Konkret ging es bei letzterem um Modus und Ausmaß des angesichts der Kräftekonstellation scheinbar unvermeidlichen Eindringens des französischen Kapitals in die deutsche Montanindustrie. Die französischen Kohle- und Stahlindustriellen sahen in dieser Frage zwei für sie gangbare Wege – entweder die Bildung eines deutsch-französischen Montantrusts mit 60 % französischer Beteiligung oder die (allerdings aus vielerlei Gründen riskante) militärische Okkupation des Ruhrgebietes, die auf die eine oder andere Weise zur Unterordnung der deutschen Partner unter das französische Hüttenkapital führen mußte. Demgegenüber arbeiteten die Ruhrmagnaten darauf hin, sich in dem in Aussicht genommenen übernationalen Montantrust 50 % des Einflusses zu sichern. Auf Grund ihrer starken ökonomischen Positionen, die auf die Dauer schwerer ins Gewicht fallen mußten als die temporäre militärische Übermacht Frankreichs, hofften sie, sich über die formale „Gleichberechtigung" mit der Zeit die Vorherrschaft in der westdeutsch-saarländisch-lothringischen Industrie zurückzuerobern, also nachträglich den verlorenen Weltkrieg wenigstens in diesem Raume „umzugewinnen". „Vor der Ruhrbesetzung ...", schrieb der „Berliner Börsen-Courier" unzweideutig, „ließen die Interessenten der französischen Schwerindustrie an führende Werke und Konzerne Westfalens die Frage richten, ob sie ihnen eine kapitalistische Beteiligung von etwa 60 v. H. des Gesamtkapitals einräumen würden. Diese Frage ist selbstverständlich verneint worden; ihre Bejahung hätte nicht weniger als die Auslieferung der deutschen Industrie an den französischen Kapitalismus bedeutet. An sich ließe sich der Gedanke der Verständigung und des Zusammenwirkens der beiden Industrien auch im Rahmen einer engeren finanzkapitalistischen Interessengemeinschaft verwirklichen; auf die Dauer vielleicht besser als durch bloße Lieferungsverträge. Aber eine solche Gemeinschaft könnte nur fruchtbar werden, wenn ihr Inhalt und Ziel gleichberechtigtes Zusammenwirken wäre."(6)

Vordergründig handelte es sich also bei dem sich zuspitzenden, als „deutscher Schicksalskampf" deklarierten Konflikt mit Frankreich darum, ob die an Weltkriegs- und Inflationselend hauptschuldigen deutschen Industriemagnaten 10 Prozent Aktien und damit 10 Prozent Gewinn mehr oder weniger an sich reißen würden. Allein dies entlarvt die Verlogenheit der chauvinistischen Propaganda, die zwar, das Profitstreben der Monopolherren als nationales Anliegen ausgebend, die Einzelbestimmungen des Versailler Vertrages und der auf ihm fußenden Abmachungen vehement angriff, aber den – eben für die Werktätigen nicht annehmbaren – Hauptinhalt dieses Vertrages, nämlich die Erhaltung der Macht der deutschen Großbourgeoisie, als selbstverständliche Grundlage jeder „Ordnung" voraussetzte.

Noch deutlicher kam die antinationale, selbst nach hergebrachten bürgerlichen Begriffen landesverräterische Rolle der Monopolgewaltigen darin zum Ausdruck, daß die von ihnen eingesetzte Cunoregierung in dem Bestreben, den Konflikt mit Frankreich zu verschärfen, kaltblütig die Besetzung deutschen Gebietes provozierte, also sich nicht scheute, im Kampf um Aktienmehrheiten und Dividenden das Risiko des Verlusts der nationalen Souveränität einzugehen.

Die Regierung Cuno sabotierte die volle Lieferung der vertraglich zugesicherten Mengen von Reparationskohle und -holz, um die französischen Expansionsenthusiasten auf den zweiten der oben gekennzeichneten Wege festzulegen und sie zu veranlassen, die Waffengewalt des Staates, wie sich ein deutsches großindustrielles Blatt ausdrückte, „in das Geschäft miteinzubringen"(7), also das Ruhrrevier zu besetzen. Damit wollte sie, wie der Erzreaktionär Kronprinz Rupprecht von Bayern schon zwei Jahre zuvor dem nunmehrigen Regierungsberater Helfferich empfohlen hatte, die Franzosen „in das Innere Deutschlands hineinlocken, damit sie sich dabei übernehmen und aus Mangel an inneren Machtmitteln zu Mißerfolgen kämen und zur Aufgabe des ganzen Unternehmens"(8), d. h. des Versuchs, Deutschland weiter politisch und ökonomisch niederzuhalten. Im ein-

zelnen folgte Cuno dabei den katastrophenpolitischen Ratschlägen Stinnes', der schon monatelang vorher unermüdlich wiederholt hatte, man solle die „Gefahr, daß noch mehr deutsches Land besetzt" werde, in Kauf und das Risiko des Einmarsches auf sich nehmen, um „den Gegnern endlich zum Bewußtsein zu bringen, daß ihre ewigen Drohungen mit der Ruhrbesetzung einmal ein Ende haben müssen".(9) Bewußt goß Cuno mit der Sabotage der Reparationsleistungen Wasser auf die Mühlen des scharfmacherischen französischen Ministerpräsidenten Poincaré, der nicht verhehlte, nur auf die Nichterfüllung der deutschen Verpflichtungen zu warten. „Wenn Deutschland zahlt", hatte er in einer seiner berüchtigten Sonntagsreden zynisch erklärt, „dann müssen wir das Rheinland räumen ... Halten Sie es für besser, das Geld einzukassieren oder neues Gebiet zu erwerben? Ich für meinen Teil ziehe die Besetzung und die Eroberung dem Geldeinstreichen und den Reparationen vor."(10)
So kam es, wie es kommen mußte. Am 11. Januar 1923 rückten schwere französische Panzer in die Ruhrmetropole Essen und andere Zentren des wichtigsten deutschen Industriegebietes ein. Ihnen folgten Infanterie, Artillerie, Kavallerie. Die fremden Truppen errichteten ein brutales Besatzungsregime. Die Bevölkerung wurde mit Ausgangssperren und anderen Schikanen drangsaliert, alle Arten von Kundgebungen und öffentlichen Willensäußerungen verfielen dem Verbot. Die Abriegelung des neubesetzten Gebietes vom übrigen Deutschland führte zur weiteren Drosselung der ohnehin völlig unzureichenden Lebensmittelzufuhr. Der Rivalitätskampf des deutschen und französischen Imperialismus trat in ein Stadium ein, in dem er unmittelbar auf dem Rücken der deutschen Werktätigen ausgetragen wurde.

Die deutsche bürgerliche Literatur und Publizistik über die Ruhrbesetzung von 1923 füllt ganze Bibliotheken. Sie schildert bis ins einzelne die Verstöße der Okkupanten gegen internationale Vereinbarungen, gegen Recht und Gesetz und malt die zahlreichen Übergriffe französischer Truppen in den düstersten Farben. Dabei stellt sie Frankreich als Verkörperung des rohen, unmenschlichen Militarismus, das imperialistische Deutschland dagegen als Sinnbild der tugendhaften schutzlosen Demokratie hin. Die mächtigsten Bergwerksbesitzer, die noch nach dem Einmarsch mit dem Präsidenten der französischen Zechenkommission (Micum) bzw. mit dem kommandierenden französischen General über in Goldwährung zu bezahlenden Kohlelieferungen und über den Einsatz französischer Bajonette bei der Abschaffung des durch die Novemberrevolution erkämpften Achtstundentages verhandelt hatten(11), vorübergehend aber von den vor keinem Druckmittel zurückschreckenden Okkupanten verhaftet worden waren, werden als nationale Märtyrer gefeiert. Die bürgerliche Geschichtsschreibung stellt den von der Cunoregierung proklamierten „passiven Widerstand", der die Arbeiter vom Klassenkampf ablenken und die französischen Rivalen zwingen sollte, die Bedingungen der Ruhrmagnaten zur gemeinsamen Ausbeutung der deutschen Werktätigen zu akzeptieren, als eine die moralische Überlegenheit des Schwächeren beweisende Heldentat des guten Deutschlands gegen das böse Frankreich hin. Ultrachauvinistische Historiker preisen auch die ansonsten meist bagatellisierten Versuche, den von faschistischen Kräften getragenen „aktiven Widerstand" (d. h. Sabotage- und Terrorakte gegen die Besatzer) zu entfachen und damit einen zwar aussichtslosen, aber „ehrenvollen" begrenzten Krieg gegen den „Erbfeind" vom Zaune zu brechen, dessen Zweck darin bestehen sollte, den für den antikommunistischen Einsatz im Innern benötigten Chauvinismus hochzupeitschen. Mit allen möglichen Ausflüchten und Fälschungen rechtfertigt die bürgerliche Literatur die Duldung der französischen Gewaltpolitik durch die – ach so demokratischen! – USA und England, die (zumindest solange weder Frankreich noch Deutschland ihre Vorherrschaftspläne verwirklichen konnten) frohlockend zusahen, wie sich ihre beiden gefährlichsten Rivalen gegenseitig an der Gurgel packten. Zugleich verschweigt sie die Haltung Sowjetrußlands, das den friedensgefährdenden französischen Rechtsbruch als einziger Staat der Erde mutig verurteilte und Tausende Tonnen Getreide ins Ruhrgebiet entsandte, um wenigstens die schlimmste Not der vielgeprüften Bevölkerung zu lindern. Voll des Lobes sind alle bürgerlichen Darstellungen über die Haltung der rechten sozialdemokratischen Führer, die 1923 ihren Burgfriedenspakt von 1914 mit den Monopolherren erneuerten und in den Chorus des Nationalismus einstimmten, um die proletarischen Massen abermals vor den mit der Losung „Vaterlandsverteidigung" drapierten Karren der eigensüchtigen imperialistischen Politik zu spannen.

In den letzten Jahren ist aber auch eine Reihe marxistisch-leninistischer Untersuchungen über die Ruhrbesetzung und das Jahr 1923 erschienen(12), die das Lügengewebe der imperialistischen Geschichtsschreibung zerreißen und anhand unwiderlegbarer Tatsachen

und Dokumente nachweisen, daß es dem im Schafspelz auftretenden deutschen Monopolkapital im Ruhrkampf „um einen höheren Profitanteil, um die Stärkung seiner Machtpositionen und nicht – wie die lautstarke chauvinistische, revanchistische Propaganda der herrschenden Klasse behauptete – um die nationalen Interessen ging"(13). In diesen Arbeiten wird die komplizierte Klassenkampfsituation des Jahres 1923 analysiert und aufgezeigt, daß die Gewaltmaßnahmen fremder Militaristen Teile des deutschen Volkes daran hinderten, die aggressive, Gesundheit, Gut und Leben der Werktätigen aufs Spiel setzende Politik des deutschen Imperialismus zu durchschauen. Auf diesem Hintergrund werden die wahrhaft gigantischen Leistungen der von der gesamten bürgerlichen Literatur verleumdeten deutschen Kommunisten gewürdigt, die nicht nur das Wesen und die wichtigsten Teilaspekte des vor sich gehenden Kampfes klar erkannten, sondern sich auch fähig erwiesen, der von Tag zu Tag anschwellenden antiimperialistischen Massenbewegung organisatorischen Rückhalt zu verleihen und ihr klar das Ziel stellten, die prekäre Lage des deutschen Monopolkapitals zum Sturz der mit Verbrechen über Verbrechen beladenen Ausbeuterordnung zu nutzen.
Schon unmittelbar vor der Ruhrbesetzung hatte die KPD gemeinsam mit den Bruderparteien der größten europäischen Länder konkrete Kampfmaßnahmen gegen den bevorstehenden imperialistischen Gewaltakt in die Wege geleitet und damit den Grundstein für jene Zusammenarbeit zwischen deutschen und französischen Kommunisten in den folgenden Monaten gelegt, die Ernst Thälmann anläßlich des 10. Jahrestages der Okkupation stolz als „ein einziges großes Ruhmesblatt in der Geschichte des Proletariats" bezeichnete.(14) Am 22. Januar wandte sich die Zentrale der Partei mit ihrem berühmten Aufruf „Schlagt Poincaré und Cuno an der Ruhr und an der Spree!" an die Arbeiter Deutschlands. „Der Kampf an der Ruhr", hieß es in diesem Aufruf, „wächst sich aus zu einem entscheidenden Kampfe zwischen der deutschen und französischen Bourgeoisie ... Niemand weiß, wie lange dieser Kampf dauern wird, womit er enden kann. Niemand weiß, ob der französische Imperialismus, wenn es hart auf hart geht, seine Soldaten nicht nach Berlin sendet, um hier der deutschen Bourgeoisie sein Gesetz des Siegers zu diktieren. Niemand weiß, ob die weißen (faschistischen – W. R.) Organisationen einen Freischärlerkrieg provozieren ... In dieser Situation muß das Proletariat wissen, daß es nach zwei Seiten zu kämpfen hat. Das deutsche Proletariat kann sich natürlich dem fremden kapitalistischen Ein-

dringling nicht unterwerfen. Die französischen Kapitalisten sind um keinen Deut besser als die deutschen, und die Bajonette der französischen Besatzungstruppen sind nicht weniger scharf als die der Reichswehr." Eingedenk des Liebknechtschen Leitsatzes, daß die Bourgeoisie des eigenen Landes stets der Hauptfeind des unterdrückten Proletariats ist, appellierte die Partei an die Arbeiter: „Nur wenn ihr überall im ganzen Reiche aufmarschiert als selbständige Kraft, als Klasse, die um ihre eigenen Interessen kämpft, werdet ihr imstande sein, der Gefahr entgegenzutreten, die in der Stärkung der deutschen Bourgeoisie durch den nationalistischen Taumel liegt."(15) Und wenige Tage später formulierten die Kommunisten in einem Aufruf des Reichsbetriebsräteausschusses die konkreten Forderungen der Arbeiter: „Niemals eine Einheitsfront mit euren Ausbeutern, sondern Einheitsfront aller Ausgebeuteten zum schärfsten Klassenkampf gegen den deutschen und französischen Kapitalismus! ... Eure Losungen müssen sein: 1. Kampf auf der ganzen Linie gegen jeden nationalistischen Krieg. 2. Abzug der Besatzungstruppen 3. Sturz der Regierung Cuno. Bildung einer Arbeiterregierung, die sofort ein Schutz- und Trutzbündnis mit Sowjetrußland schließt und proletarische Wiederaufbaupolitik zusammen mit den Arbeitern der Ententeländer durchführt. 4. Sofortige Entwaffnung aller konterrevolutionären Banden in ganz Deutschland und Bewaffnung der organisierten Arbeiterschaft. 5. Keine Durchbrechung des Achtstundentages. 6. Ausreichende Lohnerhöhung. Bereitstellung verbilligter Lebensmittel .. . Sofortige Freilassung aller politischen Gefangenen in Deutschland und Frankreich."(16)

Angesichts der durch die Ruhrbesetzung außerordentlich verschärften Situation mußte sich die KPD darauf einstellen, unter besonders komplizierten Bedingungen neue Massenkämpfe zur Verteidigung der sozialen und demokratischen Errungenschaften der Werktätigen und der nationalen Interessen des deutschen Volkes zu führen, zugleich aber auch Wege ausfindig zu machen, um diese Kämpfe in Aktionen zur Zurückdrängung und schließlichen Überwindung der Macht des Monopolkapitals hinüberzuleiten. Um diese Aufgabe, für deren Lösung es – wie bei allen großen gesellschaftlichen Anliegen – kein fertiges Rezept gab, zu bewältigen, bedurfte es nicht nur fester Verbundenheit mit der Sache der Arbeiterklasse und aller Werktätigen sowie revolutionären Wagemutes, sondern auch der Fähigkeit, die Erfahrungen der gesamten internationalen Arbeiterbewegung, namentlich der siegreichen russischen Bolschewiki, schöpferisch zu verarbeiten und sie auf die durch ihre Einmaligkeit geprägten konkreten Verhältnisse in Deutschland anzuwenden. Es bedurfte, kurz gesagt, der virtuosen Meisterung der Leninschen Revolutionslehre. Die schon kurz nach ihrer Gründung ihrer hervorragendsten Führer beraubte Kommunistische Partei Deutschlands war jedoch erst ein knappes Jahrfünft alt, hatte sich, vom Klassengegner verfolgt und gehetzt, um die ideologische Geschlossenheit ihrer Reihen ringend, mit verschiedenen „Kinderkrankheiten" auseinandersetzen müssen und befand sich noch mitten im Prozeß der Aneignung der leninistischen Strategie und Taktik.

So kam es auf dem kurz nach der Ruhrbesetzung einberufenen Leipziger Parteitag der KPD (28. Januar bis 1. Februar 1923) zu heftigen Auseinandersetzungen über die Grundfragen der kommunistischen Massenpolitik, insbesondere über die Probleme der Einheitsfront und der Arbeiterregierung, die die leninistischen Kräfte in der Parteiführung zu Recht als die wichtigsten Hebel bei der Heranführung des Proletariats an die Macht betrachteten. Diese Diskussionen trugen in vielen Punkten zur Vervollkommnung der Taktik im revolutionären Klassenkampf bei, konnten aber noch nicht gültige Antworten auf alle Fragen geben, die in nächster Zeit auf die Tagesordnung rücken würden. Hemmend wirkte sich auf die Klärung grundsätzlicher Probleme vor allem aus, daß eine sich „links" gebärdende Minderheit von kleinbürgerlichen Intellektuellen, die auf der Woge des revolutionären Aufschwungs zur Partei der Arbeiterklasse gestoßen war, die Dialektik der gesellschaftlichen Entwicklung verkennend, faktisch die Notwendigkeit bestritt, Übergangsformen zur Diktatur des Proletariats ausfindig zu machen, in der Einheitsfrontpolitik deshalb nur ein propagandistisches Hilfsmittel zur Entlarvung der rechtssozialdemokratischen Führer sah und die Arbeiterregierung als ein auch für Nichtkommunisten annehmbares Synonym der Diktatur des Proletariats betrachtete. Im Grunde fehlte diesen Leuten der Glaube an die historische Schöpferkraft des werktätigen Volkes, an seine Fähigkeit, aus dem Geschehen zu lernen und sich zum Befreier seiner selbst zu machen. Deshalb hielten sie es – vereinfacht ausgedrückt – für notwendig, die Massen zu überrumpeln, also die Initiative von Millionen, die letztlich die gewaltigste Triebkraft des geschichtlichen Prozesses ist, einzudämmen, statt sie zu entwickeln.

Die „Ultralinken" (wie man diese mit revolutionären Phrasen um sich werfenden Dogmatiker nannte) wurden zwar auf dem Parteitag überstimmt, doch verfolgten sie dessenungeachtet – und das wirkte sich in den folgenden Monaten besonders schädlich aus – in den Parteiorganisationen weiter ihre konfuse politische Linie. Dabei wurde die Tätigkeit der Sektierer durch den Umstand begünstigt, daß es neben dem leninistischen Kern in der Parteiführung – Clara Zetkin, Ernst Thälmann, Wilhelm Pieck, Fritz Heckert, Walter Ulbricht und anderen erprobten Genossen – auch verschiedene schwankende und unklare Funktionäre gab, unter deren Einfluß in die angenommenen Leitsätze Formulierungen gelangten, die rechtsopportunistische Deutungen über einen parlamentarischen Weg des Herankommens der Arbeiterklasse an die Macht zuließen.

Nun ist aber der Klassenkampf kein sich in einem Dutzend Regeln erschöpfendes Schachspiel, bei dem ein ungenauer Zug eines Partners dem auf der Lauer liegenden Gegner die Gewähr bietet, seinen Vorteil kontinuierlich auszubauen. Der Klassenkampf ist vielmehr ein von unzähligen Faktoren beeinflußter Lebensprozeß, in dem es die fortschrittliche, objektiv zur Lösung der jeweiligen historischen Aufgabe befähigte und deshalb zur Führung der Gesellschaft berufene Klasse über Erfolge und Mißerfolge hinweg immer besser lernt, den Weg zum Siege abzustecken und die ihrem Kampf angemessenen Waffen zu schmieden und zu gebrauchen. Da sich im Wirrsal oft scheinbar unüberschaubarer und im Detail auch von Zufälligkeiten abhängiger Gefechte zwangsläufig immer von neuem Lücken in den sich gegenüberstehenden Klassenfronten ergeben, sind die revolutionären Kräfte durchaus in der Lage, zu spät Erkanntes im Zuge des Vorwärtsschreitens aufzuholen und Versäumtes wettzumachen.

Deshalb bedeuteten die Unzulänglichkeiten in den Entschließungen des Leipziger Parteitages der KPD keineswegs, daß die unmittelbar bevorstehenden Klassenschlachten schon zuungunsten des Proletariats vorentschieden waren. Wichtig war vor allem der durch diese Tagung gelieferte Beweis, daß die Kommunisten als einzige politische Kraft in Deutschland der vom Monopolkapital herbeigeführten Bedrohung der Nation eine Alternative entgegenzusetzen vermochten, die den Interessen der weitaus überwiegenden Mehrheit des Volkes entsprach. Jetzt kam es darauf an, die von den leninistischen Kräften in der Parteiführung vertretenen Erkenntnisse auszubauen und zum Gemeingut der Massen zu machen, noch vorhandene Unklarheiten zu überwinden und „ultralinke“ sowie rechtsopportunistische Strömungen und Praktiken auszuschalten.

Diese nur durch weitere Entfaltung von Massenkämpfen und durch

Preis 5 Pfennig — Extra-Blatt — Preis 5 Pfennig

Berliner Lokal-Anzeiger

38. Jahrgang. — Sonnabend, 13. März, mittags — 1920

Umsturz in Berlin.

Ein Ultimatum an die Regierung.

Die Regierung geflüchtet.

Heute nacht ist die **Marinebrigade Ehrhardt** von Döberitz nach Berlin marschiert. Sie stellte der Regierung ein Ultimatum, das früh 7 Uhr ablief. Zu diesem Zeitpunkt erklärte die Brigade, an der Siegessäule anzurücken. Die Regierung lehnte das Ultimatum ab und verließ, ohne ihre Ämter niederzulegen, um 1/26 Uhr im Automobil Berlin. Die Brigade Ehrhardt ist früh 7 Uhr, **ohne Widerstand zu finden**, mit **schwarz-weiß-roten Fahnen** in Berlin eingerückt und hat das Regierungsviertel im weiten Kreise streng abgesperrt.

Druck und Verlag von August Scherl G. m. b. H., Berlin SW, Zimmerstraße [illegible]. — Verantwortlich für die Redaktion i. V. Dr. Fritz Specht, Charlottenburg.

Versuch der Errichtung einer offenen Diktatur. Kapp-Putsch 1920

Walther Rathenau

Abschluß des Rapallo-Vertrages zwischen Deutschland und Sowjetrußland. April 1922. V. l. n. r.: Reichskanzler Wirth und die sowjetischen Diplomaten Krassin, Tschitscherin, Joffe

Betrug an den Volksmassen. Die Inflation. 1923

Die Bevölkerung hungert. Schlangestehen vor einer Berliner Armenküche. 1923

beharrliches Ringen um die Einheitsfront der Arbeiterklasse zu lösenden Aufgaben mußten in einem von Papiergeld überschwemmten, von ungeheurer Not geschüttelten und zu einem Teil von französischen Bajonetten in Schach gehaltenen Lande in Angriff genommen werden, das einem sich manchmal stündlich verändernden Hexenkessel glich. Der sich entwickelnden revolutionären Krise brandeten demagogisch ausgelöste Wogen des Chauvinismus entgegen; angesichts der weithin sichtbaren und die Öffentlichkeit oft tagelang in Atem haltenden Aktionen der klassenbewußtesten Teile des Proletariats gegen die vielfältigen Vorstöße der Bourgeoisie war es nicht leicht einzuschätzen, wie weit auch die noch abseits stehenden Schichten der Werktätigen in der Stunde des Endkampfes bereit sein würden, der revolutionären Vorhut zu folgen; die Politik der mehr denn je antikommunistisch auftretenden rechten Führer der SPD und der Gewerkschaften, die den angeblich seiner Krallen beraubten deutschen Kapitalismus als von der Inflation überwältigten und vom französischen Militarismus vergewaltigten zeitweiligen Weggefährten der Arbeiterschaft hinstellten, hinderte auch die zur Arbeitereinheit drängenden linken Kräfte in der Sozialdemokratie daran, sich rückhaltlos für die von ihnen gefühlsmäßig begrüßten kommunistischen Losungen einzusetzen; die beispiellose, aber keineswegs (man denke nur an die Bauernschaft!) gleichmäßige Verelendung der Mittelschichten führte nicht nur zur Radikalisierung des Kleinbürgertums und breiter Kreise der Intelligenz, sondern auch zu Resignation und Wahnträumen über den die „gute alte Zeit" repräsentierenden Militärstiefel. Während Unklarheiten über den Weg zur Macht der Arbeiterklasse eine Reihe das Vertrauen der Partei genießende kommunistische Spitzenfunktionäre veranlaßten, die Bewaffnung und militärische Ausbildung der Arbeiterformationen zu vernachlässigen, baute die Bourgeoisie, die ohnehin – anders als in der Novemberrevolution – über eine zuverlässige und nach innen schlagkräftige Armee verfügte, die sogenannte Schwarze (d. h. illegale) Reichswehr und zahlreiche faschistische Bürgerkriegsorganisationen auf.
In der durch diese und andere Momente gekennzeichneten Situation gelang es der Kommunistischen Partei im Frühjahr und Sommer 1923, die Autorität der Einheitsorgane der Arbeiterklasse zu heben, eindrucksvolle Massenaktionen – Streiks, Hungerdemonstrationen, Abwehrkämpfe gegen faschistische Banden – auszulösen und ihren Einfluß bedeutend zu erweitern. Die rechtsopportunistischen Kräfte in der kommunistischen Parteiführung um Brandler und Thalheimer

ließen sich jedoch von der völlig unmarxistischen, der Leninschen Erkenntnis über die Entfaltung von Massenkämpfen diametral widersprechenden Vorstellung leiten, daß die Schlagkraft der Arbeiterklasse für den entscheidenden Generalstreik und bewaffneten Kampf „aufgespart“ werden müsse, und versuchten deshalb, damit unabsichtlich das Linkssektierertum begünstigend, sich ausweitende Massenaktionen zu bremsen. Wie sehr dadurch die Einbeziehung immer neuer Reserven in den antiimperialistischen Kampf aufgehalten, also auch die Vermittlung von Erfahrungen an die sich neu formierenden Kampftrupps des Proletariats gehemmt wurde, bewies u. a. der Generalstreik zum Sturz der Cunoregierung im August 1923.
Dieser auf Initiative der revolutionären Betriebsräte Berlins ausgelöste gewaltige Massenstreik von rund drei Millionen Arbeitern, mit dessen Aufflammen – wie Ernst Thälmann später sagte – der Funke des Bürgerkrieges durch Deutschland sprang, fegte zwar das Kabinett Cuno binnen 24 Stunden hinweg, konnte aber die Bildung einer neuen bürgerlichen Regierung nicht verhindern. Der Streik, der gegen den Willen der sozialdemokratischen Führung und der Gewerkschaftsvorstände zustande gekommen war, zeigte einerseits deutlich, wie stark der Einfluß der Kommunisten seit dem Generalstreik gegen die Kapp-Putschisten angewachsen war. Andererseits legte er aber auch Zeugnis davon ab, daß diejenigen Werktätigen, die noch nicht fest mit der kommunistischen Bewegung verbunden waren, keine genügend klaren Vorstellungen über die weiteren Schritte zur Zurückdrängung und schließlichen Entmachtung des Klassengegners besaßen. So erwiesen sich breite Kreise der Arbeiterschaft außerstande, rasch und konsequent auf die taktische Wende der Bourgeoisie zu reagieren, die nun, unter dem in außergewöhnlicher Eile eingesetzten Kanzler Stresemann, vier sozialdemokratische Minister in die Reichsregierung aufnahm. Viele sozialdemokratische und parteilose Arbeiter waren zwar über diese Wendung der Dinge erbittert, warfen den rechten Führern vor, den bürgerlichen Parteien gutgläubig auf den Leim gegangen zu sein, konnten sich aber, da sie noch immer Illusionen über die Rolle der reformistischen Organisationen hegten, nicht dazu aufraffen, den Streik auch gegen ihre „Genossen“ im Kabinett weiterzuführen und konsequent für die von Millionen kommunistisch gesinnnter Proleten erhobene Forderung nach einer Arbeiterregierung einzutreten. Von Bedeutung war ferner, daß Stresemann, einer der gewieftesten Taktiker des deutschen Imperialismus, einerseits den Abbruch des „passiven Widerstandes“ verkün-

dete und die schnelle Beseitigung der Inflation in Aussicht stellte, also Hoffnungen auf eine unmittelbare Verbesserung der Lebenslage der Werktätigen weckte, andererseits nicht davor zurückschreckte, für die herrschende Klasse riskante, offen militaristisch-faschistische Putsche (wie zunächst den Küstriner Putsch am 1. Oktober und dann auch den Hitlerschen Bierkellerputsch vom 8. bis 9. November 1923) zu unterdrücken. Zugleich veranlaßte Stresemann den sozialdemokratischen Reichspräsidenten, den Ausnahmezustand zu verhängen. Hier wurde noch einmal die zutreffende Feststellung aus der „Politischen Theologie" des späteren faschistischen Kronjuristen Carl Schmitt bestätigt: „Souverän ist, wer über den Ausnahmezustand bestimmt." Souverän war in der Weimarer Republik nicht das Volk, das 1923 – selbst nach schönfärberischen bürgerlichen Darstellungen – in seiner übergroßen Mehrheit die Entmachtung der Inflationsgewinnler wollte, sondern souverän war die Großbourgeoisie, die ihren Willen mit Hilfe des Staatsapparates durchzusetzen vermochte.

Zum Abbruch des „passiven Widerstandes", der eine außenpolitische taktische Umorientierung darstellte, konnte sich Stresemann allerdings nur entschließen, weil die durch das Fußfassen Frankreichs im Ruhrgebiet, vor allem aber durch das Anwachsen der revolutionären Bewegung in Deutschland in Schrecken versetzten anglo-amerikanischen Mächte jetzt ihre abwartende Haltung im deutsch-französischen Konflikt aufgaben und unmißverständlich zum Ausdruck brachten, daß sie sich einer weiteren, für das Schicksal des gesamten europäischen Imperialismus gefährlichen Schmälerung der angeschlagenen Macht des deutschen Großkapitals widersetzen würden.

Stresemann, der seine Politik des vordergründigen Lavierens gegen den erbitterten Widerstand ultrareaktionärer Kräfte durchsetzen mußte, konnte jedoch zunächst weder der Inflation und dem grauenvollen Elend noch dem rechtsextremistischen Putschismus Einhalt gebieten. Im Gegenteil. Die Mark stürzte ins Bodenlose. Anfang Oktober kostete eine Zeitung 10 Milliarden Mark, zwei Wochen später mehr als das Dreifache. Schließlich mußte man für ein Pfund Kartoffeln 50 Milliarden, für ein Ei 80 Milliarden, für ein Glas dünnes Bier 150 Milliarden und für ein Pfund mageres Fleisch gar 3,2 Billionen Mark zahlen. Niemand wollte mehr etwas verkaufen; während die Speicher barsten, waren die Geschäfte leer. Nur auf dem schwarzen Markt, wo Werte verhökert wurden und die Spekulation blühte, konnte man noch etwas erwerben. Mit dem Stocken des Absatzes kam die Produktion zum Erliegen. Tausende von Betrieben wurden stillgelegt, noch mehr nutzten ihre Kapazität lediglich zu einem Bruchteil aus. Fast ein Viertel aller Arbeiter war erwerbslos, mehr als ein zweites Viertel arbeitete nur zwei oder drei Tage in der Woche. Die Arbeitslosenunterstützungen und Löhne der Kurzarbeiter betrugen selbst nach amtlichen Berechnungen nur wenige Prozent des Existenzminimums. Oft reichte der für eine vierköpfige Familie gezahlte Tagessatz kaum für einen Laib Brot aus. Hunderttausende von Menschen lebten von den nach der Ernte auf dem Acker verbliebenen Kartoffeln, die sie sich, an den von Junkern und Großbauern zur Bewachung der Felder gedungenen Flurschützen vorbeischleichend, aus dem vom Regen durchweichten Erdreich herausklauben mußten. Von Förstern gejagt, sammelten sie Kienäpfel und Astwerk, um Kälte und Nässe wenigstens für Stunden aus ihren Behausungen verbannen zu können.

Zugleich erhoben die unverblümt konterrevolutionären Kräfte immer frecher ihr Haupt. In Bayern bildete sich eine monarchistisch-militaristische Landesregierung, die die einen „Marsch auf Berlin" propagierenden faschistischen Verbände unter ihre Fittiche nahm und sich weigerte, die ihr nicht arbeiterfeindlich genug dünkenden Maßnahmen der Reichsregierung anzuerkennen.

Unter diesen Bedingungen konnte das Abflauen der Kämpfe nach dem Abbruch des Generalstreiks gegen die Cunoregierung nur von kurzer Dauer sein. Während das namenlose Elend den Willen der Massen bestärkte, die bestehenden Zustände zu verändern, konnte die herrschende Klasse nicht mehr mit den alten Mitteln der Niederhaltung der Werktätigen auskommen. Es entstand eine revolutionäre Situation.

Um den entscheidenden Stoß gegen die wankende Ausbeuterordnung vorzubereiten, mußte die KPD bemüht sein, alle Potenzen der antiimperialistischen Kräfte zu wecken und zum Einsatz zu bringen, dabei aber berücksichtigen, daß die Mehrheit der Arbeiterklasse noch nicht bereit war, den bewaffneten Kampf zum Sturz der Herrschaft des Monopolkapitals zu unterstützen. Unter diesen Umständen entschloß sie sich vollkommen richtig, in Sachsen und Thüringen, wo die günstigsten objektiven Voraussetzungen bestanden, um einen Brückenkopf für den siegreichen Kampf der Arbeiterklasse zu schaffen, gemeinsam mit linken Sozialdemokraten Landesarbeiterregierungen zu bilden. Da Kommunisten, überzeugte Streiter für die

Diktatur des Proletariats, niemals zuvor an einer im Rahmen eines bürgerlichen Staates zustande gekommenen Regierung teilgehabt hatten, galt es hier, auf politischem Neuland, proletarische Prinzipienfestigkeit und Elastizität miteinander verbindend, taktische Pionierleistungen von außergewöhnlicher Bedeutung zu vollbringen.
In Thüringen wurde die gemeinsame Regierungsbildung mit den linken Sozialdemokraten durch die Ausarbeitung eines Regierungsprogramms vorbereitet, das den augenblicklichen Erfordernissen Rechnung trug und die weitere Entfaltung der Massenkämpfe stimulierte. In diesem Dokument hieß es: „Das Land Thüringen als ein Gliedstaat der deutschen Republik, an deren Einheit unter allen Umständen festzuhalten ist, hat durch seine Regierung im Rahmen der verfassungsrechtlichen Möglichkeiten eine Politik zu treiben und im Reiche auf eine Politik hinzustreben, die den Interessen der arbeitenden Bevölkerung dient. Grundlage dieser proletarischen Politik muß die Sicherstellung der Existenz der werktätigen Bevölkerung und der entschiedenste Kampf gegen Faschismus, Revanchismus, Reaktion und die verfassungswidrige Militärdiktatur sein"(17).
In dem für die weitere Gesamtentwicklung viel bedeutenderen Land Sachsen, wo die Arbeiterregierung (am 10. Oktober) sechs Tage eher gebildet wurde als in Thüringen, war zwar vom Landesvorstand der KPD auch ein Notprogramm als Auftrag an die linkssozialdemokratisch-kommunistische Regierung formuliert worden, doch hatte man es dort unterlassen, die sozialdemokratischen Organisationen bindend auf dieses Programm festzulegen. Das war ein ernstes, aber nicht einmal das wichtigste Versäumnis. Nach der Konstituierung der sächsischen Arbeiterregierung, an deren Spitze der linke Sozialdemokrat Zeigner stand und der zwei kommunistische Minister sowie Brandler als Chef der Staatskanzlei angehörten, wurden keine wirksamen Schritte zur unmittelbaren Verbesserung der materiellen Lage der Werktätigen, keine konsequenten Demokratisierungsmaßnahmen in die Wege geleitet. Statt die neue Qualität dieser Regierung zur Entfaltung (und zwar angesichts der außerordentlich angespannten Klassenkampfsituation zur raschen Entfaltung) zu bringen, statt die gewonnenen Machtpositionen zur Organisierung der revolutionären Massenbewegung zu nutzen, statt sich auf die außerparlamentarischen Aktionen der Werktätigen zu stützen, verhielten sich die von den Arbeiterorganisationen an die Spitze der Ministerien gestellten Regierungsmitglieder wie *gewöhnliche*, vor allem auf die Einhaltung der „Spielregeln" bürgerlicher Koalitionspolitik bedachte Mi-

nister. Sie gingen nicht daran, den Staatsapparat, soweit dies in ihren Möglichkeiten lag, zu verändern, dessen reaktionärste Glieder auszuschalten und zu paralysieren, sondern ließen der alten Bürokratie, Polizei und Justiz freie Hand. Statt die Bourgeoisie zur Arbeits- und die Großgrundbesitzer zur Lebensmittelbeschaffung zu zwingen, begnügten sie sich damit, an Unternehmerverbände zur Wiederinbetriebnahme der stillgelegten Fabriken und Werke zu appellieren und verzettelten ihre Kräfte mit Lappalien, beispielsweise mit der Ausarbeitung von Verordnungen, die es Erwerbslosen gestatteten, öffentliche Gewässer abzufischen. Im Grunde untätig, sah die Regierung Zeigner zu, wie sich die Reichswehr auf den Einmarsch in Sachsen vorbereitete.

Trotz ihres klassenkämpferisch formulierten Regierungsprogramms verhielt sich auch die Landesregierung in Thüringen, der ebenfalls zwei Kommunisten angehörten, ähnlich wie die sächsische Arbeiterregierung. Die kaum zwei Wochen währende Praxis beider Regierungen, an deren Bildung die Arbeiterschaft ganz Deutschlands große Hoffnungen knüpfte, zeigte, daß der Einfluß der reformistischen sozialdemokratischen Parteiführung auf die linken Kräfte innerhalb der Sozialdemokratie noch nicht weit genug zurückgedrängt war und daß sich auch die in die Landesregierung entsandten Kommunisten nicht völlig über parlamentarische Illusionen hinwegzusetzen vermochten.

Das Versagen der mitteldeutschen Arbeiterregierungen enttäuschte das klassenbewußte Proletariat und erschwerte die weitere Mobilisierung revolutionärer Sozialdemokraten und Parteiloser für die Einheitsfrontpolitik. Da die Landesarbeiterregierungen nicht die Erwartungen breitester Massen erfüllten und sich deshalb in der kurzen Zeit ihres Wirkens keine feste Vertrauensbasis unter den Werktätigen schaffen konnten, hatte die Reichsregierung bei der Absetzung der linkssozialdemokratischen und kommunistischen Minister verhältnismäßig leichtes Spiel. Einer direkten Weisung von Stinnes und offen profaschistischer Organisationen (z. B. des an der Vorbereitung des Kapp-Putsches beteiligten „Nationalklubs") folgend,(18) beschloß Reichskanzler Stresemann, die rechtmäßig zustande gekommenen mitteldeutschen Arbeiterregierungen mit Waffengewalt auseinanderzujagen, ehe sie Zeit haben würden, sich zu echten revolutionär-demokratischen Maßnahmen durchzuringen. Zu diesem Zweck brachte er am 13. Oktober im Reichstag ein Ermächtigungsgesetz ein, dem auch die sozialdemokratische Fraktion zustimmte. So weit war also die rechte SPD-Führung gesunken: Sie beauftragte einen exponierten bürgerlichen Politiker, einen ehemaligen Gefolgsmann Ludendorffs und nunmehrigen Fraktionskollegen von Stinnes, mit verfassungswidrigen Mitteln, unter maßgeblicher Beteiligung ihrer eigenen Genossen verfassungsmäßig gebildete Landesregierungen zu stürzen!

Obwohl die Führung der KPD infolge der Versäumnisse des Leipziger Parteitages nicht genügend auf grundsätzliche Entscheidungen über die Eventualitäten des Kampfes gewappnet war und angesichts des fieberhaften Tempos der Entwicklung nicht die Möglichkeit hatte, die Tätigkeit der von ihr gestellten Landesminister operativ zu korrigieren, erblickte sie in der herannahenden Reichsexekution gegen Sachsen und Thüringen richtig einen wichtigen Ansatzpunkt, um den proletarischen Abwehrkampf gegen die Reaktion auf eine neue Stufe zu heben und ihn möglicherweise in den entscheidenden Ansturm gegen das imperialistische Regime überzuleiten.

Der militärische Plan der KPD sah vor, den Einmarsch der Reichswehr in Sachsen und Thüringen mit der Proklamierung des Generalstreiks zu beantworten und die sich daraus ergebenden Auseinandersetzungen mit den konterrevolutionären Kräften in den bewaffneten Aufstand ausmünden zu lassen. Um dem gut organisierten Gegner die Möglichkeit zu nehmen, seinen Einsatz auf eine der Hochburgen der Arbeiterbewegung, nämlich auf Mitteldeutschland, zu konzentrieren und die einzelnen Trupps des Proletariats – wie im Jahre 1919 – nacheinander niederzuwerfen, sollte der Aufstand gewissermaßen im Rücken der gegen Dresden und Weimar marschierenden Truppen, und zwar in Hamburg, beginnen und sich von dort aus, Sachsen und Thüringen entlastend und immer neue Kampfgebiete entflammend, über Deutschland ausbreiten.

Am 21. Oktober, als die Reichswehreinheiten in Leipzig eindrangen und eine in Chemnitz tagende Arbeiterkonferenz den Generalstreiksbeschluß fassen sollte, erwies sich jedoch, daß der durch gemeinsame Aktionen gefestigte Zusammenhalt von Kommunisten und linken Sozialdemokraten noch zu schwach entwickelt und nur ein verhältnismäßig geringer Teil der nichtkommunistischen Arbeiter in die Vorbereitung der Massenkämpfe einbezogen worden war. Die linkssozialdemokratischen sächsischen Minister waren nicht bereit, die ihnen von den Massen übertragenen Positionen tatkräftig zu verteidigen, und wichen, die eigene Courage fürchtend, zurück. Unter ihrem Einfluß „verhandelten“ die ihnen unterstehenden und meist zur Sozialdemokratie gehörenden Polizeioffiziere zwei Tage später „freundschaftlich und loyal“ - wie ein sozialdemokratischer Polizeioberst selbst berichtete – mit den Reichswehrführern und klappten, nachdem sie die völlige Kapitulation der Landesregierung „vereinbart“ hatten, vor den Militärs „die Sporen zusammen voll äußerer Kulanz“.(19) Ganz in diesem Geiste gingen die sozialdemokratischen sächsischen Landesminister auf der Chemnitzer Konferenz der Beschlußfassung über den Generalstreik mit parlamentarischen Floskeln, Ausschußbildungen und ähnlichen Ausflüchten aus dem Wege. Die zum Teil von rechtsopportunistischen Vorstellungen befangenen, zum Teil durch das formal-demokratische Gehabe der SPD-Minister überrumpelten kommunistischen Vertreter auf der Konferenz verstanden es dabei nicht, alle Möglichkeiten zur Mobilisierung der Arbeiterdelegierten für den außerparlamentarischen Kampf auszuschöpfen. So verschwand der Entschließungsentwurf über den Generalstreik in einer Unterkommission. Damit war der entscheidende Zeitpunkt für die Auslösung des Generalstreiks verpaßt. Die revolutionären Arbeiter in den Industriezentren und Großstädten warteten vergeblich auf das Signal zum Kampf.

Die Zentrale der KPD mußte ihren Beschluß über die Auslösung des bewaffneten Aufstandes rückgängig machen.

Die Aufhebung des Parteibeschlusses über den Aufstand erreichte jedoch nicht rechtzeitig alle Bezirksorganisationen. In Hamburg, dem entscheidenden Zentrum der nächsten Phase des Kampfes, wo sich die Parteiorganisation unter Leitung Ernst Thälmanns durch systematische Entwicklung von Teilaktionen auf die verantwortungsvolle Stunde vorbereitet hatte, traf keine Kunde vom resultatlosen Ausgang der Chemnitzer Konferenz ein. So wurde die militärische Erhebung plangemäß in der Nacht vom 22. zum 23. Oktober ausgelöst. Wichtige Verkehrswege für den Nachschub von Polizei und Militär wurden unterbrochen. Vor dem Morgengrauen des 23. Oktober stürmten revolutionäre Kampftrupps anderthalb Dutzend Polizeiwachen in den Arbeitervorstädten der Hafenstadt und bemächtigten sich der dort lagernden Waffen. Als die Nachricht vom zurückgezogenen Beschluß der Zentrale der Partei in Hamburg eintraf, tobte in Barmbeck und in anderen Außenbezirken bereits der mit dem begeisterten Rufe „Die Revolution hat begonnen!“ eingeleitete Kampf.

Ernst Thälmann und seine Genossen kämpften heldenhaft gegen

eine ausgezeichnet bewaffnete, mit Panzern und Flugzeugen ausgerüstete zwanzigfache Übermacht von Polizei und Reichswehr. Als jedoch offensichtlich geworden war, daß ihre Erhebung isoliert blieb, beschloß die Kampfleitung der Aufständischen, die Aktion abzubrechen. Am 25. Oktober zogen sich die Kampfgruppen geordnet zurück. Dieses Ende war bitter. Doch die standhaftesten Kämpfer wußten, daß ihr opferbereiter Einsatz nicht umsonst gewesen war, vermittelte er doch der gesamten deutschen Arbeiterklasse entscheidende Lehren für die Zukunft.

Der Abbruch des Hamburger Aufstandes und die Zerschlagung der mitteldeutschen Arbeiterregierungen markierten eine entscheidende Veränderung im Klassenkräfteverhältnis zugunsten der Bourgeoisie. Dem deutschen Proletariat war es trotz gewaltiger Anstrengungen nicht gelungen, die durch die Geschehnisse des Jahres 1923 gebotene Chance zum Sturz der kapitalistischen Herrschaft wahrzunehmen. Die geschickte Politik der Bourgeoisie, das Eintreten der rechtssozialdemokratischen Führer innerhalb und außerhalb der Regierung für den Imperialismus, die ungenügende Aktionseinheit der Arbeiterklasse, die die noch nicht voll vom Leninismus durchdrungene Kommunistische Partei nicht auf die erforderliche Stufe hatte heben können, führten zu einer schweren Niederlage des Proletariats.

Wenige Tage nach der militärischen Aktion gegen Sachsen und Thüringen übertrug Präsident Ebert dem Reichswehrchef General Seeckt, der bereits vorausschauend ein Regierungsprogramm für ein „Kabinett des Ausnahmezustandes" ausgearbeitet hatte, die vollziehende Gewalt, etablierte also eine verbrämte Militärdiktatur. Damit gab er dem Druck der reaktionären Kritik an der vermeintlich zu „laschen" Politik Stresemanns nach, die ein hoher Ministerialbeamter in die lakonischen Worte gefaßt hatte: „Alles Diagnose, nichts von Therapie."(20)

Zur nun einsetzenden Therapie, d. h. zur „Heilung" des angeblich demokratischen Staatswesens von Weimar, bediente man sich höchst einfacher Medizin: Die Kommunistische Partei, die die antiimperialistischen, demokratischen Sehnsüchte der breiten Massen am deutlichsten zum Ausdruck brachte, wurde verboten, die im Tageskampf gegen die antidemokratischen und sozialreaktionären Maßnahmen der Großbourgeoisie gewachsenen Einheitsorgane des Proletariats zerschlagen; die aus dem Kaiserreich übernommene Justiz wurde rigoros gegen alle fortschrittlichen Kräfte eingesetzt; um die darniederliegende Wirtschaft in einer Form anzukurbeln, die den Monopolherren maximale Profite sicherte, ergingen Dutzende von Notverordnungen, die Geist und Buchstaben der Verfassung und der Sozialgesetzgebung hundertfach verletzten; zur Beilegung des Konfliktes mit Frankreich wurden die mächtigsten Ruhrmagnaten mit staatlichen Vollmachten betraut.(21)

Da die Arbeiterklasse zwar niedergeworfen war, aber bewiesen hatte, über welche gewaltigen Potenzen sie verfügte, wagten die politischen Manager der Bourgeoisie nicht, die Militärherrschaft offen zu proklamieren. Sie taten vielmehr alles, um ihre volksfeindlichen Maßnahmen als im Einklang mit der Verfassung stehend auszugeben. Ihr Hauptargument dabei war allerdings – welch extremer Widersinn! –, daß Ausnahmepolitik und Notstandspraxis dem Diktaturartikel 48 entsprächen, jenem Artikel also, der die wichtigsten verfassungsmäßigen Grundrechte aufhob.

Eine solche „weiche" Variante der Gewaltherrschaft, der selbst der „harte" und machtsüchtige General Seeckt seine Führerambitionen opfern mußte, resultierte vor allem aus der Tatsache, daß die Monopolbourgeoisie 1923 bei der Hochzüchtung des Faschismus aus verschiedenen Gründen in Verzug geraten war und sich deshalb außerstande sah, ihren Staat ohne Unterstützung der reformistisch beeinflußten Teile der Arbeiterklasse zu konsolidieren. Allerdings nahm diese von den rechten sozialdemokratischen Führern mit großem Geschick gelenkte Unterstützung zum Teil äußerlich widersprüchliche Formen an. Dies ging so weit, daß die SPD-Fraktion im Reichstag, als sie es angesichts der Empörung der Arbeiter über die gewaltsame Absetzung der mitteldeutschen Landesregierungen bei gleichzeitiger Schonung der die Verfassung verhöhnenden reaktionären bayerischen Regierung nicht mehr wagen konnte, der Reichsregierung das Vertrauen auszusprechen, scheinbar illoyal gegen Reichskanzler Stresemann stimmte und ihn damit (Ende November 1923) zu Fall brachte. Dabei handelten die um ihren Masseneinfluß, ihre Posten und ihre politische Daseinsberechtigung besorgten rechtssozialdemokratischen Führer beim Sturz Stresemanns nicht nur aus taktischen Erwägungen, sondern zugleich im ureigensten Interesse der herrschenden Klasse. Denn wichtiger als der Bestand der einen oder anderen Regierung war für die Großbourgeoisie die Erhaltung des Instruments zur Beeinflussung weiter proletarischer und halbproletarischer Kreise, d. h. der mit Autorität ausgestatteten rechtssozialdemokratischen Führungsspitze. Eine offene Parteinahme

der Sozialdemokratie für Stresemann hätte nämlich zu diesem Zeitpunkt zweifellos zur Loslösung breiter Arbeitermassen vom Reformismus und zu ihrem Übergang ins kommunistische Lager geführt, wäre also für die Bourgeoisie nur ein Bärendienst gewesen. Hinzu kam (was im nächsten Kapitel noch näher erläutert werden soll), daß der Rücktritt Stresemanns den herrschenden Kreisen auch deshalb ins Konzept paßte, weil die nächste Regierung unter dem „unbescholtenen" und „überparteilichen" Kanzler Wilhelm Marx zwar dem Wesen nach die Stresemannsche Politik fortsetzte, gleichzeitig aber dank ihrer geringeren politischen „Vorbelastung" besser geeignet war, die äußerst zugespitzten interfraktionellen Kämpfe innerhalb der Monopolbourgeoisie auszugleichen.
Das (übrigens auch durch scharfe innere Gegensätze zerrissene) Gespann Stresemann – Seeckt hatte nämlich nach der Niederwerfung des Proletariats zunächst auch vor der Aufgabe gestanden, verschiedene zu sehr auf ihre Sondervorteile bedachte Industriekapitäne und abenteuerliche Politiker aus den Reihen der Reaktion auf Vordermann zu bringen. Deshalb hatte man mehrere scharfmacherische politische und wirtschaftliche Stabilisierungskonzeptionen verworfen und nach dem Münchener Bierkellerputsch nicht umhin gekonnt, die beiden faschistischen Parteien (Nationalsozialisten und Völkische Freiheitspartei) zu verbieten sowie Hitler, dem General Seeckt noch vor einem halben Jahr persönlich bescheinigt hatte, daß er seine Ziele begrüße, zu verhaften und dem Gericht zu übergeben.
Zugleich wurden, allerdings äußerst behutsam, Schritte gegen die rheinischen Separatisten eingeleitet, die sich, die neue Kräftekonstellation nicht sofort erfassend, wiederum anschickten, das scheinbar schon an den Klippen des Klassenkampfes zerschellende bürgerliche deutsche Staatsschiff zu verlassen. Eine Gruppe rheinischer Industrieller – der Bankier Hagen; der Industriemagnat Silverberg, einer der Chefberater der nächsten neun Reichsregierungen bis 1932; Bankier Baron v. Schröder, einer der Regieführer bei der Hochpäppelung des Faschismus Anfang der dreißiger Jahre; der Großindustrielle Pferdmenges, späterer intimster Freund vom Reichskanzler Brüning und Bundeskanzler Adenauer u. a. – war nämlich gerade im November/Dezember 1923 dabei, durch die Schaffung einer rheinischen Sonderwährung (von der man sarkastisch sagte, sie solle nach Louis Hagen „Louisdor" heißen) den entscheidenden Schritt zur Lösung der Rheinlande von Deutschland zu vollziehen. Allerdings erkannte der führende Kopf der Separatisten, Adenauer, der die Spuren seiner lan-

desverräterischen Tätigkeit weitgehend mit nationalen Phrasen zu verwischen verstand, sehr bald, daß die Gefahr der deutschen Revolution vorerst gebannt war, daß es sich also für das rheinisch-westfälische Großkapital nicht lohnte, seine Führungspositionen in Deutschland gegen die Rolle eines Juniorpartners des allmächtigen Hüttenkomitees in einem französischen Satellitenstaat einzutauschen, und distanzierte sich rechtzeitig von seinen Mitverschwörern.
Diese und andere Auseinandersetzungen innerhalb der herrschenden Klasse veranlaßten den Regierungschef, auch gegenüber verschiedenen Vertretern der bürgerlichen Parteien einen rüden Ton anzuschlagen und dem Reichstag, der mit seiner obrigkeitsstaatlich-sozialdemokratischen Mehrheit wahrlich keine Bedrohung der kapitalistischen Ordnung darstellte – nach einem Ausdruck Minister Koeths –, die Zähne zu zeigen.(22) Im Frühjahr 1924, als sich dank der anglo-amerikanischen Hilfestellung für Deutschland eine Entspannung der internationalen Situation andeutete, als die zur Offensive übergegangene herrschende Klasse – trotz wieder aufflammender ökonomischer Streikkämpfe – konstatieren konnte, daß die revolutionäre Bewegung einer Ebbe entgegenging und die Wiederbelebung der sich nach überwundener Inflation erholenden Wirtschaft im Gange war, baute die Regierung Marx die faktische Militärdiktatur sukzessive ab. Sie mußte sich dabei mit dem Parlament auseinandersetzen, das jetzt, um das Vertrauen der Wählermassen buhlend, die von ihm selbst geduldete volksfeindliche Politik der Regierung im nachhinein verurteilte. Marx löste daraufhin den Reichstag kurzerhand auf. Höhnisch schrieb eine bürgerliche Zeitung, auf Artikel 54 der Verfassung anspielend, nach dem das Kabinett des Vertrauens der Volksvertretung bedurfte, daß die Regierung dem Reichstag ihr Mißtrauen ausspräche und dieser die Konsequenzen zu ziehen habe.(23)
So trat Deutschland nach dem schicksalsschweren Jahr 1923 in die Periode der relativen, d. h. zeitweiligen und brüchigen, Stabilisierung des Kapitalismus ein. Soviel aber die bürgerlichen Politiker auch von am Horizonte aufziehenden „Silberstreifen" sprachen – fest stand (und die folgenden Jahre und Jahrzehnte bestätigten das nur allzu nachdrücklich), daß das deutsche Volk, solange die imperialistische Herrschaft erhalten blieb, neuen, noch schwereren Prüfungen entgegenging.

Sechstes Kapitel

1924: Das „Ewig-Stresemännische" – Nichtanerkennung der Ostgrenzen

Nach hunderttägiger Kanzlerschaft hatte Stresemann unter dem Druck der Massen als Regierungschef abtreten müssen. Eine Woche später erschien er jedoch – diesmal als Außenminister – erneut auf der Kommandobrücke des Staatsschiffes. Auch dieses come back warf bezeichnendes Licht auf die „Demokratie" von Weimar: der ohnehin durch das bürgerliche Mehrparteiensystem verfälschte Wählerwillen wurde gröblichst mißachtet. Nicht von diesem Willen hing es ab, ob jemand auf einen Ministersessel gelangte, sondern davon, wen die hinter den Kulissen des Parlaments agierenden Kräfte, d. h. die Industriekapitäne und Finanzmagnaten, in der Regierung brauchten. Und Stresemann brauchten sie.
Die Regierungen der Republik wechselten auch nach 1923 mindestens einmal im Jahr. Stresemann aber blieb. Seine sechsjährige Tätigkeit als Außenminister fand erst mit seinem Tode im Oktober 1929 ein Ende. Als das zweifellos klügste und gewandteste, eines der wichtigsten Ressorts verwaltende Kabinettsmitglied personifizierte er in der Mitte der zwanziger Jahre die Kontinuität der imperialistischen deutschen Politik, die vom Expansionsstreben der Hohenzollernmonarchie ausging und auf einen neuen Waffengang im Kampf um die Weltherrschaft hinsteuerte. Faktisch war er, wie man es damals oft hören konnte, der „geheime", der eigentliche Kanzler dieser Jahre.
So bedeutete der streng nach den „parlamentarischen Spielregeln" vollzogene Sturz Stresemanns im November 1923 keineswegs eine Abwendung von der Stresemannschen Konzeption. Ganz im Gegenteil. Seine politische Linie bestimmte eine ganze Periode nach 1923 – die Periode der relativen Stabilisierung des Kapitalismus – bis zu dem Zeitpunkt, an dem sich die wahren Beherrscher Deutschlands auf Grund der unter Stresemanns Regie erreichten Verände-

rungen zu einem Kurswechsel in Richtung auf die offene Faschisierung entschlossen. Daß Stresemann gerade zu diesem Zeitpunkt starb, war nur ein historischer Zufall (für ihn persönlich vielleicht ein glücklicher).

Mehr noch. Die Stresemannsche politische Konzeption, die auch gegenwärtig noch von der Geschichtsschreibung in der BRD in allen Tonarten gepriesen und als Modell einer durchdachten Nachkriegspolitik bezeichnet wird, hat nach dem zweiten Weltkrieg, nach der turnusgemäßen – und noch verheerenderen – militärischen Niederlage des imperialistischen Deutschland, eine Renaissance erlebt. Abermals wird die „Akzeptierung" und gleichzeitig Nichtanerkennung aller dem deutschen Imperialismus nicht genehmen Realitäten propagiert, abermals wird versucht, die Rückgängigmachung der Kriegsergebnisse mit „Brückenschlägen" ins Lager des Gegners einzuleiten. So hat Stresemanns Credo nicht nur seinen Sturz als Reichskanzler und seinen Tod überdauert. Das „ewig Stresemännische" Element – das raffinierte Taktieren und die demagogische Tarnung in einer bestimmten Etappe des Aggressionsstrebens – wurde zu einem Eckpfeiler der deutschen imperialistischen Politik.

Stresemann, der aus seiner Tätigkeit als Industriesyndikus, Wirtschaftspolitiker und Parteiredner über so gut wie keine Erfahrungen in der auswärtigen Politik verfügte, wurde nicht von ungefähr gerade zum Außenminister berufen. Nachdem wesentliche innerpolitische Voraussetzungen zur Wiederherstellung der Machtpositionen des deutschen Monopolkapitals geschaffen worden waren und es nun – Mitte der zwanziger Jahre – galt, solche Voraussetzungen auch auf internationaler Ebene herbeizuführen, stellte man logischerweise den besten Kopf, den man hatte, an die Spitze des Außenministeriums.

Rein von der Zielsetzung her waren die Gedanken, die Stresemann in die Wilhelmstraße (wo sich das Auswärtige Amt befand) mitbrachte, weder neu noch originell. In dieser Beziehung wurde ja auch keine Originalität verlangt, denn die expansionistische Gesamtrichtung der deutschen Außenpolitik wurde – mit der Einschränkung, daß der gesteigerte Appetit beim Essen kommt – durch den Klassencharakter des imperialistischen Staates bestimmt und war oftmals formuliert worden. Der (übrigens 1926 mit dem Friedens-Nobelpreis ausgezeichnete) Reichsminister des Äußeren wiederholte nur bekannte alldeutsch-chauvinistische Gedankengänge, wenn er z. B. im Januar 1925 in einer geheimen Denkschrift erklärte: „Die Schaffung eines Staates, dessen politische Grenzen alle deutschen Volks-

teile umfassen, die innerhalb des geschlossenen deutschen Siedlungsgebietes in Mitteleuropa leben und den Anschluß an das Deutsche Reich wünschen, ist das Ziel deutschen Hoffens, die schrittweise Revision der politisch und wirtschaftlich unhaltbaren Grenzbestimmungen der Friedensdiktate (polnischer Korridor, Oberschlesien) das nächstliegende Ziel der deutschen Außenpolitik."(1)
Dabei ließ Stresemann, wie sein berüchtigter, auch Kolonialerwerb vorsehender Brief an den ehemaligen deutschen Kronprinzen vom September 1925(2) bewies, keinen Zweifel daran, daß er auch die österreichische Nation als „deutschen Volksteil" betrachtete und daß sich seine außenpolitischen Ziele nicht verwirklichen ließen, „ohne daß neben unseren Volksgenossen auch Angehörige fremder Nationen unter deutsche Staatshoheit gestellt werden".(3) Mit einem Wort: Stresemann schwebte ein „Großdeutschland" vor.
Trotz allen Geredes über seine angebliche Entschlossenheit, die Revisionsbestrebungen nur mit friedlichen Mitteln durchzusetzen, lassen seine zahlreichen vorsichtigen Auslassungen darüber, „daß letzten Endes immer diese großen Fragen durch das Schwert entschieden werden,"(4) klar erkennen, daß er den Krieg als entscheidendes Mittel zur Realisierung seiner Pläne betrachtete. Er verhehlte ja auch nicht, daß er „ein Doppelspiel ... zwischen Regierung und (Rechts-) Opposition" für notwendig hielt, um „miteinander demselben Ziel zu(zu)streben",(5) nämlich mit jener Opposition, deren Führer in internen Schriftstücken ungeniert erklärten, man könne bei der öffentlichen Propagierung der Bekämpfung des Versailler Vertrages „auf friedlichem Wege" „innerlich den Vorbehalt machen, daß, wenn friedliche Mittel nicht zum Ziele führen, nötigenfalls auch andere ergriffen werden müssen".(6)
Und nicht nur das. Die „Stresemannschaft", d. h. die hohen Beamten des Auswärtigen Amtes, identifizierte sich ausdrücklich mit einer geheimen, sinnfälligerweise der „Abrüstungsfrage" gewidmeten Denkschrift des Reichswehrministeriums aus dem Jahre 1926, in der zu lesen war, „daß es sich für Deutschland in den nächsten Stadien seiner politischen Entwicklung nur um die Wiedergewinnung seiner europäischen Stellung und viel später erst um das Wiedererkämpfen seiner Weltstellung handeln wird. Die Wiedergewinnung seiner europäischen Stellung", hieß es weiter in dem „Deutschlands politisches Abrüstungsziel" (!) betitelten Abschnitt dieses Dokuments, „ist für Deutschland eine Frage, bei der fast ausschließlich die Landstreitkräfte entscheiden werden, denn der Gegner dieser Wiederaufrich-

tung Deutschlands ist in erster Linie Frankreich. Es ist ohne weiteres anzunehmen, daß ein wiedererstandenes Deutschland bei seinem späteren Kampfe um die Rohprodukte und Absatzmärkte in Gegensatz zum amerikanisch-englischen Machtkreise kommen und dann über ausreichende maritime Kräfte wird verfügen müssen. Aber diese Auseinandersetzung wird erst auf der Grundlage einer festgefügten europäischen Stellung nach einer erneuten Lösung der deutsch-französischen Frage auf friedlichem oder kriegerischem Wege in Betracht kommen."(7) Noch deutlicher (wenn deutlicher überhaupt möglich) drückte sich der von Stresemann zum deutschen Botschafter in Warschau berufene sozialdemokratische Diplomat Ulrich Rauscher aus, der ebenfalls 1926 in einem Brief an seinen Vorgesetzten schrieb: „Der Korridor und Oberschlesien (also die in erster Linie von Stresemann beanspruchten fremden Territorien – W. R.) kommen zum deutschen Reich zurück nur infolge eines Krieges."(8)
Wenn Stresemann in Fortsetzung der alten Aggressionspolitik folglich unzweideutig die Vorbereitung eines (allerdings erst für eine spätere Periode geplanten) Expansionskrieges betrieb, so waren die taktischen Methoden, derer er sich dabei bediente, doch zum großen Teil neu. Im Gegensatz zu aufgeblasenen Militaristen, Vabanquepolitikern und in Wunschträumen lebenden Agitatoren, versuchte er stets, den Realitäten – so verhaßt sie ihm waren – Rechnung zu tragen. „Es ist doch nun einmal das Furchtbare:", erklärte er 1924 in einem Rededuell gegen den prominenten Deutschnationalen Helfferich, „Wir haben den größten Krieg der Weltgeschichte verloren, und wir haben auch den Nachkrieg an der Ruhr verloren."(9) Ein Außenminister müsse sich, fügte er an einer anderen Stelle hinzu, wenn er den Status quo in der Welt verändern wolle, „die Frage vorlegen, welche Mittel ihm zur Verfügung stehen, um seinem Lande wieder Geltung zu verschaffen. Das Hauptmittel ist die materielle Macht, Armee und Flotte. Daß wir sie nicht besitzen, ist Ihnen bekannt."(10) Und daraus schlußfolgert er: „Deshalb wird die deutsche Politik ... zunächst darin bestehen müssen, zu finassieren (d. h. zu betrügen – W. R.) und den großen Entscheidungen auszuweichen."(11) In der Praxis hieß das: „Wir werden gar keinen anderen Weg gehen können, als uns zunächst einmal zu den Pflichten des Versailler Vertrages zu bekennen ... Es wird darauf ankommen, den anderen weis zu machen, daß dies und das mit dem Geist des Vertrages von Versailles durchaus vereinbar wäre, und so in Wirklichkeit diesen Geist ins Herz zu treffen und den ganzen Vertrag auszuhöhlen."(12)

In den in Stresemanns programmatischen Erklärungen unaufhörlich wiederkehrenden zwei Wörtchen „zunächst einmal" spiegelte sich wie in einem Tropfen Wasser das ganze Gebäude seiner Politik wider. 1918 hatte er an der Spitze der für ein „Volkskaisertum" werbenden Deutschen Volkspartei „zunächst einmal" die Republik akzeptiert – einfach deshalb, weil zu jener Zeit alle Versuche, die den Massen verhaßte Monarchie wieder zu errichten, am Widerstand des Volkes scheitern mußten; die Trauben hingen eben zu hoch. 1920 war er dafür eingetreten, die Sozialdemokratie „zunächst einmal" in der Regierung zu belassen, weil „wir sonst von Generalstreik zu Generalstreik taumeln würden".(13) Während des Kapp-Putsches hatte er empfohlen, „zunächst einmal" von den Putschisten abzurücken, da die volksparteilichen Politiker sonst Gefahr liefen, mit ihnen zusammen von der einheitlich handelnden Arbeiterklasse weggeschwemmt zu werden. 1922 war es ihm zweckmäßig erschienen, „zunächst einmal" mit Sowjetrußland normale Beziehungen herzustellen, da sowohl das kriegsfreudige Hinterland und die starke Armee wie auch eine geschlossene Phalanx der internationalen Antisowjetkräfte fehlte, jeder Ritt gen Osten also aussichtslos war. 1924 setzte Stresemann seine Unterschrift unter einen für die gesamte Regelung der Nachkriegsfragen äußerst bedeutsamen und die weltpolitische Situation verändernden Reparationsvertrag, den sogenannten Dawesplan, sagte aber gleichzeitig unverblümt: „Wenn wir 1927 oder 1928 dazu kommen sollten zu erklären, daß wir auch den Dawesplan nicht erfüllen könnten, dann müssen wir in der Zwischenzeit weltpolitisch unsere Lage geändert haben und müssen ein ganz anderes Verhältnis zu den (Sieger- – W. R.) Mächten haben, damit nicht eine derartige Erklärung Deutschlands von neuen Sanktionen und neuem Vorgehen gegenüber deutschem Gebiet begleitet ist."(14)

Derartige Aussprüche, die sich in beliebiger Anzahl anführen ließen, verdeutlichen, daß Stresemann die Realitäten nicht einfach aus dem Bewußtsein seiner Ohnmacht und noch weniger aus der Bereitschaft heraus akzeptierte, die dem deutschen Expansionsstreben im Wege stehenden Schranken als den berechtigten Interessen anderer Völker entsprechende Gegebenheiten hinzunehmen. Er akzeptierte die Realitäten, um sie aufzuweichen; er übernahm Verpflichtungen, um ihre Erfüllung durch vorgeschütztes Entgegenkommen zu vereiteln; er schloß Verträge, um das durch diese Verträge fixierte Kräfteverhältnis zu zerstören. Eine solche Taktik setzte natürlich voraus, daß –

und deshalb wurde Stresemann von seinen rechtsradikalen Gegnern stets heftig angegriffen – an die Stelle des großen Schlagwortes „Alles oder Nichts“ die Formel „Schrittweises Vorgehen“ trat und daß man dabei versuchen mußte, die bereits zurückgelegten Schritte, d. h. die errungenen Erfolge „klein(zu)machen oder nicht darüber (zu) reden“(15). Man dürfe, dozierte Stresemann, „sich nicht auf den Standpunkt eines Kindes stellen, das für den Heiligen Abend einen Wunschzettel schreibt, in dem alles steht, was das Kind in den nächsten 15 Jahren braucht“.(16)

Diese Politik des von Gelegenheit zu Gelegenheit erweiterten „Wunschzettels“ erforderte ein gehöriges Maß von Unverfrorenheit und Demagogie. Darauf, wie die Stresemannsche Unverfrorenheit Jahrzehnte später noch in der BRD praktiziert wurde und zur bewußten Irreführung der Öffentlichkeit diente, verwies die Führung der DDR, als sie die Behauptung des Bonner Außenministers von 1968, Willy Brandt, über die angeblich durch die 1925 geschlossenen Schiedsverträge mit Polen und der Tschechoslowakei bewiesene Friedfertigkeit der damaligen deutschen Außenpolitik(17) mit der Äußerung Stresemanns konfrontierte, daß die „Schiedsverträge im Osten und Südosten ... irgendeine Anerkennung der Grenze oder Ausschließung der Kriegsmöglichkeiten nicht in sich begreifen“.(18)

Darüber hinaus basierte aber die Stresemannsche Außenpolitik auf einer gründlichen Analyse der jeweiligen internationalen Lage und auf dem Vermögen, die schwächsten Stellen der für die deutschen Revanchebestrebungen nutzbar zu machenden Widersprüche in der Welt ausfindig zu machen. Dabei gab es für Stresemann keinen Zweifel darüber, daß der antagonistische Gegensatz zwischen Sozialismus und Imperialismus den ersten Platz unter diesen Widersprüchen einnahm. Der Leiter der damaligen deutschen Außenpolitik begriff sehr wohl, daß die von den Totengräbern der kapitalistischen Ordnung errichtete russische Sowjetmacht auf die einzelnen imperialistischen Staaten wie jene römische Grabinschrift wirkte, auf der zu lesen stand: „Ich war, was du bist; du wirst, was ich bin“, und daß man den Horror dieser Staaten vor ihrem sich abzeichnenden Untergang ausnutzen konnte, um ihnen – wie sich der britische Botschafter in Berlin ausdrückte – die „Kleinlichkeit ihrer Streitigkeiten untereinander bewußt zu machen und sie aufzurufen, sich gegen die gemeinsame Gefahr zusammenzuschließen“(19).

Das Bestreben, den Antisowjetismus der imperialistischen Welt für die aggressive deutsche Außenpolitik nutzbar zu machen, war das

Kernstück der Stresemannschen Taktik. Nicht nur, daß er als großbürgerlicher Politiker den Sowjetstaat zutiefst haßte und (nach üblicher Manier die Interessen des deutschen Imperialismus mit denen des deutschen Volkes identifizierend) eine freundschaftliche Verbindung mit der UdSSR mit einer Ehe verglich, bei der man „sich mit dem Mörder des eigenen Volkes ins Bett lege".(20) Nicht nur, daß er seine Träume über die Zerstörung des großen Arbeiter-und-Bauern-Staates im Osten mit Vorstellungen über die Verwandlung weiter Teile des ehemaligen Russischen Reiches in eine deutsche Halbkolonie verband. „Vielleicht...", hatte er schon 1918 geschrieben, „finden wir dort einigen Ersatz für das, was auf dem Gebiete des überseeischen Wettbewerbes vorläufig für uns nicht zu erlangen ist."(21) Nicht nur, daß er – allerdings erfolglos – ganz im Geiste teutonischen Herrenmenschentums von vornherein versuchte, sich gegenüber der Sowjetregierung gewissermaßen als künftiger Kolonialherr aufzuspielen, und seinem Botschafter in Moskau schrieb: „Ich hoffe, ... daß Sie den gegenwärtigen Gewalthabern (in Moskau – W. R.) gegenüber nicht nur der Herr, ... sondern auch der deutsche Graf sein und bleiben werden."(22)

Das Wesentliche an Stresemanns Politik gegenüber der Sowjetunion war nicht die Feindschaft eines imperialistischen Staates gegen die erste sozialistische Staatsmacht der Welt an sich, sondern die Einordnung dieser Feindschaft in das äußerst komplizierte Gesamtgefüge der internationalen Beziehungen. Schon lange bevor er Außenminister geworden war, im Jahre 1920, hatte Stresemann darauf aufmerksam gemacht, daß der deutsche Drang nach Osten nunmehr, angesichts des „Sich-Wendens" der „ganzen Welt" gegen den Bolschewismus, in ein internationales antibolschewistisches Kreuzzugsvorhaben einfließen könne und somit neue Erfolgschancen gewinne. Als Mann der Praxis hatte er sogleich, gemeinsam mit dem Interventionsenthusiasten Arnold Rechberg, Verhandlungen mit britischen Diplomaten und Militärs über einen deutsch-alliierten Feldzug gegen den Sowjetstaat aufgenommen.(23) Allerdings waren diese Verhandlungen damals – wie viele andere davor und danach – gescheitert, weil maßgebende Kreise in den westlichen Ländern davor zurückschreckten, den gerupften deutschen Sperling aus der Hand zu lassen, um nach der fernen Taube der russischen Reichtümer zu greifen. Später, schon als verantwortlicher Leiter der deutschen Außenpolitik, brachte Stresemann die deutschen Wiederaufrüstungsforderungen stets im Zusammenhang mit den anglo-französischen Kriegsplänen gegen die UdSSR zur Sprache und erreichte (im Jahre 1925) auch, daß der britische Außenminister ihm bei Erörterungen über den Fall, „wenn z. B. ein Kampf gegen Rußland beginne", zusagte, „diejenigen, die Deutschland entwaffnet haben, würden die ersten sein, die Deutschland wieder bewaffnen".(24)

Die Kompliziertheit der deutschen Rußlandpolitik ergab sich aber, wie im Kapitel über den Rapallovertrag bereits ausgeführt, in hohem Maße gerade daraus, daß das militärisch schwache und deshalb in seinen Manövriermöglichkeiten eingeengte Deutschland bestrebt sein mußte, seine antisowjetischen (mit Führungsambitionen gekoppelten) Handlangerdienste möglichst teuer an die Hauptmächte des Imperialismus zu „verkaufen", während diese Mächte, von der grundsätzlichen Sowjetfeindlichkeit Deutschlands überzeugt und unter sich uneinig, wer zu zahlen habe, versuchten, den Preis für diese Dienste herabzudrücken. Um möglichst viel aus der Preisgabe seiner Beziehungen zum Sowjetstaat herausschlagen zu können, blieb Deutschland unter derartigen Bedingungen nichts anderes übrig, als diese Beziehungen zu pflegen, d. h. – wie man sich seit Bismarcks Zeiten ausdrückte –, den Draht nach Moskau nicht abreißen zu lassen und der Sowjetdiplomatie damit ungewollt (übrigens glänzend wahrgenommene) Möglichkeiten einzuräumen, die in Gestalt der interimperialistischen Widersprüche existierenden indirekten Reserven des ersten proletarischen Staates der Welt zu nutzen. Wenn Deutschland dabei naturgemäß auch bestrebt war, maximalen wirtschaftlichen Nutzen aus der Pflege der deutsch-sowjetischen Beziehungen zu schlagen, so zeichnete sich doch gerade die Ära Stresemann durch Voranstellung grundsätzlicher politischer Gesichtspunkte bei der Gestaltung des deutsch-sowjetischen Verhältnisses aus. Obwohl das Auswärtige Amt auch zu dieser Zeit auf die Erhaltung des deutschen Übergewichts im sowjetischen Außenhandel, auf die Wahrung der Profitchancen einzelner deutscher Konzerne usw. bedacht war, ging es ihm doch in erster Linie um die Unterminierung des sowjetischen Wirtschaftssystems, um die Durchlöcherung des Außenhandelsmonopols der UdSSR, um die Einschleusung „kapitalistischen Geistes" in den Sowjetstaat. Mit der Normalisierung des Verhältnisses zur Sowjetunion, schrieb der Leiter der Ostabteilung des Auswärtigen Amtes, Dirksen, wolle man den Prozeß der „Versandung" der russischen Revolution fördern. Und Stresemann selbst erklärte seinen westlichen Ministerkollegen 1927: „Wir haben mit Rußland Kreditverhandlungen geführt und stehen mit ihm in einem regen

Güteraustausch. Nicht nur weil wir ihn brauchen, sondern weil ich der Meinung bin, daß es notwendig ist, Rußlands Wirtschaft so eng mit dem kapitalistischen System der westeuropäischen Mächte zu verknüpfen, daß wir dadurch den Weg ebnen für eine Evolution in Rußland, die meiner Meinung nach allein die Möglichkeit gibt, aus Sowjetrußland einen Staat und eine Wirtschaft zu machen, mit der sich leben läßt."(25)

Die antisowjetische Grundrichtung der Weimarer Außenpolitik gestattete es nicht nur, den Antikommunismus der Westmächte ganz allgemein für die Durchsetzung der deutschen Expansionspläne auszunutzen, sondern ermöglichte es auch, ihn insbesondere (und das ist ebenfalls ein „ewig-Stresemännisches" Element der Nachkriegstaktik des sich von seiner Niederlage erholenden deutschen Imperialismus) für die konkreten Revanchebestrebungen gegenüber Polen sowie der Tschechoslowakei einzuspannen. Denn Polen und die ČSR lagen nun einmal zwischen Deutschland und der Sowjetunion, so daß jeder deutsche Angriff auf die Grenzen und die Souveränität dieser beiden Staaten, an deren Bestand einige westliche Siegerstaaten durchaus interessiert waren, zugleich einen Schritt zur Schaffung des Vorfeldes für einen großen Antisowjetkrieg bedeutete. Mit anderen Worten: Im Schwanken der westeuropäischen Regierungen zwischen Ablehnung und Begünstigung der antipolnischen und antitschechoslowakischen Forderungen des deutschen Imperialismus, namentlich der Forderungen nach einer Revision der deutschen Ostgrenze, spitzte sich der Widerspruch zwischen den Sonderinteressen einzelner imperialistischer Mächte und den antikommunistischen Gesamtinteressen des Imperialismus, also jener Widerspruch besonders kraß zu, der in den deutschen Spekulationen an erster Stelle stand. Das war für die Konzipierung der deutschen Außenpolitik von um so größerer Bedeutung, als Polen und die Tschechoslowakei als erste Objekte auf dem Stresemannschen „Wunschzettel" standen und der offene Ausbruch des deutsch-tschechoslowakischen bzw. des deutsch-polnischen Konflikts (wie es ja dann zu Beginn des zweiten Weltkrieges auch programmmäßig geschah) den Auftakt zur Niederwalzung weiterer europäischer Grenzen geben sollte. Polen und die Tschechoslowakei waren nämlich der „Ort des schwächeren Widerstandes", den Stresemann aufforderte, ausfindig zu machen(26): An Polen hatte Deutschland durch den Versailler Vertrag die größten Gebiete verloren, Gebiete noch dazu, die – Hochburgen des ostelbischen Junkertums – wichtige Stützpunkte der inneren Reaktion und des Militarismus darstellten;

Polen und die ČSR waren ökonomisch und militärisch schwächer als andere potentielle Kriegsgegner Deutschlands; die Revancheforderungen gegenüber diesen Staaten konnten am besten mit der „Volk-ohne-Raum"-Theorie und mit anderen pseudowissenschaftlichen Argumenten untermauert werden; hier konnte die Verhetzung der Massen geschickt mit allgemein „menschlichen" Phrasen betrieben werden, weil in den an Polen abgetretenen Gebieten deutsche Minderheiten verblieben waren, weil die „Korridor"-Lösung ständig zur Anhäufung neuen Zündstoffes in den deutsch-polnischen Beziehungen führte usw.

So standen Polen und die Tschechoslowakei auch im Mittelpunkt der unter maßgeblicher Beteiligung amtlicher Stellen von den revanchistischen Dachorganisationen ausgearbeiteten geheimen Denkschriften, z. B. der „Deutschen Zielsetzung" aus dem Jahre 1928 und der Denkschrift des Vorsitzenden des „Deutschen Schutzbundes für das Grenz- und Auslandsdeutschtum", Loesch, über das deutsch-tschechoslowakische Verhältnis aus dem Jahre 1927.(27) Diese mit Billigung des Stresemannschen Auswärtigen Amtes verfaßten Denkschriften stellten bereits – und das ist für die Gesamtbeurteilung der Weimarer Republik von Bedeutung – politisch-operative Detailausarbeitungen für die unter Hitler betriebene Aggressionspolitik dar. So hieß es in der Denkschrift von Loesch, daß die einzige, den „zwingenden geopolitischen Gegebenheiten" entsprechende Lösung des Verhältnisses von Deutschen und Tschechen in der verwaltungsmäßigen Zugehörigkeit des Sudetengebietes zum Deutschen Reich und in einem „engen Bündnis" der übrigen tschechischen Gebiete mit Deutschland (lies: in der Errichtung eines Protektorats) bestehe. „Natürlich wäre", fuhr Loesch fort, „eine solche Lösung nicht möglich, ohne daß noch viele andere europäische Staaten, vor allem die Agrarstaaten des Nordostens und Südostens, in eine solche (von Deutschland beherrschte – W. R.) europäische Gemeinschaft der Wirtschafts- und Verkehrsverhältnisse einbezogen würden."(28)

Analysiert man die Jahrzehnte später von den Forschern in den Archiven des Auswärtigen Amtes aufgefundenen offiziellen Dokumente über die deutsche Außenpolitik – vor allem auch über die Polenpolitik(29) – der zwanziger Jahre, so wird sogleich augenfällig, daß sich Stresemanns neue Taktik keineswegs auf eine besondere raffinierte Handhabung des Antisowjetismus und auf eine Verzahnung des antipolnischen Revanchismus mit den Kreuzzugsplänen der internationalen Reaktion beschränkte. Da Deutschland militärisch schwächer war als seine Rivalen, sich aber seinem Industriepotential nach mit ihnen messen konnte, da es also in seinem Interesse lag, die internationalen Auseinandersetzungen zunächst auf die ökonomische Ebene zu verlagern, stellte Stresemann den Leitsatz auf, „politische Fragen auf wirtschaftlichem Wege zu lösen und unter dem Gedanken dieser unserer Machtstellung zu versuchen, den Dingen seit Versailles eine andere Wendung zu geben". Wie findig er auch hier neue Wege beschritt, zeigt, daß er das Problem der deutschen Kriegsschulden, von dem die äußerste Reaktion behauptete, es sei nur durch eine Radikalkur aus der Welt zu schaffen, als Schulbeispiel dafür bezeichnete, wie wirtschaftliche Fragen als Hebel zur Realisierung politischer Zielsetzungen angesetzt werden können. Unter zustimmenden Heiterkeitsausbrüchen seiner Zuhörer erklärte er 1925 vor Vertretern revanchistischer Landsmannschaften: „Man kann auch stark sein als Schuldner, man muß nur genug Schulden haben, man muß soviel Schulden haben, daß der Gläubiger seine eigene Existenz mit gefährdet sieht, wenn der Schuldner zusammenbricht. Ich habe einmal einen Herrn in Dresden gekannt, einen Privatmann, er nahm eine hohe Stellung ein und war bis an den Hals verschuldet. Mir sagte jemand einmal: Das ist der gesündeste Mensch in Dresden, wenn der am Telephon hustet, schickt ihm schon jeder Gläubiger einen Spezialarzt, damit ihm nur nichts passiert, weil man sich sagt: solange er lebt, zahlt er wenigstens die Zinsen."

Stresemann lehrte also den deutschen Imperialismus – wenn man bei diesem Bilde bleiben will – das Husten am Telephon. Und die Spezialärzte mit ihren Spezialarzneien – Dollarinjektionen, Beruhigungsmitteln für die öffentliche Meinung, Auflösung der alliierten Kontrollkommissionen usw. – blieben nicht aus. Denn die oben dargelegte Maxime wurde nicht nur auf das enge Gebiet der Kriegsschulden angewandt, sondern generell auf das wirtschaftliche Interesse der Siegermächte an Deutschland – auf die Bereitschaft der USA und Englands zum Kapitalexport nach Deutschland, auf ihre Bestrebungen zur Wiederherstellung des für einen Antisowjetkrieg bedeutsamen deutschen Rüstungspotentials, überhaupt auf alle jene „wirtschaftlichen Dinge", die – nach Stresemanns Worten – geeignet waren, „Brücken politischen Verständnisses und künftiger politischer Unterstützung" zu schaffen. (30)

Hier kann nicht auf alle Seiten der von Stresemann inaugurierten neuen außenpolitischen Taktik des deutschen Imperialismus eingegangen werden. Erwähnt werden muß jedoch noch sein zur Schau gestellter Pazifismus und Demokratismus, den er – wie Carl v. Ossietzky schrieb – notgedrungen anwandte, „gleichsam mit Gummihandschuhen, um auch nur die kleinste Infektion zu vermeiden". Auch in diesem Punkte waren es Realitäten, die den Reichsaußenminister zwangen, sich neuen Methoden zuzuwenden – Realitäten in Gestalt der Antikriegsstimmung der Werktätigen in Deutschland und den anderen Ländern, Realitäten in Gestalt des Mißtrauens, mit dem die Völker Europas dem deutschen Imperialismus begegneten. „Diesem Mißtrauen", hieß es bezeichnenderweise in einer im Auswärtigen Amt 1925 ausgearbeiteten geheimen Denkschrift, „müßte in Reden durch salbungsvollen Ton und bei anderen Kundgebungen durch entsprechende Aufmachung, insbesondere durch Konzilianz in der Form Rechnung getragen werden."(31)

Die Überlegungen der führenden deutschen Außenpolitiker waren einfach: Da Deutschland vorerst ohnehin nicht in der Lage war, militärische Mittel zur Realisierung seiner Pläne einzusetzen, galt es, aus der Not eine Tugend zu machen und sich, die Wachsamkeit der Weltöffentlichkeit einschläfernd, als Friedensapostel, als Vorkämpfer für eine fortschrittliche Staatsordnung aufzuspielen. „Gerade in unserer jetzigen Lage", schrieb Stresemanns Parteifreund Graf Stolberg-Wernigerode in einem Geheimmemorandum mit unüberbietbarem Zynismus, „müssen wir den Mund vollnehmen von Friedensphrasen, Völkerversöhnung usw., ohne deshalb wie die pazifistischen Phantasten an diesen Schwindel zu glauben, uns leichtfertig darauf einzustellen und dann bei jeder Gelegenheit damit hereinzufallen."(32) Daß dieser volksparteiliche Reichstagsabgeordnete dem Reichsaußenminister aus dem Herzen sprach, beweist nicht nur die Tatsache, daß Stresemann das zitierte Memorandum an den Präsidenten der Republik weiterleitete, sondern daß er die Gedankengänge seines adligen Beraters in verschiedene Dokumente seines Ministeriums einarbeiten ließ. So finden sich in der bereits angeführten Denkschrift des Auswärtigen Amtes, die der „Ausarbeitung einer klaren politischen Linie für unsere Völkerbundspolitik" dienen sollte, u. a. folgende Perlen ministerialbürokratisch-propagandistischer Demagogie: „Deutschland, das den übrigen Staaten um eine Revolution voraus ist (!!), ... (muß) in Genf die dankbare Rolle des Fortschrittlichen übernehmen und die Alliierten als rückschrittlich-konservativ hinstellen ... Nach den Opfern, die uns der Versailler Vertrag auferlegt hat, würden wir kaum neue Verluste zu befürchten haben, wenn wir

sozusagen das geistige Erbe Wilsons antreten und die Alliierten mit fortschrittlich-idealen Prinzipien und Forderungen in die Enge treiben. Damit hätten wir einen äußeren Mantel für unsere sonstigen Bestrebungen (!!) ... Es wird sich daher empfehlen, so oft wir können, uns zum Förderer neuer Gedanken (eigener und fremder) aufzuwerfen und aus der Verkündung unseres Evangeliums möglichst großes Aufheben zu machen ... Oft wird (in der Vollversammlung des Völkerbundes – W. R.) ein Zwischenruf genügen, um Deutschlands Stellungnahme einen besonderen, sympathischen Charakter zu verleihen und die Weltmeinung entsprechend zu beeinflussen ... Hier empfehlen sich fortschrittliche Gesten, die fast immer Beifall finden, klingende Phrasen und die Verkündung großzügiger Gedanken ... Wir können in Genf den Polen, Tschechen usw. recht viele Unbequemlichkeiten bereiten und dadurch zwar kaum das Los der Minderheiten bessern, uns aber eventuell anderweitige Vorteile dadurch erzwingen. Hierbei wäre es natürlich förderlich, wenn wir in Deutschland, zumindest auf dem Papier (!), ein einwandfreies Minderheitenrecht aufzuweisen hätten."(33)
Genau der hier festgelegten Linie entsprechend bewegte sich dann Stresemann auch im Genfer Völkerbundpalast. „Gerade in der gegenwärtigen Epoche", rief er dort z. B. emphatisch aus, „würde die Kultur der Menschheit auf das schwerste bedroht sein, wenn es nicht gelänge, den einzelnen Völkern die Gewähr zu verschaffen, in ungestörtem, friedlichem Wettbewerb die ihnen vom Schicksal zugewiesenen Aufgaben zu erfüllen. Die grundstürzenden Ereignisse eines furchtbaren Krieges haben die Menschheit zur Besinnung über die den Völkern zugewiesenen Aufgaben gebracht ... Es kann nicht der Sinn einer göttlichen Weltordnung sein, daß die Menschen ihre nationalen Höchstleistungen gegeneinanderkehren und damit die allgemeine Kulturentwicklung immer wieder zurückwerfen ... Für alle hier versammelten Völker gilt das Wort eines großen Denkers, daß wir Menschen uns zu dem Geschlecht bekennen, das aus dem Dunkel ins Helle strebt. Möge die Arbeit des Völkerbundes sich auf der Grundlage der großen Begriffe Freiheit, Friede und Einigkeit vollziehen, dann werden wir dem von uns allen angestrebten Ziele näherkommen. Daran freudig mitzuarbeiten, ist Deutschlands fester Wille."(34)

Für ein derartiges – wie die angeführten Dokumente beweisen – kaltschnäuzig berechnetes, hochtrabendes Friedensgeschwafel bot ein demokratisch aufgemachter, in den Augen des Bürgertums anderer

Länder nicht gegen die parlamentarischen Spielregeln verstoßender Staat selbstverständlich einen viel günstigeren Rahmen als eine säbelrasselnde Diktatur. Dies war eine der Ursachen dafür, daß sich Stresemann und seine politischen Freunde in diesen Jahren lauthals für die republikanische Staatsform einsetzten und zunächst – solange Deutschland seine militärische Großmachtstellung nicht zurückgewonnen hatte – nichts von Staatsstreichen, Reichsverwesern und verfassungswidrigen Direktorien wissen wollten. „Republikaner aus Vernunft" wird Stresemann von einigen bürgerlichen Geschichtsschreibern genannt. Aus Vernunft? Richtiger wäre wohl zu sagen: aus Unvernunft, denn nichts Unvernünftigeres kann es in der Welt geben, als sein Land vorbedacht, unter Ausnutzung aller Kniffe der Politik einer verheerenden Katastrophe entgegenzuführen.

Die Stresemannschen Friedenstiraden waren dabei keineswegs nur für das Ausland bestimmt. Sie sollten zugleich die kleinbürgerlich-pazifistischen Kräfte in Deutschland selbst erreichen, vor allem aber den reformistischen Führern dazu dienen, ihre Unterstützung der bürgerlichen Außenpolitik vor den sozialdemokratisch beeinflußten Arbeitermassen zu rechtfertigen. Hierbei ging es nicht nur – wie eh und je – schlechthin darum, die Werktätigen vor den Karren der Bourgeoisie zu spannen. Neu war an der damaligen Phase der imperialistischen deutschen Außenpolitik, daß sie sich im Innern des Landes – eben weil sie im Friedensgewande auftrat – nur noch teilweise auf die bürgerlichen, offen dem Nationalismus und Revanchismus huldigenden Parteien stützen konnte und deshalb auf die nachdrückliche Befürwortung durch die Sozialdemokratie angewiesen war. Es verhielt sich nämlich so, daß die Rechtsparteien sich nicht auf irgendwie pazifistisch verbrämte Positionen zurückziehen konnten, weil sie ihre Aufgabe u. a. gerade darin sahen, die öffentliche Meinung durch Schürung chauvinistischer Leidenschaften für die nächste, durch Stresemanns geschicktes Taktieren vorbereitete Phase der Außenpolitik reif zu machen, also für jene Phase, in der erst mit Gewaltdrohungen und schließlich mit der Gewalt selbst operiert werden sollte. Bei einem zu starken Überhandnehmen dieser Komponente der öffentlichen Meinung lief die Stresemannsche „Diplomatie des salbungsvollen Tones" jedoch Gefahr, den innenpolitischen Rückhalt zu verlieren, also im Ausland unglaubwürdig zu erscheinen und letzten Endes an inneren Widerständen erfolglos zu verpuffen. Um dieser Gefahr vorzubeugen, sprangen hier – wie so oft in der modernen deutschen Geschichte – die rechten sozialdemokratischen Führer bereitwillig für den Imperialismus in die Bresche, übrigens ohne – wie ebenfalls oft genug in der Geschichte – zu begreifen, daß sie damit auch die Voraussetzungen für eine Entwicklung (im gegebenen Fall: für die nächste, offen aggressive Phase der Außenpolitik) schufen, die es der Reaktion ermöglichen würde, den Reformismus mit einem Fußtritt abzuservieren. So verteidigte die sozialdemokratische Führung Stresemann gegen die oft wütenden Angriffe seiner eigenen Fraktionskollegen, stimmte im Parlament für die von ihm geschlossenen Verträge, verbreitete seine demagogischen Reden, machte den Massen weis, daß ausgerechnet der seinerzeitige Vertrauensmann Ludendorffs und Stinnes' jetzt eine Außenpolitik betreibe, die den Interessen und Idealen der internationalen Arbeiterbewegung entspräche. Wenn die Führer der Landsmannschaften auf Hetzkundgebungen von Vergeltung für die „Wunde des Reiches" im Osten brüllten, wenn militaristische Verbände unter antipolnischen Losungen Kriegsübungen abhielten, stellten sich die rechtssozialdemokratischen Führer in Positur und erklärten, dieses Benehmen sei zwar bedauerlich, spiegele aber nicht den Geist des „neuen Deutschland", des Staates von Weimar, wider. So taten sie auch in der Außenpolitik alles, um dem deutschen Imperialismus erneut Kredit zu verschaffen – in den Augen der Massen, die er bald wieder zur Schlachtbank zu führen gedachte, und in den Augen der Völker, deren Leben und Souveränität er bedrohte.

Die wichtigsten Zwischenstationen bei der Realisierung der soeben kurz charakterisierten Stresemannschen Außenpolitik waren die Annahme des bereits erwähnten Dawesplanes zur Regelung der Reparationsfrage (London 1924), der Abschluß des Locarnopakts (1925) und der Beitritt Deutschlands zum Völkerbund (Genf 1926). Während es in London vordergründig um die von der New Yorker Wall-Street begünstigte Einbeziehung Deutschlands in das von den Börsen in London und Paris dirigierte Konzert der westeuropäischen Finanzoligarchie ging, standen in Locarno bereits die machtpolitischen Konsequenzen dieser Integration auf der Tagesordnung. Die dort an den malerischen Ufern des Lago Maggiore im Oktober 1925 unter Kirchengeläut und Böllerschüssen abgehaltene Außenministerkonferenz, die von einem wahren Trommelfeuer sich übersteigernder Friedensphrasen begleitet wurde, durfte nicht, wie Stresemann nüchtern formulierte, als eine „ewige Grenzfestsetzung" angesehen werden; man könne das Wesen dieser Konferenz nur begreifen, erklärte er, wenn man im Auge behalte, daß Deutschland es dort abgelehnt habe, „eine Diskussion über Verzicht auf Krieg" zu führen. Den Inhalt des in Locarno mit den Westmächten vereinbarten „Sicherheitspaktes" und der mit Polen und der Tschechoslowakei abgeschlossenen Schiedsverträge faßte er in dem lapidaren Satz zusammen, daß die Diplomaten zwei Arten von Grenzen in Europa geschaffen hätten – „eine Grenze erster Klasse und eine andere Grenze zweiter Klasse". Mit ersterer meinte er die deutsche Westgrenze, die Deutschland angesichts der militärischen Stärke Frankreichs und Belgiens, wegen der englischen Garantie für die Rheingrenze und überhaupt, weil es sich, wie der Außenminister wörtlich sagte, „gegenwärtig nicht die Politik eines Kampfes gegen alle leisten" konnte, ohnehin in absehbarer Zeit außerstande war, zu revidieren. Unter letzterer verstand er die deutsch-polnische und die deutsch-tschechoslowakische Grenze, d. h. die Grenze mit jenen beiden Staaten, deren Existenz in der erwähnten Denkschrift Loeschs als dem vitalen Interesse des Deutschen Reiches entgegengesetzt bezeichnet wurde.(35) Stresemann glaubte, daß Deutschland diese Grenzen, gestützt auf seine Wiederaufrüstung, seine ökonomische Stärke und die mit antisowjetischen Schlichen ergaunerte diplomatische Unterstützung der Westmächte, in nicht allzu ferner Zukunft niederreißen könne. Dabei hob er ausdrücklich hervor, „daß eine erstmalige Revision deutscher Grenzen von der allergrößten moralischen (!!) Bedeutung für die ganze künftige politische Entwicklung in Europa sein könnte"(36), deutete also unverfroren an, daß er in der Perspektive auch die Grenzen „erster Klasse" nicht als tabu zu betrachten gedenke.

Die Konferenz von Locarno(37) markierte somit eine wichtige Etappe der Kanalisierung der deutschen Aggression in Richtung Osten – letztlich also gegen die Sowjetunion – und kann in mancher Beziehung als Beginn jener Politik bezeichnet werden, die die Sicherheit eines Teils Europas, nämlich Westeuropas, auf Kosten eines anderen Teils Europas, nämlich der osteuropäischen Völker, proklamierte. Daß es sich dabei jedoch nur um eine scheinbare Sicherheit der von ihren imperialistischen Regierungen betrogenen und im Ringen um die Erhaltung des Friedens verratenen westeuropäischen Völker handelte, bedarf keines Beweises. Nur zu gut ist bekannt, daß diese Politik über das Münchener Komplott von 1938, die Besetzung der Tschechoslowakei und den Vernichtungsfeldzug gegen Polen schließlich auch zur Luftschlacht über London, zu den Trümmerfeldern von Coventry und dazu führte, daß hoch über Paris, auf dem Eiffelturm, die Fahne der deutschen Okkupanten wehte.

Konsequent gegen diese Politik der Vorbereitung eines neuen Verbrechens an den europäischen Völkern traten nur die Kommunisten auf, die den Locarnopakt zutreffend als eine Art Wasserscheide zwischen der Nachkriegszeit des ersten und der Vorkriegszeit des zweiten Weltkrieges betrachteten. Gemeinsam mit den Bruderparteien in Frankreich, England, Belgien, Polen, der Tschechoslowakei und anderen europäischen Staaten entfachte die KPD vom ersten Tage des Bekanntwerdens der Pläne für den „Sicherheitspakt" eine leidenschaftliche Kampagne gegen die neue Phase der imperialistischen Politik, die, wie Ernst Thälmann anklägerisch im Reichstag sagte, „im Gewande des Friedens auftritt, um die Werktätigen aller Länder irrezuführen". „Was hier von der deutschen Bourgeoisie im stillen organisiert wird", fuhr der Vorsitzende der KPD fort, „kann morgen zu einem ungeheuer blutigen Abenteuer werden."(38)

Die deutschen Kommunisten prangerten die imperialistischen Auseinandersetzungen über die „Versöhnung" von Sieger- und Besiegtenstaaten als Diskussion der besten Kriegsmöglichkeiten gegen die Sowjetunion an und zeigten den Werktätigen, daß die Locarnopolitik, die das Friedensstreben breitester Schichten heimtückisch den antisowjetischen Kriegsvorbereitungen nutzbar machte, zutiefst antinational war. Zahlreiche von der KPD organisierte Demonstrationen, Massenkundgebungen, Antikriegswochen und andere Veranstaltungen standen unter dem Motto, daß die wahren Interessen des Proletariats und aller übrigen antiimperialistischen Kräfte ein Bündnis mit der Sowjetunion als dem Vorkämpfer aller unterdrückten Völker verlangten.

Große Bedeutung für die Einbeziehung auch nichtkommunistischer Arbeiter in den Kampf gegen die Vorbereitung eines Antisowjetkrieges kam den deutschen Arbeiterdelegationen in die UdSSR zu, deren erste gerade während der Auseinandersetzungen über den geplanten „Sicherheitspakt" in das rote Rußland reiste. Den Anstoß zu dieser Bewegung gab eines der vielen gefälschten „Sowjetdokumente", die seit 1917 bis zum heutigen Tage als „Diversionsinstruktionen Lenins", „Kominternbriefe", „Revolutionsdirektiven" u. ä. von der bürgerlichen Presse und Geschichtsschreibung kolportiert werden. Diesmal handelte es sich um einen vom „Vorwärts" veröffentlichten vermeintlichen Brief der Arbeiter des Leningrader Putilow-Werkes an das Büro der II. Internationale, in dem, wie in einem Schauermärchen, über die angebliche Rechtlosigkeit der sowjetischen Werktätigen gejammert wurde. Als die Putilow-Arbeiter von diesem üblen Machwerk erfuhren, beschlossen sie auf einer Belegschaftsversammlung, eine Delegation deutscher Betriebsarbeiter einzuladen, um ihnen die Möglichkeit zu geben, die wirklichen Verhältnisse im neuen Rußland kennenzulernen. Gegen den erbitterten, mit Verleumdungen aller Art untermauerten Widerstand der rechten SPD- und Gewerkschaftsführer kam daraufhin auf Initiative der KPD eine überparteiliche, den Einheitswillen der deutschen Arbeiter manifestierende Bewegung zur Entsendung von Arbeiterdelegationen in die UdSSR zustande. Der ersten dieser Delegationen, die Leningrad, Moskau, die Ukraine, die Krim, Transkaukasien und das Uralgebiet besuchte, gehörten 29 Sozialdemokraten, 12 Parteilose und 17 Kommunisten an – alles langjährige, in den Betrieben gewählte Gewerkschafter, die das Vertrauen ihrer Kollegen besaßen. Die Arbeiterdelegierten, die nach ihrer Rückkehr in mehr als 1400 Versammlungen, in zahlreichen Artikeln und Broschüren Rechenschaft über ihre Reise ablegten, gaben einen jeder Schönfärberei baren und dennoch begeisterten Bericht über das Leben im Sowjetstaate. Unabhängig von ihrer Parteizugehörigkeit erklärten sie übereinstimmend, daß in der Sowjetunion zwar manches nicht westeuropäischen Verhältnissen entspräche, daß es noch traurige Überreste der kapitalistischen Vergangenheit gäbe, daß das Land aber überwältigende Fortschritte auf wirtschaftlichem, kulturellem und sozialem Gebiete mache, daß es einem riesigen Bauplatz gleiche, daß die Ausbeutung im wesentlichen abgeschafft und die politische und ökonomische Macht der Kapitalisten vernichtet sei. Mit einem klaren Ja beantworteten sie die Frage, ob sich die Macht im Sowjetstaat tatsächlich in den Händen der Arbeiter und Bauern befinde, und bestätigten, daß von irgendeiner Unfreiheit der von ihrem gemeinsamen Aufbauwerk begeisterten Werktätigen keine Rede sein könne.

Die Grunderkenntnis der Delegierten, die der sozialdemokratische (bezeichnenderweise allerdings sehr bald aus der SPD ausgeschlossene) Vorsitzende der Münchner Betriebsräte, Xaver Freiberger, in den Worten zusammenfaßte, „daß ein sozialistischer, kommunistischer Aufbau möglich ist und in der Sowjetunion tatsächlich vonstatten geht", half, viele deutsche Arbeiter gegen den antisowjetischen Locarnopakt zu mobilisieren.

In seiner berühmten Reichstagsrede gegen die Verträge von Locarno erklärte Ernst Thälmann, daß diese Verträge zum Kriege gegen die Sowjetunion und zu schweren nationalen Erschütterungen, zur Ver-

wandlung Deutschlands in ein „Besatzungsgebiet der Zukunft" führen könnten. Der imperialistischen Realpolitik stellte er die proletarische Realpolitik entgegen, die sich im Kampf für Frieden, Freiheit und nationale Unabhängigkeit auf die internationale Arbeiterklasse, auf die sozialistische Weltmacht der Sowjetunion und auf die vom Imperialismus unterjochten und ausgebeuteten Völker stützt. (39)
Im November 1925 trat in Brüssel eine interparlamentarische kommunistische Konferenz zusammen, auf der die Abgesandten der KPD, Walter Stoecker, Fritz Heckert, Edwin Hoernle und Emil Höllein, gemeinsam mit den Vertretern der europäischen Bruderparteien feierlich gelobten, alle Kräfte einzusetzen, um die Kreuzzugspläne der internationalen Reaktion gegen den ersten Arbeiter-und-Bauern-Staat der Welt zunichte zu machen.
Um die Massenbewegung gegen den kriegsschwangeren „Sicherheitspakt" mit Phrasen über eine angeblich unter imperialistischem Vorzeichen voranschreitende „Völkerversöhnung" zu ersticken, aber auch als Absicherungsgarantie für die Westmächte gegen einen künftigen Westfeldzug ihrer nun über einen erweiterten (zunächst diplomatischen, aber in der Perspektive auch militärischen) Spielraum verfügenden deutschen Rivalen, sah der Locarnovertrag ausdrücklich den Beitritt Deutschlands zum antisowjetisch orientierten Völkerbund vor. Doch Stresemann verstand es geschickt, auch diese Garantie zu entschärfen. In harten Auseinandersetzungen mit den führenden Völkerbundmächten England und Frankreich über die Bedingungen der deutschen Aufnahme in die Genfer Organisation gelang es ihm, die eigenständigen Interessen des deutschen Imperialismus weitgehend durchzusetzen. Die dabei konkret zur Diskussion stehende Frage lautete: Kann Deutschland durch Beschluß des Völkerbundes bzw. seiner Organe gezwungen werden, an einem Krieg gegen die Sowjetunion teilzunehmen, und ist es in diesem Falle verpflichtet, anglofranzösischen Truppen den Durchmarsch durch sein Gebiet zu gestatten? Für die Reichsregierung ergaben sich daraus drei wichtige Gesichtspunkte. Erstens mußten die deutschen Machthaber darauf bestehen, die Stoßrichtung ihrer künftigen Aggression entsprechend den sich entwickelnden, im einzelnen nicht abzusehenden Gegebenheiten selbst zu bestimmen (d. h., sie mußten sich die Möglichkeit offenhalten, vor dem „großen" Antisowjetkrieg unter Umständen „kleinere" Kriege gegen einzelne Nachbarstaaten zu führen) und den Zeitpunkt des Rittes gen Osten selbst festzulegen. Anders ausgedrückt: Um nicht als Juniorpartner seiner westlichen Rivalen in den antisowjeti-

schen Interventionskrieg ziehen zu müssen, um bei der Aufteilung der erhofften Beute nicht benachteiligt zu werden und um nicht das Risiko einzugehen, unter dem Vorwand eines heraufziehenden Krieges gegen die Sowjetunion der französischen Okkupation zu verfallen, konnte sich Deutschland zur Teilnahme an einem Antisowjetfeldzug nur bereit erklären, nachdem es auch seine militärische Großmachtstellung uneingeschränkt wiedergewonnen hatte. Zweitens hätte die bedingungslose Unterwerfung unter einen Völkerbundbeschluß von so außerordentlicher Tragweite bedeutet, daß der deutsche Imperialismus seine Manövrierfähigkeit eingebüßt und sich folglich der Möglichkeit begeben hätte, die Westmächte in der Wiederaufrüstungsfrage durch seine Bereitschaft zum Zusammengehen mit ihnen zu erpressen. Drittens schließlich hätte eine solche Unterwerfung unweigerlich zur Preisgabe der Stellung geführt, die sich Deutschland in den Beziehungen der kapitalistischen Umwelt zur Sowjetunion geschaffen hatte (u. a. auch zur Preisgabe des deutschen Vorsprungs im sowjetischen Außenhandel), und ihm damit einen der wenigen „Trümpfe" aus der Hand geschlagen, die es gegenüber den Westmächten besaß.

Stresemann, der in den Diskussionen über diese Fragen alle erdenklichen Argumente – von der kommunistischen „Gefahr" in Deutschland bis zum „bedauerlichen" Unverständnis der nationalistischen Organisationen für irgendwelche Vereinbarungen mit den Diktatoren von Versailles – ins Feld führte, gelang es, seinen Forderungen Gehör zu verschaffen und den Regierungen Frankreichs, Englands und ihrer Verbündeten ein Schriftstück abzulisten, in dem es hieß, Deutschland sei lediglich verpflichtet, die Völkerbundbeschlüsse „in einem Maße (zu erfüllen), das mit seiner militärischen Lage verträglich ist und das seiner geographischen Lage Rechnung trägt".(40) Faktisch bedeutete dies freie Hand für Deutschland und die grundsätzliche Zusage der ehemaligen Siegermächte, eine antisowjetische deutsche Außenpolitik mit ihrem Einverständnis zur deutschen Wiederaufrüstung zu honorieren.

Mit der Inaugurierung der Locarnopolitik setzte somit eine neue, weit über die bisherige Sabotierung der Versailler „Entwaffnungs"-bestimmungen hinausgehende Phase der deutschen Wiederaufrüstung ein. Da die Frage der Einführung der allgemeinen Wehrpflicht und der Ausrüstung eines Millionenheeres im damaligen Stadium der langfristigen deutschen Kriegsplanung noch nicht akut war, handelte es sich vorerst darum, Prototypen modernster Waffen und die gesamtwirtschaftlich-technischen Voraussetzungen für ihre spätere Massenproduktion zu schaffen. Dabei versetzten die noch bestehenden Rüstungsbeschränkungen Deutschland in mancherlei Beziehung sogar in eine im Vergleich zu seinen imperialistischen Rivalen günstigere Lage. Während Frankreich und Polen beispielsweise Milliarden und aber Milliarden für ihre riesigen Heere und deren Ausrüstung mit Waffen aufwandten, die in wenigen Jahren, also noch vor dem Entstehen eines neuen Kriegsbrandes, zum alten Eisen gehören würden, konnte Deutschland gewaltige Summen einsparen, desto intensivere Rüstungsforschung betreiben und mit der detaillierten Vorbereitung auf eine spätere sprunghafte Aufnahme der Massenproduktion von Waffen die Voraussetzungen für die Herausbildung eines neuen Kräfteverhältnisses schaffen, das es ihm erlauben würde, selbst den Zeitpunkt der Auslösung eines neuen Krieges zu diktieren.

Seit Mitte der zwanziger Jahre wurden in den Konstruktionsbüros bzw. Betrieben der großen deutschen Konzerne sowie ihrer getarnten ausländischen Tochtergesellschaften Flugzeuge, Panzer, Geschütze, Unterseeboote und andere Waffen entwickelt, in Einzelexemplaren gebaut und sorgfältig erprobt. „In jahrelanger stiller Arbeit", schrieb der Kanonenkönig Krupp 1944 selbstgefällig über jene Zeit, „wurden die wissenschaftlichen und sachlichen Voraussetzungen geschaffen, um zu gegebener Stunde ohne Zeit- und Erfahrungsverlust wieder zur Arbeit für die deutsche Wehrmacht bereitzustehen."(41) Der sich schon der Milliardengrenze nähernde Reichswehretat wuchs von Jahr zu Jahr. Darüber hinaus wurden jährlich zwischen 40 und 74 Millionen Mark unkontrolliert und geheim aus den Mitteln anderer Ministerien für die Rüstung „abgezweigt".(42) Außerdem flossen der Reichswehr bedeutende private „Spenden" und – wie u. a. der berüchtigte Skandal der Phoebus-Filmgesellschaft 1927 ans Licht brachte – betrügerisch ergaunerte Summen zu.

Durch Zufall, durch Entlarvung mutiger Antimilitaristen und dank der Wachsamkeit revolutionärer Arbeiter in den Betrieben konnte in der zweiten Hälfte der zwanziger Jahre immer wieder für Augenblicke der dichte Schleier zerrissen werden, mit dem Regierung, Reichswehrführung und Rüstungsindustrielle die geheime Aufrüstung vor der breiten Öffentlichkeit verbargen. So explodierte – um nur ein Beispiel zu nennen – am 20. Mai 1928 (ausgerechnet an dem Tage, an dem die Auseinandersetzungen zwischen Antiimperialismus und Militarismus in den von der Panzerkreuzerfrage beherrschten Reichstagswahlen einen Höhepunkt erreichten) in Hamburg ein Phosgenlager. Neun Gastote und zahlreiche Verletzte brachten den Menschen, die den furchtbaren Weltkrieg schon zu vergessen begannen, schlaglichtartig zu Bewußtsein, daß das angeblich über keinerlei chemische Kampfstoffe verfügende Deutschland sich nicht nur mit den wohlklingenden Reden des Herrn Stresemann auf außenpolitische „Eventualitäten" vorbereitete ...

Die rechten SPD-Führer heuchelten zwar bisweilen schäumende Empörung über die illegalen Rüstungsmaßnahmen, deckten aber die geheime Finanzierung der Rüstung, förderten das „Vertrauen aller Bevölkerungsschichten" zur Wehrmacht und erklärten sogar – wie eines der einflußreichsten Mitglieder der sozialdemokratischen Reichstagsfraktion, Keil, schrieb –, augenblicklich komme es nur darauf an, volle „Rüstungssouveränität" für Deutschland zu gewinnen, nicht aber darauf, der weiteren deutschen Politik vorzugreifen, deren alleinige Sache es sei, in Zukunft darüber zu entscheiden, welcher Gebrauch von der erlangten Rüstungsfreiheit zu machen sei.(43)

Diese ungeheuerlichen (von Keil auch nach dem zweiten Weltkrieg nicht widerrufenen) Worte entsprachen voll und ganz der Konzeption Stresemanns, der sein Hauptaugenmerk immer den unmittelbar auf der Tagesordnung stehenden Fragen zuwandte und stillschweigend davon ausging, daß die 1918/19 trotz Konstituierung der Republik konservierten Machtverhältnisse die Gewähr boten, um auch alle künftigen, im Zuge der Eskalation des imperialistischen Expansionsstrebens heranreifenden politischen Fragen im Interesse der Rüstungsmagnaten und Annexionsenthusiasten zu entscheiden. Deshalb kann Keils Bekenntnis zur Außenpolitik der ersten bürgerlichen deutschen Republik in gewissem Sinne als Erkennungsmarke des Weimarer Staates betrachtet werden: Nach dem Konzept der maßgeblichen Monopolherren hatte dieser Staat im Rahmen einer auf lange Sicht angelegten imperialistischen Strategie die Aufgabe, die Kräfte der reaktionären Großbourgeoisie zu sammeln und zu entfalten, um sie dann, schon unter veränderten staatlichen Bedingungen, voll zum Einsatz zu bringen. So wurde die parlamentarische Republik von 1919 von ihren Beherrschern von Anfang an als ein Ei betrachtet, aus dem zu gegebener Zeit die giftige Schlange einer nach innen antidemokratischen und nach außen kriegswütigen Herrschaft ausschlüpfen sollte.

Siebentes Kapitel

1925: Kriegsverbrecher Nr. 127 besteigt den Präsidentensessel

In der Erinnerung vieler lebt die Mitte der zwanziger Jahre noch heute als eine vom goldenen Hauch gestreifte Zeit fort. Nach einer langen Kette von Schrecknissen – Krieg, Massenelend, Ruhrbesetzung, Inflation – schien Deutschland endlich aufatmen zu dürfen. Noch verklärter malten sich die „goldenen Zwanziger" in retrospektiver Sicht aus, nachdem in Gestalt des Faschismus neues Unheil über Deutschland hereingebrochen war und nun die Zeitspanne zwischen der Stabilisierung der Mark Ende 1923 und dem Ausbruch der Weltwirtschaftskrise im Herbst 1929 wie eine lichte Oase auf dem von Elend überhäuften deutschen Schicksalswege anmutete. Die Worte eines damaligen Schlagers – „Es ist zu schön, um wahr zu sein" – schienen die durch glückliche Umstände bescherte Situation widerzuspiegeln, die Erleichterung der Gemüter über den auf allen Gebieten um sich greifenden Aufschwung.

War es aber wirklich so schön im damaligen Deutschland? War tatsächlich das von vielen kaum noch erhoffte „Wirtschaftswunder" eingetreten? War die langersehnte Befreiung des Geistes, die Blüte der Kultur nun doch noch angebrochen? Oder schillerten nur bunte, eine gesellschaftliche Entspannung vortäuschende Ölflecke auf der Oberfläche eines Sumpfes, in dem sich erneut Entsetzliches zusammenbraute?

Woran erinnern sich denn jene, die den Erfolgsjahren der Weimarer Republik noch nach fünf Jahrzehnten nachtrauern? Damals, so sagen sie, war etwas los in Deutschland, das Leben gab etwas her, man spürte, daß es allenthalben voranging. Die deutsche Tüchtigkeit konnte sich wieder entfalten, sie fand erneut die Anerkennung der Welt; die deutsche Kunst erstürmte neue Höhen; geistige Auseinandersetzungen schlugen die Hirne in Bann. Die deutsche Wissenschaft errang Weltgeltung, mehr als je zuvor oder danach, mit dem Begriff Deutschland verband sich der schon fast legendäre Name Albert Einsteins; Berlin und Göttingen waren die unbestritten anerkannten Zentren der internationalen Atomphysik; Werner Heisenberg und Max Born begründeten die Quantenmechanik. Deutsche Biologen, Physiker, Chemiker, Mediziner machten Jahr für Jahr nobelpreiswürdige Entdeckungen. Das Bauhaus galt weit über die Grenzen Deutschlands hinaus als Inbegriff der zukunftzugewandten Architektur. Hugo Eckeners Zeppelin eroberte sich das Erdenrund. Auf Junkers-Maschinen überflogen Köhl und Hünefeld, von allen Nationen umjubelt, erstmalig den Atlantik in Ost-West-Richtung. In Hamburg und Bremen liefen die größten und schnellsten Passagierdampfer der Welt vom Stapel. Mit Unterstützung der Gewerkschaften wurden am Rande der grauen Industriezentren großzügige moderne Siedlungskomplexe errichtet, die sich von den Mietskasernen der Vorkriegszeit wie der Tag von der Nacht unterschieden. Neue Straßen und Talsperren wurden gebaut, die Elektrifizierung der Eisenbahnen begann. Aus dem Boden schossen dutzendweise luxuriöse Filmpaläste, und leuchtende Lichtreklamen verzauberten das abendliche Straßenbild der Großstädte. Neue Sportplätze und Freibäder, neue Messe- und Ausstellungsgelände entstanden. In Berlin wurden schmucke U-Bahn-Linien eingeweiht, die die Arbeiterviertel durchzogen und damit – wie man in den großbürgerlichen Zeitungen lesen konnte – angeblich den beginnenden sozialen Ausgleich symbolisierten. Neben den Massenkonsumfilmen mit dem Superhund Rin Tin Tin und dem unverwüstlichen Cowboy Tom Mix eroberten zahlreiche künstlerisch hervorragende, nach neuen Gestaltungsmethoden suchende und die verschiedenen psychologischen und gesellschaftlichen Probleme anpackende Filmstreifen die Herzen des Publikums. Schöpfungen amerikanischer – man denke nur an die großen Stummfilme Charlie Chaplins –, französischer, englischer Regisseure erlebten ihre Uraufführung fast gleichzeitig in New York, Paris oder London und in Berlin. Der erste Welterfolg der sowjetischen Filmkunst, Sergej Eisensteins „Panzerkreuzer Potjomkin", trat – wenn auch mehrmals auf Verlangen der Reichswehrführung in Deutschland verboten, dann aber doch unter dem Druck der Öffentlichkeit immer wieder freigegeben – von der deutschen Hauptstadt aus seinen phänomenalen Siegeszug an. Gegen Ende der zwanziger Jahre begann sich der Tonfilm durchzusetzen. Die Popularität des ersten Tonfilmschlagers „Sonny Boy" kannte keine Grenzen. Richard Tauber sang „Ich küsse Ihre Hand, Madame", und die im Lichte hunderter Scheinwerfer er-

strahlenden Porträts von Marlene Dietrich und Harry Liedtke versprachen den Massen Millionen froher Stunden im Kino.
Berlin, dessen Glanz auf viele deutsche Städte abfärbte, gehörte zu den Weltzentren des Theater- und Varietélebens. Alle berühmten Schauspieler, Artisten und Sänger besuchten die deutsche Hauptstadt. Nacht für Nacht tobte der Amüsierrummel im „Wintergarten", in der „Scala", in der „Plaza" und in Dutzenden anderer Schaustätten. Das Sex-Geschäft im neuen Luna-Park im Westen der Stadt warf Gewinne ab, die die Veranstalter der Sechs-Tage-Rennen vor Neid erblassen ließen. In der Komischen Oper, im Admiralspalast und anderswo liefen Shows, die als „größte Revue aller Zeiten" angekündigt wurden. Ihre Titel lauteten: „Das hat die Welt noch nicht gesehen", „Noch und noch" oder gar „Zieh' dich aus!" Eines der ständig neuen Palastprogramme pries der „Berliner Lokalanzeiger" mit den Worten: „Ein Massenangebot erlesenster Frauenleiber, bekleidet mit rauschenden Seiden, mit duftigen Spitzen und wallenden Federn."
Freilich, sagen manche, an jene Zeit zurückdenkend, Hermann Valentin hatte schon recht, wenn er damals sarkastisch schrieb:

„Was interessiert das Publikum?
Reparationen, Sanktionen, Inflationen?
I wo, Boxkämpfe, Prenzel und Breitensträter,
das interessiert das Publikum!
Was interessiert das Publikum?
Hunger, Elend, Not von Millionen?
Daß Tausende im Zuchthaus verrecken?
Interessiert das das Publikum?
I wo, der nackte Hintern der Anita Berber,
der interessiert das Publikum!"

Doch beschränkte sich ja, heben die an den „goldenen Zwanzigern" Hängenden mit Recht hervor, die damalige deutsche Kultur nicht auf die in berückenden Reihen erhobenen Standardbeine der Revuegirls. Daneben (richtiger: darüber) gab es nicht nur Max Reinhardts großartiges Welttheater, die bahnbrechenden Regieleistungen Erwin Piscators und vieler anderer hervorragender Bühnenkünstler. Die Theateröffentlichkeit fieberte bei den Aufführungen von Ernst Tollers „Hinkemann" und „Hoppla, wir leben", Carl Zuckmayers „Fröhlicher Weinberg", Alban Bergs Oper „Wozzek", Ehm Welks „Gewit-

ter über Gotland", Bert Brechts „Dreigroschenoper", Martin Lampels „Revolte im Erziehungshaus" und „Giftgas über Berlin", Friedrich Wolfs „Zyankali" und „Matrosen von Cattaro". In jenen Jahren erschien der „Zauberberg" Thomas Manns, der „Streit um den Sergeanten Grischa" Arnold Zweigs, der „Krieg" Ludwig Renns, „Im Westen nichts Neues" von Erich Maria Remarque. Kurt Tucholsky begeisterte das fortschrittliche Deutschland mit seinen großartigen Satiren. Die proletarischen Schriftsteller Kurt Kläber, Anna Seghers, Ludwig Turek und viele andere ließen das lesende Publikum aufhorchen.
Die Bedingungen der „goldenen Zwanziger", so hört man es oft zur Rechtfertigung jener Zeit, ermöglichten es auch den proletarisch-revolutionären Künstlern, sich in vom bürgerlichen Staat geduldeten Arbeitsgemeinschaften und Verbänden zusammenzuschließen, ihre zündenden Verse, Songs und Lieder, ihren Vorstellungen über die Rolle der Kunst entsprechend, auf vielen Wegen – nicht zuletzt über das „Rote Sprachrohr", die „Blauen Blusen" und andere Ensembles – zur unmittelbaren Waffe im Kampf für ihre humanistischen Ziele zu machen. Gewiß, fügen die unkritischen Verehrer jener mit künstlerischem Erleben gesättigten Jahre hinzu, versuchte der von einzelnen rückständigen und engstirnigen Beamten in seiner Entwicklung gehemmte Staat, die klassenkämpferische Kunst zu verfolgen. Johannes R. Becher wurde der Vorbereitung des Hochverrats, staatsfeindlicher Bestrebungen und der Beschimpfung der republikanischen Staatsform angeklagt; Heinrich Voglers Fresken wurden wegen Verächtlichmachung der Staatsgewalt vernichtet; wegen angeblicher Aufreizung zu Gewalttätigkeiten verfielen John Heartfields Fotomontagen des öfteren dem Verbot; George Grosz wurde wegen Gotteslästerung vor Gericht gestellt; revolutionäre Dichter und Rezitatoren, wie Erich Weinert, die die Weimarer Kulturszene mit „rotem Pfeffer" würzten, wurden wiederholt verhaftet. Das aber seien immerhin verhältnismäßig gesittete Formen des Kampfes gegen den revolutionären Geist gewesen, nicht zu vergleichen mit jenen – in Deutschland heftige Protestbewegungen auslösenden – Brutalitäten, derer sich die Bourgeoisie in Amerika bei der Ermordung von Sacco und Vanzetti, in China bei der Niederschlagung der Kantoner Kommune, in Nordafrika und im Nahen Osten bei der Bekämpfung nationaler Befreiungsbewegungen bediente. Und außerdem – der Prozeß gegen Becher sei eingestellt worden, eine große Anzahl von Voglers Bildern sei der Vernichtung entgangen, Heartfield habe seine

künstlerische Tätigkeit fortsetzen können, Grosz sei freigesprochen worden, die verhafteten Dichter habe man stets wieder sehr bald auf freien Fuß gesetzt. Letztlich sei also doch immer wieder dokumentiert worden, daß sich das Recht auf Meinungsfreiheit – bis hin zum Recht auf erbitterte Angriffe gegen Staat und Gesellschaft – in der Weimarer Republik behauptet habe. Vor allem aber komme es doch darauf an, daß sich damals ungehindert unzählige künstlerische Richtungen entfalten konnten – der Kubismus und Futurismus, der Expressionismus und Suprematismus, der Simultanismus und Dadaismus, der Purismus und Neoplastizismus, der Verismus und Konstruktivismus und weiß Gott noch wieviel andere -ismen. Allein die vielen bedeutenden und muteinflößenden Namen, die damals am geistigen Himmel Deutschlands leuchteten, sprächen doch Bände über die schöpferische Freiheit jener Zeit – Namen, deren Aufzählung allein ganze Seiten füllen würde, angefangen von Heinrich Mann, Leonhard Frank und Lion Feuchtwanger über Berta Lask, F. C. Weißkopf und Willi Bredel, Max Liebermann, Otto Dix, Käthe Kollwitz und Heinrich Zille, Wilhelm Furtwängler, Paul Hindemith und Kurt Weill, Walter Gropius, Wassili Kandinski, Ludwig Mies van der Rohe bis hin zu Hellmuth v. Gerlach, Theodor Lessing, Carl v. Ossietzky und vielen, vielen anderen.

Gab es aber nicht auch andere Tatsachen und Ereignisse in den „goldenen Zwanzigern", an die sich die Bewunderer jener Zeit nicht oder allenfalls nur mit einem unbehaglichen Achselzucken erinnern? Verschärfte sich nicht das Hetztempo in den deutschen Betrieben? Wurde nicht rücksichtslos auf Kosten der Arbeiter rationalisiert? Stieg die Zahl der Arbeitsunfälle nicht erschreckend? Entwickelten die Unternehmer nicht neue Methoden, um den Kampf der Arbeiter für ihre sozialen Rechte zu erschweren? Bildeten diese und ähnliche Entwicklungen nicht die Grundlage, auf der sich das kurzlebige „Wirtschaftswunder" entfaltete und gedieh? Erwiesen sich nicht die „Wunderdoktoren" der Wirtschaft unfähig oder gar nicht willens, allen Arbeitsuchenden Beschäftigung zu verschaffen? Entstanden nicht gerade in jener Periode der Mammutkonzern der IG Farbenindustrie und die Vereinigten Stahlwerke des Mussolini-Anbeters Thyssen, also jene Trusts, die zehn Jahre später als Großfabrikanten des Todes in aller Welt bekannt und zutiefst verhaßt wurden? Schuf diese Anhäufung von Reichtum und ökonomischer Macht in den Händen weniger nicht die Voraussetzung für die so rasch im Sturz der Weimarer Republik kulminierende Vergewaltigung des deutschen Volkes? Waren die „goldenen Zwanziger" folglich nicht Nährboden und zugleich Kulisse für das Erstarken der Reaktion? Und gab es nicht auch damals schon genug Anzeichen für die Aktivierung derer, die von ganz anderen „Wundern" träumten – von uniformiertem „Gefolgschaftsdenken" und Kasernenhofmoral, von deutschen „Stahlgewittern" über Europa und rassereinen germanischen Soldatensiedlungen in den Weiten des Ostens? Wurde nicht schon in den zwanziger Jahren das angeblich gegen rechts gerichtete Republikschutzgesetz fast ausschließlich gegen jene angewandt, die vor einer Herrschaft des Militärstiefels warnten und dagegen ankämpften? Fällten reaktionäre Richter nicht gerade in jenen Jahren Freisprüche für Fememörder und ähnliches Gelichter? Wurde nicht damals der noch heute legendäre „kleine Trompeter" aus dem Spielmannszug des Roten Frontkämpferbundes Halle mit acht seiner Genossen bei einer friedlichen Demonstration von der Polizei ermordet? Beschloß die Reichsregierung nicht in den „goldenen Zwanzigern", daß deutsche Auslandsvertretungen und Schiffe wieder des Kaisers Schwarzweißrot zu flaggen hätten? Ertönten nicht damals immer lautere Kolonialforderungen? Hörte man nicht immer häufiger, daß Ehrhaftigkeit nur in Wehrhaftigkeit bestehe? Begannen nicht die deutschen Filmgesellschaften gerade gegen Ende der zwanziger Jahre einen erschreckenden Chauvinismus hochzuzüchten? Machte nicht eine ganze Meute präfaschistischer Schriftsteller und Ideologen immer mehr von sich reden? Erreichte die Menschheits- und Wissenschaftsfeindlichkeit der dekadenten bürgerlichen Philosophie nicht furchterregende Ausmaße? Und übten all diese und viele ähnliche Fakten nicht möglicherweise weitaus stärkeren Einfluß auf die folgende Entwicklung Deutschlands aus als die hoffnungsverheißenden – keineswegs zu unterschätzenden, in ihrer historischen Wirksamkeit jedoch begrenzten – Bewegungen humanistischen Geistes?

Betrachten wir, um eine Antwort auf diese Frage zu finden, nur ein einziges Geschehnis des damaligen vielbewegten politischen Lebens. Am 26. April 1925 wurde der 78jährige ehemalige kaiserliche Generalfeldmarschall Paul v. Beneckendorff und v. Hindenburg mit den Stimmen von fast 15 Millionen Deutschen zum Präsidenten der Weimarer Republik gewählt. Der aus einer ostelbischen Junkerfamilie stammende Hindenburg, der gewissermaßen schon zwei ganze Leben für den preußischen Militarismus gelebt hatte und nun in ein drittes, für Deutschlands Schicksal nicht weniger verhängnisvolles Leben

eintrat,(1) wird vielleicht am treffendsten dadurch charakterisiert, daß er, als ihm einmal der Ruf „Massenmörder“ entgegenschallte und seine Begleiter über diese Anschuldigung entsetzt waren, gebrummt haben soll: „Das ist Ansichtssache!“(2)
Höhepunkte seines ersten Lebens, das er im Jahre 1911, damals als kommandierender General, mit der Pensionierung aus Altersgründen abschloß, waren seine Teilnahme am preußisch-österreichischen Krieg 1866 und am deutsch-französischen Krieg 1870/71 sowie seine Anwesenheit bei der Proklamierung des Deutschen Reiches im Spiegelsaal des Versailler Schlosses am 18. Januar 1871 gewesen – ein Ereignis, über das er rückblickend (schon zu Zeiten der Republik) schrieb, „am erhebendsten und zugleich ergreifendsten wirkte selbstredend die Person meines Allergnädigsten Königs und Herrn“. Nach seinen eigenen Worten war es in den vier folgenden Jahrzehnten seine „im innersten Herzensgrunde gehegte Hoffnung“, nach 1866 und 1871 „einen siegreichen dritten Einzug durch das Brandenburger Tor“ erleben zu dürfen,(3) also Preußens Gloria noch einmal über mit Leichen bedeckte Schlachtfelder hinweg in eroberte Länder zu tragen.
Das zweite Leben Hindenburgs begann 1914, als mit dem sich über Europa ausbreitenden Brandgeruch des Krieges der Traum des alternden Generals doch noch in Erfüllung zu gehen schien. Hindenburg, dem einer der skrupellosesten deutschen Generale, Erich Ludendorff, als Stabschef beigegeben wurde, übernahm den Befehl über eine Armee an der Ostfront, der es gelang, zwei schlecht ausgerüstete zaristische Armeen, deren Kommandeure (darunter der deutschbaltische Baron v. Rennenkampf) noch dazu gegeneinander intrigierten, erst bei Tannenberg und dann in den Masurischen Seen vernichtend zu schlagen. Da der deutsche Kriegsplan im Westen – die blitzartige Umklammerung und Eroberung von Paris – gescheitert und damit faktisch die deutschen Siegschancen geschwunden waren, die unbelehrbaren Machthaber das Volk aber um jeden Preis zum Durchhalten mitreißen wollten, spielte die chauvinistische Propaganda den Sieg von Tannenberg als „epochemachenden Beweis“ für die den Kriegsausgang angeblich vorausbestimmende preußisch-deutsche militärische Überlegenheit hoch. Hindenburg, von dem übrigens der Vergleich des Krieges mit einer bekömmlichen Badekur stammt, avancierte zum Oberbefehlshaber Ost und wurde, obwohl er keine einschneidenden militärischen Erfolge mehr erringen konnte, von geschickten Massenpsychologen zum Nationalheros „aufge-

baut". Der reckenhafte General, dessen in monumentaler Einsichtslosigkeit wurzelndes Phlegma als vaterländische Erhabenheit gedeutet werden konnte, sollte jene begeistern, bei denen der Glaube an den marionettenhaft affektierten Kaiser als Sinnbild deutschen Ruhmes zu versiegen begann. 1916, nachdem die Schlachten vor Verdun und an der Somme die deutsche Niederlage in sichtbare Nähe gerückt hatten, wurde Hindenburg, wieder von Ludendorff als Stabschef begleitet, Chef der Obersten Heeresleitung. Als mächtigste Männer in Deutschland schickten diese beiden Generale, obwohl sie im Innersten nicht mehr an den Sieg der deutschen Waffen glaubten, Millionen ins infernalische Trommelfeuer an den Fronten. Sie reglementierten das Arbeiten, Denken und Hungern im Hinterland und verwandelten Deutschland mit dem berüchtigten „Hindenburgprogramm" in ein Militärzuchthaus. Da auf ihren Befehl Zehntausende belgischer Zwangsarbeiter in deutsche Betriebe verschleppt, zahllose Ortschaften sinnlos verwüstet und beim Rückzug der deutschen Truppen die Taktik der „verbrannten Erde" angewandt wurde, erschienen ihre Namen später unter Nr. 127 und 138 auf der von Frankreich überreichten Kriegsverbrecherliste. Fünf Minuten vor zwölf, im Jahre 1918, als die deutsche Kapitulation nur noch eine Frage der Zeit war, setzte der verblendete Oberkommandierende, und zwar ausdrücklich, um „in einem zukünftigen Kriege (gegen Rußland – W. R.) den Aufmarschraum an der preußischen Ostgrenze"(4) zu sichern, noch umfangreiche Annexionen polnischer Territorien durch und führte grausame Feldzüge gegen die Sowjetmacht. Als dann die Herrlichkeit des Hohenzollernreiches zusammenbrach, machte er, indem er sich hinter den Geheimpakt zwischen Groener und Ebert stellte, gemeinsame Sache mit den neuen Gewalten, um, wie er selbst sagte, „die alten Herrlichkeiten wieder auferstehen zu sehen, ohne die Deutschland und Preußen nicht zu denken sind".(5) Mit Vorbedacht wurde Hindenburg dabei von der reaktionären Propaganda aus allen Lamentationen über Dinge herausgehalten, die vom nationalistischen Standpunkt irgendwie anrüchig erschienen, also über die unmittelbaren Ursachen der militärischen Niederlage, den Thronverzicht des Kaisers, die Unterzeichnung des Friedensvertrages usw. So sollte er als Sonne und Sturm überdauerndes Symbol „deutscher Pflichterfüllung", als über den Parteien stehender Abgott des Volkes, als von kleinlichem Gesetzeskram und häufigem Regierungswechsel unabhängiger moralischer Vorgesetzter aller Deutschen, als makelloser Platzhalter der Monarchie bewahrt werden. Nur selten wurde er von den Drahtziehern antirepublikanischer Verschwörungen vorgeschickt, z. B. 1919 zur Autorisierung der militaristischen Dolchstoßlegende und zur Zeit des Kapp-Putsches 1920, als er zur „Einigung" von Kappisten und Republikanern gegen den Generalstreik aufrief und sein Einverständnis erklärte, sich als Sammelkandidat aller „nationalen" Gruppen bei eventuellen Präsidentschaftswahlen aufstellen zu lassen.

Bei der Dolchstoßlegende, die schon von der Fragestellung her dem ideologischen Arsenal der Konterrevolution entnommen war (nämlich davon ausging, daß die Interessen des Volkes und seiner Ausbeuter identisch seien), handelte es sich um die alle revolutionären und auch bürgerlich-pazifistischen Kräfte diffamierende Behauptung, die kaiserliche Armee sei im Weltkrieg nicht militärisch geschlagen, sondern von der mit Antikriegspropaganda verseuchten Heimat verraten worden. Diese Legende, die den verbrecherischen Krieg als solchen glorifizierte und die Monarchie zur einzig rechtmäßigen Staatsform erklärte, sich also prononciert gegen die Republik wandte, trug Hindenburg im November 1919 in dem vom republikanischen Parlament eingesetzten Untersuchungsausschuß über die Ursachen des deutschen Zusammenbruches vor. Nachdem er dort vom Vorsitzenden des Ausschusses, dem Schatzminister und führenden Demokraten Gothein, ehrerbietig empfangen und zum Zeugenstand geleitet worden war, den die schwarzrotgoldenen Politiker nicht nur mit weißen Chrysanthemen, sondern auch mit schwarzweißroten Bändern geschmückt hatten, donnerte er in den Saal: „Die deutsche Armee ist von hinten erdolcht worden." Damit warf er in dem Moment, da die Reaktion die Gefahr einer sozialistischen Umwälzung für gebannt und den Zeitpunkt für gekommen hielt, nun zur unverhüllten Offensive gegen den bürgerlichen Parlamentarismus vorzugehen, der Republik den Fehdehandschuh hin. Unzweideutig umriß er seine Ziele auch 1923 in einem Brief an Groener, dem er schrieb, er hoffe, „daß der Parlamentarismus ein baldiges Ende nehmen möchte" und daß er das „einzige Heil in der Wiederkehr alter Zucht und Ordnung" erblicke.(6)

Dennoch wurde dieser Mann, Kriegsverbrecher, Massenmörder und erklärter Feind des Weimarer Staates, 1925 zum Reichspräsidenten gekürt. Wie konnte das geschehen? Die bürgerliche Historiographie hat zur Erklärung einer solchen Entwicklung das böse Wort von der „Republik ohne Republikaner" erfunden. Danach sei allein das Volk schuld gewesen am Ausgang der Präsidentschaftswahlen und an allen

anderen Entscheidungen jener Jahre – das Volk, das ja später in seiner Mehrheit auch Hitler gewollt habe.
Verhält es sich aber tatsächlich so? Kann man die Verantwortung für das politische Geschehen auf die breiten Massen abwälzen, ohne in Betracht zu ziehen, daß die besten deutschen Männer und Frauen, die dem Volk eine Perspektive wiesen, ermordet, eingekerkert und mundtot gemacht worden waren? Kann man eine so ungeheuerliche Beschuldigung aussprechen, ohne zu berücksichtigen, unter welch ungleichen Bedingungen die Streiter für Freiheit und Demokratie und die im Solde des Imperialismus stehenden Massenverführer kämpften, ohne zu erwähnen, daß die bürgerlichen und rechtssozialdemokratischen Parteiführer – wie in dieser Chronik des Weimarer Staates schon wiederholt nachgewiesen – den Willen des Volkes verfälschten, die Massen irreführten und betrogen? Kann man ein solches, in der Konsequenz zur Ablehnung jedweder demokratischer Prinzipien führendes Verdikt fällen, ohne hervorzuheben, daß die ökonomische und politische Macht im damaligen Deutschland in der Hand der imperialistischen, ihrem Wesen nach reaktionären und antidemokratischen Großbourgeoisie verblieben war, daß also die Feinde des Volkes über alle Instrumente zur Unter-Druck-Setzung und Beeinflussung der Massen, zur Manipulierung der öffentlichen Meinung, zur Verfolgung der fortschrittlichen Kräfte verfügten?
Nein, ohne Verweis auf diese geschichtlichen Tatsachen kann man kein Urteil in dieser Frage sprechen. Um die wahren Schuldigen der offensichtlichen antirepublikanischen Wendung von 1925 ausfindig zu machen, muß man sich vor Augen halten, daß die Wahlen jenes Jahres, bei denen sich trotz des reaktionären Meinungsterrors fast 16 Millionen Deutsche gegen Hindenburg (davon nahezu 2 Millionen für den kommunistischen Kandidaten Ernst Thälmann) entschieden, das Ergebnis einer langjährigen gezielten nationalistischen Verhetzung der Bevölkerung durch die aus dem Kaiserreich übernommene Schule und Hochschule, durch die fortschrittsfeindliche Kirche, durch Funk und Presse waren, die sich in den Händen riesiger von Kriegsverbrechern finanzierter Meinungsfabriken befanden. Was schrieb doch Axel Freiherr von Freytagh-Loringhoven, ein enger Mitarbeiter jenes Hugenberg, der die Hälfte des deutschen Blätterwaldes beherrschte, die zweitgrößte deutsche Nachrichtenagentur besaß und sich (allerdings schon nach der Wahl Hindenburgs) auch noch des größten deutschen Filmkonzerns bemächtige, über dessen „Illustrierte Nachtausgabe" – die damalige „Bild-Zeitung" –, die

ihrer Auflage nach mit an der Spitze aller deutschen Tageszeitungen stand? „Selbstverständlich", plauderte dieser Mitarbeiter des Zeitungskönigs aus, „ist die ‚Nachtausgabe' ein Boulevardblatt... Daneben aber – und das ist, politisch betrachtet, das Entscheidende – bringt die ‚Nachtausgabe' planmäßig und geschickt in jeder Nummer ein knappes politisches Material und politische Karikaturen, die sich ohne jede Aufdringlichkeit im Sinne der nationalen Rechten auswirken müssen. Mögen drei Viertel der Leser das Blatt um seines Sportteils, um seiner Sensationsnachrichten, um seiner Räubergeschichten willen kaufen, auf die Dauer wird dieser politische Teil seine Wirkung nicht verfehlen."(7)

Und genauso verhielt es sich mit anderen – hier parteipolitisch, dort „überparteilich" aufgemachten – Zeitungen, mit den Funkprogrammen, den Erzeugnissen der Kinoindustrie, die in ihrer Mehrzahl die Vergangenheit verfälschten und auf die Ablenkung und Verdummung des Durchschnittsverbrauchers abzielten, mit der Boulevardliteratur, mit der kitschigen „Gartenlaube"-Lyrik, mit dem bereits charakterisierten, die Enthemmung der „Urtriebe" aufs Tapet hebenden Showgeschäft.

Dabei dienten nicht nur Presse, Film und Funk, nicht nur Schule, Kriegsromane und Schundliteratur dazu, die Massen vom revolutionären Kampf abzulenken und sie für antidemokratische Zielsetzungen zu mißbrauchen. Eine nicht geringere Rolle spielten neben den bürgerlichen Parteien die zahlreichen reaktionären Verbände, die unter den verschiedensten Aushängeschildern – als Sport- und Wehrvereine, als Traditionsverbände, Gesang- und Wandergruppen, Heimatbünde und Kriegervereine – auftraten und die Ideologie des Militarismus und Antikommunismus in den bürgerlichen, kleinbürgerlichen und halbproletarischen Schichten schürten und wachhielten. Besonders tat sich hier der Stahlhelm („Bund der Frontsoldaten") hervor, der mehr als eine Million Mitglieder zählte und mit monarchistischen Aufmärschen, zackigen Paraden und Fahnenweihen für eine „von allen Parteibindungen freie nationale Einheit" warb. Während Hindenburg – Ehrenvorsitzender des Stahlhelm – auch nach seiner Wahl zum Präsidenten der Republik, wie er selbst schrieb, seine Hand schützend über diesen Bund hielt und es als Selbstverständlichkeit ansah, sich mit seiner „ganzen Person für den Stahlhelm einzusetzen"(8), hetzten die Führer dieser Organisation gegen die Republik, priesen die Niederschlagung der revolutionären Arbeiterbewegung 1919 und 1923 als „nationale Tat" und glorifizierten den Krieg. Ein hoher Stahlhelmfunktionär verstieg sich beispielsweise, den organischen Zusammenhang von äußerer und innerer Aggression offenbarend, zu der Erklärung, daß die Wehrverbände das Heer in einem künftigen Kriege mit Polen gegen Dolchstöße aus dem Hinterland abdecken würden und „daß nach Beendigung eines solchen Krieges die auf den Schlachtfeldern zusammengeschmiedete Frontarmee in Verbindung mit den Heimatwehren in die Großstädte der Heimat einrücken und dort andere politische Verhältnisse schaffen werden".(9) Fast zur gleichen Zeit verkündete der Landesverband Brandenburg des Stahlhelm in einem Aufruf: „Wir hassen mit ganzer Seele den augenblicklichen Staatsaufbau, weil er uns die Aussicht versperrt, unser geknechtetes Vaterland zu befreien, das deutsche Volk von der verlogenen Kriegsschuld zu reinigen und den notwendigen Lebensraum im Osten zu gewinnen."(10)

Gegen solche offen antirepublikanischen Kundgebungen mußte sich die SPD, die die Republik als epochemachende Errungenschaft des deutschen Volkes hinstellte, natürlich zur Wehr setzen. Deshalb wandte sie sich 1925 auch gegen die Kandidatur Hindenburgs. In der Folgezeit ließ aber gerade die Stellung der rechtssozialdemokratischen Führer zum neugekürten, nun sein drittes politisches Leben beginnenden Reichspräsidenten wiederum erkennen, daß sie sich am antikommunistischen Gängelband der auf die völlige Liquidierung aller demokratischer Errungenschaften bedachten Kräfte befanden. Nach der Wahl Hindenburgs erklärten sie zunächst, man dürfe es nicht zu tragisch nehmen, daß nunmehr der „alte Herr", der zur politischen Willensbildung ohnehin unfähig sei, an der Spitze des Staates stehe. Wenn der geistig unterentwickelte Kleinbürger einen „Ersatzkaiser" brauche, so solle er ihn haben – das bedeute noch lange keine ernsthafte Gefährdung der Republik. Die sozialdemokratischen Führer ignorierten die nunmehr – nach einem Worte Einsteins – im „Schlaraffenland der Hindenbürger" mit Siebenmeilenstiefeln voranschreitende Festigung der ökonomischen und politischen Positionen der Großbourgeoisie. Sie wollten nicht sehen, daß die Reichswehrführung immer mehr Einfluß auf die Staatsführung erlangte und daß die Reichsregierung sich darauf beschränkte, rechtsradikale Putschpläne in Worten zu verurteilen, ohne auch nur daran zu denken, die überführten Verschwörer – wie z. B. im Sommer 1926 Hugenberg, General von Möhl, Freiherr v. Lüninck u. a. – gerichtlich zu belangen.(11)

Hatte ein sozialdemokratischer Minister im Oktober 1923 noch einen bürgerlichen Kollegen angefleht: „Lassen Sie uns hinaus aus der Regierung... Es ist besser, wir gehen hinaus, bellen draußen und beißen nicht“,(12) so vergaßen die nun „hinausgelassenen“ prominenten SPD-Politiker jetzt unter Hindenburg oftmals auch das Bellen. Stramm vor der Fahne der Monarchie stehend, die der neue Reichspräsident mittels eines faulen Tricks zur zweiten Staatsflagge erhoben hatte, nahmen sie am chauvinistischen Rummel zur Tausendjahrfeier des Rheinlandes teil, zu dem der Kölner Oberbürgermeister Adenauer geschäftig zwei Waggons Minister und ganze Züge politischer Statisten herbeigeschafft hatte. Die namhaften rechten Sozialdemokraten Severing und Löbe, ihres Zeichens preußischer Innenminister und Reichstagspräsident, hielten in Wien sozialistisch aufgemachte nationalistische Reden für den „Anschluß“ und ließen den „Vorwärts“ anläßlich ihres Österreichbesuches verkünden: „Ein Volk – ein Staat! Heim ins Reich!“ Löbe setzte sich im Frühjahr 1927 – ganz im Sinne der von Hindenburg ständig im Munde geführten Gefühle gegenüber seinen „alten Kriegskameraden“ – im Parlament für die Aufhebung des über Hitler verhängten Redeverbots ein, weil der Nazichef ja im Felde vier Jahre lang sein Leben für Deutschland aufs Spiel gesetzt habe(13) ... Zugleich schwätzten diese Leute von der angeblich fortschreitenden Demokratisierung und erklärten in ihrem in Heidelberg neuangenommenen Programm, die bestehende Republik bilde den günstigsten Boden für das Hineinwachsen in den Sozialismus.

Obwohl sich der neue Reichspräsident bei der Einweihung des später von Hitler in „Reichsehrenmal“ umbenannten bombastischen Tannenbergdenkmals mit Worten über die „reinen Herzen“ und „reinen Hände“ der Machtpolitiker von 1914/18 zum Krieg des Kaisers bekannte; obwohl er verlangte, alle Enthüllungen über die völkerrechtswidrige, nach seinem Amtsantritt forcierte geheime Aufrüstung Deutschlands „unbeschadet der Wahrheit oder Unwahrheit der aufgestellten Behauptungen“ schwerstens zu bestrafen und zur Erweiterung seiner Befugnisse ein verfassungsänderndes Gesetz, also die Abkehr von der Verfassung forderte;(14) obwohl er sich bereits ein Jahr nach Übernahme der Präsidentschaft dafür einsetzte, „die Initiativneigung zu einem gesetzgeberischen Vorgehen im Reichstag einzudämmen“, d. h. das Parlament auszuschalten, und seit der Berufung des Notverordnungskanzlers Brüning 1930 am laufenden Band rigorose Verletzungen der Verfassung praktizierte; obwohl er seinen Freunden gegenüber auch weiterhin betonte, er könne sich nicht

„an die Republik, namentlich so wie sie heute besteht und von mir vertreten werden muß", gewöhnen,(15) erklärten ihn die SPD-Führer doch mit von Jahr zu Jahr wachsender Emsigkeit zum verläßlichen Hüter der Verfassung, zur tragenden Säule der Republik.

Natürlich konnten sich die Wortführer des Reformismus und Opportunismus, die dem Abscheu ihrer Anhänger und Wähler vor Monarchismus und Militarismus Rechnung tragen mußten, nicht in jedem Fall vor die Handlungen und Aussprüche des vom Exkaiser ausdrücklich approbierten Präsidenten stellen, der bei offiziellen Anlässen oft in der (durch ein republikanisches Gesetz verbotenen!) Uniform des alten Heeres auftauchte. Sie verharmlosten seine angeblich durch rührende Treue zu alten Idealen verursachten „Ungeschicklichkeiten" und stellten ihn, seine „Volkstümlichkeit" fördernd, als gutmütigen senilen Trottel hin. Hunderte von Anekdoten wurden über ihn in Umlauf gesetzt, die z. B. besagten, er habe bei seinem Besuch als frischgebackener Reichspräsident in Dresden geäußert, diesmal komme er nicht als Feind, und dann die fragenden Blicke seiner devoten Zuhörer mit der Erklärung beantwortet, daß er – als preußischer Leutnant während des Krieges von 1866 – zum letzten Mal in der Hauptstadt des damals der feindlichen Koalition angehörenden Königreichs Sachsen gewesen sei. Die ständigen „Entgleisungen" des Staatsoberhauptes führten die sozialdemokratischen Führer vielfach auf den bedauerlichen, aber nicht allzu ernst zu nehmenden Einfluß des „von der Verfassung nicht vorgesehenen" Präsidentensohnes und dessen Regimentskameraden zurück, ohne dabei zu erkennen, daß sich die Kamarilla um Hindenburg nicht einfach aus eitlen adligen Dummköpfen und Kavallerieoffizieren in der Preislage eines Papen zusammensetzte, von dem der französische Ministerpräsident einmal gesagt haben soll, je länger er ihn ansehe, desto mehr bewundere er sein Pferd. In Wirklichkeit bestand die im Reichspräsidentenpalais tonangebende Clique aus Leuten wie Oldenburg-Januschau, der schon Wilhelm II. geraten hatte, den Reichstag mit einem Unteroffizier und einem halben Dutzend Soldaten auseinanderzujagen, aus anderen pommerschen, west- und ostpreußischen Krautjunkern, aus Militärs, die, wie Groener und Schleicher, in den Häusern der Konzernherren ein- und ausgingen, aus Köpfen, die - an sich meist unbedeutend – unter dem Einfluß derjenigen großindustriellen Kreise standen, die dem Präsidenten anläßlich der Vollendung seines achten Lebensjahrzehnts ein großes ostpreußisches Gut als „Geburtstagsgeschenk" präsentierten.

So saß Hindenburg, auch wenn er viele durchtriebene Schachzüge seiner politischen Freunde und Einbläser nicht begriff, keineswegs als durch Starrköpfigkeit vereinsamter und das Geschehen ringsum nicht verstehender Greis auf dem Throne der Republik, sondern war durch unendlich viele, ein ganzes System verkörpernde Fäden mit Großindustriellen, Finanzmagnaten und Junkern verbunden. Wie prompt er, trotz seiner brummigen Griesgrämigkeit, auf die „Anregungen" dieser Herren reagierte, kann heute anhand der Akten an vielen Einzelbeispielen exakt nachgewiesen werden – am Erlaß einzelner Notverordnungen im Interesse bestimmter Finanzgruppen, an der berüchtigten „Osthilfe", bei der Hindenburgs Freunden, Verwandten, Gutsnachbarn und Standesgenossen riesige Summen aus dem Staatssäckel zugeschoben wurden, an der Entlassung von Regierungsmitgliedern, die von ihren Rivalen wegen vermeintlicher „Sozifreundlichkeit" als „Agrarbolschewisten" verteufelt worden waren, an der Ernennung der von einflußreichen Monopolgruppen geforderten Reichskanzler.

Obwohl die zunächst siebenjährige Amtsperiode des Marschall-Präsidenten mit erschreckender Deutlichkeit zeigte, wohin Deutschlands Staatsschiff gesteuert wurde, ging die Anpassung der rechten sozialdemokratischen Führer an die Hindenburgische Fassung der Republik so weit, daß sie sich im Jahre 1932 – in einem Moment der außerordentlichen Zuspitzung des Kampfes zwischen Reaktion und demokratischen Kräften – für die Wiederwahl des Idols der eingefleischten Militaristen einsetzten. Sie übersahen geflissentlich, daß die Wahlaufrufe des Hindenburg-Blocks hinausposaunten, man brauche den Generalfeldmarschall für die Entscheidungsschlacht um Deutschlands Wehrhoheit, d. h. für den Übergang zur offenen Aggression,(16) und deklarierten, wie Ossietzky sarkastisch vermerkte, daß sich die republikanische Renaissance an Göttern wie Hindenburg, Brüning und Groener emporranken werde. Unter der irreführenden Losung, „Mit Hindenburg gegen Hitler!" veranlaßten sie Millionen ehrlicher, aber das Lügengewebe vom „kleineren Übel" nicht durchschauender Hitlergegner, ihre Stimme dem Kriegsverbrecher von 1914/18 zu geben, der ein knappes Jahr später den Hauptkriegsverbrecher von 1939/45 zum Reichskanzler berief und ihn mit unbegrenzten Vollmachten ausstattete. Nur die Kommunisten, deren Sprecher, Ernst Thälmann, den Massen bei diesen zweiten Reichspräsidentenwahlen zurief: „Wer Hindenburg wählt, wählt Hitler; wer Hitler wählt, wählt den Krieg!", warnten vor den verhängnisvollen Folgen des Hindenburg-Republikanertums. Sie waren damit die einzige politisch organisierte Kraft, die, trotz ihrer grundsätzlichen Kritik am bürgerlichen Parlamentarismus, zur Verteidigung der lebensgefährlich bedrohten demokratischen und sozialen Errungenschaften, d. h. zur Verteidigung all dessen aufrief, was es im Weimarer Staat noch an historisch wertvollen, progressiven Ansätzen gab.

Achtes Kapitel

1926: „Keinen Pfennig den Fürsten!"

Nach der Niederlage der Arbeiterklasse im Herbst 1923 befand sich die vorübergehend in die Illegalität gedrängte Kommunistische Partei Deutschlands in einer schwierigen Situation. Nicht nur, daß sich ihre Führer und aktivsten Mitglieder vor den Polizeischergen verbergen mußten, daß Tausende standhafter Kämpfer in die Zuchthäuser und Gefängnisse geworfen wurden, daß es unsäglicher Mühe bedurfte, die Parteiorganisationen auf die konspirativen Bedingungen umzustellen und die Parteipresse weiterzuführen. Während die KPD an der Spitze des Kampfes zur Verteidigung der Tagesinteressen der Arbeiterklasse Streiks und andere Aktionen gegen die verschärfte Ausbeutung, die Verlängerung der Arbeitszeit, die Verschlechterung der sozialen Gesetzgebung und andere Maßnahmen organisierte, mit denen die zur Offensive angetretene Bourgeoisie das ökonomische Fundament der einsetzenden zeitweiligen kapitalistischen Stabilisierung legte, mußte sie zugleich selbstkritisch ihren bisherigen Weg überprüfen, die Grundzüge der neuen Klassenkonstellation erfassen und eine dieser Konstellation entsprechende, auf die schließliche Überwindung des Imperialismus ausgerichtete Strategie und Taktik ausarbeiten. Dabei bedurfte es großer politischer Weitsicht, um trotz der Anfang 1924 noch in vielen Teilen Deutschlands anhaltenden erbitterten Arbeitskämpfe die neue Qualität der Entwicklung, nämlich die nunmehr vorübergehend eintretende revolutionäre Ebbe, zu erkennen und die relative Stärke des Gegners zu ermessen.

Viele, die die fünf bewegten, mehrmals an revolutionäre Erhebungen heranführenden Nachkriegsjahre als aktive Streiter miterlebt hatten, glaubten einfach nicht, daß es der ramponierten Bourgeoisie gelingen werde, aus dem ökonomischen und finanziellen Chaos herauszukommen, Schritt für Schritt eine bedingte, jedoch äußerst spürbare

Besserung der Lebenslage breiter werktätiger Schichten zu erreichen und so unter anderem auch die Voraussetzungen für die verstärkte reformistische und nationalistische Beeinflussung der Massen zu schaffen, die zur Belebung der Illusionen über einen „dritten Weg" zum Sozialismus, zur Wahl Hindenburgs und zur Atmosphäre der „goldenen Zwanziger" führte. Vom eigenen Radikalismus berauschte kleinbürgerliche Intellektuelle verloren – wenn sie ihn überhaupt gehabt hatten – den Glauben an die geschichtsbildende Kraft der Arbeiterklasse, zogen sich in den Schmollwinkel modischer Philosophien zurück (von dem aus sie übrigens bequem den Anschluß an die herrschende Ideologie erreichen konnten) oder versuchten, der Arbeiterbewegung unrealistische, abenteuerliche Vorstellungen über ihre Aufgaben aufzuzwingen. Besonders aktiv gebärdete sich in der Führung der Kommunistischen Partei die bereits erwähnte Gruppe der „Ultralinken", die weder willens noch fähig war, die tiefen Ursachen der Mißerfolge von 1923 in der außerordentlich komplizierten Klassenkampfsituation zu erkennen, deren Meisterung eine in jeder Beziehung auf der Höhe des Leninismus stehende proletarische Kampfpartei erfordert hätte. Sie sahen nicht, daß die junge, schon über bedeutende Erfahrungen verfügende KPD bereits ein gutes Stück auf dem schwierigen Entwicklungswege zu einer solchen Partei zurückgelegt hatte, und verurteilten in Bausch und Bogen die gesamte bisherige Tätigkeit der deutschen Kommunisten einschließlich ihrer gerade von der Aneignung der Leninschen Theorie und Praxis zeugenden Massen- und Einheitsfrontpolitik.
Eingedenk der Worte Karl Liebknechts, daß Niederlage Lehre ist und daß das Proletariat die den künftigen Erfolg gewährleistende praktische Schulung nicht anders als in tastenden Versuchen, in jugendhaften Irrtümern, in schmerzlichen Rückschlägen und Mißerfolgen gewinnen kann,(1) orientierten sich die klarsehendsten Mitglieder der Parteiführung in den Diskussionen über die Fehler des Jahres 1923 und in den Auseinandersetzungen mit den die Grundprinzipien des Leninismus verneinenden „Ultralinken" darauf, vorhandene Mängel im Vorwärtsschreiten zu überwinden und auf Grund einer präzisen Analyse der gesellschaftlichen Situation zu konkreten, die wissenschaftliche Theorie des Klassenkampfes bereichernden strategischen und taktischen Richtlinien für die nächste Etappe des antiimperialistischen Kampfes zu gelangen. Im Zuge dieses langwierigen und tiefgreifenden ideologischen Ringens, in dessen Mittelpunkt die Ausarbeitung „einer wirkungsvollen revolutionären Massenpoli-

tik"(2) stand, konsolidierte sich der marxistisch-leninistische Kern in der Führung der KPD um Ernst Thälmann, Clara Zetkin, Wilhelm Pieck, Ernst Schneller, Walter Stoecker, Fritz Heckert, Walter Ulbricht, Wilhelm Florin, Philipp Dengel, Ottomar Geschke, Hugo Eberlein, Arthur Ewert, Wilhelm Koenen, Hermann Remmele und andere hervorragende Töchter und Söhne des deutschen Volkes. Diese Genossen, die alle im tagtäglichen politischen Kampf standen, engste Fühlung mit den revolutionären Arbeitern in den Betrieben und auf den Stempelstellen hatten und ständig unaufschiebbare Entscheidungen treffen mußten, waren sich – trotz mancher noch vorhandener Meinungsverschiedenheiten – einig darin, daß der Schlüssel zur Umwandlung der Partei in eine jeder Situation gewachsene Kampforganisation der Arbeiterklasse in der schöpferischen Aneignung der durch die siegreiche bolschewistische Partei der Sowjetunion gesammelten Erfahrungen bestand. Sie setzten sich deshalb mit all ihrer Energie für eine Entwicklung ein, die im damaligen Sprachgebrauch als „Bolschewisierung" der KPD bezeichnet wurde.
Bürgerliche Politiker, auf deren Fälschungen sich die westliche Historiographie noch gegenwärtig stützt, versuchten, diesen Terminus verächtlich zu machen und die KPD wegen ihrer engen Bindung an die Kommunistische Internationale als „Instrument Moskaus" zu diffamieren. Auf diese Weise sollte die revolutionäre Vorhut des deutschen Proletariats als antinationaler Fremdkörper im deutschen Volke, als eine vom – seit 1917 ja überhaupt nicht mehr existierenden! – großrussischen Machtstreben ins Spiel gebrachte Kraft hingestellt werden.
Hatte sich die antirussische Hetze, die von den rechtssozialdemokratischen Führern im August 1914 dazu genutzt worden war, die tatsächlich antinationale Politik der deutschen Machthaber als vermeintlich gegen den reaktionären Zarismus gerichtet zu rechtfertigen, schon einmal als infames imperialistisches Manöver bei der Betörung der proletarischen Massen erwiesen (nämlich als der unter Verteidigungsparolen gegen die schwarzen Hundertschaften angezettelte Weltkrieg in den Interventionsfeldzug gegen das rote Rußland ausmündete), so war mit der Großen Sozialistischen Oktoberrevolution eine Situation entstanden, in der das Geschehen im ehemaligen Zarenreich eine mit keiner historischen Parallele vergleichbare Bedeutung für die deutsche Arbeiterklasse erlangte. Der Sieg der russischen Arbeiter und Bauern über die Kapitalisten und Großgrundbesitzer war nicht nur ihre nationale Errungenschaft, sondern ein

welthistorischer, auch Deutschlands Zukunft mitbestimmender Durchbruch der internationalen Arbeiterklasse. Für oder wider die Oktoberrevolution, für oder wider den Sowjetstaat Stellung zu nehmen, hieß nicht – und das hatten die fortgeschrittenen Arbeiter aller Länder begriffen oder doch zumindest mit revolutionärem Instinkt erfaßt –, Stellung zu nehmen für oder wider eine bestimmte Nation und den von ihr gewählten Weg. Das hieß vielmehr, sich für oder gegen die einzige zur Gestaltung der menschenwürdigen Zukunft *eines jeden* Volkes befähigte Klasse zu entscheiden. Anerkennung der historischen Tat des Sowjetstaates bedeutete primär Anerkennung der Tatsache, daß die arbeitenden Menschen in allen Ländern gleiche Interessen haben, daß es für sie keine Gründe gibt, gegeneinander Kriege zu führen und daß ihr Hauptfeind stets der „eigene" Ausbeuter, der „eigene" Militarist, der „eigene" Gewaltherrscher ist. Anerkennung der historischen Tat des Sowjetvolkes bedeutete Parteinahme für die um ihre Rechte und um ihre Befreiung kämpfenden Werktätigen sowohl in Deutschland wie in Frankreich, England und Amerika, wie in China oder in den Kolonien und Halbkolonien und zugleich Kampfansage an die Ausbeuter aller Herren Länder, an die Kriegstreiber in allen kapitalistischen Staaten, an den menschheitsfeindlichen Imperialismus überhaupt. Somit bezeugte auch jeder, der sich in Deutschland für die Sowjetunion einsetzte, nicht antinationalen Nihilismus, sondern – im Gegenteil – höchstes Verantwortungsbewußtsein für die Zukunft des eigenen Volkes.
Doch nicht nur das. Anteil an der Gestaltung des ersten sozialistischen Staates, an dessen Spitze die Kommunistische Partei der Sowjetunion – eine Sektion der Kommunistischen Internationale – stand, hatten nicht allein die Bolschewiki, sondern auch die brüderlich mit ihnen verbundenen und den sozialistischen Aufbau in Rußland als ureigenstes Anliegen betrachtenden ausländischen Kommunisten. Blättert man heute als Historiker des ersten sozialistischen deutschen Staates in den vergilbten Akten sowjetischer Archive aus den zwanziger Jahren, so erfüllt es einen mit Stolz, nicht nur Anregungen führender deutscher Kommunisten zu ganz konkreten Fragen der sowjetischen Staatspolitik (z. B. Briefe Clara Zetkins an das Volkskommissariat für Außenhandel über Grundprobleme der Wirtschaftsbeziehungen zur kapitalistischen Umwelt) (3) zu finden, sondern auch Ausführungen sowjetischer Staatsmänner (z. B. Reden Rykows und Tomskis vor deutschen Arbeiterdelegierten 1925 und 1926) (4), in denen ihre moralische Verpflichtung hervorgehoben wurde, vor den

Vertretern des internationalen Proletariats Rechenschaft über ihre Tätigkeit bei der Errichtung der ersten sozialistischen Gesellschaft abzulegen.

Weit größeren Anteil an der Vorbereitung und Ausarbeitung politischer Entscheidungen hatten, wie Dutzende Bände Kongreß- und Tagungsprotokolle bestätigen, die deutschen Kommunisten natürlich innerhalb der Kommunistischen Internationale, in der die KPD – nach der sowjetischen Partei – mit Abstand die größte Sektion darstellte. Die Komintern, wie sie noch heute von den einen mit Liebe und Hochachtung, von den anderen mit Wut und Haß genannt wird, war also keinesfalls eine von russischen Volkskommissaren beherrschte Organisation, sondern eine internationale Kampfgemeinschaft Gleichgesinnter, in der die erprobten Führer der bereits zur Macht gelangten sowjetischen Arbeiterklasse mit den Repräsentanten des in den Ländern des Kapitals noch um ihre Befreiung ringenden Proletariats gemeinsam Antworten auf die Grundfragen des weltumspannenden Kampfes zur Ausmerzung der Unmenschlichkeit, zur Ausrottung des Krieges und aller Scheußlichkeiten der Ausbeutergesellschaft suchten. Wenn die imperialistischen Historiker oft darauf verweisen, daß bestimmte Beschlüsse des Zentralkomitees der KPD (wie auch anderer kommunistischer Parteien) den Einschätzungen der Komintern entsprachen bzw. daß diesen Einschätzungen nicht entsprechende Beschlüsse rückgängig gemacht wurden, so zeugt das nicht von diktatorischen Bestrebungen der Kommunistischen Internationale, sondern vielmehr vom solidarischen Zusammenhalt der einzelnen Trupps der kommunistischen Weltbewegung und auch davon, daß die Kommunisten, gemäß dem Leninschen Grundsatz, den Massen immer die Wahrheit zu sagen, stets den Mut aufbrachten, offen über erkannte Unzulänglichkeiten zu sprechen und die sich daraus ergebenden Schlußfolgerungen zu ziehen.

Gegenwärtig sind es aber nicht nur imperialistische Historiker und Politologen, die die kommunistische Weltorganisation der zwanziger und dreißiger Jahre verleumden. Auch „Theoretiker", die unter dem Deckmantel eines „erneuerten Kommunismus" auftreten – nicht zuletzt die geistigen Erben der damaligen „Ultralinken" und Rechtsopportunisten – greifen, um den demokratischen Zentralismus als bewährtes Organisationsprinzip der revolutionären Bewegung zu diskreditieren, die Tätigkeit der Komintern an und gefallen sich darin, deren Geschichte als eine Kette von Fehleinschätzungen und Fehlentscheidungen hinzustellen. Zweifellos hat es auf dem Wege der

Kommunistischen Internationale, die alle Symptome wirklichen historischen Schrittmachertums aufwies, auch Fehler und Mängel gegeben, deren Analyse – eben um die Arbeiterklasse heute besser zur Lösung ihrer Aufgaben zu befähigen – auch Gegenstand der geschichtlichen Forschung sein muß. Entscheidend für die Beurteilung der Rolle der Kommunistischen Internationale sind jedoch nicht diese partiellen Unzulänglichkeiten, sondern ihre gewaltigen Verdienste beim Zusammenschluß der jungen revolutionären Parteien in der Periode nach dem ersten Weltkrieg, bei der Ausarbeitung der theoretischen Grundfragen der Arbeiterbewegung dieser Zeit, bei der Erziehung jener proletarischen Kader, unter deren Führung in der folgenden Periode der heldenhafte Widerstandskampf gegen den Faschismus organisiert und die volksdemokratische Ordnung in mehreren Ländern Europas und Asiens aufgebaut wurde; ihre Verdienste, um es mit wenigen Worten zu sagen, bei der Festigung der einzelnen kommunistischen Parteien, nicht zuletzt der KPD.

Dabei ist es in hohem Maße gerade auf den Einfluß der Kommunistischen Internationale zurückzuführen, daß die KPD nach der Niederlage des Proletariats von 1923, entsprechend den konkreten Erfordernissen in Deutschland, die demokratischen Aufgaben der Arbeiterklasse in den Vordergrund rückte. Denn demokratisch war ja nicht die Beschönigung der Weimarer Republik als eines angeblich über den Klassen stehenden Staates und die Verkündung pazifistischer Tiraden, die – wie wir gesehen haben – den unbelehrbaren Expansionspolitikern als willkommener Schleier für ihre Kriegsvorbereitungen dienten; demokratisch war vielmehr die Zertrümmerung aller Illusionen über eine sich in der deutschen Republik vermeintlich entwickelnde Klassenharmonie und die Entlarvung der Versöhnungsphrasen als Betrugsmanöver der imperialistischen Propaganda.

Nach einer umfassenden, alle Betriebszellen und Wohnbereichsgruppen der KPD aufwühlenden Parteidiskussion bildete sich im Herbst 1925 mit Ernst Thälmann an der Spitze ein marxistisch-leninistisches Zentralkomitee, unter dessen Führung grundlegende Voraussetzungen für die Heranführung der Massen an den Sturz des Imperialismus und an die Errichtung einer revolutionären Volksmacht in Deutschland geschaffen wurden. Dabei waren natürlich mit der Formierung der leninistischen Parteiführung, die eine entscheidende Zäsur auf dem Wege der revolutionären deutschen Arbeiterbewegung darstellte, noch nicht alle auf der Tagesordnung stehenden Fragen der Strategie und Taktik beantwortet. Ausschlaggebend war jedoch, daß das neue Führungskollektiv der KPD sich voll der Aufgabe bewußt war, eine Massenpartei neuen Typus zu entwickeln, um die Leninsche Theorie von der proletarischen Revolution und vom Übergang zum Sozialismus unter maximaler Auswertung der Erfahrungen der KPdSU auch in Deutschland in die Praxis umzusetzen, dabei von einer im wesentlichen zutreffenden Beurteilung der Klassenkampfsituation ausging und, ohne Mängel der Vergangenheit zu vertuschen, die Fülle der Gedankengänge und praktischen Ansätze weiterentwickelte, denen die Partei alle großartigen Teilerfolge der letzten Jahre zu verdanken hatte. Naturgemäß wurde die größte Aufmerksamkeit dabei jenen Erkenntnissen gewidmet, die Antworten auf aktuelle Fragen geben konnten, während die weitere Ausarbeitung von Überlegungen und taktischen Notwendigkeiten, die unmittelbar aus der bereits der Vergangenheit angehörenden revolutionären Nachkriegssituation entstanden waren, in den Hintergrund rückten. So beschäftigte sich die Parteiführung vorrangig mit den brennenden Fragen der Einheitsfrontpolitik und der Heranziehung der demokratisch gesinnten nichtproletarischen Schichten an die Arbeiterklasse.

Auf diesem Gebiet errang denn auch die KPD den ersten gewaltigen Erfolg unter ihrer neuen Führung – einen Erfolg, der Freunden und Feinden deutlich vor Augen führte, daß die Partei gefestigt aus den Auseinandersetzungen nach den Ereignissen von 1923 hervorgegangen und imstande war, breitere Kreise der pauperisierten Massen als je zuvor in – vorläufig noch im Rahmen der bürgerlichen Demokratie verlaufende – Klassenkampfaktionen einzubeziehen.(5)

Angesichts des politischen Terraingewinns des am augenfälligsten von Hindenburg und der Hindenburgiade verkörperten Militarismus und Monarchismus sah die Partei ihr vordringlichstes Anliegen darin, Kommunisten, Sozialdemokraten, parteilose Arbeiter, republikanisch gesinnte Bauern, Kleinbürger und Angehörige des Bürgertums zu demokratischen Aktionen gegen die Offensive der schwarzweißroten Reaktion zu aktivieren und zu mobilisieren. Für die Realisierung dieser Zielsetzung ergab sich im Herbst 1925 ein günstiger Ansatzpunkt.

Nachdem bereits alle anderen deutschen Länder in den Vorjahren sogenannte Vergleiche mit den früheren Landesfürsten über die Rückerstattung ihrer in und nach der Novemberrevolution z. T. beschlagnahmten Vermögen geschlossen hatten, legte die sozialdemokratisch geführte Preußenregierung im Oktober 1925 ein Abfindungsgesetz für die Hohenzollern – die ehemaligen deutschen Kaiser und Könige von Preußen – vor, demzufolge Wilhelm II., der ohnehin eine Jahresrente von 600 000 Mark bezog, mitsamt seiner Familie 185 Millionen Mark erhalten sollte. Für den preußischen Staat war bei der „Aufteilung" des monarchischen Vermögens ein Teil vorgesehen, der zwar auf dem Papier größer als der des Exkaisers aussah, sich aber nach genaueren Berechnungen nur auf etwa 35 Millionen belief . . .(6)

Dieser Gesetzentwurf rief nicht nur unter den Arbeitern, sondern bis weit in das demokratische Kleinbürger- und Bürgertum hinein große Empörung hervor. Neben den revolutionären Zeitungen machten auch reformistische und liberale Presseorgane die Öffentlichkeit auf die hanebüchenen Vereinbarungen aufmerksam, die die einzelnen Landesregierungen mit den davongejagten Königen, Großherzögen und Herzögen geschlossen hatten und auf Grund derer dem ausgebluteten Volk Jahr für Jahr Millionen und aber Millionen Mark aus der Tasche gezogen wurden. Beispielsweise stellte sich heraus, daß die Frau des jugoslawischen Prinzen von Montenegro, nur weil sie früher einmal mecklenburgische Kronprinzessin gewesen war, 9 Millionen Mark erhalten hatte und noch weitere 4,2 Millionen beanspruchte, daß die ehemaligen sieben thüringischen Landesfürsten mit 15 Millionen abgefunden worden waren, daß die mecklenburg-strelitzsche großherzogliche Familie, außer 10 000 Morgen wertvollen Grundbesitzes, diversen Schlössern und Kostbarkeiten, 30 Millionen Mark in bar erhalten hatte, davon 5 Millionen für einen mit dem letzten Großherzog verwandten zaristischen General, der im Weltkrieg gegen Deutschland gekämpft hatte. Ja, während ein 30prozentiger Kriegsbeschädigter 100 Mark Jahresrente erhielt, zahlte die deutsche Republik einer abgetakelten Geliebten des ehemaligen Großherzogs von Mecklenburg-Strelitz 6 000 Mark pro Jahr. Diese Dame, eine Schauspielerin des Strelitzer Hoftheaters, die vom Landesfürsten noch kurz vor dessen Selbstmord im Jahre 1918 durch ein Legat von ursprünglich 20 000 Mark beglückt worden war, hatte den Freistaat Mecklenburg, als er sich weigerte, das Geld zu zahlen, verklagt und den Prozeß gewonnen. Überhaupt stellten sich die „unabhängigen", im „Namen des Volkes" Recht sprechenden Richter in allen von den Fürsten angestrengten Prozessen auf die Seite der vom Novembersturm hinweggefegten Souveräne, was übrigens auch die Nachfahren der 1803 (!) beim Reichsdeputationshauptschluß

abgefundenen Duodez- und Winkelfürsten veranlaßte, Ansprüche auf Entschädigung für ihre damals verlorenen, großenteils aus den Leibeigenschaftsverhältnissen herrührenden Privilegien zu erheben.
Die Tatsache, daß der auf den Trümmern der vom Volkszorn zerstörten halbabsolutistischen Monarchien errichtete republikanische Staat bereit war, den Vertretern jener Geschlechter Riesensummen zu zahlen, die jahrhundertelang das Blut ihrer Untertanen gesaugt, Reichtümer über Reichtümer aus dem Schweiß des arbeitenden Volkes herausgepreßt und im Weltkriege als begeisterte Einpeitscher der verbrecherischen Kriegspolitik aufgetreten waren, mutete um so ungeheuerlicher an, als die ehemaligen Fürsten die antirepublikanischen Parteien, Verbände und Gruppen in Deutschland unterstützten und finanzierten. Die Republik schanzte also einen Teil der von ihren Bürgern mühsam aufgebrachten Steuergroschen den Kräften zu, die ihr an die Gurgel griffen! Nebenbei gesagt: eine nicht beispiellos in der Geschichte des Weimarer Staates dastehende Tatsache. Erinnert sei nur daran, daß der preußische Staat als Zechenbesitzer und Mitglied des Unternehmervereins für bergbauliche Interessen sich 1930 dem Beschluß dieses Vereins unterwarf, pro Tonne geförderter Kohle 7 Pfennig an die rechtsradikalen Organisationen (davon 20 Prozent an die faschistische NSDAP!) abzuführen, also ihre eigenen Totengräber aufpäppelte.
Den Willen nicht nur der kommunistischen, sondern auch der sozialdemokratischen und vieler anderer Wähler zum Ausdruck bringend, legte die KPD im November 1925 im Reichstag den Entwurf eines Reichsgesetzes über die entschädigungslose Enteignung der ehemals regierenden Fürsten vor, das rückwirkende Kraft haben und dessen Durchführung von einem demokratisch gewählten Gremium der Werktätigen überwacht werden sollte. Der Entwurf sah vor, die fürstlichen Vermögen zur Linderung der Not der kleinen Bauern und Pächter, zur Verbesserung der Betreuung von Kranken und Invaliden, zum großzügigen Aufbau von Kinderheimen und Erziehungsanstalten, zur Erhöhung der Unterstützungen für Kriegsbeschädigte und Kriegshinterbliebene aufzuwenden.
Die sozialdemokratischen Reichstagsredner wetterten zwar von der Tribüne des Parlaments gegen das Schmarotzertum der Fürsten, versagten jedoch dem kommunistischen, als „pures Agitationsmanöver" abgestempelten Antrag ihre Zustimmung. Gemeinsam mit den republikanischen bürgerlichen Parteien verwiesen sie den von der KPD eingebrachten Gesetzesentwurf an den Rechtsausschuß des Reichs-

tages, in dem es hunderterlei Mittel und Mittelchen gab, ihn im Wust des bürokratischen Getriebes untergehen zu lassen. Daraufhin beschloß die KPD, das Volk zum Gebrauch seines in der Verfassung verbrieften Rechtes der unmittelbaren Gesetzgebung aufzurufen und zu diesem Zweck ein Volksbegehren einzuleiten. Sie wurde dabei von namhaften bürgerlichen Demokraten – besonders genannt sei der Vorsitzende eines überparteilichen Initiativausschusses, Dr. Robert Kuczynski – und von zahlreichen pazifistischen und humanistischen Organisationen unterstützt.
Von entscheidender Bedeutung für den Erfolg der Volksabstimmung war die Haltung der Sozialdemokratischen Partei und der freien Gewerkschaften, die sich jedoch zunächst – aus Furcht, bei den auf die Heiligkeit des Privateigentums schwörenden bürgerlichen Parteien als unzuverlässiger Partner in Sachen Antikommunismus in schlechten Ruf zu geraten – von dem kommunistischen Vorhaben abgrenzten. Mehrmals lehnten die Führungen der Sozialdemokratischen Partei und des Allgemeinen Deutschen Gewerkschaftsbundes die Angebote der KPD ab, in dieser einen, alle Gegner der Monarchie einigenden Frage zusammenzugehen. Erst unter dem Druck der aufs höchste empörten sozialdemokratischen Parteimitglieder und der Gewerkschafter mußten sich die reformierten Führer entschließen, in Verhandlungen mit der Kommunistischen Partei einzutreten, und sich für das Volksbegehren entscheiden. Aber auch dann lehnten sie noch jegliche gemeinsame Aktion mit den Kommunisten ab und erklärten, jede Partei solle – was die Kraft der Volksbewegung natürlich ungemein schwächte – die agitatorische, propagandistische und organisatorische Vorbereitung der Volksabstimmung gesondert durchführen. Trotz dieser Haltung der reformistischen Führer bildeten sich in zahlreichen Städten Einheitskomitees aus kommunistischen, sozialdemokratischen und parteilosen Arbeitern. Jungkommunisten und Mitglieder der Sozialistischen Arbeiterjugend zogen von Haus zu Haus, sangen und spielten auf den Höfen der Mietskasernen, deklamierten zündende Verse revolutionärer Dichter, klärten die Menschen über die Bedeutung des Volksbegehrens auf. Nicht nur an Fassaden und Zäunen, sondern auch an den unzugänglichsten Stellen, an Eisenbahnbrücken und hoch oben an Fabrikschloten erschienen über Nacht Losungen: „Keinen Pfennig den Fürsten!“, „Sollen die Fürsten stempeln gehen!“, „Dem Volke die Schlösser, den Fürsten die Asyle!“
Vielerorts leiteten die Mitglieder der proletarischen Organisationen

eine enge Zusammenarbeit mit fortschrittlichen bürgerlichen Demokraten in die Wege. Außer Robert Kuczynski setzten sich Siegfried Jacobsohn, Carl v. Ossietzky und Kurt Tucholsky, Helene Stoecker, Otto Lehmann-Rußbüldt und Stefan Grossmann, Ludwig Quidde, Kurt Hiller und Hellmuth v. Gerlach, Käthe Kollwitz, Erwin Piscator, Heinrich Zille und zahlreiche weitere Intellektuelle, der DDP-Politiker Otto Nuschke, der Pater Ernst Thrasolt und viele andere für das Volksbegehren ein. Der bekannte Journalist Emil Rabold schrieb begeistert: „Eine herrliche Aktion ist in Fluß gekommen. Das Volksbegehren ist da. Gesetzesschuster und bürokratische Angstmeier verstaubter Parteistuben sollens nicht wieder verpfuschen. Wird jetzt an einem Strange gezogen, ... dann wird auch der Volksentscheid jenes Ergebnis zeitigen, auf das die Millionen brennen."(7)
Die durch die Wucht der Volksbewegung in Schrecken versetzte Reaktion ließ nichts unversucht, um den weiteren Zusammenschluß der demokratischen Kräfte zu vereiteln und den Volksentscheid, der an den Festen der kapitalistischen Ordnung, am Privateigentum, rüttelte, zum Scheitern zu bringen. Die schwarzweißroten Parteien und Verbände entfachten eine wüste Kampagne zur Einschüchterung der kleinen Eigentümer, der Bauern, Handwerker, Kaufleute, die – obwohl im Kapitalismus jeder echten Perspektive beraubt – traditionsgemäß am Besitz hingen. „Wer hindert", hetzte das „Deutsche Adelsblatt", „daß morgen das Kirchengut an die Reihe kommt und übermorgen jeder, der ein Haus hat oder ein Feld, das ihm der Nachbar neidet?" Die Zeitung zeterte über die „jüdischen Quellen" entstammende „bolschewistische Tendenz ..., die das Eigentum haßt und die erntet, was der demokratische Neid sät". Der Bischof von Passau verunglimpfte das Plebiszit in einer „oberhirtlichen Kundgebung" als „schwere Versündigung gegen das siebente Gebot Gottes" und untersagte „kraft seiner bischöflichen Autorität jede Beteiligung am Volksbegehren", das einer „willkürlichen Enteignung jeden Privatbesitzes Tür und Tor" öffne. Die höchste preußische Kirchenbehörde, der altpreußische Senat, erklärte: „Treue und Glauben werden erschüttert, die Grundlagen eines geordneten Staates untergraben, wenn einzelnen Volksgenossen ihr ganzes Vermögen entschädigungslos weggenommen werden soll."
Was mit Hilfe der Propaganda nicht gelang, versuchten die Parteigänger der Fürsten mit Sabotage und unverhüllten Rechtsverletzungen zu erreichen. In zahlreichen pommerschen, schlesischen, ostpreußischen und bayerischen Dörfern wurden die Eintragungslisten für das

Volksbegehren in den Häusern der Gutsbesitzer ausgelegt, so daß die Wähler nur für den beantragten Gesetzesentwurf stimmen konnten, wenn sie sich ihrem Brotherren gegenüber von Angesicht zu Angesicht zu einer demokratischen Entscheidung bekannten. In anderen Orten wurden die Abstimmungslokale, die man nicht selten in den Amtsstuben der Gendarmerie untergebracht hatte, nur unregelmäßig oder während der Arbeitszeit geöffnet. Verschiedentlich sandten die Gemeindevorsteher die Listen sogar an die Landratsämter mit dem Bemerken zurück, daß in ihren Ortschaften „kein Bedarf" dafür vorliege. Dementsprechend sahen auch die Abstimmmungsergebnisse in Ostelbien, Franken und anderen vom Junkertum und Klerus beherrschten ländlichen Gebieten aus. Dort trugen sich im allgemeinen weniger Menschen in die Abstimmungslisten ein, als bei der letzten Reichstagswahl vor einem Jahr für KPD und SPD zusammen gestimmt hatten.
Ein ganz anderes Bild ergab sich dagegen in den Städten und in jenen Gebieten, wo wenigstens die elementarsten Wahlbestimmungen eingehalten worden waren. Hier übertrafen die beim Volksbegehren abgegebenen Stimmen erheblich die Wählerzahlen der Arbeiterparteien bei den letzten Reichstagswahlen. In manchen Bezirken stimmten fast doppelt soviel Wähler mit „Ja", wie 1924 für die KPD und SPD gestimmt hatten. Während diese beiden Parteien vor anderthalb Jahren zusammen fast 10,7 Millionen Stimmen erhalten hatten, votierten jetzt im ganzen Reich über 12,5 Millionen Deutsche für die entschädigungslose Enteignung der Fürsten. Das war ein gewaltiger Erfolg der demokratischen Kräfte.
Die Reichsregierung mißachtete jedoch die überzeugende Willenskundgebung der Werktätigen. Sie legte den vom Volke begehrten Gesetzentwurf zwar, wie es Artikel 73 der Verfassung verlangte, dem Parlament vor, erklärte aber zugleich, daß eine entschädigungslose Enteignung der Fürsten den rechtsstaatlichen Grundsätzen widerspräche und daß sie sich deshalb „auf das entschiedenste gegen die Annahme des Entwurfs durch den Reichstag" ausspräche. Doch damit nicht genug. Die Minister wußten, daß die demokratischen Kräfte nach der zu erwartenden (dann auch tatsächlich erfolgten) Ablehnung des Gesetzes durch den Reichstag einen Volksentscheid anstrengen würden, dessen Sieg nicht nur die Frage der Fürstenvermögen im Sinne der Werktätigen lösen, sondern auch die gesamte militaristisch-monarchistische Reaktion schwächen, den Einheitswillen des Proletariats festigen, die Linkswendung des demokratischen Bür-

ger- und Kleinbürgertums beschleunigen und als ein nachahmenswertes Beispiel der Nutzung demokratischer Rechte in die Geschichte der Weimarer Republik eingehen würde. Um einen solchen Sieg zu vereiteln, schreckte die Regierung nicht vor einem flagranten Rechtsbruch zurück.

Da in Deutschland erfahrungsgemäß an Wahlen rund 30 Millionen Menschen (76–78 Prozent der Stimmberechtigten) teilnahmen, bei einer Volksabstimmung sogar mit einer noch geringeren Wahlbeteiligung gerechnet werden konnte, mußten 14–15 Millionen Ja-Stimmen (d. h. die Hälfte aller abgegebenen Stimmen) ausreichen, um den Volksentscheid zum Erfolg zu führen. Ganz anders sah dagegen die Sache aus, wenn man eine „Lösung" finden würde, bei der die nicht abgegebenen Stimmen der 22 bis 24 Prozent Nichtwähler und sogar die der (vorsichtig auf 500 000 geschätzten) „toten Seelen", d. h. der noch nicht aus den Wahllisten gestrichenen Verstorbenen, automatisch als Gegenstimmen gezählt werden könnten. In diesem Falle würde es mindestens 20 Millionen Ja-Stimmen (der Hälfte aller Wahlberechtigten) bedürfen, um den Sieg des Volksentscheides zu sichern. Dazu aber mußte der dem Volke zur Entscheidung unterbreitete Gesetzentwurf als verfassungsändernd bezeichnet werden. Das tat denn die Reichsregierung auch. Dabei „begründete" sie die vermeintliche Verfassungswidrigkeit des Gesetzentwurfes mit der die ganze Verlogenheit der Weimarer Verfassungswirklichkeit kennzeichnenden Behauptung, daß der Entwurf gegen Artikel 153, Absatz 2 des Grundgesetzes verstoße, in dem es hieß, Enteignungen dürften nur „zum Wohle der Allgemeinheit" vorgenommen werden.

Nach dieser wahrhaft unerhörten Interpretation der 1919 mit sozialistischen Lippenbekenntnissen angenommenen Reichsverfassung entsprach es also dem Wohle der Allgemeinheit, wenn die früheren Untertanen der entmachteten Landesherren vom „Volksstaate" gezwungen wurden, durch ihrer Hände Arbeit erschaffene Millionenwerte verbrecherischen Nichtstuern und erklärten Feinden der Republik in den Rachen zu werfen, während es gegen das Allgemeinwohl verstieß, die Kriegsopfer und -hinterbliebenen, die Inflationsgeschädigten und die durch materielle Not gefährdete Jugend auf Kosten der Kriegsverbrecher zu unterstützen!

Indes spitzte sich der Kampf um die Fürstenenteignung zu. Immer mehr Junker und Großindustrielle setzten sich in aller Öffentlichkeit für die ehemaligen „Landesväter" ein und spendeten riesige Summen zur Finanzierung der gegen den Volksentscheid auftretenden

Organisationen. Die höchsten Gremien der Republik – Reichsregierung, Reichsrat und Reichstag – machten sich zu Fürsprechern der die Monarchie verkörpernden Personen und Prinzipien. Als letzten Trumpf schickten die antidemokratischen Kräfte schließlich auch noch Reichspräsidenten Hindenburg vor. In einem „rein zufällig" veröffentlichten und alsdann in Millionen von Exemplaren verbreiteten Privatbrief ließ sich dieser eingangs darüber aus, daß die Verfassung ihm als Träger des höchsten Amtes im Deutschen Reiche, nicht erlaube, dem Volkswillen vorgreifend, öffentlich zu dem eingebrachten Gesetzentwurf Stellung zu nehmen, zog dann aber vehement in Ausdrücken, die durchweg aus der Kaiserzeit stammten, gegen den Volksentscheid zu Felde. Er betonte, daß er, der ein „Leben im Dienste der Könige von Preußen und der deutschen Kaiser verbracht habe", den Volksentscheid „als ein großes Unrecht, dann aber auch als einen bedauerlichen Mangel an Traditionsgefühl und als großen Undank empfinde". Er diffamierte den von mehr als 12 Millionen Bürgern unterstützten Enteignungsantrag als „einen sehr bedenklichen Vorstoß gegen das Gefüge des Rechtsstaates" und schreckte seine Anhänger mit der Voraussage, daß die Annahme dieses Antrags Deutschland „auf abschüssiger Bahn haltlos bergab" führen würde.

Das widerrechtliche Eingreifen des Staatsoberhauptes in die Auseinandersetzungen über die Fürstenvermögen beflügelte die Reaktion, die nicht nur ihre Angriffe gegen die „bolschewistische Enteignungskampagne" verstärkte, sondern auch einen Wahlterror organisierte, den es in der Weimarer Republik bis dahin nicht gegeben hatte. In verschiedenen Orten wurden schwarze Listen aller Besucher der Abstimmungslokale angelegt, Stimmwillige durch Entlassungs- und Boykottdrohungen eingeschüchtert, die Bekanntgabe des Wahltermins und der Wahllokale verhindert.

Trotz dieser Beeinträchtigung ihrer Rechte stimmten am 20. Juni 1926 nahezu 14,5 Millionen für den von den Arbeiterorganisationen eingebrachten Gesetzesentwurf zur entschädigungslosen Enteignung der Fürsten. Dieses Ergebnis reichte zwar angesichts der durch die Regierung erfolgten Rechtsbeugung nicht aus, um das räuberische Abfindungsverlangen der ehemaligen Herrscher zurückzuweisen, war aber dennoch ein großartiger Erfolg der von der KPD zielstrebig vorangetriebenen Einheitsfrontpolitik, der sich in diesem Falle auch die rechten sozialdemokratischen Führer nicht hatten verschließen können.

Aktionseinheit der Arbeiterklasse. Der Volksentscheid gegen die Fürstenabfindung. 1926

Kampf dem Faschismus!

Kampf gegen den Militarismus. Demonstration in Berlin zum Volksentscheid gegen den Panzerkreuzer. 1928

Das 2. Kabinett Hermann Müller. Sitzend v. l.: Curtius, Stresemann, Müller, Groener, Wirth. Stehend v. l.: Schätzel, v. Guerard, Stegerwald, Severing, Dietrich, Hilferding. 1929.

Um diesen Erfolg auszubauen, wäre es notwendig gewesen, die Bindungen zwischen den beiden großen Arbeiterparteien in weiteren konkreten Aktionen zu festigen. Aber gerade dazu waren die rechten sozialdemokratischen Führer nicht bereit. Im Gegenteil. Ihr ängstliches Bemühen ging dahin, nicht den „Anschluß“ an die immer mehr von den bürgerlichen Parteien bestimmte Entwicklung zu verlieren und denen, die als Anwälte der Fürsten aufgetreten waren, ihre Regierungstauglichkeit zu beweisen. Deshalb stellten sie ihren Antikommunismus jetzt noch schroffer als vordem zur Schau, gingen verschärft gegen die linke Opposition in den Reihen der SPD vor und lehnten entrüstet alle Angebote der KPD ab, gemeinsam die bürgerliche Koalitionsregierung zu bekämpfen, die sich des offenen Verfassungsbruches schuldig gemacht hatte.
Diese Haltung der rechten sozialdemokratischen Führer machte es unmöglich, in den folgenden Jahren erneut eine ihrem Umfang nach mit der Volksbewegung für die Fürstenenteignung vergleichbare Einheitsaktion aller demokratischen Kräfte auszulösen. Vor allem bewies diese Haltung aber, daß die Führung der SPD nicht einmal bereit war, die den Massen vom bürgerlichen parlamentarischen Staat so spärlich zugebilligten legalen Waffen einzusetzen, um die demokratische Volksbewegung auszubauen, die allein imstande gewesen wäre, die von Jahr zu Jahr mehr gefährdete Republik gegen die Angriffe der Reaktion zu verteidigen.

Neuntes Kapitel

1927: Der schwarzweißrote Bürgerblock lenkt die schwarzrotgoldene Republik

In der Mitte der zwanziger Jahre war es zu einer seltsamen Tradition geworden, daß das Reichskabinett kurz vor Weihnachten zurücktrat und Deutschland über Neujahr ohne Regierung blieb.
Nach den Reichstagswahlen im Dezember 1924 hatte das zweite Kabinett Marx mit der Begründung demissioniert, die Zusammensetzung der Regierung entspräche nicht mehr dem Kräfteverhältnis der Parteien im Parlament. In Wirklichkeit ging es jedoch nicht darum, den Wählerwillen zu respektieren, sondern um handfeste materielle Interesssen der an den unsichtbaren Strängen der Macht ziehenden Schwerindustriellen und Junker. Da nämlich im Januar 1925 die fünfjährige Frist abgelaufen war, für die der Versailler Friedensvertrag Deutschland einschneidende handelspolitische Beschränkungen auferlegt hatte, und jetzt eine neue Zoll- und Steuergesetzgebung ausgearbeitet werden konnte, rückten Agrarzölle, Vermögens- und Umsatzsteuer, als „Ruhrentschädigungen" und anders getarnte Subventionen für die Großindustrie in den Mittelpunkt der Regierungstätigkeit. Geld stinkt bekanntlich nicht und rechtfertigt in den Augen des Kapitals beliebige ideologische Seitensprünge. Deshalb gingen die Schlotbarone und Krautjunker, die den Kurs der antirepublikanischen Deutschnationalen Partei bestimmten, jetzt plötzlich von ihrer gemimten Obstruktionspolitik gegenüber der Republik ab und verlangten, „gleichberechtigt" an der Ausübung der Staatsgeschäfte beteiligt zu werden. Da sie den übrigen bürgerlichen Parteien, die zum Teil andere Interessengruppen vertraten bzw. sich vor allzu drastischen und unpopulären finanzpolitischen Maßnahmen scheuten, nicht über den Weg trauten, beschlossen die Deutschnationalen, die Finanz- und Wirtschaftspolitik in eigene Regie zu nehmen, und forderten die entsprechenden Ministerien für sich. Gehorsamst präsentierte ihnen denn auch der neue Reichskanzler, der eng mit dem

Hause Krupp liierte „überparteiliche" Politiker Hans Luther, das Finanz- und das Wirtschaftsministerium und obendrein das Innenministerium. Die „Überparteilichkeit" entpuppte sich wieder einmal, wie ein rechtssozialdemokratischer Minister in einer lichten Minute bemerkt hatte, als die Lebenslüge der obrigkeitsstaatlichen Rechten.
Zehn Monate später, als die reaktionären Zoll- und Steuergesetze unter Dach und Fach waren und auch nichts mehr den als Friedenspakt deklarierten, in Wirklichkeit jedoch den deutschen Expansionsinteressen dienenden Locarnopakt gefährden konnte, setzten sich die deutschnationalen Minister wieder aus der Regierung ab. Die Profite, deretwegen man Republikaner gespielt hatte, waren gesichert, so daß man getrost wieder Opposition machen konnte. Die deutschnationalen Regierungsmitglieder bestellten sich eine Protestbewegung ihrer Landesverbände gegen die „entsetzlich pazifistischen" Locarnoverträge, an denen sie selbst mitgewirkt hatten, und sagten der außenpolitisch angeblich so „schwächlichen" Republik erneut den Kampf an. Das Kabinett Luther führte zwei Monate noch ein Schattendasein, legte dann aber sein Rücktrittsgesuch unter den Weihnachtsbaum.
Im Januar 1926 stellte Luther sein zweites Kabinett vor, das im Innern wie im Äußeren an der eingefahrenen Politik festhielt, also als deutschnationale Regierung ohne Deutschnationale bezeichnet werden könnte. Mitte des Jahres mußte Luther allerdings abtreten, doch änderte auch das nichts an der politischen Linie. Das Ministerensemble blieb unter dem zum dritten Mal zum Reichskanzler ernannten Wilhelm Marx zusammen – ein Kabinett Luther ohne Luther, wie man damals sagte. Kurz vor dem nächsten Weihnachtsfest hatte aber die Stunde des Kabinetts abermals geschlagen. Die Deutschnationalen drängten nämlich wiederum in die Regierung. Jetzt ging es ihnen jedoch nicht mehr einfach um die Annahme einzelner Gesetze zur Bereicherung der Großagrarier und der Herren von Kohle und Stahl. Angesichts der stetigen Rechtsentwicklung der Republik glaubten sie vielmehr, es sei nun der Zeitpunkt gekommen, an dem man von der Unterhöhlung der parlamentarischen Staatsform zu ihrem offenen Abbau übergehen könne. Sie forderten eine Reichsreform, d. h. die Abänderung der Verfassung, die Unterstellung des sozialdemokratisch regierten Landes Preußen unter die Reichsregierung, die Erweiterung der präsidialen Befugnisse, gesetzliche Handhaben zur Zerschlagung der revolutionären Organisationen, einen reaktionären Umbau des Justizwesens. Dementsprechend bean-

spruchten sie jetzt den Posten des Vizekanzlers, das Innen- und Justizministerium. Um die Fortführung der monopol- und junkerfreundlichen Wirtschaftspolitik zu sichern, verlangten sie gleichzeitig noch ein Wirtschaftsressort – das Wirtschafts-, Finanz-, Ernährungs-, Arbeits- oder Verkehrsministerium. Reichskanzler Marx stand seinem Vorgänger Luther nicht nach und ließ sich nicht lumpen. In seinem Anfang 1927 neu gebildeten Kabinett erhielt die DNVP die von ihr geforderten Sitze: das Vizekanzleramt und die Ministerien für Inneres, Justiz, Ernährung und Verkehr.
So kam es, daß am 29. Januar 1927 ein Mann als Chef in das zwischen Reichspräsidentenpalais und Auswärtigem Amt in der Wilhelmstraße gelegene graue Gebäude des Reichsinnenministeriums einzog, der knappe sieben Jahre zuvor am antirepublikanischen Kapp-Putsch teilgenommen hatte und nur durch Untertauchen seiner vom Innenministerium angeordneten Verhaftung entgangen war – Walther v. Keudell. Einige sozialdemokratische Geschichtsschreiber behaupten, dieser kleine Landrat a. D. habe sich einzig und allein durch „angenehme Manieren und gutes Klavierspiel“ ausgezeichnet, und entschuldigen die sich durch die Ernennung solcher Leute selbst diskreditierende Republik mit der Bemerkung, Keudell hätte sich ja in sieben langen Jahren auch zum loyalen Befürworter des schwarzrotgoldenen Staates entwickeln können. Doch genügt ein Blick auf den (auch der sozialdemokratischen Geschichtsschreibung nicht unbekannten) Lebensweg dieses märkischen Adligen, um zu erkennen, daß nicht er sich im Sinne einer Loyalität nach links gewandelt hatte, sondern daß die Republik erschreckend nach rechts gerutscht war. Keudell trat im Kabinett als Wortführer der extremsten antidemokratischen Kräfte auf. Seine Gesinnung war derart, daß er sie nicht zu ändern brauchte, als er 1936 unter Hitler Staatssekretär wurde. Und auch nach 1945 blieb er ein „Mann von altem Schrot und Korn“: 1948, von einer Spruchkammer (die offenbar seinen angenehmen Manieren mehr Aufmerksamkeit schenkte als seinem politischen Profil) entnazifiziert, kehrte er ins öffentliche Leben zurück – diesmal als „Vertreter der sowjetzonalen Landsmannschaften“ in Bonn ...
Dieser Komplice Kapps, Hitlers und später der Bonner Revanchepolitiker war sicher der typischste Repräsentant des zweiten Bürgerblockkabinetts der Weimarer Republik, der bis dahin reaktionärsten deutschen Regierung seit 1918. Gerade unter dieser Regierung wurde immer deutlicher, daß sich die höchsten Gremien des Wei-

marer Staates in zunehmendem Maße in direkte Exekutivorgane des Unternehmerwillens verwandelten. Freilich hatten die Großindustriellen, Bankiers und Junker früher schon, und zwar am augenfälligsten in Krisensituationen, die Regierungspolitik auch in Einzelfragen bestimmt. Freilich hatten sie – um eine Formulierung des Vorsitzenden des Reichsverbandes der deutschen Industrie, des IG-Farben-Chefs Carl Duisberg, anzuführen – „ganz gut gangbare" Wege zur Beeinflussung des Parlaments gefunden, indem sie auf sogenannten parlamentarischen Abenden „in gemütlicher Weise bei Bier und Tabak" mit den zugänglichen Abgeordneten des Reichstages und des preußischen Landtages in „sachverständiger" Weise alle Fragen „erörterten", die die Industrie interessierten.(1) Jetzt gingen sie aber mehr und mehr dazu über, der Regierung langfristige Programme des gesellschafts- und staatspolitischen Umbaus vorzulegen. Der Reichsverband der deutschen Industrie und einige andere monopolkapitalistische Organisationen begannen, als Leitzentren perspektivischer Planung der Staatspolitik in Erscheinung zu treten. Dabei handelte es sich keineswegs allein um die Lenkung der staatlichen Einflußnahme auf die Wirtschaft und die Konzipierung der Wirtschaftsgesetzgebung, sondern vielmehr um den auf eine neue qualitative Stufe gehobenen Ausbau eines alle gesellschaftlichen Bereiche durchdringenden Herrschaftssystems, das auf einer immer weiterreichenden Verschmelzung des Monopolkapitals und des bürgerlichen Staatsapparates beruhte. Was den Konzernherren bei der Forcierung einer solchen Entwicklung im einzelnen vorschwebte, erläuterte 1928 ein Sprecher der Vereinigung deutscher Arbeitgeberverbände in einem Referat zum Thema „Wirtschafts- und Regierungsform", indem er so ganz nebenbei auch die übergroße Machtfülle des italienischen faschistischen Staates als einen Faktor pries, der die „Leistungsfähigkeit der modernen kapitalistischen Wirtschaftsorganisation" erhöhe. Eine solche staatliche Machtfülle, erklärte der Redner, „kann sogar der privaten kapitalistischen Entwicklung bewußt dienstbar und förderlich sein", ja diese Machtfülle ermögliche es eigentlich erst, zu der „zielklaren, planvollen und stabilen Führung" zu gelangen, die im Hinblick auf die „politische Beeinflussung" der Arbeiter notwendig sei. Ausdrücklich hob dieser Theoretiker der Großbourgeoisie den Zusammenhang zwischen der angestrebten verstärkten staatsmonopolistischen Wirtschaftslenkung und dem Abbau der bürgerlichen Demokratie hervor: „Der aus der modernen industriellen Technik, der Notwendigkeit des Arbeitens mit einem gewaltigen Apparat sich ergebende sachliche Zwang zu schärfster Disziplin, zu Führerschaft und Gefolgschaft in der Wirtschaft, steht in diamentralem Gegensatz zu einer politischen Auffassung, welche infolge des Mangels einer anerkannten Aristokratie und des Deutschland eigentümlichen, an sich keineswegs notwendigen Begriffes der Demokratie, jede Hierarchie, jede freiwillige (!! – W. R.) Unterordnung unter Autorität, jede Führerschaft und Gefolgschaft ablehnt."(2)

Wenn sich die meisten deutschen Konzernherren 1927/28 auch noch aus Furcht vor Aktionen der Werktätigen zur Verteidigung der demokratischen Rechte und, weil keine faschistische Massenbasis bereitstand, nicht zum Faschismus bekannten, so setzten sie sich doch für eine kontinuierliche Veränderung der Regierungspolitik in der vom Sprecher der Arbeitgeberverbände dargelegten, objektiv zum Faschismus führenden Richtung ein. Bezeichnend ist, daß sich Anfang 1928 unter der Führung des ehemaligen Reichskanzlers Luther aus Großindustriellen, Bankiers, Großagrariern, Militärs, hohen Verwaltungsbeamten und Politikern fast aller bürgerlicher Parteien (zu denen sich auch der Sozialdemokrat Gustav Noske gesellte) ein „Bund zur Erneuerung des Reiches" bildete, der es im Gründungsaufruf als sein Ziel bezeichnete, „das dritte Reich (!) . . . zu zimmern, das die ganze Nation in gesunder Gliederung zusammenschließt".

Unter diesem Aufruf standen die Unterschriften von Krupp, Thyssen und Vögler, von Reusch, Springorum (Hoesch-Konzern) und Röchling, von Siemens, Bosch und Cuno, von Goldschmidt (Darmstädter- und Nationalbank), Bergmann (Deutsche Bank) und Mendelssohn, von Papen, Graf Kalckreuth und Wilmowsky (Landbundführer und Schwager Krupps), von General Groener, Oberbürgermeister Adenauer und vielen anderen.(3) Etwas später veröffentlichte der Erneuerungsbund eine Schrift über die „Rechte des Reichspräsidenten nach der Reichsverfassung"(4), in der wesentliche Modalitäten des in den folgenden Jahren verwirklichten Abbaus der bürgerlichen Demokratie vorgezeichnet wurden. Für den Reichspräsidenten, der ein „Führerrecht" habe, hieß es in dieser programmatischen Ausarbeitung, sei „die Berücksichtigung der Mehrheitsverhältnisse im Reichstag . . . keine juristische Pflicht, wohl aber eine politische Notwendigkeit . . . Betrachtet man die Beziehungen (zwischen Parlament und Staatsoberhaupt – W. R.) aber politisch, und zwar nicht nur, wie es durch die bisherige Übung Brauch geworden ist, vom Standpunkt des Reichstages, sondern auch vom Standpunkt des Reichspräsidenten, so erkennt man, daß der Reichspräsident durch seine politische Verantwortung unter Umständen auch genötigt sein kann, einen Reichskanzler zu ernennen, für den er mit einer Zustimmung des Reichstages nicht rechnet. In solchem Falle ist es zunächst durchaus denkbar, daß gegenüber der vollzogenen Handlung des Reichspräsidenten der Reichstag es doch für richtiger befindet, von einem Mißtrauensvotum abzusehen ... Im anderen Fall wird der Reichspräsident vor die Notwendigkeit gestellt, zu entscheiden, ob er etwa von seinem Auflösungsrecht Gebrauch machen will. Der Reichspräsident vollzieht demnach durch die Ernennung und Entlassung von Ministern Akte seiner eigenen politischen Verantwortung." Unzweideutig wurde hier von Leuten, die nicht gewohnt waren, in den Wind zu reden, ausgesprochen, wie sie sich das Funktionieren des „Volksstaates" von Weimar vorstellten: Der Reichstag, der – wollte man den staatsrechtlichen Kommentatoren der Verfassung glauben – als oberstes Organ der Republik fungierte, „durch das das souveräne Volk seine Staatsgewalt ausübt",(5) sollte vollends dem Monarchisten Hindenburg untergeordnet werden, der sich die Genehmigung zur Präsidentschaft bei dem vom Volke verjagten Exkaiser eingeholt hatte und sich bei allen politischen Entscheidungen mit seinen reaktionären Gutsnachbarn, mit den in seinem Hause verkehrenden ehemaligen kaiserlichen Offizieren und mit Vertrauensleuten der mächtigsten Konzernherren beriet.

Genauso, wie der Erneuerungsbund bei der Darlegung seines Programms zur Stärkung der Präsidialgewalt davon ausging, daß nicht nur – was bereits verwirklicht war – Außenpolitik, Justiz und Wehrmacht der Reichsregierung unterstellt sein müßten, sondern gleicherweise „die Finanzhoheit und die Regelung aller Fragen, die für die deutsche Wirtschaftsbilanz von Bedeutung sind", begründete auch der Reichsverband der deutschen Industrie seine (z. B. in der Denkschrift an Reichskanzler Marx vom November 1927 dargelegten) Forderungen einer „sehr einschneidenden Verfassungsänderung" vorrangig mit angeblich notwendiger „finanzieller Mäßigung seitens der Volksvertretung, der Länder und Gemeinden".(6) Was namentlich unter „Mäßigung" der Volksvertretung (d. h. in erster Linie des Reichstages) zu verstehen war, erläuterte der Sprecher des Reichsverbandes dem Kanzler in einer Aussprache zwischen Verbandsvertretern und Regierung über die erwähnte Denkschrift. Er verlangte, die Reichsregierung müsse sich bei ihren Anstrengungen, „alles zu vermeiden, was auf eine Erhöhung des Preisniveaus hinauslaufe", über das Parlament hinwegsetzen. „Das gelte insbesondere von der

Lohnpolitik, von den sozialpolitischen Lasten und von den Arbeitszeitbestimmungen", also von all jenen sozialen Errungenschaften der Revolution, die der Republik in den Augen der breiten Massen überhaupt erst ihre Lebensberechtigung verliehen.

Die Regierung, die in der Öffentlichkeit stets den durch Wahlen manifestierten Volkswillen im Munde führte, betrachtete die an der Massenbasis des republikanischen Staates rüttelnden Forderungen der Monopolherren als strikte Anweisungen. Kanzler Marx beeilte sich zu erklären, „daß die Ziele der Reichsregierung sich mit denen des Präsidiums des Reichsverbandes weitestgehend decken", entschuldigte sich aber zugleich dafür, daß die Realisierung der sozialreaktionären und antidemokratischen Offensive nicht zügig genug voranschreite. Als wichtigstes Hindernis bei der Durchsetzung der Pläne des Monopolkapitals bezeichnete er die „Unfähigkeit des Volkes als Ganzem, sich mit der jetzigen Lage abzufinden. Die Reichsregierung könne den Reichstag nur ganz allmählich dahin bringen, daß er sich den gegebenen Verhältnissen anpasse."

Kraß gesagt: Hauptmerkmal der „jetzigen Lage" war die unmittelbare Unterordnung des oft so lauthals als über den Klassen stehend gepriesenen Staates unter eine Handvoll mächtiger Industrie- und Bankmagnaten, und die Hauptschwierigkeit der gegebenen Situation für die Herrschenden bestand darin, daß das „unfähige" Volk sich nicht mit einer solchen Entwicklung abfinden wollte. Wirtschaftsminister Curtius, Mitglied der großindustriellen Deutschen Volkspartei und gewöhnt, seine Auftraggeber aus der ihm zur zweiten Natur gewordenen Demagogie heraus als „einen Teil des Volkes" zu bezeichnen, machte in der genannten Besprechung ausdrücklich darauf aufmerksam, daß man nicht „vor der Öffentlichkeit den Eindruck ... erwecken (dürfe), als habe sich die Regierung einseitig mit dem Reichsverband der deutschen Industrie verbündet. Dies werde bei anderen Teilen des Volkes unnötige Opposition hervorrufen."(7)

Liest man derartige Verlautbarungen, so kann es nicht verwundern, daß die Industrie- und Finanzgewaltigen ihre Aufmerksamkeit in den folgenden Jahren auf die Frage konzentrierten, wie man die „unnötige Opposition" breiter Bevölkerungsteile gegen die in Geheimbesprechungen vereinbarte Politik ausschalten, wie man das „Volk als Ganzes" für die reaktionären Pläne einspannen, d. h., wie man eine Massenbewegung zur Unterstützung der uneingeschränkten Diktatur des Monopolkapitals ins Leben rufen könne. An sich hatten die Ruhrmagnaten und andere Großindustrielle diese Frage schon lange aufgeworfen. Beispielsweise ist bekannt, daß der Verein deutscher Eisenhüttenleute auf Initiative Vöglers bereits 1925 das „Deutsche Institut für technische Arbeitsschulung" (Dinta) gegründet hatte, um die in den Großbetrieben Beschäftigten „innerlich" für den Kapitalismus zu gewinnen. „Die Arbeitermasse", hieß es in einem Programmdokument des Dinta, „ist keineswegs so einheitlich, wie die sozialistische Theorie sie vorstellt (?!). Sie hat Abstufungen ... Der Rationalist vereinerleit auch hier immer wieder das verzwickte Gesamtgebilde, der Soziologe sieht schärfer. Für ihn gilt der Satz: ‚Divide et impera'."(8) Und jetzt, da die Großbourgeoisie sich zum Generalangriff auf die Errungenschaften der Novemberrevolution vorbereitete, war sie bestrebt, neue, wirksamere Methoden zur Verwirklichung des Leitsatzes „Teile und herrsche" ausfindig zu machen. Darüber, wie sie dies bewerkstelligte, wird ausführlicher in den folgenden Kapiteln zu berichten sein.

Hier sei erst noch eine andere Frage berührt, die sich beim Lesen des zitierten Protokolls über die Verhandlungen zwischen Industriellen und Ministern sowie beim Studium anderer ähnlicher Schriftstücke ergibt. Angesichts des in diesen Verlautbarungen so eindeutig dokumentierten Erstarkens des „organisierten" (wissenschaftlich ausgedrückt: des staatsmonopolistischen) Kapitalismus fragt man sich nämlich geradezu fassungslos, woher die rechten sozialdemokratischen Führer – wie etwa Hilferding auf dem SPD-Parteitag in Kiel (1927) – die Unverfrorenheit nahmen, zu erklären, die in Gang befindliche „Durchdringung von Wirtschaft und Staat" beweise, daß „organisierter Kapitalismus ... den prinzipiellen Ersatz des kapitalistischen Prinzips der freien Konkurrenz durch das sozialistische Prinzip planmäßiger Produktion" bedeute.(9) Auf dem sozialdemokratischen Parteitag in Magdeburg 1929 hatte der ehemalige „Volksbeauftragte" Dittmann, einer der Hauptschuldigen an der Niederlage der Arbeiterklasse in der Novemberrevolution, sogar die Stirn, zu verkünden: „Wir leben nicht mehr im reinen Kapitalismus, sondern bereits im Übergang zum Sozialismus ... Die Staatsgewalt (geht) vom Volke aus, und das Volk hat alle Chancen, nach dem Maße seiner Aufklärung zu verhindern, daß der Staat einseitig nur die Interessen der kapitalistischen Klasse wahrnimmt."(10)

Derartige Auslassungen sozialdemokratischer Spitzenfunktionäre, die gerade aus der Zeit der beginnenden Großoffensive des Monopolkapitals gegen das Volk in Hülle und Fülle angeführt werden könnten, beweisen nur ein weiteres Mal, daß die Republik den reformistischen Führern dazu diente, den prinzipiellen Kampf des Proletariats gegen seinen Klassengegner mit der Begründung als „veraltet" hinzustellen, daß es im Rahmen der vermeintlich verwirklichten „politischen Demokratie" angeblich möglich sei, auch den zweiten Schritt auf dem „dritten Wege" zum Sozialismus zu gehen, nämlich die „Wirtschaftsdemokratie" zu erreichen.

Obgleich die SPD, um nicht ihren Einfluß auf die mit dem Marxismus verbundenen Massen zu verlieren, im Grundsatzteil ihres Programms noch erklärte, daß dem Aufbau des Sozialismus die Errichtung der politischen Macht der Arbeiterklasse vorangehen müsse, ging sie in ihrer praktischen Tätigkeit sogar von ihrem kleinbürgerlich-reformistischen Aktionsprogramm ab, welches u. a. forderte, „das Volk auf der Grundlage der demokratischen Selbstverwaltungen zum Träger der Verwaltung" zu machen, das „Mitbestimmungsrecht der Arbeiterklasse an der Organisation der Wirtschaft" durchzusetzen, die „Kontrolle des Reichs über die kapitalistischen Interessengemeinschaften, Kartelle und Trusts" zu sichern u. ä. m.(11)

Jetzt, wo genau das Umgekehrte passierte, wo nämlich die Selbstverwaltung der Länder und Gemeinden auf Forderung der Trustherren mehr und mehr eingeschränkt wurde, wo von Mitbestimmung des nach regierungsamtlicher Diktion „unfähigen" Volkes keine Rede mehr sein konnte, wo die kapitalistischen Interessengemeinschaften ihre Kontrolle über Reichsregierung und Reich zusehends verstärkten, dachte die sozialdemokratische Führung, die Grundtendenz der Entwicklung überhaupt nicht erkennend, keineswegs daran, wirksame Aktionen gegen all diese und andere antidemokratischen Machenschaften zu organisieren, sondern identifizierte sich ausdrücklich mit dem bestehenden Staat und unterstrich, wie es Hilferding in Kiel tat, daß „auch die Sozialdemokratie . . . ein Teil des Staates" sei.

Wenn die Geschichtsschreibung der BRD den Kommunisten demgegenüber vorwirft, daß sie sich stets *grundsätzlich* gegen den von ihnen als Herrschaftsinstrument des Monopolkapitals angeprangerten Weimarer Staat gewandt hätten, so tut sie dies, um die revolutionäre Partei der „abstrakt-doktrinären", „unkonstruktiven" und deshalb angeblich wertlosen und schädlichen Kritik an der Republik zu bezichtigen. Damit will die imperialistische Historiographie die Tatsache vergessen machen, daß die KPD – obwohl sie sich stets der Beschränktheit der *bürgerlichen* Demokratie und der Notwendigkeit bewußt war, sie durch die ungleich höher stehende *sozialistische* Demokratie abzulösen – dennoch „bestrebt (war), die in der Verfassung verkündeten bürgerlich-demokratischen Rechte, Freiheiten und Prinzipien so weit als möglich zu sichern, sie gegenüber der Reaktion im staatlichen Leben durchzusetzen und der Willkür der herrschenden Klasse und ihres Staatsapparates bestimmte Schranken zu setzen".(12)

Die zahlreichen Aktionen, Maßnahmen, Vorschläge, Anträge und Anregungen, die die Kommunistische Partei gerade auch während der Regierungszeit des zweiten Bürgerblockkabinetts einleitete bzw. unterbreitete, beweisen eindeutig, daß sie sich keineswegs darauf beschränkte, die volksfeindliche Regierungspolitik zu entlarven und die Massen über die neue Qualität der Monopoloffensive aufzuklären, sondern daß sie auch konstruktive Schritte unternahm, um die bestehende Gesetzgebung maximal zur Abwehr dieser Offensive zu nutzen und die unmittelbaren Lebensinteressen der Werktätigen zu verteidigen. Die KPD versuchte, den Einfluß der Konzerne und Trusts auf die Regierung zurückzudrängen, und schöpfte alle parlamentarischen Möglichkeiten aus, um den Rücktritt des schwarzweißroten Bürgerblockkabinetts zu erzwingen. Sie verlangte die Wählbarkeit und Absetzbarkeit der Richter und leitenden Beamten und überhaupt die konsequente Anwendung der bürgerlich-demokratischen Prinzipien auf den Staatsaufbau. Die Partei brachte im Reichstag und in den Landtagen detaillierte Vorlagen zur Veränderung der Steuer- und Zollgesetzgebung ein und arbeitete, wie z. B. die Würzburger Konferenz kommunistischer Parlamentarier im April 1927 bewies, ins einzelne gehende Richtlinien zur Invaliden-, Angestellten- und Krankenversicherung, Jugendwohlfahrt, Fürsorgeerziehung, zum Gesundheitswesen und Arbeiterschutz, zur Arbeitszeitregelung, Arbeitsvermittlung, Arbeitslosenversicherung aus. Ohne dem kleinbürgerlichen Partikularismus das Wort zu reden, setzte sich die KPD für die Erweiterung der kommunalen Selbstverwaltung ein, auf die die Arbeiterorganisationen unter den gegebenen Verhältnissen weitaus stärkeren Einfluß auszuüben vermochten als auf die unmittelbar mit den Monopolverbänden zusammenarbeitende Reichsregierung. Die Kommunisten entwickelten Grundelemente einer demokratischen wohnungs- und städtebaulichen Konzeption, traten allen Angriffen auf die Rechte der Gewerkschaften und allen Anschlägen der Kulturreaktion entgegen.

Besondere Beachtung verdient in diesem Zusammenhang der offene Brief der Bezirksleitung der KPD Wasserkante an die Hamburger Vorstände der SPD und der freien Gewerkschaften vom 12. Oktober 1927. Das in diesem Dokument dargelegte konkrete Aktionsprogramm sah zahlreiche unter den gegebenen Verhältnissen realisierbare Maßnahmen zur Sicherung der demokratischen Errungenschaften und zur Verbesserung der Lebenslage der Werktätigen vor. Hierzu gehörten u. a.: Auflösung aller faschistischen und reaktionären Organisationen und Entlassung aller republikfeindlichen Richter und Staatsanwälte; Beschneidung der großkapitalistischen Profite durch Einführung einer Wertzuwachssteuer, einer Luxussteuer und einer progressiven Besteuerung der großen Vermögen; Steuerfreiheit für Arbeitergenossenschaften und teilweise Steuerfreiheit für Kleingewerbetreibende und Kleinbauern; Staffelung der Strom- und Gaspreise nach sozialen Gesichtspunkten sowie Überführung der gemeinnützigen Betriebe in kommunales und Staatseigentum; Verbot des Mietwuchers und Realisierung eines großzügigen Wohnungsbauprogramms.

Bemerkenswert an diesem antimonopolistisch-demokratischen Dokument ist vor allem, daß sich die KPD darin bereit erklärte, eine sozialdemokratische Minderheitsregierung, die sich dieses Programm zu eigen machen würde, zu unterstützen. Die rechtssozialdemokratischen Führer, die nichts mehr fürchteten, als in den Augen der Bourgeoisie als nicht mehr akzeptabele Koalitionspartner zu erscheinen, lehnten jedoch alle kommunistischen Angebote zu gemeinsamem Vorgehen der beiden Arbeiterparteien auf verfassungsmäßig erlaubtem Wege immer wieder hartnäckig ab. Meist ignorierten sie derartige Angebote. Wenn sie aber doch dazu Stellung nahmen, so begründeten sie ihre Ablehnung damit, daß die KPD den Kampf um die Tagesforderungen der Werktätigen mit dem politischen Kampf für die Zurückdrängung der imperialistischen Herrschaft verband. Dabei war es überhaupt nur möglich, die Tagesforderungen der Massen gegen die zielbewußt betriebene Offensive der Großbourgeoisie durchzusetzen, wenn man sich über die antidemokratische und antirepublikanische strategische Konzeption des Finanzkapitals klar war und ihr eine den Arbeiterinteressen entsprechende Gesamtkonzeption entgegensetzte. Da die rechtssozialdemokratischen Führer auf die Ausarbeitung einer solchen Konzeption verzichteten, schalteten sie sich weitgehend aus dem Kampf nicht nur um die entscheidenden Fragen des politischen Lebens, sondern auch aus dem Kampf für die Tagesforderungen der Werktätigen aus und verwandelten sich immer mehr in ein bloßes, über keine selbständige Initiative mehr verfügendes Anhängsel der Bourgeoisie.

Wie weit die Selbstausschaltung der Sozialdemokratie – der damals größten deutschen Partei – aus dem politischen Getriebe ging, läßt sich u. a. am Schicksal des zweiten Bürgerblockkabinetts ablesen, das Anfang 1928 nicht etwa durch Angriffe der sozialdemokratischen Parlamentsopposition, sondern durch immer tiefer aufklaffende innere Widersprüche ins Wanken geriet und schließlich zerfiel. Die deutschnationalen, volksparteilichen und klerikalen Minister konnten sich nämlich - trotz ihrer im wesentlichen gleichen Ziele – nicht über Reihenfolge, Zeitpunkt und konkrete Ausgestaltung einzelner antidemokratischer und sozialreaktionärer Maßnahmen einigen. Als beispielsweise Innenminister Keudell kurz vor den bereits anberaumten Reichstagswahlen 1928 verlangte, die proletarische Wehrorganisation, den Roten Frontkämpferbund, wegen ihrer „staatsumstürzlerischen" Ziele zu verbieten, erklärten die übrigen Regierungsmitglieder, „daß sie in der Frage der Beurteilung und Verurteilung des Roten Frontkämpferbundes mit dem Herrn Reichsminister des Innern völlig übereinstimmten, nur seien sie wegen des jetzigen Zeitpunktes der Auffassung, daß dieser denkbar unglücklich gewählt sei".(13)

Eine nicht geringere Rolle beim Zerfall des Bürgerblocks spielte die Tatsache, daß die Regierungsparteien, von denen sich jede spezifischer, auf ihre Anhängerschaft berechneter demagogischer Methoden und Argumente bediente, allesamt fürchteten, durch die Übernahme der Verantwortung für unpopuläre Maßnahmen einen Teil ihrer Wähler und damit auch ihres politischen Einflusses einzubüßen. Insbesondere spitzten sich die Differenzen im Kabinett um den Entwurf eines Reichsschulgesetzes zu, bei dessen Diskussion es im Grunde darum ging, die Taktik und das gegenseitige Verhältnis der Koalitionspartner in der nächsten Regierung festzulegen. Die meisten bürgerlichen Politiker spielten nämlich mit dem Gedanken, die SPD, die sich in der Opposition „erholt" hatte, demnächst für ein bis zwei Jahre – wie sich pfiffige volksparteiliche Abgeordnete ausdrückten – „vor die Front zu holen", sie also in ein Kabinett hineinzunehmen, das das vom Bürgerblock ausgearbeitete (z. T. persönlich von Hindenburg oktroyierte) und eingeleitete Programm realisieren sollte.

Eine solche „Lösung“, die später, bei immer zunehmender Schärfe der Offensive des Kapitals und bei einer demzufolge immer offensichtlicheren Arbeiterfeindlichkeit der Regierungspolitik nicht mehr möglich, ja nach dem Aufbau einer extrem chauvinistischen Massenbasis auch nicht mehr erforderlich sein würde, war vom Standpunkt der Bourgeoisie aus besonders verlockend, weil sie das Risiko mächtiger demokratischer Einheitsaktionen gegen die vom Monopolkapital inaugurierte Politik auf ein Minimum reduzierte. Sie bot außerdem, da sich die Sozialdemokratie ja stets betont pazifistisch gab, gewisse Vorteile im Hinblick auf die der gesteigerten Aggressivität mißtrauisch gegenüberstehende öffentliche Meinung des Auslandes und wurde von den einzelnen bürgerlichen Parteien als erwünschter Zeitgewinn für den Ausbau der eigenen Machtpositionen im antidemokratischen Block betrachtet.
Jedoch ergab sich bei einer solchen „Lösung“ die Frage, welche bürgerliche Fraktion die künftigen sozialdemokratischen Minister am unmittelbarsten ans Gängelband nehmen, d. h. wer die faktische Führung der Regierung übernehmen sollte. Und darüber entbrannte der äußerlich um das Schulgesetz geführte Kampf. Das Zentrum, dem die Deutschnationalen in diesem Punkte den Rücken steiften, wollte es auf eine kleine Kraftprobe mit der SPD ankommen lassen und sich auf diese Weise den Führungsanspruch sichern. Die Deutsche Volkspartei, die sich hier mit der Demokratischen Partei einig wußte, zog dagegen liberale Saiten auf, um die SPD durch Betonung tatsächlicher oder vermeintlicher Gemeinsamkeiten an sich zu binden.
Die auf ihren Wiedereintritt in die Regierung bedachten rechten sozialdemokratischen Führer nahmen in diesem so ganz den parlamentarischen „Spielregeln“ entsprechenden Spiel bedenkenlos den ihnen zugewiesenen Platz ein. Sie verzichteten, ohne sich vor ihren Anhängern im geringsten zu schämen, auf die noch auf dem letzten sozialdemokratischen Parteitag erhobene Forderung nach Einführung der weltlichen, also religionslosen Schule und unterstützten voll und ganz die Volkspartei, die sich für die Beibehaltung des keineswegs progressiven, fast unverändert aus dem Kaiserreich übernommenen Schulsystems einsetzte, d. h. eines Systems, in dem in einigen Ländern getrennte katholische und evangelische Bekenntnisschulen, in anderen dagegen Gemeinschaftsschulen beider Konfessionen (sogenannte Simultanschulen) bestanden. Die sozialdemokratische Führung gab der großindustriellen Volkspartei damit die Möglichkeit,

sich als Vorkämpfer gegen klerikale Anschläge und als Bahnbrecher des Fortschritts aufzuspielen. Zugleich hütete sie sich aber auch davor, das Zentrum, das die Abschaffung der Simultanschule, also die verfassungswidrige völlige Unterordnung der Schule unter die Kirche anstrebte, vor den Kopf zu stoßen. Nicht zuletzt aus diesem Grunde hatte die sozialdemokratisch geführte Preußenregierung ein Konkordat mit dem Vatikan abgeschlossen, welches Ministerpräsident Otto Braun in seinen Memoiren mit der beschämenden Feststellung rechtfertigt, daß „durch die freiheitliche, republikanische Verfassung von Weimar die Kirche dem Staat gegenüber freier, unabhängiger und wirtschaftlich gesicherter gestellt (war) als unter dem monarchischen Regime in Deutschland".(14)

Als die schwarzweißrote Bürgerblockregierung Ende März 1928 endgültig ihren Rücktritt beschloß und mit der Ausschreibung vorfristiger Reichstagswahlen (zu fristgemäßen Reichstagswahlen kam es in der ganzen Weimarer Republik kein einziges Mal!) der SPD die Chance gab, demnächst wieder Ministersessel einzunehmen, war die Marschrichtung der künftigen Regierung bis in viele Details hinein festgelegt. Im einzelnen handelte es sich um die Verstärkung der unmittelbaren Einflußnahme der Organisationen des Monopolkapitals auf den Staat, den Ausbau der Präsidialgewalt, den beschleunigten Abbau der sozialen Errungenschaften, die großzügige Subventionierung der ostelbischen Junker, weitgehende Steuererleichterungen für die Großbourgeoisie bei gleichzeitiger Anziehung der Steuerschraube für die Werktätigen, um die Intensivierung der Exportoffensive, die Aufhebung zunächst aller noch bestehenden, mit nichtkriegerischen Mitteln liquidierbaren Bestimmungen des Versailler Vertrages, insbesondere die Einstellung der Reparationszahlungen und die Proklamierung der deutschen „Gleichberechtigung" bei der Aufrüstung, um die verschärfte Verfolgung der revolutionären Organisationen, namentlich das Verbot des Roten Frontkämpferbundes.

Die rechtssozialdemokratischen Führer enttäuschten die Bourgeoisie nicht. Als sie nach der Reichstagswahl am 20. Mai 1928, bei der die SPD erhebliche Stimmengewinne erzielte, den Kanzlerposten und drei weitere Ministerien übernahmen, machten sie sich das Programm des Bürgerblocks voll und ganz zu eigen. Wie devot diese Führer sich gegenüber den unverbesserlichen Monarchisten und Militaristen benahmen, mag eine kleine, aber bezeichnende Anekdote illustrieren. Als der neue Reichskanzler, Hermann Müller, Hindenburg vorgestellt wurde, sagte dieser, erstaunt über die Heldenstatur eines verachtenswerten „Sozis“: „Sie sind ja beinahe so groß wie ich.“ Darauf erwiderte Müller: „Nicht so groß, Exzellenz, nur so lang.“

Zehntes Kapitel

1928: Große Koalition – Betrug der kleinen Leute

In den Wochen vor dem 20. Mai 1928 hatte das Wahlfieber – wie stets in solchen Zeiten – den Pulsschlag des politischen Lebens in Deutschland beschleunigt. Aus den Fenstern der Wohnungen hingen Spruchbänder und Parteifahnen. In den hochherrschaftlichen Villenvororten und den vornehmen Stadtvierteln wehte hier und da einsam-aristokratisch das Schwarzweißrot des Kaisers; in den Gewerkschaftssiedlungen flatterten massenweise die Farben Schwarzrotgold; dort, wo die Menschen am dichtesten zusammengepfercht lebten, in den Arbeiterbezirken der Großstädte, glichen die Fassaden häufig einem roten Fahnenmeer, in dem sich vereinzelte schwarzrotgoldene Flaggen wie untergehende Inselchen zu behaupten suchten. Neben Werbeslogans für Zigaretten und Damenwäsche prangten an Litfaßsäulen und Anschlagtafeln schreiende Plakate, Fotomontagen, Versprechungen und Appelle der um die Gunst der Wähler werbenden Parteien. Aus vorbeifahrenden Lastautos wurden die Passanten der Hauptstraßen mit Flugzetteln überschüttet. An den Kreuzungen skandierten Jugendchöre der verschiedensten politischen Richtungen gereimte Wahllosungen. Nachts schlichen Kommunisten, deren von Arbeitergroschen finanzierte Partei kein Geld hatte, um Reklameflächen zu mieten, mit Farbtopf und Pinsel durch die Städte und schrieben mit mannshohen Lettern an Zäune und Mauern: „5 Finger hat die Hand – Mit 5 packst Du den Feind – Wählt Liste 5, Kommunisten!"
Während der Hauptverkehrsstunden zogen in diesen Wochen oftmals robuste Pferde riesige, mit Wahlplakaten geschmückte Möbelwagen durch die Straßen. „Des Deutschen Wahl – deutschnational!", konnte man da lesen, oder „Was gehen Dich die anderen an – Du wählst wie Gustav Stresemann!" Die auf knarrenden Rädern auf diese Weise am häufigsten durch das Verkehrsgewirr bugsierte Lo-

sung lautete jedoch: „Für Kinderspeisung – gegen Panzerkreuzer! Wählt Liste 1 – SPD!“
Für viele unerwartet, tauchte diese Losung, mit der die Sozialdemokratie die Wahl gewonnen hatte, einige Monate später, als das Buhlen um die Wähler längst vorbei war, erneut im Straßenbild auf. Wiederum zogen Möbelwagen mit der Aufschrift „Kinderspeisung statt Panzerkreuzer! Wählt SPD!“ durch die Städte. Doch waren die ersten beiden Worte der Wahlparole diesmal fett durchgestrichen und durch das Wörtchen „Für“ ersetzt: Jetzt hieß es also: „*Für* Panzerkreuzer! Wählt SPD!“ Hinter diesen Möbelwagen schritten Jungkommunisten, Angehörige roter Laienspielgruppen, und sangen nach einer populären Schlagermelodie das Spottlied:

„Am zwanzigsten im Maie
und kurz noch nach der Wahl
gelobte die Parteie
der Sozis so sozial:
Ein Kriegsschiff – ausgeschlossen!
Die Steuer wird gesenkt!
Doch der Parteivorstand,
doch der Parteivorstand
ganz heimlich bei sich denkt:
Ist der Ministersessel erst erklettert,
dann wird bewilligt, daß der Panzer klirrt,
und hab'n wir vorher noch so sehr gewettert –
mein Gott, da hab'n wir eben uns geirrt!
Herr Müller schlägt den Schaum in großem Bogen,
der ‚Vorwärts‘ ist drei Tage radikal –
da schaukelt schon die Flotte auf den Wogen,
und Noske, der wird Admiral!
Was schrei'n die Kommunisten,
daß es nach Osten geht?!
Als ob sie selbst nicht wüßten,
daß er untauglich ist:
ihm fehlt doch die Tonnage
von jeher noch und noch;
aber immerhin,
aber immerhin –
ein Kriegsschiff bau'n wir doch!
Ist der Ministersessel erst erklettert...

Erst sagt man ‚A' ganz leise
als ‚rote' SPD,
dann folgt in gleicher Weise
das ganze ABC.
Wir sind ja selbst dagegen,
den Wählern ist's bekannt,
doch parieren wir,
doch parieren wir,
wenn's Hindenburg verlangt!
Ist der Ministersessel erst erklettert . . ."

War dieses Liedchen Ausdruck einer auch heute noch von der bürgerlichen Geschichtsschreibung angeprangerten vermeintlichen kommunistischen „Gehässigkeit" oder verbarg sich tatsächlich hinter der sozialdemokratischen Wahllosung ein riesiger Betrug?
In der Panzerkreuzerfrage, die durch den Beschluß des Bürgerblockkabinetts über den Bau eines neuen (vorerst namenlosen und nur mit dem Buchstaben „A" bezeichneten) Kriegsschiffes aufs Tapet gebracht worden war, spiegelte sich der Kampf um die Grundlinie der gesamten Politik wider. Bei der gemeinverständlichen Losung der Arbeiterparteien „Für Kinderspeisung – gegen Panzerkreuzerbau" war es nicht nur um die unterernährten Arbeiterkinder und um den Bau des ersten 10 000-Tonnen-Schiffes einer ganzen Kriegsschiffserie gegangen, sondern generell um den Inhalt der künftigen Regierungstätigkeit, darum, ob der Staat seine Gelder für die notleidenden Massen, für soziale Zwecke oder für Aufrüstung und Kriegsvorbereitung ausgeben sollte. Die Alternative lautete: anti- oder proimperialistische Politik, Erfüllung der Tagesforderungen der Werktätigen oder langfristige Kursnahme auf einen neuen verbrecherischen Krieg. Und so hatten die Wähler, wie die großen Stimmengewinne der Sozialdemokraten und Kommunisten zeigten, diese Wahllosung auch verstanden.
Nachdem – 5 Wochen nach der Wahl – der sozialdemokratische Fraktionsführer im Reichstag, Hermann Müller, mit der Führung der Regierung beauftragt worden war, vergaßen die Propagandaexperten der SPD und die sozialdemokratischen Redakteure jedoch die von ihnen noch vor kurzem so leidenschaftlich verkündete Wahlparole. Jetzt sangen sie Loblieder auf die Große Koalition – die Regierung „aller staatserhaltenden Kräfte", in der der sozialdemokratische Innenminister, der ehemalige Schlosser Carl Severing, „um der ge-

meinsamen Sache willen" in trauter Eintracht neben dem großbürgerlichen Wortführer Julius Curtius und bald auch neben dem Aufsichtsratsmitglied der IG Farbenindustrie, Professor Moldenhauer, saß. Doch konnten die Wähler, obwohl der Müllerschen Koalitionsregierung neben den vier Sozialdemokraten sieben bürgerliche Minister angehörten (deren Parteien zusammen übrigens kaum mehr Stimmen erhalten hatten als die SPD allein), auf die – zumindest schrittweise – Erfüllung der sozialdemokratischen Wahlversprechungen hoffen, denn die Richtlinien der Politik wurden ja – laut Artikel 56 der Reichsverfassung – vom Reichskanzler, nicht durch Mehrheitsbeschluß des Kabinetts, festgelegt. Bedenklich stimmen mußte allerdings, daß Müller in seiner Regierungserklärung kein Wort über den Panzerkreuzerbau sagte und sich in keiner Weise von der Bürgerblockpolitik distanzierte.

Urplötzlich, am 11. August, dem Verfassungstag, platzte dann die Bombe: Der „Vorwärts", der auf der ersten Seite unter der Riesenschlagzeile „Festtag der Republik" erschien, brachte auf der dritten Seite (die erfahrungsgemäß in den großen Tageszeitungen am wenigsten gelesen wird) eine kleine Notiz unter der Überschrift „Sitzung des Reichskabinetts". Die alle Gemüter bewegende Frage des Kriegsschiffbaus wurde nur in einem winzig gedruckten Untertitel berührt, dessen zweiter Teil mit der Erwähnung geringfügiger sozialer Maßnahmen die bittere Pille des Betrugs versüßen sollte: „Panzerkreuzer A wird gebaut – Festsetzung der Versicherungsgrenze in der Angestelltenversicherung". Und dann schrieb das SPD-Organ kaltschnäuzig, daß sich die Einstellung der Partei zum Panzerkreuzerbau zwar nicht gewandelt habe, die sozialdemokratischen Minister sich aber nicht über die Tatsache hätten hinwegsetzen können, daß das Etatsgesetz für 1928 bereits in Kraft sei. Außerdem, beschwichtigte die Zeitung, hätte der Reichswehrminister versichert, daß durch den Bau des Panzerkreuzers keine Mehrbelastung des Staatshaushaltes entstehen werde. „Unter diesen Umständen", fuhr das Blatt fort, „*mußte* das Reichskabinett die Erbschaft des vorigen Reichstages und des Bürgerblockkabinetts antreten und die Beschlüsse der gesetzgebenden Körperschaften vollziehen."

Heute, da wir das Protokoll der Ministerbesprechung vom 10. August kennen, wissen wir, daß die Notiz des „Vorwärts" mindestens zwei grobe Lügen enthielt. Erstens hatte Reichswehrminister General Groener in der Kabinettssitzung ausdrücklich festgestellt, daß „die Entscheidung über den Beginn des eigentlichen Baues (des Panzerkreuzers – W. R.) bei der Reichsregierung" liege, und dementsprechend beantragt, einen Beschluß über den Baubeginn herbeizuführen.(1) Dabei konnte kein Zweifel darüber bestehen, daß Groener diesen Antrag, wie überhaupt alle seine Anträge zur Forcierung der Rüstung, unter dem Blickwinkel der Vorbereitung eines künftigen Revanchekrieges (in seiner Terminologie: für die „Befreiung" Deutschlands) stellte. Etwas später sagte er selbst darüber: „Seit ich Reichswehrminister bin, ist mein ganzes Sinnen nur auf ein Ziel gerichtet: die Befreiung unseres Landes. Es ist klar, daß ich dieses Ziel weder in die Öffentlichkeit hinausrufen noch bei meinen Frontbesuchen (soll heißen Truppenbesuchen – W. R.) erörtern kann. Dieses Ziel kann nicht im Sturme, sondern nur mit viel Geduld erreicht werden. Die Wehrmacht für diese kommende Zeit als das scharfe Instrument modernster Kriegführung auf die höchste Stufe zu entwickeln und es zu gegebener Zeit auszubauen, ist mein Bestreben in den schweren parlamentarischen Kämpfen gewesen."(2) Eindeutig stand auch fest, in wessen Interesse Groener auftrat. Schrieb doch gerade zu dieser Zeit die schwerindustrielle „Deutsche Bergwerkszeitung": „Unser Ziel muß sein, Deutschland so aufzurüsten, bis auf den Stand, der es ermöglicht, seine Handelsinteressen in der Welt zu verteidigen und ein wertvoller Bundesgenosse zu sein."(3)

Es steht also fest, daß die Regierung am 10. August in ihrer Entscheidung frei war und den Panzerkreuzerbau hätte ablehnen können. Mehr noch: Da die beiden Minister der Demokratischen Partei (Koch und Dietrich) erklärten, sie würden, falls es zu einer Abstimmung käme, gemeinsam mit den sozialdemokratischen Ministern votieren, wäre sogar innerhalb des Kabinetts eine Mehrheit (6:5) gegen den Panzerkreuzerbau gesichert gewesen.

Die zweite Lüge betraf die Belastung des Haushalts. In Wirklichkeit hatte nämlich der Finanzminister, der Sozialdemokrat Hilferding, wie wir ebenfalls aus dem Kabinettsprotokoll wissen, klargestellt, daß der Etat für 1929 ein Defizit von mindestens 400 bis 600 Millionen Mark aufweisen werde, das nur durch neue Steuern und Kürzung der Ausgaben verschiedener Ministerien gedeckt werden könne. Mit anderen Worten: Um den Bau des Panzerkreuzers (und die anderen Rüstungsvorhaben) zu finanzieren, war es notwendig, die Steuerlasten weiter zu erhöhen und die Sozialausgaben abzubauen.

Entscheidend für die Beurteilung der Politik des Hermann-Müller-

Kabinetts waren jedoch nicht so sehr die heute dokumentarisch nachweisbaren, aber auch damals schon von den Kommunisten angeprangerten schmählichen Lügen, sondern das Eingeständnis der an die Spitze der Regierung gelangten sozialdemokratischen Führer, daß sie sich als Erben des Bürgerblocks und als Vollstrecker der von reaktionären Kräften ausgebrüteten volksfeindlichen Gesetzgebung betrachteten. Hier erwies sich noch einmal die Richtigkeit der kommunistischen Einschätzung, daß sich die rechte sozialdemokratische Führung durch ihre Abwendung vom proletarischen Klassenstandpunkt mehr und mehr zum direkten Erfüllungsgehilfen der imperialistischen Bourgeoisie degradierte. Diese traurige Wahrheit begannen auch viele einfache Sozialdemokraten zu begreifen. So erhob sich innerhalb der SPD ein mächtiger Proteststurm gegen die verräterische Politik des Parteivorstandes. In ihrer Mehrheit erklärten sich fast alle Parteiorganisationen, Funktionärsversammlungen und Bezirksverbände, wenn auch keineswegs einheitlich, gegen die Zustimmung der sozialdemokratischen Minister zum Panzerkreuzerbau. „Die Genossen in der Regierung (werden) aufgefordert", hieß es in einer Resolution des SPD-Bezirksvorstandes Berlin, „die Wiederaufhebung des Beschlusses vom 10. August zu verlangen und im Falle der Ablehnung der Wiederaufhebung zurückzutreten."(4) Linke Kräfte in der SPD gewannen spürbar an Einfluß. Unter dem Druck der Massen nahmen aber auch zahlreiche rechte Funktionäre, die insgeheim darauf hofften, die Protestbewegung mit schönen Worten eindämmen zu können, gegen die Haltung der sozialdemokratischen Minister Stellung. Selbst der zentrale Parteiausschuß und die Reichstagsfraktion drückten ihr „Bedauern" über das Verhalten der „Genossen Minister" aus.

Die Taktik, die der sozialdemokratische Parteivorstand nun, um der Parteikrise Herr zu werden, einschlug, ist in vieler Hinsicht kennzeichnend für die Politik der reformistischen Führer. Zunächst verstärkte die SPD-Führung vehement ihren Antikommunismus und ihre Antisowjethetze. Wie der ertappte Dieb sich den Verfolgern anschließt und mit dem Ruf „Haltet ihn!" auf Unschuldige weist, so entfachte der Propagandaapparat der an den imperialistischen Machenschaften mitschuldigen Parteiführung eine wüste Kampagne über die angebliche Bedrohung Deutschlands und der übrigen Welt durch die Sowjetunion. Am 17. August brachte der „Vorwärts" unter einer ganzseitigen Schlagzeile „Sowjetkrieg in Ostasien" aufgebauschte Lügenmeldungen über die von chinesischen Militaristen provozierten Zwischenfälle an der Ostchinesischen Eisenbahn. Am 24. August folgte eine sich wiederum über alle Spalten erstreckende Überschrift „Sowjetrußlands Rüstungen". Am nächsten Tage legte das Blatt, sich die Argumente der reaktionären Presse zu eigen machend, die Nichtbeteiligung der Sowjetunion an einem von den internationalen Monopolen diktierten Abkommen über den Waffenhandel als Sabotierung der Friedensbestrebungen aus. Am 29. August servierte der „Vorwärts" seinen Lesern einen sensationell aufgemachten umfangreichen Artikel unter der Überschrift „Sowjetmilitarismus", und am folgenden Tage widmete er eine ganze Seite dem Thema „Panzerkreuzer unter dem Sowjetstern".

Diese Liste von Hetzartikeln ließe sich beliebig verlängern. Heute, da wir wissen, daß der beim Stapellauf auf den Namen „Deutschland" getaufte Panzerkreuzer A (wie auch seine in den folgenden Jahren gebauten Schwesterschiffe) ein Jahrzehnt später mit der Hakenkreuzfahne am Mast für den faschistischen „Endsieg" auslief und, den Namen unserer Heimat besudelnd, auf dem Weltmeer räuberte und brandschatzte, da wir andererseits den gewaltigen Beitrag kennen, den die sowjetische Armee und Marine zur Befreiung Europas vom Hitlerfaschismus leistete, kann sich kein ehrlicher Mensch mehr der Erkenntnis verschließen, daß die sozialdemokratischen Minister 1928/29 mit ihrer Rüstungspolitik und die sozialdemokratischen Propagandisten mit ihrer Antisowjethetze objektiv die Geschäfte der größten Verbrecher der Menschheitsgeschichte besorgten und aktiv bei der Vorbereitung des faschistischen Vernichtungskrieges gegen andere Völker mitwirkten.

Zur Rechtfertigung und Beschönigung dieser Politik bediente sich der sozialdemokratische Parteivorstand aber nicht nur des Antikommunismus und Antisowjetismus. Nachdem der „Vorwärts", Meinungsfreiheit in der Partei vortäuschend, in den ersten Tagen nach dem 11. August zahlreiche sozialdemokratische Protestresolutionen gegen den Regierungsbeschluß abgedruckt hatte, ließ er immer mehr und bald ausschließlich jene Kräfte zu Wort kommen, die behaupteten, es gäbe wichtigere Fragen als den Kriegsschiffbau, und der (wegen seiner bescheidenen – vom Versailler Vertrag vorgeschriebenen – Tonnage) ohnehin nur als „Kinderspielzeug" anzusehende Panzerkreuzer, der in Wirklichkeit zu den modernsten und kampffähigsten Marineeinheiten der Welt gehörte, dürfe nicht zum „Zankapfel" in der Partei werden. Wichtig sei allein, daß die Sozialdemokratie in der Regierung verbleibe.

Auch mit dieser Argumentation verstieß die SPD-Führung gröblichst gegen die Interessen der Arbeiterklasse und des gesamten Volkes. Sie verschloß die Augen vor der Tatsache, daß die Übernahme der Verantwortung für reaktionäre Maßnahmen durch sozialdemokratische Führer das Proletariat aufs schwerste schädigt, weil sie die Massen über den Charakter dieser Maßnahmen täuscht, die Kampffront gegen den Imperialismus desorientiert und entwaffnet, spaltet und lähmt. Carl v. Ossietzky geißelte die „braven Wehrschafe in schwarzrotgoldener Wolle", auf die die schwarzweißroten Wehrwölfe, sich schon ihrer Mahlzeit freuend, lächelnd schauten. Und die Kommunisten sagten zutreffend voraus, daß die mit „Zähmungsparolen" gerechtfertigten Handlangerdienste der Sozialdemokratie für den Militarismus diesen nicht republikfreundlicher, sondern im Gegenteil auch nach innen immer aggressiver machen würden.
Wo keine Argumente mehr ausreichten, griff die SPD-Führung zu üblen und unwürdigen Taschenspielertricks, um sich aus der Sackgasse, in die sie geraten war, hinauszumanövrieren. Sie beteuerte, künftig unbedingt gegen den Bau der Panzerkreuzer B, C und D stimmen zu wollen. Was aber den Panzerkreuzer A betraf, so beauftragte sie zwar die sozialdemokratische Reichstagsfraktion, im Parlament die Streichung der Finanzierungsraten zu beantragen, tat dies jedoch erst, nachdem sie sich bei den bürgerlichen Parteien vergewissert hatte, daß sie überstimmt werden würde ... Dieselben Minister, die sich in geheimer Kabinettsitzung für das Kriegsschiff entschieden hatten, konnten nun als Angehörige der sozialdemokratischen Fraktion im öffentlichen Reichstagsplenum erhobenen Hauptes, wenn auch auf hoffnungslosem Posten, gegen den Bau des Kreuzers stimmen. Wahrhaftig eine Komödie! Eine Komödie aber, die die Tragik der Weimarer Republik und des gesamten bürgerlichen Parlamentarismus symbolisiert!
Zur sozialdemokratischen Taktik bei der Abwiegelung der Protestbewegung gegen den Panzerkreuzerbau gehörte aber auch der – erfolgreiche – Versuch, die größte deutsche Arbeiterpartei mit „grundsätzlichen" Erwägungen fester an den imperialistischen Staat zu binden. Die Parteikrise, erklärte der „Vorwärts", sei nur ausgebrochen, weil es die SPD vor ihrem Übergang aus der Opposition ins Regierungslager versäumt habe, ihre prinzipielle Stellung zur Wehrpolitik zu klären, was nun auf dem nächsten Parteitag nachgeholt werden müsse.(5) Mit diesem Schachzug erweckte die Parteiführung bei den Mitgliedern die Illusion, als hätten die anti-

militaristischen Kräfte in der Partei Chancen, sich auf „geordnetem" Wege durchzusetzen. Vor allem wollten sie aber ihre Anhänger mit der Vertröstung auf den Parteitag von gemeinsamen Aktionen mit den Kommunisten abhalten, zu denen diese ihre sozialdemokratischen Klassenbrüder in beharrlichen Diskussionen aufforderten.

Welcher Art Grundsatzbeschluß über die Wehrpolitik den rechtssozialdemokratischen Führern vorschwebte, läßt bereits die interne Korrespondenz des Parteivorstandes aus dem Jahre 1927 erkennen. Da beteuerte Hermann Müller z. B. in einem Brief an das Sekretariat der Sozialistischen Internationale, daß es in Deutschland keine militaristische Gefahr gäbe, weil der Versailler Vertrag offene Kriegstreiberei ausschlösse, heimliche Kriegsvorbereitungen aber in Anbetracht der „Stärke der deutschen sozialdemokratischen Bewegung, die ihre Verbindungen über das ganze Land hat", unmöglich seien. Vor allem wandte sich Müller energisch gegen jede prinzipielle Befürwortung von antiimperialistischen Aktionen und Streiks, besonders gegen einen Generalstreik im Falle der Einführung der Wehrpflicht. Er war dreist genug, seinem Parteifreund Löbe gegenüber zu erklären, nur infolge derartiger Kampfmaßnahmen könne der ansonsten völlig illusionäre Wunsch der militaristischen Rechtskreise in Erfüllung gehen, „daß ein amtierender Reichspräsident eines schönen Tages wegen eines angeblich vorhandenen Notstandes auf Grund des Artikels 48 (der Verfassung – W. R.) die allgemeine Wehrpflicht wiederherstellen" werde.(6)

Zugleich identifizierte sich Müller – auch hier für die revanchistischen Kräfte Partei ergreifend – mit der prowestlichen, antisowjetischen Außenpolitik der Bürgerblockregierung und warf dem Auswärtigen Amt sogar vor, „mit Rapallo und dem Berliner Vertrag (mit der Sowjetunion – W. R.) eher zuviel als zuwenig" zu operieren. Die Haltung des in vielen Punkten realistisch an das deutsch-sowjetische Verhältnis herangehenden deutschen Vertreters in Moskau, des Grafen Brockdorff-Rantzau, diffamierte er mit der Bemerkung: „In Moskau haben wir einen Botschafter, auf dem man förmlich die Fingerabdrücke Tschitscherins und Litwinows sieht."(7)

Dementsprechend sahen dann auch die „Richtlinien zur Wehrpolitik" aus, die der Parteivorstand dem sozialdemokratischen Parteitag in Magdeburg 1929 unterbreitete. Solange die Gefahr künftiger Kriege bestehe, hieß es dort, „braucht die deutsche Republik eine Wehrmacht zum Schutze ihrer Neutralität und der politischen, wirtschaftlichen und sozialen Errungenschaften der Arbeiterklasse".(8)

Daß die gesamte Außenpolitik der Weimarer Republik den aggressiven Bestrebungen der imperialistischen Kräfte gegenüber der Sowjetunion, Polen, der Tschechoslowakei und anderen Staaten untergeordnet war, also nicht den Interessen der Arbeiterklasse, sondern den Interessen ihrer schlimmsten Feinde diente, hatte die Geschichte seit 1919 (wie auch in dieser Darstellung gezeigt) nachdrücklich bewiesen. So konnte also nur entweder unverzeihliche Dummheit oder bedenkenlose Unverfrorenheit dazu verführen, zum ersten Teil des oben zitierten Satzes, der fast wörtlich aus einer geheimen Denkschrift des Kriegstreibers Groener abgeschrieben war,(9) die Worte vom Schutz der Errungenschaften der Arbeiterklasse hinzuzufügen. Denn auch die Geschichte der von eingefleischten Militaristen geführten republikanischen Armee, der „Reichswehr“, hatte gezeigt, daß diese vom ersten Tage ihres Bestehens an ein Instrument zur Niederhaltung und rücksichtslosen Bekämpfung der Arbeiterklasse, nicht aber zum Schutze ihrer Interessen war. So erwies sich die im Einklang mit den „Richtlinien“ deklarierte sozialdemokratische Zielsetzung, nicht *gegen*, sondern *um* die Reichswehr zu kämpfen, als grundsätzliche Bereitschaft zur Mitwirkung an der Vorbereitung künftiger Feldzüge nach innen und außen – gegen die deutsche Arbeiterklasse und gegen andere Völker.

Dennoch nahm der Magdeburger Parteitag der SPD die „Richtlinien zur Wehrpolitik“ mit 242 gegen 147 Stimmen an. Die Opposition, die dort mutig erklärte, daß Liebknechts Wort „Der Feind steht im eigenen Land!“ noch immer gelte, konnte sich nicht durchsetzen, weil sie sich nicht von antikommunistischen Vorurteilen und rechtsstaatlichen Illusionen zu lösen vermochte und auch nicht einheitlich auftrat.

Die Kommunistische Partei, die bei den Reichstagswahlen 1928 eine halbe Million Stimmen gewonnen und nun 3,3 Millionen Wähler hinter sich hatte, war sich der Tragweite des sozialdemokratischen Einschwenkens auf die Linie der Wiederaufrüstung und der Stärkung des Militarismus voll bewußt. Sie unternahm gewaltige Anstrengungen, um die linken Kräfte innerhalb der SPD, die gegen Rüstungspolitik und Kriegsvorbereitung auftretenden parteilosen Arbeiter, alle antimilitaristisch Gesinnten in Deutschland zum einheitlichen Kampf gegen die verhängnisvolle Entwicklung zu mobilisieren und so auch die sozialdemokratische Führung zur Umkehr zu veranlassen. Mitte August 1928 beschloß das Zentralkomitee der KPD, der antimilitaristischen Stimmung breitester Massen und dem eindeutig geäußerten Wählerwillen von mehr als 12 Millionen Deutschen Ausdruck verleihend, ein Volksbegehren gegen den Panzerkreuzerbau einzuleiten.

Alle Schikanen und Gesetzesverletzungen, mit denen die Monarchisten seinerzeit die Volksabstimmung für die entschädigungslose Enteignung der Fürsten behindert hatten, wurden nun in verstärktem Maße von der Reaktion ins Feld geführt. Spürbar machte sich dabei bemerkbar, daß die militaristischen Kräfte in den seither vergangenen zwei Hindenburg-Jahren bedeutend an politischem Terrain gewonnen hatten. Sie saßen jetzt fester in der Staatsführung als 1925/26, verfügten über einen weitaus mächtigeren Propagandaapparat, hatten die chauvinistische Eskalation im Bürger- und Kleinbürgertum schon weiter vorangetrieben. Vor allem konnten sie aber Hand in Hand mit den rechtssozialdemokratischen Führern und den in den lokalen Verwaltungen äußerst einflußreichen sozialdemokratischen Regierungspräsidenten, Landräten, Polizeipräsidenten, Bürgermeistern, Gemeindevorstehern usw. auftreten und so eine Art „nationaler Volksgemeinschaft" vortäuschen, die die Bourgeoisie stets zu inszenieren versucht, wenn sie sich anschickt, die Massen zu rupfen und zu verheizen.

Die Kampagne für das Volksbegehren gegen den Panzerkreuzerbau zeigte aber zugleich, daß sich die klassenbewußtesten und aktivsten Arbeiter voller Enthusiasmus und Opferbereitschaft hinter den Appell der Kommunistischen Partei stellten. Wie beim Volksentscheid gegen die Fürstenabfindung vor zwei Jahren gingen Jungkommunisten, die sich nicht von schwarzweißroten Schlägertrupps einschüchtern ließen, von Haus zu Haus und von Hof zu Hof, um für die Eintragung in die Abstimmungslisten zu werben; wie damals sprachen Funktionäre und Mitglieder der KPD leidenschaftlich auf Kundgebungen und Versammlungen, um den einfachen Menschen die Bedeutung des antimilitaristischen Kampfes für das Schicksal der Nation klarzumachen; wie damals mahnten die Kommunisten, in die Vergangenheit zurückzublicken und die Lehren der Geschichte zu beherzigen: „Denkt daran, wie es 1914 war. Und zweifelt nicht daran, daß die Kriegsparteien des Jahres 1914 auch die Parteien des nächsten Krieges sein werden."(10) Tausende und aber Tausende von Kommunisten fuhren, ihre persönlichen Sorgen zurückstellend, Sonntag für Sonntag in die Dörfer zur – wie man damals sagte – „Landagitation", klebten Nacht für Nacht Plakate und malten Losungen, traten in Werbe-Sportveranstaltungen, in roten Kabaretts auf und bemühten sich, neue Agitations- und Propagandamethoden ausfindig zu machen, um jene Werktätigen aufzurütteln, die dem Volksbegehren gleichgültig oder mißtrauisch gegenüberstanden.

Am 6. Oktober 1928, drei Tage nachdem die Abstimmungslisten für die Dauer von zwei Wochen in den Wahllokalen ausgelegt worden waren, sprach erstmalig ein Kommunist im deutschen Rundfunk. Nicht etwa, daß die Regierung der viertstärksten deutschen Partei auch nur eine Minute Sendezeit zugebilligt hätte. Nein, so weit ging die Weimarer „Demokratie" nicht! Vielmehr holten findige Jungkommunisten, die sich als Mitarbeiter der Rundfunkgesellschaft ausgaben, an diesem Tage mit einem geliehenen Wagen den in Berlin-Britz wohnenden „Vorwärts"-Redakteur Schwarz ab, der eine Rede im Funk halten sollte, brachten ihn aber nicht ins Funkhaus, sondern setzten ihn auf einem öden Acker in der Nähe des Dorfes Groß-Ziethen ab. Während der Künder der „deutschen Seegeltung" (so lautete nämlich das angekündigte Thema des Schwarzschen Vortrages) dort über die Vergewaltigung der Freiheit der Persönlichkeit lamentierte, erschien im Funkhaus der kommunistische Landtagsabgeordnete Karl Schulz, wies sich als Schwarz aus und hielt vor dem Mikrofon eine flammende Rede gegen den Panzerkreuzerbau. Zu dem wütenden Geschrei, das die sozialdemokratische Presse am nächsten Tage über den „kommunistischen Banditenstreich" erhob, bemerkte eine fortschrittliche bürgerliche Zeitschrift zutreffend: „Deutschland . . . wäre glücklich, wenn in den zehn Jahren Republik alle politischen Banditenstreiche so harmlos und immerhin mit soviel gutem Sinn verbunden gewesen wären."(11)

Am folgenden Tage veröffentlichte die „Rote Fahne" mit dem Plakat „Keinen Mann, keinen Pfennig den imperialistischen Kriegsrüstungen!" eine der ersten berühmt gewordenen Fotomontagen John Heartfields, eines proletarischen Künstlers, der als Waffe im Klassenkampf ein neues Kunstgenre entwickelt hatte.

In die Kampagne für den Volksentscheid gegen den Panzerkreuzerbau schalteten sich zahlreiche hervorragende Geistesschaffende ein – Menschen meist bürgerlicher Herkunft, die, in vielen Grundfragen keineswegs für den Kommunismus eintretend, den antimilitaristischen Kampf der KPD aus echt humanistischem Streben heraus unterstützten. Unter den Aufrufen gegen Kriegsschiffbau und Rüstung finden sich die Namenszüge von Albert Einstein, Bruno H. Bürgel und Heinrich Mann, von Ernst Barlach, Bernhard Kellermann und Arnold Zweig, von Käthe Kollwitz, Max Pechstein und Heinrich Zille, von Walter Gropius, Bruno Taut und Otto Nuschke sowie von Dutzenden anderer hervorragender Geistesschaffender.

Fortschrittliche Wissenschaftler, Schriftsteller, Künstler setzten sich gemeinsam mit den Kommunisten auch für die Verteidigung der Sowjetunion ein, eine Aufgabe, die gerade in jenen Jahren des Wiederauflebens der anglo-französischen Interventionspläne gegen die UdSSR und des Beginns der verschärften Militarisierung Deutschlands immer größere Bedeutung gewann. Diese Angehörigen der Intelligenz identifizierten sich großenteils mit der Erkenntnis, die Ernst Thälmann anläßlich des zehnten Jahrestages der Großen Oktoberrevolution nachdrücklich formuliert hatte, nämlich, daß jeglicher Antisowjetismus mit irgendwie fortschrittlichen Bestrebungen grundsätzlich unvereinbar ist: *Wer die Lehren dieser größten Umwälzung der Weltgeschichte nicht begreift, wer sich nicht vorbehaltlos und bedingungslos mit dem Proletarierstaate solidarisiert, der landet sehr rasch im Lager der Konterrevolution.* (12) Der Führer der KPD hatte zugleich betont, daß man sich weder auf die Friedensbeteuerungen der Bourgeoisie verlassen noch auf Grüße und Wünsche an das Sowjetvolk beschränken dürfe, sondern daß es Pflicht eines jeden aufrichtigen Friedenskämpfers sei, sich entschieden für die Durchkreuzung aller imperialistischen Anschläge gegen den Sowjetstaat einzusetzen. Solchen Aufrufen leisteten zahlreiche für das antimilitaristische Volksbegehren eintretende linksdemokratische Geistesschaffende Folge, indem sie dem im November 1928 gegründeten Bund der Freunde der Sowjetunion beitraten und dort mit den Repräsentanten der KPD auch organisatorisch zusammenarbeiteten.

Obgleich die von der Kommunistischen Partei geführte Antikriegsbewegung bedeutende Erfolge zu verzeichnen hatte, konnte beim Volksbegehren gegen den Panzerkreuzerbau nicht die für einen Volksentscheid erforderliche Anzahl von Stimmen erreicht werden. Dies lag in erster Linie daran, daß es der rechtssozialdemokratischen Führung gelungen war, ihre Anhänger von der Eintragung in die Listen fernzuhalten. Entscheidend war dabei, daß die SPD den Arbeitern in Tausenden von Artikeln, Plakaten, Versammlungsreden usw. suggerierte, die von den Kommunisten eingeleitete Volksabstimmung richte sich nicht gegen Reaktion und Militarismus, sondern einzig und allein gegen die Sozialdemokratie und diene deshalb der Vertiefung der Kluft zwischen beiden Arbeiterparteien. Dieser indirekte Appell an das instinktive Einheitsstreben der proletarischen Massen, das die rechtssozialdemokratischen Führer schon während der Novemberrevolution mit der irreführenden Losung „Einheit aller Sozialisten" zur Tarnung ihrer proimperialistischen Manöver mißbraucht hatten, stellte nicht nur eine Verleumdung der kommunistischen Zielsetzung dar, sondern sollte die Werktätigen vor allem auch daran hindern, sich die Frage nach dem Klasseninhalt der sozialdemokratischen Politik vorzulegen. Darauf hinzuweisen ist um so notwendiger, als die bürgerliche und sozialdemokratische Geschichtsschreibung auch heute noch die Lüge von der antisozialdemokratischen Hauptstoßrichtung des Volksbegehrens gegen den Panzerkreuzerbau kolportiert.

Der einzige Artikel des auf Initiative der KPD zur Volksabstimmung vorgelegten Gesetzentwurfes lautete: „Der Bau von Panzerschiffen und Kreuzern jeder Art ist verboten." Eindeutig war damit die antimilitaristische Zielsetzung dieses Antrages festgelegt, der sich naturgemäß auch gegen alle Initiatoren, Befürworter und Vollstrecker der militaristischen Pläne und damit zugleich gegen die auf ihren verwerflichen Positionen beharrenden rechtssozialdemokratischen Führer wandte. Da der antimilitaristische Kampf den ureigensten Interessen aller Arbeiter, unabhängig von ihrer Weltanschauung und Parteizugehörigkeit, entsprach, zielte das Volksbegehren, in das die Kommunisten alle antimilitaristischen Kräfte einzubeziehen bestrebt waren, nicht auf die Vertiefung der Spaltung der Arbeiterbewegung, sondern auf ihre Überwindung ab. Es richtete sich nicht gegen die SPD als Arbeiterpartei, sondern gegen die arbeiterfeindliche Politik ihrer Führer, stellte also die Frage der Arbeitereinheit nicht losgelöst von ihrem Inhalt, sondern – wie es erforderlich ist, wenn diese Einheit nicht zur Farce werden soll – im Zusammenhang mit konkreten, für alle Arbeiter annehmbaren Forderungen. Mehr noch: Mit der Auslösung einer sich im Rahmen der Verfassung haltenden Volksbewegung gegen den Militarismus gaben die Kommunisten den SPD-Führern eine echte Chance, sich wenigstens in einer so leicht durchschaubaren, in den populären Traditionen der Vorkriegssozialdemokratie verankerten Frage auf demokratische Positionen zurückzufinden. Das kommunistische Anliegen bestand nicht darin, die SPD als Arbeiterpartei zu schwächen, sondern – im Gegenteil – sie von ihrer selbstmörderischen Politik abzuhalten. Denn daß die Parteinahme einer proletarischen Organisation für die imperialistische Armee gleichbedeutend mit der Unterzeichnung des eigenen Todesurteils ist, war nicht eine zur Diskreditierung der SPD ersonnene kommunistische Behauptung, sondern eine bittere Wahrheit, die ein Jahrfünft später in krassester Weise bestätigt wurde, als sich nämlich die angeblich – man erinnere sich der sozialdemokratischen „Richtlinien zur Wehrpolitik"! – zum Schutz der Arbeiterinteressen berufene Reichswehr erst beim Staatsstreich Papens gegen die sozialdemokratisch geführte Preußenregierung und dann bei der Machtübertragung an Hitler als eine der aktivsten Kräfte der (auch vor der Zertrümmerung der SPD nicht haltmachenden) Konterrevolution erwies.

Wenn die Kommunistische Partei gerade die Auseinandersetzung über den Panzerkreuzerbau zur Auslösung einer Volksbewegung zum Anlaß genommen hatte, so deshalb, weil sich in dieser Teilfrage – wie bereits betont – die grundsätzliche Kapitulationstaktik der SPD, ihre Gemeinsamkeitspolitik mit der Monopolbourgeoisie in einer für jedermann faßbaren Form offenbarte. Es bedürfte eines ganzen Buches, um diese Gemeinsamkeitspolitik in all ihren oft ungeheuerlichen Einzelheiten zu beschreiben. Als markante Beispiele für diese Politik seien hier nur einige Maßnahmen der Hermann-Müller-Regierung genannt, die erkennen lassen, daß sich die sozialdemokratisch geführte Große Koalition fast nahtlos in das strategische Konzept maßgeblicher Kreise der Großbourgeoisie einfügte.

Die Unternehmerorganisationen, allen voran die schwerindustriellen Verbände, machten keinen Hehl aus den konkreten, für die allernächste Zeit in Aussicht genommenen Zielen ihrer sozialreaktionären Offensive. Am 14. Oktober 1928 schrieb die Frankfurter Zeitung beispielsweise unmißverständlich: „Es soll jetzt Schluß gemacht werden mit der üblichen Form der Arbeitskämpfe." Dabei orientierte sich die Großbourgeoisie darauf – wie es die „Deutschen Führerbriefe" formulierten –, die „gründliche Kursänderung auf dem nun so lange verfolgten Wege der deutschen Wirtschaftspolitik", d. h. bei der Zerstörung des Tarif- und Streikrechts, durch einen *offenen Kampf* durchzusetzen.(13) Dementsprechend bereitete sie sich auf eine Kraftprobe zunächst mit einem der Haupttrupps der Arbeiterklasse, den Metallarbeitern, vor. Dafür legten die rheinisch-westfälischen Metallindustriellen kurz vor Bildung der Großen Koalition einen über Blankowechsel der Unternehmer verfügenden speziellen „Kampffonds" an, in dem sich im Herbst 1928 50 Millionen Mark in bar befanden.(14) Mit ausdrücklicher Billigung des Reichsverbandes der deutschen Industrie nahm die in der Metallindustrie dominierende Gruppe Nordwest des Vereins deutscher Eisen- und Stahlindustrieller, als ihre Kampfvorbereitungen abgeschlossen waren, einen Tarifstreit zum Anlaß, um (am 1. November 1928) 213 000 Arbeiter – mehr als jemals zuvor von einer solchen Maßnahme betroffen worden waren! – kurzfristig auszusperren. Um die Regierung unter Druck zu setzen und ihr zu verstehen zu geben, daß sich die Monopole künftig im Kampf für ihre Interessen bedenkenlos über die bestehende Arbeitsgesetzgebung hinwegsetzen würden, unternahmen sie diesen Schritt einen Tag, nachdem der Arbeitsminister, der Sozialdemokrat Rudolf Wissell, einen verbindlichen Schiedsspruch gefällt hatte, den selbst der volksparteiliche Minister Curtius als „für die Unternehmer erträglich" einschätzte.(15)

Nach dieser offenen Kampfansage an Arbeiterschaft und Regierung setzten sich die sozialdemokratischen Minister nicht etwa für die nachhaltige Unterstützung der Ausgesperrten oder für die strikte Einhaltung der Arbeitsgesetzgebung durch die Monopolherren und damit für die Erhaltung der sozialpolitischen Grundlagen der Weimarer Republik ein, sondern begannen mit den Ruhrmagnaten zu verhandeln. Zur Sicherung dieser Verhandlungen, die praktisch nur als Feigenblatt dienen sollten, hinter dem die Regierung ihre Kapitulation zu verstecken hoffte, versuchten die reformistischen Gewerkschaftsführer die von der KPD unter schwierigsten Bedingungen gegen die Unternehmerwillkür organisierten Aktionen zu sprengen und die Arbeiter mit der Versicherung zu beschwichtigen, daß die Industriellen gerichtlich belangt werden würden. Das Reichsgericht stellte sich jedoch, wie nicht anders zu erwarten, auf die Seite der Monopolherren und erklärte den gefällten Schiedsspruch für nichtig. Als Antwort darauf vollführte die Regierung der Großen Koalition einen förmlichen Kniefall vor den rechtsbrüchigen Eisen- und Stahlkönigen. Es fand sich ein anderer sozialdemokratischer Minister, der ehemalige Metallarbeiter Carl Severing, der einen neuen, den Industriellen noch weiter entgegenkommenden Schiedsspruch fällte. So gab die Regierung grünes Licht für die nächsten Angriffe der Großbourgeoisie auf Streik- und Tarifrecht.

Nicht anders sah die Tätigkeit Hermann Müllers und seiner Kollegen auf dem Gebiet der Steuer-, Zoll- und Subventionspolitik aus. Immer mehr den Forderungen der Unternehmerorganisationen nachgebend, erhöhte die Regierung die Besteuerung der Werktätigen um 22 Prozent und senkte zugleich die von der Bourgeoisie zu tragenden Steuern: die Körperschaftssteuer um 16 Prozent, die Obligationssteuer um 55 Prozent, die Kapitalverkehrssteuer um 15,2 Prozent,

„Demokratie“ – für wen? Der Blutmai 1929

DOKUMENTE ZUM 1. MAI IN BERLIN

Wilhelm Pieck während der Beisetzungsfeier der Opfer des Blutmai

Gustav Stresemann

Wilhelm Groener

Heinrich Brüning

die Einkommens- sowie die Kapitalertragssteuer um 8,7 Prozent. Erheblich gesteigert wurden dagegen die Schutzzölle, die das Lebensniveau der breiten Massen herabdrückten und den Junkern und Monopolherren zusätzliche Profitquellen erschlossen. Außerdem zahlte die Regierung den großen Konzernherren jährlich bis zu 2 Milliarden Mark an Subventionen.(16)

Das krasseste und empörendste Beispiel dafür, daß die rechtssozialdemokratischen Führer gewissenlos die Geschäfte der imperialistischen Bourgeoisie besorgten, liefert jedoch der Berliner Blutmai 1929, der zugleich ein Symptom der heranrollenden politischen Krise war. Schon im Kaiserreich hatten sich die Arbeiter das Recht erkämpft, am proletarischen Weltfeiertag, dem 1. Mai, friedlich unter roten Fahnen für ihre Forderungen zu demonstrieren und ihre brüderliche Solidarität mit den Ausgebeuteten aller Länder zu bekunden. Obwohl dieser Tag für die überwiegende Mehrheit der werktätigen Bevölkerung zum Symbol des Kampfes gegen Ausbeutung, Reaktion und Krieg geworden war, hatten es die Väter des „Volksstaates" von Weimar nicht zuwege gebracht, ihn zum offiziellen Feiertag zu erklären. Dennoch war den Arbeitern – Sozialdemokraten, Kommunisten, Gewerkschaftern, Parteilosen – in den letzten zehn Jahren praktisch das Recht zugebilligt worden, an diesem Tage die Arbeit ruhen zu lassen. Zur Selbstverständlichkeit war es geworden, daß die Werktätigen an diesem Tage ungehindert demonstrieren und sich unter freiem Himmel versammeln konnten.

Als sich der Weltfeiertag der Arbeit jedoch zum ersten Mal nach dem Regierungsantritt der Großen Koalition näherte, verfügte der sozialdemokratische Polizeipräsident von Berlin, Zörgiebel, das Verbot von Straßenumzügen der Arbeiterorganisationen. Das war um so ungeheuerlicher, als sich – vom Jahre 1919 abgesehen – erstmals in der deutschen Geschichte die Posten des Reichskanzlers, des Reichsinnenministers, des preußischen Ministerpräsidenten und des preußischen Innenministers gleichzeitig in den Händen der SPD befanden. Nach der von sarkastischen linksdemokratischen Intellektuellen zur Anprangerung der Sozialdemokratie schon ein Jahrzehnt zuvor formulierten Maxime, daß die Revolution bei schlechtem Wetter in den Saal verlegt werde, erklärte sich die Leitung der Berliner Parteiorganisation der SPD sofort bereit, ihre Maikundgebungen in geschlossenen Räumen durchzuführen. Das war eine glatte Kapitulation, die weiteren Angriffen der Reaktion auf das verfassungsmäßig verbriefte Recht der freien Meinungsäußerung, der ungehinderten

Straßenumzüge und überhaupt auf die elementarsten Errungenschaften der Arbeiterklasse Tür und Tor öffnete.
Die Kommunistische Partei konnte sich, da sie es ernst mit der Verteidigung der demokratischen Rechte der Werktätigen meinte, nicht dem provokatorischen Verbot Zörgiebels beugen. Sie rief die Berliner Arbeiterschaft dazu auf, am 1. Mai wie eh und je für ihre Forderungen zu demonstrieren, mahnte aber ihre Anhänger zugleich, sich nicht zu Unbesonnenheiten hinreißen zu lassen. In einer internen Anweisung der Führung der Partei hieß es z. B.: „Die Demonstration soll einen friedlichen und unbewaffneten Charakter tragen. Den im RFB vorhandenen Tendenzen, sich der bewaffneten Gewalt entgegenzustellen, soll unter allen Umständen entgegengewirkt werden."(17) Obwohl dem Polizeipräsidenten und dem preußischen Innenministerium diese und andere Anweisungen durch Zuträgerei von Spitzeln bekannt waren, wurde den Polizeibeamten gegenüber von bevorstehenden blutigen Auseinandersetzungen, von der Notwendigkeit des „schärfsten Durchgreifens" gesprochen. Um die antikommunistische Hysterie anzuheizen, überschlug sich die bürgerliche Presse in Prophezeiungen über einen geplanten kommunistischen Umsturzversuch und die dabei zu erwartende Zahl von Toten u. ä. m. Der „Vorwärts" brachte Schlagzeilen wie „Der Blutkoller bei den Thälmännern", „KPD braucht Leichen" und beteiligte sich damit auf die niederträchtigste Weise an der Vorbereitung einer Provokation, die einen Bestandteil der gegen die gesamte – auch gegen die sozialdemokratische – Arbeiterschaft gerichteten Offensive der Reaktion darstellte.
Fast 200 000 Berliner leisteten am 1. Mai dem Aufruf der KPD Folge und versuchten, sich zu den Stellplätzen durchzuschlagen, die meist von starken Polizeikommandos besetzt waren. Zehntausende schlossen sich bald hier, bald dort zu fliegenden Demonstrationszügen zusammen, entfalteten rote Fahnen, stimmten revolutionäre Kampflieder an und protestierten in Sprechchören gegen die Polizeischikanen. Was dann passierte, beschrieb ein parteiloser Arzt, der in der Gegend des Schönhauser Tors praktizierte, folgendermaßen: „Hackescher Markt: Menschen auf den Bürgersteigen. Polizei beginnt etwa um halb zwölf zu schlagen. Vor dem Postamt etwa zehn Schupos auf einem Haufen, Rücken zur Wand, und schießen in die Menschen; drei Verletzte, ein Knieschuß, ein Bauchschuß, ein Rückenschuß; Kugel steckt unter der Haut am Adamsapfel. – Bülowplatz: Polizei wild; beginnen zu laufen; Menschen laufen etwa fünfzig bis

achtzig Meter voraus in die Koblankstraße hinein. Beamte laufen über den Platz, ziehen dabei die Revolver und schießen auf zirka 100 Meter Entfernung in die Koblankstraße hinein. Dabei waren die Beamten gegen fünfzig Meter von den Zivilisten getrennt. – Mir heraufgebracht zirka zehn Schußverletzungen und zirka zwanzig Schlagverletzungen, die von äußerster Brutalität zeugen. Hiebe über den Kopf, daß die Kopfhaut aufgeschlagen ist und Gehirnerschütterung vorliegt."(18)

Auf diese brutale Weise gelang es der Polizei, die Demonstranten aus dem Stadtzentrum hinauszudrängen. Gegen Abend zogen sich die Arbeiter in ihre Wohnbezirke, vor allem nach dem Wedding und nach Neukölln, zurück. Als die Polizei, nun schon mit Karabinern ausgerüstet, auch dort die Straßen zu räumen versuchte, begannen die Arbeiter, ihr den Weg zu verlegen. Sie errichteten Straßensperren und widersetzten sich der bewaffneten Gewalt. Zwei Tage dauerte der daraufhin von den Polizeischergen eingeleitete Feldzug gegen die proletarischen Bezirke der Hauptstadt. 33 Werktätige wurden erschossen, mehrere hundert verletzt. Die „Rote Fahne" wurde für sieben Wochen verboten. Kurz danach erfolgte das Verbot des Roten Frontkämpferbundes.

So schreckten die rechten sozialdemokratischen Führer, die die Offensive des Monopolkapitals gegen die Errungenschaften der Republik unterstützten und vorantrieben, nicht davor zurück, Arbeiterblut zu vergießen. Sie bemäntelten diese Schandtat mit Faseleien über kommunistische „Putschabsichten", Notwehr der Polizisten u. ä. m. Alle diese Lügen wurden jedoch schon damals von einem Untersuchungsausschuß fortschrittlicher parteiloser Intellektueller zurückgewiesen, der feststellte, daß das Demonstrationsverbot ungesetzlich war, daß die „Mehrzahl der Arbeiterschaft die öffentlichen Maiumzüge als eine unantastbare Überlieferung auffaßt", daß die KPD „weder Gewalttätigkeiten herbeigeführt noch dazu herausgefordert hat", daß von Notwehr der Polizisten schon deshalb keine Rede sein konnte, weil die Schießkommandos keine Opfer zu beklagen hatten, daß der Polizei der Schießbefehl „von oben gegeben worden sein muß", daß die Verfassung nichts von einem „kleinen" Belagerungszustand wisse, den Zörgiebel verhängt hatte.(19)

Die von den rechtssozialdemokratischen Spitzenfunktionären Hermann Müller, Carl Severing, Albert Grzesinski, Karl Zörgiebel vor mehr als fünf Jahrzehnten gegen die Berliner Arbeiter gerichteten Schüsse, die die Kluft zwischen Sozialdemokraten und Kommunisten erschreckend vertieften, richteten sich vor allem gegen die Einheit der Arbeiterklasse, auf deren Grundlage der einzige Wall zur erfolgreichen Verteidigung der bürgerlich-demokratischen Errungenschaften vor den monarchistisch-militaristisch-faschistischen Angriffen hätte errichtet werden können. So war der von der Großen Koalition inszenierte Blutmai 1929 für jene, die sehen konnten, ein Vorbote des nahenden Untergangs der Weimarer Republik.

Elftes Kapitel

1929: Wirtschaftskrise und braune Bataillone marschieren im Gleichschritt

Im Herbst 1929 brach die Wirtschaft der USA in einer zyklischen kapitalistischen Überproduktionskrise zusammen. Wie der „schwarze Tod" – die Seuchen – vor vielen Jahrhunderten, Wasserläufe überspringend und Gebirgsketten überkletternd, in kurzer Zeit riesige Kontinente überflutete, so breitete sich jetzt die Krise, die vom Finanz- und Wirtschaftszentrum des Imperialismus ausging, über Ozeane hinweg auf nahezu den ganzen Erdball aus. Nur *eine* Grenze hielt ihr stand: Dort, wo Hammer und Sichel im Wappen des ersten Arbeiter-und-Bauern-Staates an den Grenzpfählen prangten, wurde ihr Einhalt geboten. Obwohl die Sowjetunion, die unter Aufbietung all ihrer Kräfte ein grandioses Industrialisierungsprogramm verwirklichte, zahlreiche Schwierigkeiten zu meistern hatte, blieb sie vollkommen von dem chaotischen Tohuwabohu der übrigen Weltwirtschaft und dessen furchtbaren Begleiterscheinungen – Arbeitslosigkeit, Massenhunger, sittliche Verrohung usw. – verschont. Während die Fabrikschlote in den Mutterländern der Großindustrie, in England, Amerika, Deutschland, in der ganzen „westlichen Welt", zu rauchen aufhörten, weihten die sowjetischen Werktätigen mit Musik und Tanz die von ihnen unter Entbehrungen errichteten Riesenbetriebe, Giganten des ersten Fünfjahrplanes, ein. Während stolze Schiffe – Wunderwerke moderner Technik – in den Häfen von New York und Hamburg, von Liverpool und Le Havre auf Schiffsfriedhöfen verrotteten, wurden in der Ukraine, im Ural, in Mittelasien im Eiltempo neue Verkehrsarterien gebaut. Der Name der turkestanisch-sibirischen Eisenbahnmagistrale „Turksib", eines in heldenhaftem Arbeitseinsatz durch unwegsame Gebiete errichteten Schienenstranges, wurde in der ganzen Welt zum Symbol enthusiastischen Schöpfertums.

Selbst wenn man alle anderen Faktoren der hundertfältig vorwärtsweisenden sowjetischen Wirklichkeit außer Betracht ließ, genügte allein dieser Kontrast zwischen der wirtschaftlichen Entwicklung in der imperialistischen Welt und im Sowjetstaat, um zu beweisen, daß die im Osten aus den Kinderschuhen herauswachsende neue Gesellschaft fähig war, den Grundwiderspruch zu lösen, der die veraltete kapitalistische Ordnung aushöhlte, nämlich den Widerspruch zwischen dem gesellschaftlichen Charakter der Produktion und der privaten Aneignung der Produkte – daß also der sozialistischen Ordnung die Zukunft gehörte.

Die Wirtschaftskrise der kapitalistischen Welt, die 1929 einsetzte und bis 1933 andauerte, war die schwerste ökonomische Krise, die die Geschichte kennt. Wenn der Imperialismus es seither verstanden hat, derart schwere wirtschaftliche Erschütterungen abzuwenden, so bedeutet dies jedoch keineswegs, daß er weniger parasitär geworden sei. Nur ist er, durch den gewaltigen Zusammenbruch jener Jahre aufgeschreckt, dazu übergegangen, den ökonomischen Krisenerscheinungen verstärkt mit staatsmonopolistischen Regulierungsmaßnahmen auf Kosten der Werktätigen, mit neuen Expansionsmethoden (wie etwa dem Neokolonialismus), vor allem aber mit künstlich ausgelösten Rüstungsbooms entgegenzuwirken, also mit Maßnahmen, die – beim Wettrüsten am augenfälligsten – in politische Krisen ausmünden, deren Folgen noch weit schrecklicher sind als die Folgen der Wirtschaftskrisen. Der zweite Weltkrieg steht hier als furchtbarstes Beispiel, und die Gefahr der menschheitsbedrohenden Atomrüstung ist in ihrer Tragweite kaum faßbar.

Da Deutschland durch die riesigen amerikanischen Kapitalinvestitionen der zwanziger Jahre und durch vielgestaltige andere Fäden besonders eng mit der Wirtschaft der USA verbunden war, wurde es damals von allen europäischen Staaten am heftigsten von der ökonomischen Krise heimgesucht. Da es in Anbetracht der Zuspitzung der Klassenauseinandersetzungen bereits die Schwelle der politischen Krise überschritten hatte, als der wirtschaftliche Zusammenbruch einsetzte, zeitigte auch die ökonomische Krise hier weitaus tiefergreifendere Folgen als in anderen Ländern.

In den ersten Monaten nach dem großen New Yorker Börsenkrach vom Oktober 1929 konnte man allerdings in Berlin, Hamburg, Köln und München noch kaum von allgemein spürbaren Auswirkungen dieses Ereignisses sprechen, wenn auch die großen Industriemagnaten, wie u. a. ihre bangende und zur rücksichtslosen Krisenbekämpfung auf Kosten der breiten Massen auffordernde Denkschrift „Aufstieg

oder Niedergang" vom Dezember 1929 bezeugt, schon das ferne Rollen des Donners hörten. Im Spätherbst 1929 bewegte sich die Arbeitslosenzahl in Deutschland noch an der $2^1/_2$-Millionengrenze(1), doch war das für die vorhergegangenen „goldenen" Jahre fast normal gewesen. Die Unternehmer, die ihre Betriebe systematisch rationalisierten, hatten es nämlich, um die Löhne drücken und die Sozialleistungen niedrig halten zu können, verstanden, eine ständige Reservearmee von Arbeitssuchenden zu erhalten. Dabei waren die Arbeitslosen in der Mitte der zwanziger Jahre, als die Erwerbslosenzahlen (z. T. auch saisonbedingt) im Schnitt zwischen einer und zwei Millionen schwankten, meist noch imstande gewesen, nach einem gewissen – größtenteils durch kärgliche Unterstützungen überbrückten – Zeitraum wieder Beschäftigung zu finden, und konnten sich (nicht zuletzt dank des lautlosen Heldentums der sich für ihre Familien aufopfernden Proletarierfrauen) kümmerlich, aber doch vom unmittelbaren Hunger abgeschirmt, weiter durchschlagen.
Jetzt, da die Krise, deren einzelne von Jahr zu Jahr ansteigende Wellen durch Zusammenbrüche riesiger Konzerne und Banken markiert wurden, immer machtvoller anrollte, wurde das anders. Über den Toren der Arbeitsämter, vor denen sich immer längere Schlangen Arbeitsuchender stauten, standen unsichtbar die Worte, die Dante einst über die Pforte der Hölle gesetzt hatte: Lasciate ogni speranza voi ch'entrate – die ihr hier eintretet, laßt alle Hoffnung fahren! Tagtäglich kamen neue Unglückliche, die kurz zuvor ihre Namen auf den Kündigungslisten an den schwarzen Brettern der Werkhöfe gelesen hatten, zur Stempelstelle, und nirgends hingen Einstellungslisten aus. Der Gedanke, daß überhaupt neue Betriebe eröffnet, daß neue Arbeitsmöglichkeiten geschaffen werden könnten, schien den Menschen absurd. Ende 1930 gab es bereits $4^1/_2$ Millionen Arbeitslose, Ende 1931 fast 6 Millionen, Ende 1932 nahezu 8 Millionen. Hinzu kamen 4 Millionen Kurzarbeiter, deren Löhne sich kaum von den miserablen Unterstützungen der Erwerbslosen unterschieden. Nimmt man an, daß bis zu $^2/_3$ dieser Menschen verheiratet waren und ihre Familien durchschnittlich aus vier Personen bestanden, so ergibt sich, daß mehr als 25 Millionen Deutsche unmittelbar von den Folgen der Erwerbslosigkeit und der Kurzarbeit betroffen waren. Die Lage dieser Menschen war unvorstellbar. Die Unterstützungssätze wurden ohne Unterlaß abgebaut, immer mehr Mittellose wurden überhaupt jeder Zuwendung beraubt. 1931 setzte die Regierung beispielsweise das Mindestalter für den Erhalt staatlicher

Unterstützungen von 16 auf 21 Jahre hinauf, machte die Versorgung verheirateter arbeitsloser Frauen von einer „Bedürftigkeitsprüfung" abhängig u. ä. 1932 gab es (da jegliche Erhebungen fehlen, schwanken die Angaben) zwischen $1^1/_2$ und $3^1/_2$ Millionen „ausgesteuerter" Erwerbsloser, d. h. brotloser Proleten, die keinen Pfennig aus den Sozialfonds erhielten und ihr Leben nur fristen konnten, indem sie sich auf Kosten darbender Verwandter durchschlugen, bettelten oder hausierten, oft genug aber buchstäblich dem Hungertode verfielen. Hunderttausenden, die exmittiert worden waren oder nie eine Wohnung besessen hatten, blieb nichts anderes übrig, als in ungeheizten, oft baufälligen Lauben oder zerschlissenen Zelten zu hausen und Müllkästen und Abfallhaufen nach verfaulten Speiseresten zu durchstöbern. All das, was menschliches Leben lebenswert macht – produktive Tätigkeit und gedankliche Durchdringung der Umwelt, Teilnahme am Wirken von Gemeinschaften, Genuß von Kunst und Bildung, Liebe, Freude am Familienglück und vieles andere – war für diese Menschen ausgelöscht.
Kaum besser ging es oftmals jenen, die noch staatliche Unterstützung bezogen. 1932 erhielten nur 23,7 Prozent der offiziell „anerkannten" Arbeitslosen Erwerbslosenunterstützung. 31,6 Prozent mußten sich mit der weitaus geringeren Krisenunterstützung begnügen, 44,7 Prozent bekamen nur die noch niedrigere sogenannte Wohlfahrtsunterstützung, die bisweilen zwei Mark pro Woche und sogar weniger betrug.
Auch diejenigen Werktätigen, die ihren Arbeitsplatz noch nicht verloren hatten, lebten größtenteils in unbeschreiblichem Elend. Die Löhne, die von 1930 bis 1932 um ein Viertel bis ein Drittel gesenkt wurden, verhielten sich im letzten Jahr der Weimarer Republik zum amtlich errechneten Existenzminimum wie 0,54:1. Steuern, Lohnabzüge und Strafgelder schnellten in die Höhe, Krankengelder und alle Arten von Renten für Invaliden, Kriegsopfer und -hinterbliebene, Schwerbeschädigte usw. wurden immer wieder rigoros gekürzt. Durch die allgemeine Not schwanden die Möglichkeiten für Nebenverdienste und Gelegenheitsarbeiten fast gänzlich dahin.
Da die Weltwirtschaftskrise zu einer nie dagewesenen Verschärfung der schon jahrelang schwelenden Agrarkrise führte, war auch die Lage der Landarbeiter und der werktätigen Bauern entsetzlich. Nach offiziellen Angaben erhielt z. B. ein verheirateter Deputatarbeiter (bei minimalen Naturalbezügen) 1932 im pommerschen Kreis Kolberg einen Jahresbarlohn von 116,66 RM, d. h. 2 Mark

und 24 Pfennig je Woche. Ähnlich sah es auch in anderen Landkreisen aus. Viele kleine und mittlere Bauern mußten ihre gepfändeten Höfe verlassen, sich zu erbärmlichen Bedingungen als Knechte verdingen oder sich – ohne Anspruch auf Unterstützung erheben zu können – in die Millionenarmee der Erwerbslosen in den Städten einreihen. Selbst jene Bauern, die ihren Besitz zu behaupten vermochten, lebten, durch die Steuer-, Preis- und Kontingentierungspolitik der Regierung völlig zu Boden gedrückt, kaum besser als das Vieh und mußten sich mit Haut und Haar den Maschinenlieferanten, den Großhändlern und Hypothekenbanken ausliefern. Kleine Angestellte und Beamte, die oft noch mit knurrendem Magen ein „standesgemäßes" Äußeres aufrechtzuerhalten versuchten, lasen immer wieder mit Schrecken die Verordnungen über die Kürzung ihrer Gehälter und lebten in Angstträumen vor der drohenden Entlassung. Das allgemeine Elend verschonte weder Kleinhändler und Gewerbetreibende noch Handwerker, kleine Produzenten und Intellektuelle. Schreckliche Ausmaße nahm die physische und moralische Not der Kinder und Jugendlichen an, die, unterernährt und gesundheitlich für ihr Leben schwerstens geschädigt, in Unkenntnis jeglicher Freude heranwuchsen. Jugendliche, die die Schule verließen, irrten, bar jeder Hoffnung auf Arbeit, entwurzelt umher und wußten nicht, was sie in dieser Welt mit sich anfangen sollten.
Angesichts einer solchen, durch immer graueres Unheil gekennzeichneten Entwicklung des deutschen Alltags griff Ratlosigkeit und Verbitterung in verheerendem Maße um sich. Erschüttert fragten sich die Menschen, wie es hatte so kommen können, fieberhaft suchten sie nach einem Ausweg aus ihrer trostlosen Lage. So spiegelte sich die allgemeine Verzweiflung nicht nur im hoffnungslosen Kampf um die einzelne Existenz, nicht nur im Einsturz hergebrachter Normen menschlichen Zusammenlebens, sondern vor allem auch im politischen Leben wider.
Die Geschichtsschreibung der BRD hat im Zusammenhang damit die These hervorgebracht, daß die Weltwirtschaftskrise von 1929 bis 1933 die „eigentliche weltgeschichtliche Epoche", die Zäsur zwischen „liberalem Wettbewerbsautomatismus" und moderner „staatswirtschaftlicher Handels- und Währungspolitik",(2) d. h. zwischen hausbackenem Kapitalismus und sogenannter formierter Gesellschaft darstelle und daß die Weimarer Republik, deren staatsmonopolistischer Charakter geleugnet wird, infolge ihres vermeintlich „übermäßig demokratischen Viel-Parteien-System" nicht imstande gewe-

sen sei, rechtzeitig eine den neuen Bedingungen entsprechende „staatswirtschaftliche Politik" zu entwickeln, also an der Krise Schiffbruch erlitten habe.

Diese These wird mit zahlreichen anderen Aussagen der BRD-Geschichtsschreibung über die Ursachen des Scheiterns der Weimarer Republik gekoppelt und jeweils den aktuellen Bedürfnissen entsprechend mit bestimmten Akzenten versehen. Durchgehend tauchen dabei „Argumente" auf, die im Antikommunismus wurzeln und zur Verschleierung der realen Machtverhältnisse im Imperialismus dienen – etwa die verleumderische Behauptung von der Mitschuld der KPD an der Vernichtung des bürgerlichen Parlamentarismus oder die Legende von der „Dämonie" Hitlers, gegen den mit menschlichen Kräften überhaupt nicht anzukommen gewesen wäre (eine Legende, die die Klassenfunktion der faschistischen Diktatur und die Tatsache verdecken soll, daß der Faschismus zielstrebig von den reaktionärsten Kreisen der heute noch in der BRD herrschenden Großbourgeoisie aufgebaut und in seine Machtstellung lanciert worden ist).(3) Zu den ständigen „Argumenten" gehört auch die auf gleicher Linie liegende, schon 1948 von einem der aktivsten Förderer und Mitarbeiter Hitlers, vom Großbankier und Hauptkriegsverbrecher Hjalmar Schacht, formulierte und 1968 wiederholte infame Behauptung, daß „niemand anders" als die Wähler, die „kleinen Leute" also, Hitler zur Kanzlerschaft verholfen hätten, daß von industriellen „Sattelhelfern" des Faschismus nicht die Rede sein könne usw.(4) Daneben gibt es zahlreiche andere, den Untergang der Weimarer Republik „erklärende" Thesen bürgerlicher Geschichtsschreiber, die von ihren Autoren nur wenige Jahre aufrechterhalten wurden, denen aber deshalb nicht geringere politische Bedeutung zukommt.

So wurde in der Geschichtsliteratur der BRD vor 20 bis 30 Jahren, als die Bonner Machthaber die öffentliche Meinung des Inlandes und des westlichen Auslandes gegen den von der Sowjetunion geforderten Friedensvertrag mobilisierten, weil sie fürchteten, er werde ihren reaktionären und aggressiven Bestrebungen einen Riegel vorschieben, behauptet, die Weimarer Republik sei letztlich an der Härte des Versailler Friedensvertrages zugrunde gegangen. Da die starken antifaschistischen Stimmungen im eigenen Lande und in den Staaten der Antihitlerkoalition die Politiker der BRD zu jener Zeit noch zwangen, sich betont von der NS-Zeit zu distanzieren, erklärten die bundesrepublikanischen Historiker damals zugleich, die

„schlimmste Unterlassungssünde" der Weimarer Regierungen sei ihre „falsche Liberalität" gegenüber dem Rechtsradikalismus gewesen. Die Forderung des sich wieder mausernden Imperialismus in der BRD nach einer (diesmal NATO-„demokratisch" aufgemachten) neuen Wehrmacht veranlaßte die Bonner Geschichtsschreiber aber schon bald danach zu verkünden, daß die Weimarer Republik gescheitert sei, weil sie in der außenpolitischen Sphäre nur über ein „System der Aushilfen", nämlich nur über diplomatische, nicht über schlagkräftige militärische Mittel verfügt habe. Die Notwendigkeit einer engen Bindung der neuen Wehrmacht an die vermeintlich demokratischen Westmächte unterstreichend, entdeckten sie zugleich, daß die Weimarer Republik ins Grab gesunken sei, weil man es versäumt habe, die Reichswehr in den „neuen Staatsgedanken" zu „integrieren". Zur Rechtfertigung des in vieler Beziehung hinter den bürgerlich-demokratischen Bestimmungen der Weimarer Verfassung zurückstehenden Bonner Grundgesetzes erklärten einige Forscher das Ende der Republik von Weimar auch damit, daß Deutschland „den Sturz des monarchischen Verwaltungsstaates" nicht zu verwinden vermochte und sich dem Übergang zu einer Staatsform widersetzte, die nach dem „Maßstab der allgemeinen Geschichte" erforderlich geworden war.(5)
Als der Bonner Staat sich als Staat des Monopolkapitals gefestigt, durch vielfältige Verkettungen mit den antisowjetischen Westmächten vor einem demokratischen und antimilitaristischen Friedensvertrag abgesichert und die antikommunistische Manipulierung der Massen weit vorangetrieben hatte, kam die Geschichtsforschung der BRD Schritt für Schritt zu neuen Schlußfolgerungen über die Ursachen des Endes von Weimar. Die reaktionären Politiker in Bonn stellten sich jetzt, um die innere Opposition weitgehend zu lähmen, die Aufgabe, die Sozialdemokratie in den Regierungsapparat zu „integrieren" und den Abbau der 1948 den Massen zugestandenen demokratischen Rechte durch eine Ausnahmegesetzgebung vorzubereiten. Nunmehr erklärten viele Historiker den Untergang der Weimarer Republik damit, daß die SPD seinerzeit aus der Regierungsverantwortung ausgeschieden sei und daß sich die „schwarze" und die „rote" Volkspartei (d. h. die katholische Zentrumspartei, Ahnfrau der CDU, und die Sozialdemokratie) nicht zur gemeinsamen Staatsbejahung zusammengefunden hätten.(6) Ja, detaillierte und in ihren Teilergebnissen wertvolle Forschungen über das konkrete Geschehen vor 1933 dienten dazu, ganze „Theorien" vom angeblich unvermeid-

lichen „Machtverfall der Demokratie", vom zwangsläufig entstehenden „Machtvakuum", von der schicksalhaften „Selbstzerstörung der Demokratie" u. ä. zu entwickeln. Diese „Theorien" wurden zwar vorwiegend von Historikern aufgestellt, die – trotz ihres Antikommunismus – subjektiv ehrlich gegen Neofaschismus und Notstandsgesetzgebung auftraten,(7) dienten aber objektiv zur Rechtfertigung reaktionärer Maßnahmen der sich demokratisch gebärdenden imperialistischen Bundesrepublik gegen fortschrittliche, mit dem Begriff „Totalitarismus" diffamierte Kräfte. Dabei offenbarte sich die Tragik der dem Antikommunismus verfallenen Hitlergegner unter den bürgerlichen Wissenschaftlern, die im komplizierten Prozeß der Umsetzung scheinbar progressiver Gedanken in antidemokratische Maßnahmen wider Willen Vorspanndienste für die Reaktion leisteten und so zu Feinden ihrer selbst wurden.

Diese wenigen Beispiele, die wieder einmal das Goethewort bestätigen,

„Was ihr den Geist der Zeiten heißt,
Das ist im Grund der Herren eigner Geist,
In dem die Zeiten sich bespiegeln",

beweisen am konkreten Gegenstand, daß die historischen Analysen moderner bürgerlicher Forscher von den jeweiligen Erfordernissen der imperialistischen Politik bestimmt werden. Wenn das aber so ist, so ergibt sich die Frage, warum in der Literatur der BRD seit längerem die Weltwirtschaftskrise immer häufiger als Ursache des Unterganges der Weimarer Republik hochgespielt wird. Einmal sollen damit weiterhin politisch relevante ältere Konzeptionen, die angesichts der Entwicklung in Bonn immer unglaubwürdiger klingen, mit neuen Argumenten verjüngt werden. Wenn z. B. der Historiker Werner Conze schreibt, Hitlers „Machtergreifung" sei keine Folge der Wirtschaftskrise gewesen, sondern durch sie nur *ermöglicht* worden, und hinzusetzt, daß es auch andere Auswege aus der damaligen Sackgasse gegeben hätte, daß diese aber die Zertrümmerung des Viel-Parteien-Parlamentarismus, die Verwandlung der SPD in eine „Staatspartei" und die Unterdrückung der Kommunistischen Partei erfordert hätte,(8) so bedarf es keines Scharfsinnes, um zu erkennen, daß hier die bundesrepublikanische Fünfprozentklausel, die Sozialdemokratisch-bürgerliche Koalition bzw. das in großen Zügen abgestimmte Zusammenspiel von CDU/CSU und SPD sowie das Verbot der KPD als Wegweiser für die Bonner Politik empfohlen werden. Zum anderen sind es aber neue, in den letzten Jahren in der BRD immer heftiger diskutierte Fragen, die die Historiker veranlassen, die Wirtschaftskrise von 1929 bis 1933 als Todesursache der Weimarer Republik hinzustellen. Da man nämlich zur Bewältigung der sich häufenden wirtschaftlichen und finanziellen Krisenerscheinungen sowie zur Finanzierung der Rüstung einen Bundesbürger braucht, der der mit Schlagworten wie Vollbeschäftigung und Investitionsstimulierung bemäntelten Vermehrung der Konzernprofite zustimmt, bereitwillig immer mehr Steuern zahlt und die mit seiner Wohlstandsideologie kollidierenden verschärften staatsmonopolistischen Regulierungsmaßnahmen als bittere, aber rettende Arznei schluckt, wird zur Abschreckung von Kritik und Widerstand eine Weimarer Republik an die Wand gemalt, die angeblich „staatswirtschaftlich" versagt und deshalb erst ungeheures Elend und alsdann – durch ihren Untergang – Gewaltherrschaft und Krieg heraufbeschworen habe.

Wie verhält es sich nun mit der Richtigkeit dieser offensichtlich auf dem Boden der Bonner Realität erwachsenen These?

In den vorhergehenden Kapiteln dieser Darstellung wurde bereits – soweit das auf wenigen Seiten möglich ist – nachgewiesen, daß die sozialreaktionäre Offensive der Großbourgeoisie und der Abbau des bürgerlichen Parlamentarismus schon vor Ausbruch der Weltwirtschaftskrise auf vollen Touren liefen, ja daß die gesamte Entwicklung der aus einer Rettungsaktion für den ramponierten deutschen Imperialismus hervorgegangenen Weimarer Republik von Jahr zu Jahr mehr und mehr durch Antidemokratismus, durch Restauration und Militarismus, durch verschärfte aggressive Bestrebungen nach innen und außen gekennzeichnet war. Dabei waren die seit 1919 in immer neuen Formen wiederholten Angriffe der Reaktion auf alle parlamentarischen und sozialen Errungenschaften gerade in der Zeit des relativen wirtschaftlichen Aufschwunges vor 1929 weit vorangetragen worden, aber auch auf immer entschiedeneren Widerstand der revolutionären und demokratischen Kräfte gestoßen, so daß man schon zu dieser Zeit von einer politischen Krise sprechen konnte. Folglich kann die Wirtschaftskrise, die ja nicht nur zur Aktivierung der Reaktion, sondern zu einer neuen Qualität des politischen Kampfes, zur Polarisierung der Klassenkräfte überhaupt, insbesondere zum entschlosseneren Einsatz der Massen für die Verteidigung ihrer demokratischen Rechte und Freiheiten, also auch zur Stärkung der fortschrittlichen Kräfte führte, nicht die eigentliche Ursache für das Scheitern der Weimarer Republik sein. Die eigentliche und letzte Ursache dafür lag in der Herrschaft des seinem Wesen nach antidemokratischen Monopolkapitals, das im Rahmen des imperialistischen Klassenstaates von Weimar Kraft gewinnen und erneut seine Abenteuerlichkeit entfalten konnte. Entscheidende Hilfe für den Machtzuwachs der Großbourgeoisie leisteten die rechten sozialdemokratischen Führer, die die demokratischen Kräfte durch Spaltung, Desorientierung und ideologische Entwaffnung daran hinderten, dem Ansturm der Reaktion erfolgreich Widerstand zu leisten.

Richtig an der Hervorhebung des Zusammenhanges zwischen Krise und Ende der Weimarer Republik ist jedoch, daß die spezifischen *Formen* der letzten Etappe der monopolkapitalistischen Offensive gegen den bürgerlich-parlamentarischen Staat weitgehend von der Weltwirtschaftskrise bestimmt wurden. So bewirkte die ökonomische Situation beispielsweise, daß die antirepublikanische Notverordnungspraxis am einschneidendsten auf dem Gebiet der Finanz-, Wirtschafts- und Sozialpolitik durchexerziert wurde, und die materielle Not der Massen führte dazu, daß jener Trupp der Konterrevolution am meisten Zulauf erhielt, der als Spezifikum der deutschen Spielart des Faschismus neben der nationalen Demagogie eine in der Geschichte einmalige soziale Demagogie entwickelte.

Zu Anfang und in der Mitte der zwanziger Jahre war die als „nationalsozialistisch" und „Arbeiterpartei" firmierte hitlerfaschistische Organisation nur ein verhältnismäßig unbedeutender Stoßtrupp innerhalb der reaktionären Phalanx gewesen, in der zahlreiche sich gegenseitig erbittert befehdende und miteinander rivalisierende zersplitterte Parteien, Kampfbünde und Verbände dem mittelalterlichen Kaiserkult, dem Monarchismus und dem Preußentum, der sogenannten konservativen Revolution und dem Nietzscheanischen Aristokratismus, dem Antisemitismus, dem Rassenwahn, den völkischen und alldeutschen, den ultramontanen und vielen ähnlichen Ideen huldigten.

Welche von all diesen Organisationen und Gruppen, die den Reservefonds der zur offenen Diktatur strebenden Monopolbourgeoisie bildeten, im gegebenen Moment zum Zuge zu bringen sei, hing von der konkreten ökonomischen, politischen und ideologischen Entwicklung ab. Und hier kam dem Hitlerfaschismus die Krise zugute, weil er mit seinem angeblich unabänderlichen 25-Punkte-Programm aus dem Jahre 1920 alle anderen Trupps der Reaktion hinsichtlich der antikapitalistischen Demagogie bei weitem übertraf.

Er gab vor, die „Abschaffung des arbeits- und mühelosen Einkommens“, die „Brechung der Zinsknechtschaft“, die „restlose Einziehung aller Kriegsgewinne“, die „Verstaatlichung der Trusts“, die „Kommunalisierung der Groß-Warenhäuser“, eine „unseren nationalen Bedürfnissen angepaßte Bodenreform“, „Todesstrafe für Wucherer und Schieber“ u. ä. zu fordern. Wie ernst dieses Programm, in dessen letztem Satz versprochen wurde, daß die „Führer der Partei ..., wenn nötig unter Einsatz des eigenen Lebens, für die Durchführung der vorstehenden Punkte rücksichtslos eintreten“ werden, von diesen Führern selbst genommen wurde, bezeugt u. a. eine unter vier Augen vom faschistischen Propagandachef Goebbels gegebene „Erläuterung“ zu einer Grundsatzforderung. „Was heißt Brechung der Zinsknechtschaft?“, sagte er, „Brechen muß dabei nur der, der diesen Federschen Unsinn lesen muß.“(9)

Da solche konfusen, theoretisch in keiner Weise untermauerten und chauvinistisch durchsetzten Deklarationen dieses Programms keinen Eindruck auf die Arbeiter machten, die in ihrer Mehrheit eine gewisse (wenn oft auch opportunistisch verballhornte) marxistische Schulung genossen hatten, konnte der Faschismus dieser Prägung nur dann zu einer Massenbewegung werden, sobald auch die Randschichten des Proletariats sowie die Bauern, das Kleinbürgertum und das verarmte Bürgertum in außerordentliches materielles Elend gestürzt wurden. Das hatte sich bis zu einem gewissen Grade 1923 gezeigt und wiederholte sich in ungleich stärkerem Maße, als sich die Wirtschaftskrise von 1929 erst ankündigte und dann mit verheerender Kraft einsetzte.

Dabei kann das Anwachsen der faschistischen Lawine selbstverständlich nicht auf die soziale Demagogie allein zurückgeführt werden. Doch war es gerade diese Demagogie, die den Hitlerfaschismus von allen übrigen konterrevolutionären Strömungen am meisten unterschied. In vielen Punkten machte der Nazismus Anleihen bei der in der rechtsradikalen Bewegung überhaupt verbreiteten Ideologie – bei der These vom Herrenmenschentum, der wissenschaftswidrigen Rassentheorie und dem Antisemitismus, der Anbetung der Gewalt und der geopolitischen Volk-ohne-Raum-Lehre, bei den Systemen Nietzsches, Moeller van den Brucks, der den Terminus „Drittes Reich“ geprägt hatte, und Spenglers, der die Weimarer Republik als „Staat von Flöhen“ beschimpfte. Vor allem aber übernahmen die Faschisten den ganzen Wust antikommunistischer, chauvinistischer und revanchistischer Ideen, mit denen 80 bis

90 Prozent der deutschen Presse, die Schule und Hochschule, der Film, der Funk und die Kirche den Durchschnittsbürger jahrelang gefüttert und so auf die nazistischen Ergüsse vorbereitet hatten. Bedeutungsvoll dabei war, daß es die Faschisten, oft im Zusammenhang mit ihrer sozialen Demagogie und immer mit Hilfe maßloser Versprechungen an alle und unter Verwendung primitiver Schlagworte – „Deutschland, erwache!“ – verstanden, den Eindruck zu erwecken, als stelle ihr Programm etwas grundsätzlich Neues dar. Gerade die politisch ungeschulten und bisher meist indifferenten Angehörigen der Mittelschichten, denen in den wechselvollen Nachkriegsjahren ihre soziale Unsicherheit bewußt geworden war und die jetzt, beim Anrollen der Krise, um ihre Existenz bangten, beeindruckte es, daß die Nazis eine tabula rasa machende Radikalkur ankündigten und sich so gebärdeten, als könnten sie mit einem Schlage alle Nöte und Bedrängnisse der Vergangenheit, Gegenwart und Zukunft aus der Welt schaffen. Mit ihrer zur Schau gestellten Revolutionsspielerei, mit ihrer Devise „Alles oder Nichts“, ihrem zum unveräußerlichen Siegerrecht deklarierten Zynismus, mit ihrem heroisch aufgemachten Veranstaltungszeremoniell und dem theatralischen Führerkult packten sie vor allem auch jenen Teil der Jugend, der die Ursachen des allgemeinen Elends aus mangelnder gesellschaftlicher Erfahrung nicht zu erkennen vermochte, zugleich aber einen kompromißlosen Bruch mit allem Bestehenden herbeisehnte.

Wir haben bereits gesehen, wie sich die Großbourgeoisie, die nicht vergessen konnte, daß ihr 1918 und 1923 im entscheidenden Moment keine chauvinistische Massenbasis zur Verfügung gestanden hatte, schon jahrelang mit dem Gedanken trug, eine vom Reformismus unabhängige Massenbewegung zur Stützung ihrer Klassenherrschaft zu schaffen. Die scharfmacherischsten Großindustriellen, z. B. der Vorsitzende der Vereinigung deutscher Arbeitgeberverbände (zugleich Vorsitzender des Gesamtverbandes deutscher Metallindustrieller) Ernst v. Borsig, Fritz Thyssen und der Seniorchef der Ruhrindustriellen, der Gründer des deutschen Kohlesyndikats und Generaldirektor der Gelsenkirchener Bergwerks AG Emil Kirdorf, hatten dabei schon 1922/23 mit der Möglichkeit gerechnet, die hitlerfaschistische NSDAP zu einer solchen Massenbewegung auszubauen, und ihr dementsprechend finanzielle Zuwendungen zukommen lassen.(10) Wenn die Unterstützung der Großbourgeoisie für die Nazipartei damals noch verhältnismäßig gering war, so nicht zuletzt deshalb, weil die meisten Industriellen bezweifelten, daß

Hitler Einfluß auf die entscheidenden werktätigen Schichten, nämlich auf das Proletariat, gewinnen könne. Es lohne nicht, die faschistische Bewegung zu finanzieren, hieß es im Brief einer Gruppe von Unternehmern an den Vorsitzenden des Alldeutschen Verbandes, Claß, aus dieser Zeit, weil sie „dieselbe Entwicklung nehme wie bisher alle sogenannten nationalsozialistischen Versuche. Es gelinge nicht, aus der Arbeiterschaft in nennenswertem Maße Zuzug zu bekommen."(11)

Dennoch unterhielten einige Spitzenindustrielle auch in den folgenden Jahren, einer Zeit der Krise der NSDAP, enge Beziehungen zur faschistischen Partei, die sie als eine etwas aus der Reihe fallende, unter bestimmten Bedingungen möglicherweise aber doch verwendbare Reserve der Gegenrevolution betrachteten. Im scharfen Rivalitätskampf der verschiedenen Reserveformationen der Reaktion um die Gunst der Ruhrmagnaten und Großbankiers beteuerten die faschistischen Führer in Aussprachen mit den Monopolherren und in geheimen Denkschriften, daß sie auf Biegen oder Brechen für deren Interessen eintreten würden. So ist erst nach 42 Jahren ein von Hitler 1927 verfaßtes Geheimmemorandum bekannt geworden, das Kirdorf damals in Kreisen der Großindustriellen verbreitete. In diesem Dokument trat der Nazichef für die Erhaltung des Privateigentums und den „Schutz" der kapitalistischen Wirtschaft durch einen „starken nationalistischen Staat" ein, versprach die Zerstörung des „undeutschen" Marxismus und die „volle Eingliederung" der Arbeiterschaft „in den Rahmen der Nation und des Staates". Das Kaiserwort „Am deutschen Wesen soll die Welt genesen" zitierend, erklärte er Internationalität, Demokratie und Pazifismus zu den „drei Freveln der Menschheit" und bekannte sich zum Aggressionskrieg als zum einzigen Mittel für den Erwerb von „Lebensraum" und für die „Organisierung des Absatzes". Wörtlich schrieb er: „Die letzte Entscheidung in Wirtschaftskämpfen lag in dieser Welt noch niemals in der mehr oder minder bedeutenden Tüchtigkeit der einzelnen Konkurrenten, als vielmehr in der Kraft des Schwertes, das sie für ihr Geschäft (! – W. R.) und damit für ihr Leben in die Wagschale zu werfen hatten."(12)

Zweifellos unter dem Einfluß Kirdorfs, der 1927 verschiedene Zusammenkünfte Hitlers mit Magnaten der Schwerindustrie arrangierte und 1929 am faschistischen Parteitag teilnahm, „präzisierte" Hitler in diesen Jahren das NSDAP-Programm. Seinen „Theoretiker" Feder ließ er den Punkt über die „Brechung der Zinsknechtschaft" dahingehend kommentieren, daß der Nationalsozialismus das Privateigentum grundsätzlich anerkenne und unter staatlichen Schutz stelle. Zum Punkt „Bodenreform" gab Hitler 1928 selbst folgende schriftliche Erklärung ab: „Da die NSDAP auf dem Boden des Privateigentums steht, ergibt sich von selbst, daß der Passus ‚unentgeltliche Enteignung' nur auf die Schaffung gesetzlicher Möglichkeiten Bezug hat, Boden, der auf unrechtmäßige Weise erworben wurde oder nicht nach den Gesichtspunkten des Volkswohles verwaltet wird, wenn nötig, zu enteignen. Dies richtet sich demgemäß in erster Linie gegen die jüdischen Grundspekulationen."(13)

Als nun die Hitlerfaschisten etwa seit Mitte 1929 unverkennbare massenpolitische Erfolge errangen, als die Wählerzahlen der NSDAP, die früher (zuletzt noch bei den sächsischen Wahlen im Mai) stets weniger als 5 Prozent betragen hatten, plötzlich bei den Wahlen zum badischen und thüringischen Landtag im Oktober und Dezember 1929 von 0 auf 7 bzw. von 4 auf 11 Prozent hinaufschnellten, wurden immer mehr Großindustrielle, Bankiers und Junker auf die faschistische Partei aufmerksam und fragten sich, ob man aus diesen Anfängen nicht die Wunderwaffe zur Vernichtung der parlamentarischen Ordnung entwickeln könne. Genau vier Tage nach der thüringischen Landtagswahl wurde in einer Mitgliederversammlung des Reichsverbandes der deutschen Industrie erstmalig der Gedanke ausgesprochen, daß man, um „ernsthaft durchgreifen" zu können, vielleicht 100 000 (sozialdemokratische) Parteifunktionäre des Landes verweisen müsse – ein Gedanke, den die Zwischenrufe „Bravo!" und „Mussolini!" beredt kommentierten.(14)

Natürlich verhielt es sich nicht so, daß sich die Mehrheit der Schlot- und Börsenfürsten nun plötzlich entschloß, auf die hitlerfaschistische Karte zu setzen. Einmal waren die mit allen Wassern gewaschenen Monopolgewaltigen von jeher gewöhnt, mehrere Eisen im Feuer zu halten – ein Umstand, dem die auch von der Reichswehrführung finanzierten Nazis ihre bisherigen pekuniären Zuwendungen und folglich ihre Anfangserfolge zu verdanken hatten. Zweitens waren die vielfältigen, oft durch Rivalitätskämpfe bedingten und auf konzern- und branchenegoistische Motive zurückgehenden Verbindungen der Konzern- und Bankherren zu den traditionellen bürgerlichen Parteien und Gruppierungen viel zu tief verankert, um über Nacht ausgeräumt werden zu können. Drittens schließlich –

und das wog am schwersten – machte die soziale Demagogie der Faschisten die Großbourgeoisie mißtrauisch. Nicht etwa, daß die Großindustriellen und Junker die „sozialistischen" Verlautbarungen Hitlers und seiner Kumpane allzu tragisch nahmen. Die geheimen Denkschriften und Versicherungen des Nazichefs, die Berichtigungen des „unabänderlichen" NSDAP-Programms und der Chauvinismus der Hakenkreuzler ließ keinen Zweifel daran, daß der „nationale Sozialismus" – nach einem Wort Carl v. Ossietzkys – nur eine der kreischenden Jahrmarktsorgeln des Faschismus war, welche das viel leisere Tremolo der sozialen Reaktion übertönten. In den „wirtschaftlichen Ungereimtheiten", „Unklarheiten und Utopien" des faschistischen Programms (über das man sich in der konzerninternen Korrespondenz lustig machte) sahen die Monopolgewaltigen vollkommen richtig „Zugeständnisse an die antikapitalistische Vulgärpropaganda"(15), einfacher gesagt: Gaunertricks zur Verführung der Massen. Sie befürchteten jedoch, daß die gefühlsmäßig sozialistischen Bestrebungen der Nazianhänger der „obersten Führung der Bewegung" die Hände binden oder eine neue, radikal-kleinbürgerlich-antikapitalistische Führergarnitur hervorbringen könnten, die die 25 Punkte ernst nehmen würde.

Der Umstand, daß die großen bürgerlichen Parteien, einschließlich der von den scharfmacherischsten Schwerindustriellen und Junkern protegierten Deutschnationalen Partei, ständig an Masseneinfluß verloren, sich also als politisch immer weniger brauchbare Instrumente erwiesen, daß die Anhängerschar der faschistischen Führer im Gegensatz dazu von Monat zu Monat anschwoll, daß sich diese Führer immer beflissener bemühten, die Industriekapitäne über ihre wahren wirtschaftlichen Ziele „aufzuklären", ja daß sie sich seit 1930 von speziell zur Lenkung der nazistischen Wirtschaftspolitik geschaffenen „Freundeskreisen der Wirtschaft" „beraten" ließen, räumte Vorbehalte und Mißtrauen der Großbourgeoisie gegenüber dem Hitlerfaschismus mehr und mehr hinweg. Kronzeugen dafür sind u. a. einige erst vor wenigen Jahren verstorbene Mitglieder dieser höchst exklusiven, nur aus den mächtigsten Monopolherren bestehenden „Freundeskreise", namentlich des später als „Freundeskreis Himmler"(16) in die Geschichte eingegangenen Verbrechergremiums, die sich trotz ihres biblischen Alters (meist über 90 Jahre) in der BRD bester Gesundheit und allgemeiner Wertschätzung nach einem „erfolgreichen" Leben erfreuten. Sie veröffentlichten Ende der sechziger Jahre, wie z. B. Hjalmar Schacht und Emil

Helfferich von der seinerzeitigen Deutsch-Amerikanischen Petroleum-Gesellschaft, ihre Memoiren, in denen sie nicht nur in sentimentalen Worten beschrieben, wie sympathisch die Naziführer gewesen seien, sondern sich auch erkühnten, Rezepte zur Verteidigung der bundesrepublikanischen „Demokratie“ vor „totalitären“ Kräften zu offerieren.(17)

Als die Nazis im Januar 1930 erstmals (in Thüringen) in eine deutsche Landesregierung gelangten, festigte sich das Vertrauen der Großbourgeoisie zu den faschistischen Führern weiter. Entzückt schrieb die von einem Konsortium aus Schwerindustriellen, Großreedern und Bankiers herausgegebene „Deutsche Allgemeine Zeitung“: „In praktischer Hinsicht hat das thüringische Beispiel bewiesen, daß die Nationalsozialisten den Unterschied zwischen Opposition und Verantwortung durchaus begreifen. Sie haben dort zugestimmt einer Kopfsteuer ohne Staffelung, der Erhöhung des Schulgeldes, erheblichen Ersparnissen im Wohlfahrtswesen und im Schuletat. In der Frage der Unterstützung der Erwerbslosen, Kleinrentner und Sozialrentner haben sie ihre von der Sozialdemokratie wörtlich aufgenommenen früheren Oppositionsanträge mit den übrigen Rechtsparteien zusammen niedergestimmt... Bei der Lektüre des ‚Völkischen Beobachters‘ und des Wirtschaftsprogramms des Herrn Abgeordneten Feder (der 25 Punkte – W. R.) sträuben sich einem die Haare. In der praktischen Zusammenarbeit würden sich die Probleme des Tages wohl anders darstellen.“(18)

Zuversichtlich auf die künftige „praktische Zusammenarbeit“ mit den Faschisten bauend, unterstützten die zum endgültigen Schlage gegen die Weimarer Republik ausholenden Monopolherren die NSDAP in verstärktem Maße. 1929 konnte Hitler mit dem größten deutschen Pressemonopolisten, Hugenberg, ein Abkommen über die Popularisierung seiner „Ideen“ schließen. Zur gleichen Zeit leiteten die Deutschnationalen, an deren Spitze derselbe Hugenberg stand, gemeinsam mit der Nazi-Partei ein Volksbegehren gegen die neue Reparationsregelung, den sogenannten Youngplan, ein und machten die Faschisten, die bisher von vielen konservativen Kleinbürgern und Bourgeois als zu marktschreierisch und aufrührerisch empfunden worden waren, damit „salonfähig“. Von nun an galt die NSDAP auch in den Augen der Kaisertreuen und der Pöbelverächter als „vaterländisch“. Der wegen seiner Schlauheit mit dem Spitznamen „Silberfuchs“ belegte Hugenberg entschloß sich zu diesem Schachzug, weil er, die finanzgewaltige Ruhrindustrie in seinem Rücken wissend und sich selbst als „Führernatur" maßlos überschätzend, glaubte, den großmäulig-primitiven Bajuwaren Hitler und seine Politik in eine nur ihm selbst hörige „nationale Opposition" einordnen zu können. Wenige Jahre später mußte er sich jedoch davon überzeugen, daß seine Gönner sich hinter den Nazichef gestellt hatten und dieser, das Kommando der „nationalen Opposition" übernehmend, aus Hugenberg – wie man damals höhnisch sagte – einen Hugenzwerg machte.

Schon 1930 kam es immer häufiger zu persönlichen Begegnungen der Nazihäuptlinge mit den maßgeblichen Großindustriellen, die ihre Organisationsstäbe, ihre Presse, ihre Verbindungen in den Wirtschaftsvereinigungen und im Staatsapparat in steigendem Maße der faschistischen Führungsclique zur Verfügung stellten. Aufschlußreich ist zum Beispiel, was ein faschistischer Wirtschaftshistoriker über eine „in nationalsozialistischer Ausdrucksweise" gehaltene Broschüre vermerkte, die Schacht – seit einer von Großbankier v. Stauß Ende 1930 vermittelten Begegnung mit Göring ständiger persönlicher „Berater" Hitlers(19) – 1932 über die „Grundsätze deutscher Wirtschaftspolitik" verfaßte. Aus den Gedankengängen des Finanzmagnaten, die, wie der Autor hervorhob, mit dem „Nationalsozialismus verwachsen sind – und umgekehrt", hielt er für besonders erwähnenswert, daß Schacht „dem ‚Recht auf Arbeit' der Weimarer Verfassung (welches in der Verfassung in Wirklichkeit überhaupt nicht erwähnt wurde – W. R.) ... die ‚Pflicht zur Arbeit' nach der Bibel" gegenüberstellte; daß er es als „nicht angängig" bezeichnete, wenn „der Arbeitnehmer seine Lohnforderungen mittels politischer Macht durchzusetzen suche"; daß das Arbeitslosenproblem nur auf dem Wege der „Anfachung der privaten Initiative durch starke Auflockerung der politischen Bindung von Arbeitslohn und -zeit" bewältigt werden könne; daß gesetzliche Beschränkungen der durch „große Leistungen" der Privatunternehmer gerechtfertigten Einkommenshöhe als „unsittlich" abzulehnen seien und daß schließlich „der unbändige Lebenswille" des deutschen Volkes „über alle internationalen Belange" gestellt werden müsse.(20) Dieses Programm, das, in einfacheres Deutsch übersetzt, Zwangsarbeit, völlige politische Entrechtung der Arbeiterklasse zwecks ihrer schrankenlosen Ausbeutung, Abschaffung des ohnehin nicht mehr gewährleisteten Achtstundentages, Riesenprofite für die Konzernherren und Vorbereitung eines Expansionskrieges vorsah, beweist neben vielen anderen Dokumenten, wer die Einbläser der faschistischen Zielsetzungen waren und daß äußerst einflußreiche Monopolisten – übrigens nicht anders als prominente Junker(21) – alles daransetzten, um die Bedenken und Vorbehalte ihrer Kollegen und Standesgenossen gegenüber dem Hitlerfaschismus zu beseitigen.

Entscheidend für den sensationellen Aufschwung der faschistischen Bewegung war jedoch zweifellos die finanzielle Unterstützung der Nazis durch die Großindustriellen. Die Höhe der Summen, die die Monopolherren den Faschisten zuschoben, läßt sich im einzelnen nicht feststellen, da viele Dokumente darüber mutwillig vernichtet worden oder 1945 verbrannt sind, andere noch heute für die Forschung unerreichbar in den Archiven der bundesdeutschen „Nachfolgeunternehmen" der Kriegsverbrecherkonzerne oder (wie beispielsweise die 1945/47 gemachten Aussagen des Generalschatzmeisters der NSDAP, Xaver Schwarz) in den Panzerschränken der US-Militärbehörden liegen und eine ganze Armee von Geschichtsschreibern, z. T. von vermeintlich selbstlosen „wissenschaftsfördernden" Stiftungen der Milliardäre und Multimillionäre direkt abhängig, geflissentlich zu beweisen versuchen, daß es keinen oder doch nur einen minimalen Zusammenhang zwischen Großindustrie und Faschismus gegeben hätte. Dennoch sind einige Zahlen und Daten über die Finanzierung der faschistischen Bewegung bekannt. Der damalige Aufsichtsratsvorsitzende der Vereinigten Stahlwerke, des mit Abstand größten deutschen Montantrusts, Fritz Thyssen, plaudert in seinem Buch „I paid Hitler" z. B. aus, daß die Kohle- und Stahlmagnaten vor 1933 jährlich eine Million Mark an die NSDAP abführten und daß sich andere Spenden der Arbeitgeberverbände auf zwei Millionen Mark beliefen. Im Tagebuch von Goebbels wimmelt es – worauf bereits Albert Norden aufmerksam machte – von Eintragungen über Besprechungen mit „maßgebenden Leuten der Wirtschaft", „beherzten Förderern" usw., die Wahl- und Propagandagelder zur Verfügung stellten.(22)

Eine ungefähre Vorstellung über die Ausmaße der finanziellen Unterstützung der Monopolherren für die faschistische Partei geben jedoch weniger die sporadischen Eingeständnisse einzelner Großindustrieller und Naziführer als vielmehr die – allerdings schwer schätzbaren – Ausgaben der NSDAP, die nachweislich zum größten Teil aus den Konzernkassen gedeckt wurden. Anhaltspunkte für solche Schätzungen sind u. a. die mehr oder weniger bekannten Wahlaufwendungen mittlerer Parteien, die sich beispielsweise 1928 bei der DNVP auf etwa 2,7 Millionen Mark beliefen,(23) aber bei der NSDAP bedeutend höher gewesen sein müssen, weil sie die Wahlkampagnen mit einer bisher nie dagewesenen Intensität betrieb, wahre Schlammfluten von Hetzmaterial über das Land ergoß, Flugzeuge und Autokolonnen einsetzte usw. und ihren Propagandaapparat auch zwischen den Wahlkämpfen auf Hochtouren laufen ließ. Unsummen verschlangen die von den Nazis aufgebaute Presse (1929 schon 50 Tageszeitungen), die enorm angewachsene Parteibürokratie, die seit 1928/29 wie Giftpilze aus dem Boden schießenden NS-Bünde und Korporationen sowie die bombastischen Veranstaltungen der Faschisten, ihre Paraden und Fackelzüge. Riesige Aufwendungen erforderten ferner die nazistischen Bürgerkriegsarmeen, namentlich die SA (Sturm-Abteilungen), deren braune Bataillone sich hauptsächlich aus deklassierten Elementen und verbitterten Kleinbürgern, Bauernsöhnen und Jungerwerbslosen aus den Randschichten des Proletariats rekrutierten, die sich durch Bekleidung (Uniformierung), freies Essen und Bier usw. korrumpieren ließen. Der deutsch-amerikanische Historiker Hallgarten hat errechnet, daß die Nazis allein für die SA 70 bis 90 Millionen Mark ausgaben.

Mitte 1931 bestanden bereits enge Beziehungen zwischen der NSDAP und 60 – nach Aussage des späteren faschistischen Wirtschaftsministers und Hauptkriegsverbrechers Funk – „sehr gut zahlenden" Industrie- und Finanzmagnaten, zu denen die Stahl- und Grubenkönige Thyssen, Vögler, Poensgen (Vereinigte Stahlwerke), Krupp, Klöckner, Knepper (Gelsenkirchener AG), Kellermann (Haniel-Konzern) und Tengelmann (Vertrauter Flicks in der Leitung der staatlich-preußischen [!] Grubenverwaltung), die Chemiebosse Duisberg (IG Farben) Diehn und Rosterg (Kalikonzern), die Bankiers Fischer, Reinhart (Commerz- und Privatbank) und Schmitt (Versicherungsgesellschaften) sowie die Manager des Reichsverbandes der deutschen Industrie Kastl und Herle gehörten. Einer der eifrigsten Finanziers der Faschisten blieb weiterhin Hugenberg. Außerdem erhielten die Nazis erhebliche Summen von antikommunistischen und sowjetfeindlichen ausländischen Großindustriellen, vor allem aus Amerika (Henry Ford) und England, wo der stockreaktionäre Zeitungskönig Lord Rothermere die oberen Zehntausend mit der Versicherung beruhigte: „Sind die Nationalsozialisten Sozialisten? Nein, der Sozialismus in ihrem Programm ist nur Leim, um Vögel zu fangen." Allein der Chef der niederländisch-britischen Erdölgesellschaft Royal Dutch Shell Company, Henry Deterding, zahlte der NSDAP bis Januar 1933 nicht weniger als zehn Millionen Mark.(24)

Besonders reichlich begannen die Spenden für die Faschisten aus den Tresors der in der Welt als Qualitätsunternehmen renommierten deutschen Konzerne und der altehrwürdigen Bankhäuser zu fließen, nachdem Hitler im Sommer und Herbst 1931 eine geheime Rundreise von einer Generaldirektorsvilla zur anderen unternommen und im Januar 1932 mehrmals in Exklusivversammlungen der Monopolherren sein Programm vorgetragen hatte, dem zufolge er die ganze Nation mit dem Glauben an die „deutsche Berufung" erfüllen, das „zerstörende Prinzip" der Demokratie ausmerzen, den Marxismus „bis zur letzten Wurzel" ausrotten und die Sowjetunion als „Exponenten des Bolschewismus" in einem Krieg um „neuen Lebensraum" vernichten wollte. Das waren die Ziele, für die die Krupp und Thyssen, die Duisberg und Schacht bedenkenlos tief in die Tasche griffen. Denn diese Herren, die die Welt bereits einmal aus verbrecherisch-eigensüchtigen Motiven in einen verheerenden Krieg gestürzt hatten, warfen den Faschisten kalt rechnend nur deshalb Unsummen in den Rachen, weil sie damit das Feld zu düngen hofften, auf dem unmenschliche Ausbeutung und frevelhafter Massenmord in einem zweiten Weltbrand sagenhafte Profite gedeihen lassen sollten.

So waren es nicht, wie die moderne bürgerliche Geschichtsschreibung den immer noch im Machtbereich dieser Herren lebenden Menschen weismachen will, mit rationalen Kategorien nicht erklär- und nicht erfaßbare, aus unermeßlichen Tiefen der menschlichen Psyche herausbrechende unkontrollierbare Kräfte, die den Hitlerfaschismus erst von einem Wahlsieg zum anderen und dann an die Macht brachten, sondern sehr handfeste Klasseninteressen einer verschwindend kleinen Kaste von Verbrechern am deutschen Volke.

Zwölftes Kapitel

1930: Die KPD ruft zur nationalen und sozialen Befreiung

Als die deutschen Kommunisten im Juni 1929 auf ihrem 12. Parteitag besorgt und mahnend auf die heraufziehende faschistische Gefahr hinwiesen, spöttelte so manch einer über Schreckgespenster, denen die KPD nachjage. Die Erklärung des Parteitages, daß „die mächtigen sozialen Kämpfe, die Deutschland erschüttern, und die Bedürfnisse der Kriegsvorbereitung ... die Bourgeoisie zur Konzentration ihrer politischen Gewalt gegen die Arbeiterklasse" zwängen, daß „sich das gegenwärtige bürgerliche Parteisystem, die bürgerliche Verfassung und die parlamentarische Herrschaftsform der Bourgeoisie mehr und mehr als unzulänglich" für die herrschende Klasse erweisen und daß „die Errichtung der unverhüllten, von den formaldemokratischen Schranken befreiten Diktatur des Finanzkapitals" auf die Tagesordnung gestellt werde,(1) wurde von vielen direkt oder indirekt vom Reformismus beeinflußten Proleten dahin gedeutet, daß es den Kommunisten nur darum gehe, die gewissenhaft im parlamentarischen Staat mitarbeitenden sozialdemokratischen Führer als Teilhaber einer verhängnisvollen Entwicklung anzuschwärzen und die politische Atmosphäre aus rein parteiegoistischen Motiven „anzuheizen". Umgekehrt meinten zahlreiche revolutionär gesinnte Arbeiter, daß der kommunistische Parteitag, der im Berliner Wedding, also dort zusammengetreten war, wo die Zörgiebel-Soldateska noch vor wenigen Wochen den Blutmai inszeniert hatte, doch Wichtigeres zu tun habe, als das sich wild gebärdende Häuflein um Hitler abzukanzeln, mit dem man – wie das Kapp-Beispiel beweise – notfalls allemal fertig werden würde. Waren es doch die rechtssozialdemokratischen Führer, so sagten diese Leute, die die entscheidenden Positionen im imperialistischen Staate innehatten, von denen die Demonstrations- und Presseverbote, die Verfolgung des Roten Frontkämpferbundes ausgingen, deren Haltung in Parlament und Regierung die sozialreaktionäre Offensive ermöglichte, deren Polizei den Terror gegen die Arbeiter entfachte, denen also der Kampf in erster Linie gelten müsse.

In der Tat war die Tendenz, die rechten Führer der SPD zum Feind Nr. 1 zu erklären, in der KPD damals vorhanden. In den Entschließungen des 12. Parteitages wurde der verhängnisvollen Rolle der Sozialdemokratie weitaus mehr Raum gewidmet als dem Hitlerfaschismus. Als Ausführungsorgane des Sozialabbaus und der antidemokratischen Offensive wurden vor allem die „sozialistischen" Minister und hohen Staatsbeamten angeprangert, die mit den bürgerlichen Politikern gemeinsame Sache machten. In den Resolutionen des Parteitages tauchte sogar der seither von allen antikommunistischen Propagandisten tausendmal ausgeschlachtete Begriff des „Sozialfaschismus" auf, der aus der Empörung der klassenbewußten Arbeiter gegen die Politik der Müller, Braun und Zörgiebel erwachsen war.

In dieser Chronik der Weimarer Republik, in der ausführlich über das Bündnis zwischen Opportunismus und Militarismus, über den Panzerkreuzerbau, den Blutmai 1929 und überhaupt über die Regierungspraxis der Großen Koalition berichtet worden ist, erübrigt es sich, zu betonen, daß es für die verbitterte Haltung der Kommunisten gegenüber den rechten sozialdemokratischen Führern objektive, in ihrer Tragweite kaum zu unterschätzende Gründe gab. Hervorgehoben werden muß aber, daß die KPD, trotz ihrer Kampfstellung gegen die arbeiterfeindliche Politik der SPD-Führung, auch in jenen Jahren – wie stets – von der strategischen Grundeinstellung ausging, daß Imperialismus und Militarismus die Hauptfeinde der deutschen Arbeiterklasse und des deutschen Volkes sind. Aus dieser Grundeinstellung heraus erarbeitete sie sich die Kriterien zur Einschätzung der verschiedenen und in den einzelnen Entwicklungsetappen eine unterschiedliche Rolle spielenden politischen Gegner; aus dieser Grundeinstellung heraus entwickelte sie neue taktische Konzeptionen und korrigierte begangene Fehler.

Wenn Rudimente solcher Fehler auch nach deren grundsätzlicher Korrektur manchmal noch eine Zeitlang in der kommunistischen Politik fortlebten (was übrigens bei einer vom Klassengegner verfolgten, über ungenügende Schulungsmöglichkeiten verfügenden, unter kompliziertesten gesellschaftlichen Verhältnissen wirkenden Partei fast unvermeidlich ist), so gibt es keinen Anlaß, das zu verschweigen; doch darf dies nicht den entscheidenden Tatbestand verdunkeln, daß nämlich die deutsche marxistisch-leninistische Kampfpartei – obwohl sie die heute offen vor uns liegenden Ränke und Verschwörungen hinter den Kulissen der Staatsführung nicht im einzelnen kennen konnte – den Pulsschlag der Zeit ausgezeichnet spürte, sich operativ auf die neuerwachsenden Aufgaben einstellte und bisherige Mängel ihrer Politik im Zuge der positiven Lösung dieser Aufgaben – nicht in impotenten „Fehlerdiskussionen" – überwand.

Gerade diesen Tatbestand aber ist die Geschichtsschreibung der BRD bemüht zu verdecken. Um von der verantwortungslosen und verbrecherischen Stillhalte-, Duldungs- und Förderungspolitik aller damaligen antikommunistischen deutschen Parteien gegenüber dem Faschismus abzulenken, versucht sie, partielle (und – das sei wiederholt – nur allzu erklärliche) abwegige Tendenzen in der kommunistischen Politik als das Wesen dieser Politik überhaupt darzustellen. Die bürgerliche und sozialdemokratische Historiographie verschweigt dabei nicht nur, die erwähnten Rudimente korrigierter Unzulänglichkeiten maßlos aufbauschend, daß die KPD 1929/30 zu höchst bedeutsamen, von der Geschichte bestätigten neuen Erkenntnissen über die Richtung des zu führenden politischen Hauptstoßes gelangt war, sondern übersieht auch bewußt, daß es sich bei dieser Neuorientierung der Partei keineswegs einfach um die Überwindung unrichtiger „Überspitzungen" (wie beispielsweise bei der Verurteilung des schädlichen Begriffes „Sozialfaschismus") handelte, sondern um eine zutiefst schöpferische Reaktion auf die objektiven Veränderungen in der Klassenkampfsituation.

Dabei beweist gerade das Jahr des ersten Ansturms der faschistischen Welle, die Zeit also vom Sommer 1929 bis zum Sommer 1930, wie rasch und tiefgreifend - wenn auch von mancherlei herkömmlichen Vorstellungen gehemmt – die Kommunistische Partei der Umgruppierung der Kräfte im Lager des Klassengegners Rechnung trug, wie sie sich erfolgreich bemühte, die neue Konstellation zu erfassen und aus ihr zielklare praktische Schlußfolgerungen zu ziehen.

Auf einer Plenartagung des ZK der KPD am 24. und 25. Oktober 1929, also bereits vier Wochen vor dem deutschnational-faschistischen Volksbegehren gegen den Youngplan und sechs Wochen vor dem alarmierenden lokalen Wahlerfolg der NSDAP in Thüringen, wies Ernst Thälmann auf das bisher von den Kommunisten unterschätzte Entwicklungstempo der Nazibewegung hin und erklärte, die Partei müsse eine „schroffe Wende gegen den Faschismus" vollziehen. Das Wesen des Hakenkreuzlertums erkennend, entlarvte die KPD „den imperialistischen Klassencharakter des Faschismus und führte den Kampf gegen die faschistische Gefahr als Klassenkampf gegen das Herrschaftssystem des deutschen Monopolkapitals".(2) Ernst Thälmann stellte fest, daß der Hitlerfaschismus vom deutschen Großkapital finanziert werde und daß die Finanzkapitalisten selbst die Reorganisation der Nazipartei in die Hand genommen hatten. Zugleich hob der Führer der KPD, der bereits auf dem Weddinger Parteitag unterstrichen hatte, daß kleinbürgerliche und kleinbäuerliche Schichten das Rekrutierungsfeld des Faschismus darstellten, die heterogene Zusammensetzung der nazistischen Massenbasis hervor und stellte der Partei die Aufgabe, die werktätigen Nazianhänger durch eine ideologische Offensive gegen den Hitlerfaschismus von diesem loszureißen.(3)

Im Zuge der Hinwendung der Kommunistischen Partei zum zielstrebig geführten antifaschistischen Kampf gewann die Parteiführung in den folgenden Monaten immer mehr Klarheit über die Tragweite der Umorientierung maßgeblicher Monopolkreise auf die Nazis, über die Bedeutung der nationalen Frage im ideologischen Kampf um breiteste werktätige Schichten, über die Notwendigkeit, das Verhältnis zu den sozialdemokratischen Arbeitern entscheidend zu verbessern und so die Schaffung der antifaschistischen Aktionseinheit des Proletariats zu erleichtern. Das Politbüro des kommunistischen Zentralkomitees nahm im Juni 1930 auf einer Sitzung, die die konkreten Aktionslosungen der Partei im antifaschistischen Kampf präzisierte, eine Resolution an, in der es hieß: „Die gegenwärtige Situation wird durch die gesteigerten Vorstöße des Faschismus gegen die Arbeiterklasse gekennzeichnet. Die Erhöhung der nationalsozialistischen Stimmenzahlen bei den letzten Wahlen, die Häufung brutaler Mordüberfälle von nationalsozialistischen Terrorgruppen auf die Arbeiterschaft signalisieren den Ernst der faschistischen Gefahr ... An ihrer (der faschistischen Bewegung – W. R.) Spitze stehen ausschließlich bewußte und skrupellose Agenten des Finanzkapials, besonders des schwerindustriellen Unternehmertums ... Diese Lage zwingt unsere Partei und die gesamte revolutionäre Arbeiterschaft, den Kampf gegen die faschistische Gefahr auf das äußerste zu verschärfen. Dieser Kampf bildet einen unmittelbaren Bestandteil der breiten proletarischen Gegenoffensive gegen den Unternehmerangriff. Vor der deutschen Arbeiterklasse steht in ganzer Größe die Aufgabe, den Faschismus und seine Terrorbanden bis zur vollständigen Vernichtung niederzukämpfen."(4)

Eine neue Qualität erreichte der antifaschistische Kampf der deutschen Kommunisten mit der im August 1930 (einen Monat vor dem ersten großen Erfolg der NSDAP bei Reichstagswahlen) veröffentlichten Programmerklärung zur nationalen und sozialen Befreiung des deutschen Volkes.(5) Dieses Dokument, das weit mehr darstellte als einen gewöhnlichen Wahlaufruf, konzipierte in vielen Grundfragen die kommunistische Politik der nächsten Jahre und Jahrzehnte, die auf die Sammlung aller Werktätigen zum Kampf gegen die Hauptgefahr, d. h. gegen die faschistische Reaktion, ausgerichtet war. Es markierte eine bedeutende Zwischenstation auf dem Wege zu den Erkenntnissen der Brüsseler (1935) und Berner (1939) Parteikonferenzen der KPD, die mit der Proklamierung einer antifaschistisch-demokratischen Volksfront die Grundlagen für die gewaltige gesellschaftliche Wende im Osten Deutschlands nach 1945 und schließlich für den Übergang zum Aufbau des Sozialismus in der DDR schufen.

Das Programm zur nationalen und sozialen Befreiung vom 24. August 1930 hob nicht nur die welthistorische soziale, sondern auch die nationale Befreiungsmission der vom Geiste des proletarischen Internationalismus durchdrungenen Arbeiterklasse hervor. Es geißelte den Chauvinismus als ideologische Waffe der imperialistischen Bourgeoisie zur völligen Knebelung des eigenen Volkes und zur Vorbereitung verbrecherischer Kriege gegen andere Völker. Die Programmerklärung wies nach, daß sich das deutsche Volk nur durch den Sturz der Herrschaft des Monopolkapitals Frieden, Souveränität und nationale Entfaltung sichern kann. Sie mobilisierte die Massen zu konkreten Aktionen gegen die an verschiedenen Fronten des Klassenkampfes geführte Offensive der Bourgeoisie und rief dazu auf, den Kampf gegen den Faschismus nicht als Kampf gegen eine Bande übergeschnappter Kleinbürger, ehrgeiziger Politikaster und individueller Verbrecher, sondern als Kampf gegen die politisch gefährlichste Agentur des Finanzkapitals zu führen. Das Programmdokument entlarvte die nationale und soziale Demagogie des Hitlerfaschismus und erklärte: „Die Faschisten (Nationalsozialisten) behaupten, sie seien eine ‚nationale', eine ‚sozialistische' und eine ‚Arbeiter'partei. Wir erwidern darauf, daß sie eine volks- und arbeiterfeindliche, eine antisozialistische, eine Partei der äußersten Reaktion, der Ausbeutung und Versklavung der Werktätigen sind. Eine Partei, die bestrebt ist, den Werktätigen alles das zu nehmen, was ihnen selbst die bürgerlichen und sozialdemokratischen Regierungen noch nicht nehmen konnten. Eine Partei der mörderischen,

faschistischen Diktatur, eine Partei der Wiederaufrichtung des Regimes der Junker und Offiziere . . ."
Das kommunistische Programm von 1930 war von dem leidenschaftlichen Willen durchdrungen, das deutsche Volk zur Abwehr der durch Diktatur und Aggressionskrieg drohenden Katastrophe zu befähigen und dabei alle den neuen Bedingungen des Klassenkampfes entsprechenden Möglichkeiten auszuschöpfen. Wenn das Programm auch die Errichtung eines Sowjetdeutschlands – eine Zielsetzung, zu deren Verwirklichung im gegebenen Moment die Voraussetzungen fehlten – zu sehr in den Vordergrund rückte und nicht genügend zwischen rechtssozialdemokratischer Führung und offen imperialistischen Kräften differenzierte, es also den nichtkommunistischen Werktätigen noch bis zu einem gewissen Grade erschwerte, sich hinter die von der KPD erhobenen konkreten Tagesforderungen zu stellen, so waren doch die Forderungen selbst für alle Werktätigen, unabhängig von ihrer politischen Orientierung und Weltanschauung, verständlich und annehmbar.
In der jüngsten marxistischen Überblicksdarstellung der deutschen Geschichte heißt es: „Die Programmerklärung der KPD richtete ihren Hauptstoß gegen die zum Faschismus drängenden Kräfte des Finanzkapitals und gegen die Hitlerpartei . . . Mit seiner Stoßrichtung gegen das Finanzkapital als dem entscheidenden Träger der Faschisierungspolitik schuf die Programmerklärung günstigere Voraussetzungen für das Ringen um die Aktionseinheit der Arbeiterklasse, vor allem mit den Mitgliedern der sozialdemokratischen Partei. Sie bereitete den Boden für das Bündnis der Arbeiterklasse mit werktätigen Bauern und städtischen Mittelschichten, mit Angestellten und Angehörigen der Intelligenz im Kampf gegen den Faschismus."(6)
Als die kommunistische Programmerklärung zur nationalen und sozialen Befreiung des deutschen Volkes veröffentlicht wurde, befand sich die Regierung der Großen Koalition unter Hermann Müller bereits nicht mehr im Amt. In erster Linie darauf bedacht, sich bei den nächsten Reichstagswahlen durch oppositionelle Parlamentsreden gegen die unpopuläre Sozialpolitik vor zu erwartenden Stimmenverlusten abzuschirmen, waren die rechtssozialdemokratischen Führer Ende März 1930 aus der Reichsregierung ausgestiegen. Sie hatten weder die Grundtendenz der durch den faschistischen Aufschwung gekennzeichneten gesellschaftlichen Gesamtentwicklung noch das Wesen des Hitlerfaschismus erkannt.

Die sozialdemokratischen Führer waren zwar über die Amoral der Nazibosse empört, die sich, wie beispielsweise der prominente SA-Mann Heines, selber auf Werbeplakaten als „Fememörder" bezeichnen ließen, und geißelten die bodenlose Stupidität der faschistischen Presse mit Anekdoten der Art, daß der Goebbelsche „Angriff" gemeldet habe: „Jüdischer Hausierer beißt deutschen Schäferhund." Insgesamt betrachteten sie jedoch die ihnen widerwärtige faschistische Bewegung als „halb so schlimmes" Produkt eines erschreckenden politischen Dilettantismus und Rowdytums und unterstrichen oft genug ausdrücklich, daß es absolut keinen unmittelbaren Zusammenhang zwischen dieser Bewegung und dem Großkapital gäbe. Bei all ihrer Abscheu vor dem Faschismus bestritten sie deshalb folgerichtig, daß er der gefährlichste Feind der deutschen Arbeiterklasse sei.

Selbst 1931, als der linksdemokratische Journalist Carl v. Ossietzky den Faschismus zutreffend als „antikapitalistisch aufgezogenen Betriebsanwalt der Schwerindustrie", als „rotgestempelten Klopffechter der weißen Reaktion" brandmarkte, schwadronierte Dittmann noch darüber, daß die Sozialdemokratie den großen Bismarck besiegt habe und auch den kleinen Hitler besiegen werde. Sogar der verhältnismäßig links stehende sozialdemokratische Spitzenfunktionär Rudolf Breitscheid schrieb zu dieser Zeit: „Wir dürfen hoffen, daß auch die kommunistische Welle wieder abebbt, *die zur Zeit bedrohlicher ist als die nationalsozialistische.*"(7) Wie verhängnisvoll diese Fehleinschätzung war, sollte Breitscheid, dessen Leben nach langem Martyrium der Haft 1944 im Konzentrationslager Buchenwald ausgelöscht wurde, später am eigenen Leibe erfahren.

Überhaupt bauten die sozialdemokratischen Führer darauf, daß der Faschismus, unerwartet und „von selbst", wie er gekommen sei, auch wieder unerwartet und „von selbst" verschwinden würde. Otto Braun sagte: „Eine innerlich so hohle, durch Demagogie hochgetriebene, vornehmlich von Desperados und Stellenjägern aller Art geleitete und getragene, aus dunklen Finanzquellen gespeiste Bewegung stürzt ebenso lawinenartig ab, wie sie angeschwollen ist, wenn sie erst rückläufig wird und die Finanzquellen nicht mehr fließen. Ist der nationalsozialistische Spuk zerstoben, dann bekommmen wir arbeitsfähige Parlamente..." Das äußerte der langjährige sozialdemokratische Ministerpräsident von Preußen bezeichnenderweise gegenüber General v. Schleicher, den er offensichtlich für einen besseren Verbündeten gegen Hitler hielt als die revolutionären Arbei-

ter und antimilitaristischen Demokraten, gegenüber demselben Schleicher, der selbst ein ausgesprochener politischer Desperado war, der als „politischer Kopf" der Reichswehr und Verbindungsmann zur Großindustrie die „dunklen Finanzquellen" für den Faschismus erschlossen und oft genug mit Hitler über dessen Regierungsbeteiligung verhandelt hatte, der in der Nazibewegung eine „wertvolle nationale Kraft" sah, der im Frühjahr 1932 das vorübergehende Verbot der faschistischen Mordorganisation zu Fall gebracht und ein knappes halbes Jahr, bevor Braun die angeführten Worte sprach, als Reichswehrminister den verfassungswidrigen Staatsstreich gegen Brauns Preußenregierung durchgeführt hatte! Und Wilhelm Keil, eines der einflußreichsten Mitglieder der sozialdemokratischen Reichstagsfraktion, verkündete etwa zur selben Zeit unbekümmert: „Das Pendel, das das Stärkeverhältnis der Parteien und Klassen anzeigt, wird wieder einmal so heftig nach links ausschlagen, wie es jetzt nach rechts ausgeschlagen hat." Dies erklärte übrigens ein Mann – zu seiner Charakterisierung sei das hier erwähnt –, der einige Jahre zuvor die Einladung einer „wissenschaftlichen" Gesellschaft, als Korreferent von Gustav Krupp v. Bohlen und Halbach über Kapitalbildung und Steuersystem zu sprechen, „bescheiden" mit der Begründung abgelehnt hatte: „Wie hätte ich die Professoren, Bankiers, Industriellen usw. belehren sollen!"(8)
Da der Faschismus – Sammelbecken aller reaktionären Strömungen – auch von zahlreichen Großagrariern gefördert wurde, da er die Blut-und-Boden-Mystik in sein Propagandarepertoire aufgenommen hatte und mit dem mittelalterlichen Begriff des Ständestaates operierte, hielten ihn viele sozialdemokratische Führer für eine antibürgerlich-junkerliche Bewegung, der die Bourgeoisie schon im eigenen Interesse das Rückgrat brechen werde. Ähnlich argumentieren übrigens auch heute noch einige bürgerliche Historiker, wie z. B. Irving Fetscher, der behauptet: „Ganz sicher war es ... nicht – oder jedenfalls nicht in erster Linie – die deutsche Unternehmerschaft, die Hitler den Weg zur Macht freilegte, sondern eine Schicht von einflußreichen Personen in Armee und Verwaltung, die ihrer ganzen Denk- und Empfindungsweise nach *vorkapitalistisch* genannt werden kann."(9) Offenbar selbst spürend, wie lächerlich es ist, „Personen in Armee und Verwaltung", d. h. Schleicher, Groener, Papen, Meissner, Pünder und die ganze mit den Konzernherren durch materielle, ideologische, traditionelle und familiäre Bande versippte Generalität und Ministerialbürokratie, gleichsam durch eine Chinesische Mauer

Arbeitslose während der Weltwirtschaftskrise

Clara Zetkin

Wilhelm Pieck

Ernst Schneller

Fritz Heckert

Ernst Thälmann

Reichspräsident Hindenburg Unter den Linden in Berlin. Oktober 1932

von der „deutschen Unternehmerschaft" abgrenzen zu wollen, fügt Fetscher allerdings zu dem erwähnten Satz hinzu: „Mit ihr (d. h. mit der „Schicht einflußreicher Personen" – W. R.) zusammen trug lediglich jene Gruppe von Schwerindustriellen zum Gelingen der (faschistischen – W. R.) Machtergreifung bei, die an einem starken, hochgerüsteten Staat interessiert war, der sie in jeder Hinsicht ökonomisch privilegieren würde."
Abgesehen davon, daß das hier geradezu köstlich klingende Wörtchen „lediglich" den gekennzeichneten Tatbestand nicht abzuschwächen vermag (man könnte ebensogut sagen, Wilhelm II. hätte sich vor der Präzisierung seines Kriegskurses im Juli 1914 nicht mit der „deutschen Unternehmerschaft", sondern „lediglich" mit Herrn Krupp beraten), liegt nicht nur auf der Hand, daß es gemeinhin keine Gruppen von Schwerindustriellen gibt, die nicht an einem hochgerüsteten Staat interessiert wären. Obwohl die Stellung der Schwerindustriellen und anderer Großunternehmer zum Hitlerfaschismus schon wegen der unterschiedlichen ökonomischen Situation in den einzelnen Industriezweigen, aber auch – wie bereits ausgeführt – auf Grund verschiedener Vorbehalte gegen „sozialistische" und andere Slogans Hitlers nicht einheitlich war, läßt sich darüber hinaus beweisen, daß die Konzerne ganz unterschiedlicher Branchen für den Faschismus eintraten. Die IG Farbenindustrie, das Kalisyndikat, die verschiedenen Bankhäuser sind schon als Finanziers und Förderer des Faschismus genannt worden. IG Farben-Minister Warmbold wirkte in der zweiten Brüningregierung, in den Kabinetten von Papen und Schleicher nicht weniger bei der Wegbereitung des Faschismus mit als die Herren von der Schwerindustrie. Der Katastrophenkanzler von 1923 und Großreeder Cuno (also ein Mann, der – nach Fetscher – vor allem „am Export und daher am internationalen Ansehen eines demokratischen Deutschland" interessiert gewesen sein müßte) setzte sich ebenfalls dafür ein, eine „Aufnahmestellung für den Rechtsradikalismus" in die Regierung zu schaffen. (Diese Formulierung wurde übrigens – o Ironie des Schicksals! – in einem Gespräch geprägt, das im Zusammenhang mit den Feierlichkeiten bei der Taufe des von der SPD-Führung durchgepeitschten Panzerkreuzers „A" stattfand.) Und auch der führende Elektromonopolist Carl Friedrich v. Siemens warb 1931 vor amerikanischen Industriellen für Hitler, von dem er versicherte, daß er ein zuverlässiges Bollwerk gegen den Kommunismus errichten werde.(10) So waren es also – um bei der Terminologie Fetschers zu bleiben – „lediglich" die größten Bankiers und Mo-

nopolherren fast aller Branchen, „lediglich" die reichsten und ökonomisch mächtigsten Männer Deutschlands, die den Faschismus, wenn auch mit unterschiedlicher Intensität, gemeinsam mit Generälen, Junkern und anderen reaktionären Kräften förderten.
Doch zurück zu den rechten SPD-Führern, die nicht nur gegenüber der faschistischen Gefahr mit Blindheit geschlagen waren, sondern auch nicht begriffen, welche Rolle ihnen selbst von den Regisseuren des Faschisierungsprozesses zugedacht war. Es handelte sich hierbei nämlich gewissermaßen um einen politischen Rückkoppelungsmechanismus, bei dem die Sozialdemokratie zur Realisierung sukzessiv gesteigerter (innen- und außenpolitisch synchron laufender) reaktionärer Maßnahmen eingespannt wurde und sich durch die weithin sichtbare Übernahme der Verantwortung für diese Maßnahmen vor der fortschrittlichen Öffentlichkeit so diskreditierte, daß sie in dem Moment, da sie unter dem Druck der ihr die Gefolgschaft versagenden Massen aus der Regierung ausscheiden mußte, zu schwach sein würde, um unter Einhaltung der ihr als heilig geltenden „parlamentarischen Spielregeln" die weitere Rechtsentwicklung aufhalten zu können. Insofern unterschieden sich die Forderungen jener Konzernherren, die Hermann Müller möglichst lange am Ruder belassen wollten, um die SPD – wie Brandi von den Vereinigten Stahlwerken schrieb – die eigene Verantwortung „auskosten" zu lassen, grundsätzlich nicht von dem Verlangen anderer Reaktionäre, die Sozialdemokratie so bald wie möglich aus der Regierung hinauszudrängen. Den einen wie den anderen ging es trotz dieser taktischen Meinungsverschiedenheit nur darum, den geeigneten Zeitpunkt herauszufinden, zu welchem man der SPD den Fußtritt versetzen solle, um die demokratischen und republikanischen Kräfte maximal zu schwächen. „Dieser Zeitpunkt", hieß es in einem Dokument der großindustriellen Deutschen Volkspartei, „scheint uns dann gekommen, wenn die Sozialdemokratie bei der weiteren Behandlung der Reichsfinanzreform sich den Forderungen versagt, die im Interesse einer Gesundung der Verhältnisse von unserer Seite gestellt werden müssen." Woran die DVP dabei dachte, erläuterte ihr Führer Dingeldey, als er erklärte, daß es sich „darum handelt, den aus der unausgetragenen Revolution noch vorhandenen Schutt aus unserem Staatsgebäude wieder zu beseitigen". Auf gut Deutsch: völlige Restauration, allerdings unter „zeitgemäßen" Vorzeichen, also – wie Dingeldeys „Fühlungnahme" mit Hitler „wegen möglicher Rechtsregierung"(11) bewies – in halbfaschistischer oder faschistischer Aufmachung.

Von Bedeutung für die zeitweilige Duldung einer sozialdemokratisch geführten Reichsregierung durch Dingeldey und auch einflußreichere Repräsentanten der bürgerlichen Parteien waren nicht zuletzt die Überlegungen der Großbourgeoisie darüber, wie man am besten die nächste Hürde auf der außenpolitischen Aschenbahn nehmen, wie man nämlich die neue Reparationsregelung (Youngplan) unter Dach und Fach bringen könnte. Dabei wurden die einzelnen Bestimmungen des Youngplanes, der die deutschen Reparationsleistungen minutiös für die nächsten sechs Jahrzehnte – bis zum 31. März 1988 (!) – festlegte und z. B. vorsah, daß 1983 mehr gezahlt werden sollte als 1982 und weniger als 1984, selbst von den Diplomaten und Finanzexperten, die im letzten Jahrzehnt schon viele „Regelungen" der Reparationsfrage erlebt hatten, nur als Schaumschlägerei betrachtet. Obwohl sicher nur wenige dieser Diplomaten und Experten davon Kenntnis hatten, daß am Tage der letzten Reichstagsabstimmung über den Youngplan, am 13. März 1930, im Reichswehrministerium bereits geheime Richtlinien über die Sabotierung dieses Planes ausgearbeitet wurden und daß Außenminister Curtius die deutsche Reparationspolitik etwas später im Kabinett mit den Worten umriß, „Erfüllungspolitik treiben und währenddessen die Revision vorbereiten",(12) zweifelte doch kaum einer daran, daß Deutschland die festgelegten Milliarden nie zahlen würde, daß es bei den langwierigen Verhandlungen nicht – wie der deutsche Hauptunterhändler Schacht schrieb – um die auszuhandelnden Summen, sondern um „die Wiedererlangung unserer absoluten (!!) außenpolitischen Freiheit" ging,(13) also darum, mit vorgeschützter deutscher Zahlungswilligkeit die offene deutsche Wiederaufrüstung zu erkaufen, die es dem Reich in Kürze ermöglichen würde, alle ihm nicht genehmen internationalen Verträge, in erster Linie die Reparationsabkommen, einseitig aufzukündigen. Gerade um diese aggressive Zielsetzung des neuen Planes – auch im Interesse der ihre Öffentlichkeit betrügenden westlichen Regierungen – zu tarnen, schien es angezeigt, ihn deutscherseits von einer pazifistisch und sogar „sozialistisch" aufgemachten Regierung annehmen zu lassen. Deshalb war es keineswegs zufällig, daß man Hermann Müller genau 14 Tage nach der letzten Reichstagsabstimmung über den Youngplan (zugleich neun Tage nach Annahme des neuen, von Severing ausgearbeiteten „Republikschutzgesetzes") jenen Brocken hinwarf, den er wegen des Einspruchs der von den Mitgliedermassen bedrängten Gewerkschaftsführer nicht schlucken konnte und der ihn zum Rücktritt veranlaßte.

Bei diesem Bocken handelte es sich nicht nur um eine weitere sozialreaktionäre Maßnahme (Erhöhung der Beiträge der Arbeiter – sowie auch der Unternehmer – zur Arbeitslosenversicherung), sondern zugleich um einen im Rahmen des oben erwähnten Rückkoppelungsmechanismus gezielten Schuß gegen die Müllerregierung. Denn zu diesem Zeitpunkt war das Grab der Großen Koalition, dem die „Deutsche Allgemeine Zeitung" am 3. März frohlockend einen Leitartikel widmete, bereits säuberlich ausgehoben. Den ersten Spatenstich dazu hatte Hindenburg schon Anfang 1929 mit der Äußerung getan, daß man ohne oder gegen die SPD regieren und eine Persönlichkeit mit der Leitung des Kabinetts beauftragen müsse, „die auf die Absicht von Gewaltanwendung schließen lasse". Im Dezember des gleichen Jahres hatte dann der Reichsverband der deutschen Industrie in seiner aggressiven Denkschrift „Aufstieg oder Niedergang"(14) konkrete sozialreaktionäre und antidemokratische Forderungen vorgetragen („Befreiung" der Wirtschaft von „unwirtschaftlichen Hemmungen" seitens des „Fürsorgestaates", „Selbstbeschränkung" des Reichstages, Aufhebung der gesetzlichen Bestimmungen über Lohn, Arbeitszeit und Arbeitsrecht, eine die Kapitalbildung fördernde Steuerreform u. ä.) und damit zugleich die Fußangeln gelegt, in denen sich die Müllerregierung, die den Willen der Massen nicht grenzenlos ignorieren konnte, verstricken mußte. Wie wirksam diese Fußangeln waren, erwies sich, als Reichsbankpräsident Schacht schon vier Tage nach Veröffentlichung der großindustriellen Denkschrift zum Schlag gegen den sozialdemokratischen Wirtschaftsminister Hilferding ausholte und ihn zwei Wochen später, trotz dessen fast bedingungslosen Zurückweichens vor den Forderungen des Reichsverbandes, stürzte. Im Januar 1930 wurde im Auftrage des „politischen Kardinals" der Reichswehr, Schleicher, bereits folgende konkrete, harmlos als „Gedanken zur Lage" bezeichnete Direktive ausgearbeitet: „Bildung einer neuen Regierung auf überparteilicher Grundlage ... Dazu Ernennung von Brüning oder Scholz (DVP – W. R.), falls Br(üning) aus irgendeinem Grund absagt, zum Kanzler mit dem Auftrage, ohne Befragung der Fraktionen und ohne irgendwelche Koalitionsbindungen eine Regierung von Persönlichkeiten zu bilden, die bereit sind, die wirtschaftliche und finanzielle Sanierung (d. h. das Programm des Reichsverbandes – W. R.) ohne Rücksicht auf Parteien und Länder durchzuführen ... Die gesamte Rechte ohne ganz wenige Anhänger von Hugenberg, die gesamte grüne Front (eine von allen reaktionären Parteien un-

terstützte Vereinigung der Junker – W. R.), Industrie-, Bank- und Handelskreise werden sich hinter diese Regierung stellen ... Der Stahlhelm, auf den der R(eichs)p(räsident) Wert legt, wird sich mit einer großen Vertrauenskundgebung für den R(eichs)p(räsidenten) zu dieser Regierung bekennen ... Die sofortige Inangriffnahme des Agrarprogramms der grünen Front gibt einen Riesenauftrieb. Mit der SPD ist dieses Programm doch nicht wirksam durchzuführen." (Zu letzterem Gedankengang hatte der deutschnationale Parteiführer Westarp schon ein Jahr zuvor dem Reichspräsidenten gegenüber geäußert, daß „die Ernennung sogenannter vernünftiger Sozialdemokraten [zur Diskussion stand die Kandidatur Noskes – W. R.] ... ihren Zweck insofern [verfehle], als gerade diese Leute die Sozialdemokratie [d. h. die Arbeiter – W. R.] nicht mitbrächten".)
In den ersten drei Monaten des Jahres 1930 wurde hinter den Kulissen fieberhaft an der neuen Kabinettsliste gearbeitet. Reichswehrminister Groener schrieb am 24. März an einen Freund: „Was in meinen schwachen Kräften steht, werde ich tun, um den sich anbahnenden Kurswechsel zu beschleunigen."(15) Schwache Kräfte?! Wer in der Weimarer Republik die Reichswehr repräsentierte und sich – wie aus der oben angeführten geheimen Wehrmachtsdirektive ersichtlich – auf Industrie-, Bank- und Handelskapital, auf Junker und Reichspräsidenten, auf Zentrum, Konservative, DVP und Stahlhelm (nur nicht auf die Volksmassen!) stützen konnte, der verfügte über starke Positionen im Staat: Drei Tage nachdem Groener seinem Freund von der Verschwörung gegen die Regierung berichtet hatte, war die Große Koalition erledigt ...
Seit dem Sturz der Müllerregierung, des letzten Kabinetts der Weimarer Republik, das mit vorwiegend verfassungsmäßigen Mitteln regierte, sind fünfzig Jahre vergangen. In diesen Jahrzehnten haben die sozialdemokratischen Politiker (Braun, Severing u. v. a.) und nach ihnen auch die sozialdemokratischen Historiker (Stampfer, Eichler usw.) den Rücktritt der Großen Koalition als schweren Fehler bezeichnet, durch den die Sozialdemokratie, wie Bracher schreibt, der „autoritären Minderheitsregierung" Platz gemacht habe. Nach Meinung dieser Geschichtsinterpreten hätte Hermann Müller, um den Kanzlersessel für die Sozialdemokratie zu retten, der im März 1930 konkret zur Debatte stehenden Forderung der Industriellenverbände nach Erhöhung des „Arbeitnehmer"-Beitrages zur Arbeitslosenversicherung (oder aber des weiteren Abbaus dieser Versicherung) ebenso zustimmen sollen, wie er vorher zahl-

reichen anderen an den sozialen und politischen Grundlagen der Republik rüttelnden Forderungen derselben Kreise zugestimmt hatte. Die sozialdemokratischen Politiker und Historiker sehen bis heute nicht, daß der Forderung der Monopolherren über die Abwälzung der Versicherungskosten auf die Arbeiter viele weitere (in der Denkschrift des Reichsverbandes der deutschen Industrie zum Teil schon präzis formulierte) gefolgt wären, so daß der sozialdemokratische Kanzler mit seinem ewigen Zurückweichen schließlich entweder Ja und Amen zur völligen Zerstörung der Sozial- und Arbeitsgesetzgebung, zur Zerschlagung der Gewerkschaften, zur Ausschaltung des Reichstages hätte sagen müssen, oder aber zu einem späteren Zeitpunkt gezwungen worden wäre, wegen einer anderen nicht mehr vertretbaren sozialreaktionären Maßnahme zurückzutreten.

Schier unfaßbar scheint, daß die sozialdemokratischen Memoiren- und Geschichtsschreiber auch nach den furchtbaren Erfahrungen der Jahre 1933 bis 1945 nicht begreifen, daß die Alternative für eine Partei, die in der Weimarer Republik wenigstens die elementarsten Rechte der Werktätigen hätte sichern wollen, nicht im immer weiteren Zurückweichen vor der in ihrer Profit- und Machtsucht unersättlichen Monopolbourgeoisie, sondern nur in der mutigen Kampfansage gegen sie bestand, in der Mobilisierung der breiten Massen zur Verteidigung der Reste ihrer sozialen und demokratischen Errungenschaften, in der Hinwendung zu einer Politik der antiimperialistischen Aktionseinheit.

Sucht man nach den Gründen für die retrospektiven sozialdemokratischen Fehlurteile über die Geschichte der Weimarer Republik im allgemeinen und den Sturz der Großen Koalition 1930 insbesondere, so geht man wohl nicht fehl in der Annahme, daß die Erben Hermann Müllers glauben, die Industrie- und Bankmagnaten hätten sich, nachdem sich der 1945 katastrophal zusammengebrochene Faschismus für sie als Fehlschlag erwiesen hat, davon überzeugt, daß es auf die Dauer lohnender sei, die politischen Geschäfte von vermeintlich demokratischen Parteien der Bourgeoisie oder von der Sozialdemokratie besorgen zu lassen und den werktätigen Massen die dabei unvermeidlichen sozialen und formal-demokratischen Zugeständnisse in untergeordneten Fragen einzuräumen. Und tatsächlich gibt es auf den Kapitalismus eingeschworene Politiker, die einen derartigen Standpunkt vertreten. Solche Politiker gab es auch in der Endphase der Weimarer Republik. Theodor Wolff beispielsweise verurteilte die Abservierung der Sozialdemokratie, weil sie auf lange

Sicht gesehen eine wirksamere antikommunistische Politik betreibe als die extreme, immer wieder Erschütterungen und revolutionäre Ausbrüche heraufbeschwörende offene Reaktion. Die Großbourgeoisie im Auge habend, schrieb er, „man muß eine besondere Veranlagung zum Selbstmord haben, wenn man vergißt, daß man die Sozialdemokratie in der Periode des Spartakismus sehr dringend gebraucht hat, *und nicht bedenkt, daß man sie vielleicht eines Tages noch dringlicher brauchen wird*".(16)

Auf derartige Gedankengänge der Großbourgeoisie vertrauend, baute die westdeutsche Sozialdemokratie ihre gesamte Politik nach 1945 auf, als es galt, die Lehren aus dem Scheitern der Weimarer Republik in der Praxis zu beherzigen. Um ihre Tauglichkeit als Stützen der kapitalistischen Gesellschaftsordnung und des imperialistischen Staates hervorzuheben, bekannten sich die Führer der bundesrepublikanischen Sozialdemokratie in ihrem Godesberger Programm (1959) ausdrücklich zum privaten Eigentum an den Produktionsmitteln und erklärten zum damaligen Verhältnis von monopolkapitalistischer CDU und SPD: „Regierung und Opposition haben verschiedene Aufgaben von gleichem Rang; *beide tragen Verantwortung für den Staat.*"(17) Doch beweist gerade die Verwirklichung der in Godesberg konzipierten Politik, daß alle Vorstellungen über eine „Mäßigung" des wie eh und je zur Reaktion auf der ganzen Linie tendierenden Imperialismus illusionär sind. Fünfzig Jahre nach der Großen Koalition Hermann Müllers hat die Sozialdemokratie in der Bonner Regierung nicht nur erneut die Hauptverantwortung für sozialreaktionäre Offensive, antidemokratische Maßnahmen und Wiederaufrüstung übernommen, sondern ist mit der uneingeschränkten Befürwortung des Antikommunismus, der völligen Identifizierung mit dem als „freie Marktwirtschaft" aufpolierten Imperialismus und der Eingliederung der BRD in die aggressive NATO auf diesem Wege viel weiter gegangen, als die SPD-Führer 1929 zu gehen wagten. Für denjenigen, der die Probleme der Weimarer Republik untersucht, um Antworten auf Fragen der Gegenwart und Zukunft zu finden, klingt es vielleicht am ungeheuerlichsten, daß die sozialdemokratische Politik der ausgehenden sechziger und der siebziger Jahre, also der Zeit der Kiesinger-Brandt-, Brandt-Scheel- und Schmidt-Genscher-Regierungen, von ihren Initiatoren als verdienstvolle „Auswertung" jener SPD-Politik von 1928/30 dargestellt wird, an der die Weimarer Republik zugrunde ging. So erklärte der Vorsitzende der SPD, Willy Brandt, damals zugleich

Bundeskanzler einer imperialistischen Regierung, in einer Rede anläßlich des 50. Jahrestages der Novemberrevolution und der Gründung des Weimarer Staates nach einem Hinweis auf das unrühmliche Ende der Großen Koalition von 1930, daß die Sozialdemokratische Partei es heute niemandem mehr so leicht machen werde, sie aus der Regierungsverantwortung zu verdrängen, daß sie „aus Unzulänglichkeiten der Vergangenheit lernend, ein neues und nicht mehr zu zerstörendes Verhältnis zur Macht im Staate gewonnen" habe.

Zur Macht? Zu welcher Macht? Willy Brandt umgeht – wie es die rechten sozialdemokratischen Führer der Weimarer Zeit taten – den Kern der Machtfrage, indem er sich scheut, vor seinen Anhängern auszusprechen, daß die Macht, der er sich verschrieben hat, nicht die Macht der Arbeiter, nicht die Macht der Werktätigen, sondern die Macht der Ausbeuter, der Unterdrücker ist. Wenn der Vorsitzende der SPD mit der Verlautbarung, seine Partei werde nie die Diktatur einer Schicht, einer Gruppe oder Partei anerkennen(18) (der marxistische Ausdruck „Klasse" würde ihm zu sehr auf der Zunge brennen, deshalb vermeidet er ihn), fünfzig Jahre nach der Novemberrevolution wortwörtlich die Losung wiederholt, derer sich die 1918 in die Defensive gedrängte monarchistische Konterrevolution im Kampf gegen die Errichtung einer wahren Volksmacht bediente, so sollten diejenigen, die ihm zuhören, nicht vergessen, wohin diese in der Weimarer Republik angeblich verwirklichte Losung damals führte – zur bürgerlichen Nationalversammlung, zur Weimarer Koalition, zu den Bürgerblockregierungen, zur Notverordnungspolitik und schließlich zum Faschismus. Etappen und Ergebnis dieser Entwicklung beweisen nochmals – und *das* gilt es zu erkennen, wenn die hier beschriebenen anderthalb Jahrzehnte deutscher Geschichte nicht vergeblich vom deutschen Volke bezahltes Lehrgeld sein sollen –, daß es eine nichtklassengebundene Macht, eine „Macht als solche", nicht gibt und nicht geben kann. Macht in allen ihren Erscheinungsformen ist immer Instrument zur Durchsetzung der Herrschaft einer Klasse (bzw. zur Durchsetzung der gemeinsamen Herrschaft mehrerer Klassen, die durch gleiche Lebensinteressen miteinander verbunden sind) gegen andere Klassen, die entgegengesetzte Lebensinteressen haben. In der modernen Epoche, in der sich Monopolbourgeoisie und Arbeiterklasse als Hauptkräfte der Gesellschaft gegenüberstehen, bedeutet dies, daß die Macht immer – auch wenn bisweilen durch mancherlei Schleier verhüllt – entweder

Diktatur der Bourgeoisie oder Diktatur des Proletariats ist. „Alle Mittelwege", schrieb Lenin 1918, „sind entweder Volksbetrug von seiten der Bourgeoisie, die nicht die Wahrheit sagen kann, ... oder Stumpfsinn kleinbürgerlicher Demokraten ... mit ihrem Geschwätz von der Einheit der Demokratie, der Diktatur der Demokratie, der gesamtdemokratischen Front und ähnlichem Unsinn." Die politische Bedeutung der historischen Analyse unterstreichend, fügte Lenin hinzu: „Wen sogar der Gang der russischen Revolution von 1917/18 nicht darüber belehrt hat, daß Mittelwege unmöglich sind, der ist als hoffnungslos zu betrachten."(19) Heute, sechzig Jahre später, müssen wir konstatieren, daß der seitherige Gang der Weltgeschichte, insbesondere auch der deutschen Geschichte und nicht zuletzt der Geschichte der Weimarer Republik, die Leninsche Lehre von Staat und Revolution, die Lehre vom Wesen der Macht viele hundert Male erhärtet hat. Wer sich auch heute noch für einen „Mittelweg" zwischen der Macht der Arbeiterklasse und der Macht der Monopolbourgeoisie einsetzt und sich damit zum Erfüllungsgehilfen des Imperialismus degradiert, der ist mehr als hoffnungslos. Wer in Deutschland so handelt, der läuft Gefahr, sich zum Mitverantwortlichen für ein neues 1933, für einen dritten Weltkrieg, für die Vernichtung des deutschen Volkes zu machen.

Dreizehntes Kapitel

1931: Die Politik des „kleineren Übels" – der Anfang vom Ende der Republik

Heinrich Brüning, der Nachfolger Hermann Müllers auf dem Kanzlersessel, eine asketisch anmutende Gestalt mit dunklen hervorstechenden Brauen über nüchternen und doch weltfremden Augen, die durch schmucklos eingefaßte Brillengläser dreinschauten, wurde von fast allen Geschichtsschreibern der BRD lange Zeit als personifizierte Lauterkeit dargestellt. Kamen die Historiker auf ihn zu sprechen, dämpften sie, gleichsam ihre Verehrung vor dem „klugen Mann ohne Fortune" unterstreichend, die Stimme. Dies hat sich allerdings geändert, seit Brünings Memoiren kurz nach dem Tode des Exkanzlers im Jahre 1970 veröffentlicht worden sind.(1) Von nun ab ließ sich die wohlklingende Legende vom ehrbaren Zentrumspolitiker als „Retter der Demokratie" nicht mehr aufrechterhalten. Plaudert doch der als Muster der Gewissenhaftigkeit geltende Kanzler in seinen Lebenserinnerungen aus, daß er die ganze Weimarer Republik als „Marasmus in der Politik" empfunden und deshalb sein Ziel darin gesehen habe, die Monarchie wieder einzuführen und dabei Hitlers „erst versteckte, dann offene" Mitarbeit zu erwirken.(2)

Indes behaupten die bürgerlichen Historiker weiterhin, daß kein „vernünftiger Mensch" Brünings Bereitschaft bezweifeln könne, „in schwerer Stunde verantwortlich für sein Land zu handeln". Das bedeutet jedoch keineswegs, daß seine Politik nicht kritisiert würde. Im Gegenteil. Da dem Leser historischer Darstellungen erklärt werden muß, wie es kam, daß gerade unter der Kanzlerschaft Brünings endgültig die Weichen für den Faschismus gestellt wurden, billigt man dem Zentrumskanzler zwar zu, einer der „wenigen überragenden Staatsmänner" des letzten halben Jahrhunderts deutscher Geschichte zu sein, wirft ihm aber vor, die Psyche des Volkes nicht verstanden, in übermäßiger Korrektheit auf Intrigen gegen die

Intrigantenclique um Hindenburg verzichtet, einen zu harten deflationistischen Kurs gesteuert, einzelne wirtschafts- und sozialpolitische Maßnahmen zu schematisch oder nicht konsequent durchgeführt zu haben u. ä.

Derartige Kritiken können jedoch kaum (in den meisten Fällen sollen sie es auch gar nicht) die Rolle Brünings im Prozeß der galoppierenden Faschisierung von 1930 bis 1932 klarstellen. Um diese Rolle aufzuhellen, ist es notwendig zu fragen, warum ausgerechnet Brüning zum ersten Präsidialkanzler der Weimarer Republik berufen wurde und worin die Grundlinien seiner Politik bestanden. Erst die Antwort auf diese Fragen läßt erkennen, inwieweit das tatsächliche Geschehen nach 1930 wirklich im Gegensatz zu Brünings Konzeption stand.

Obwohl für Brünings Persönlichkeit bezeichnend, war es zweifelsohne nicht entscheidend für seine Berufung, daß er im November 1918, als 33jähriger Reserveoffizier, an der Spitze einer kaisertreuen Kompanie gegen revolutionäre Arbeiter gekämpft hatte. 1930 war es nachgerade zum Axiom geworden, daß führende Positionen in der aus der Novemberrevolution hervorgegangenen Republik nur Leute besetzen konnten, die offen gegen die Revolution gekämpft hatten. (Sogar Severing plädierte – wie beschämend! – zu dieser Zeit dafür, daß „bei Berücksichtigung der gegenwärtigen Verhältnisse" in hohe Staatsämter nur Männer berufen werden dürften, die „weder Juden noch Sozialdemokraten" seien.)(3) Die wichtigsten Eigenschaften, derentwegen Brüning auf den Kanzlersessel geschoben wurde, hatte er durch seine führende Tätigkeit im christlichen Deutschen Gewerkschaftsbund und vor allem durch seine Initiativen in der Finanz- und Steuergesetzgebung des Reichstages, dem er seit 1924 (von 1929 ab als Vorsitzender der Zentrumsfraktion) angehörte, unter Beweis gestellt. In diesen Funktionen hatte er sich nicht nur als außerordentlich geschickter, alle Finessen des bürgerlichen Managertums von Arbeiterorganisationen und die ganze Klaviatur des parlamentarischen Getriebes beherrschender Anwalt der Großbourgeoisie ausgewiesen, sondern sich auch – trotz mancher „Gedankenverkräuselung", die man ihm vorwarf – als ein exakt mit den Realitäten rechnender Politiker empfohlen. Als langjähriger Gewerkschaftsbeamter kannte er das Proletariat, machte darauf aufmerksam, daß man es nicht unterschätzen dürfe, und warnte entschieden vor Frontalangriffen gegen die revolutionäre und reformistisch geführte Arbeiterbewegung, deren Abwehraktionen zu gewaltigen

Erschütterungen des Imperialismus führen könnten. „Ich halte es", sagte er einmal im Reichstag, „für unmöglich, einen Weg zu gehen, der von vornherein eine scharfe und geschlossene Front gegen die Arbeiterschaft begründet. Wer glaubt, das tun zu können, der wird meines Erachtens in ganz kurzer Zeit versagen."(4) Unzweideutig verurteilte er also die rigorose Niederkämpfung der Arbeiterklasse nicht etwa, weil er deren Interessen und Rechte auch nur im entferntesten verteidigen wollte, sondern lediglich, weil er die Brachialvariante des Angriffs auf das Proletariat nicht für erfolgversprechend hielt. Der Weg, den er zur völligen Entrechtung der Werktätigen empfahl, bestand darin, den Abbau der noch bestehenden bürgerlich-parlamentarischen Rechte und Einrichtungen sowie der sozialen Gesetzgebung Stück für Stück unter Zuhilfenahme des später von sarkastischen Beobachtern als „Mädchen für alles" bezeichneten Artikels 48 der Verfassung durchzuführen und auf diese Weise eine „verfassungsmäßige Diktatur" (contradictio in adjecto!) zu schaffen. Das entscheidende Mittel, um diese Diktatur, wie die „Deutsche Allgemeine Zeitung", auf den Kernpunkt des Problems verweisend, schrieb, in den Massen zu verankern,(5) sah Brüning im politischen Klerikalismus. Nach seiner und seiner politischen Freunde Überzeugung war die von katholischen und protestantischen Dunkelmännern entwickelte Ideologie, die den Klassenkampf verneinte, eine „organische" Volksgemeinschaft predigte, den Staat als „ausgleichenden" Faktor hinstellte und Antikommunismus, kirchliche Sozialethik, Abendlandmythos, monarchische Gesinnung und Revanchestreben zu einer Universallehre verschmolz, allein imstande, dem „gesellschaftsgefährdenden" Marxismus die Stirn zu bieten und die bestehende Ordnung zu retten.

Brüning, der längere Zeit in Frankreich und England verbracht und sich in seiner Abgeordnetentätigkeit gründlich mit der Problematik der Reparationsfrage vertraut gemacht hatte, die im Vordergrund aller außenpolitischen Auseinandersetzungen stand, galt zugleich als ausgezeichneter Kenner der Verhältnisse in den Siegerstaaten, denen gegenüber er ebenfalls für eine behutsame Umgehungspolitik plädierte. „Wir können", sagte er einmal in einer internen außenpolitischen Debatte, „überhaupt nur ein Ziel nach dem anderen erreichen (also das weiter tun – W. R.), was gewissen Leuten in Frankreich so auf die Nerven gegangen ist, daß man schon von der ‚Artischockenpolitik' Deutschlands spricht, die man sich nicht länger gefallen lassen könne, da Deutschland ein Blatt nach dem anderen herausziehe." Insbesondere vertrat er den Standpunkt, daß man bei der schrittweisen Liquidierung der Kriegsergebnisse nicht als „Bittender" nach Paris und London gehen, sondern jeweils – wie er formulierte – eine „wirtschaftliche Situation" vorbereiten müsse, die die Erfüllung der deutschen Forderungen erzwänge. Dabei verstand Brüning es ausgezeichnet, auch die an sich für den deutschen Imperialismus ungünstigen Entwicklungen und Konstellationen, wie etwa die Weltwirtschaftskrise, für seine Ziele auszunützen. Ähnlich wie viele Konzernherren und reaktionäre Politiker, die in der Krise, die sie schwer schädigte, zugleich ein Geschenk Gottes sahen, das es endlich ermöglichte, den Sozialabbau „sachlich" zu rechtfertigen und die als Schöpfer der Republik geltende „marxistische" Sozialdemokratie (und damit den Marxismus überhaupt) in den Augen der hungernden und frierenden Massen als Urheber allen Elends zu diskreditieren, betrachtete Brüning die Weltwirtschaftskrise, die die deutsche Zahlungsfähigkeit herabdrückte, als eine einmalige Gelegenheit, die Reparationslasten endgültig abzuschütteln. „Ich kann mich nicht einmal auf ein Moratorium von ein oder zwei Jahren einigen", sagte er, „denn wenn man über diese Krise hinwegkäme und hätte die Reparationsfrage nicht vorher in unserem Sinne gelöst, dann würden die Chancen nie wieder kommen."(6)

Diese genau den damaligen Möglichkeiten des noch immer gehemmten aggressiven deutschen Finanzkapitals entsprechende Brüningsche Taktik des zähen, jedoch größere Risikomomente vermeidenden Kampfes gegen Klassengegner und imperialistische Rivalen machte ihn zum aussichtsreichsten Kanzlerkandidaten beim Übergang von der Etappe der Koalitionsregierungen zur Etappe der Präsidialkabinette. Der abrupt aus der grauen Masse der Reichstagsmitglieder in den Lichtkegel der großen Politik tretende neue Mann der Großbourgeoisie, den man dem Durchschnittsbürger gegenüber als „Wirtschaftsfachmann" – nicht als „Parteipolitiker" – schmackhaft machen konnte, wurde vorbehaltlos von einer Gruppe Industrieller und Bankiers unterstützt, deren ökonomische Macht zwar geringer war als die anderer monopolkapitalistischer Gruppen, die aber angesichts des Kräfteverhältnisses innerhalb der herrschenden Klasse vorübergehend so etwas wie ein Zünglein an der Waage darstellte. Zu dieser Gruppe gehörten die Großindustriellen und Finanzherren in der Führung der Zentrumspartei (Ruhrmagnat Klöckner, der Zementmonopolist ten Hompel, der Bankier Louis Hagen), eng mit dem Zentrum verbundene Kreise in der Leitung der Deutschen Bank und der Discontogesellschaft, der hinter der katholischen Partei stehende und von der Reichswehr subventionierte Phönix-Konzern Otto Wolffs, der Clan der saarländischen Fabrikantenfamilie Schubert-Stumm, die schlesischen Magnaten Graf Ballestrem, Graf Henckel-Donnersmarck u. a., sowie maßgebende Köpfe solcher Mammutkonzerne wie der AEG und der IG Farbenindustrie, die später die Minister Warmbold und Dietrich in Brünings Regierung entsandte. Zu dieser Gruppe hielt auch die Reichswehrführung, von der General Hammerstein (der es ja wissen mußte) 1931 sagte, „bis auf die Gangart" wolle sie das gleiche wie Hitler. Das dreißigfache Aufsichtsratsmitglied in Bergbau- und anderen Gesellschaften, Paul Silverberg, der Bankier Pferdmenges und IG Farben-Direktor Schmitz betätigten sich als Brünings engste Berater. Reichswehrminister Groener lobte 1930 den „fabelhaften Kanzler" (der übrigens Gefallen an Mussolini gefunden habe) als einen Mann, mit dem man „ausgezeichnet" zusammenarbeiten könne, und General Schleicher bezeichnete ihn als „geistig und außenpolitisch hochbedeutend."(7)

Da die scharfmacherischsten Exponenten der Großbourgeoisie, des Junkertums und der Generalität, denen ein Generalangriff auf die Sozialgesetzgebung, den parlamentarischen Staat und die Kriegsergebnisse am liebsten gewesen wäre, durchaus begriffen, daß ein solcher Angriff vorerst keine Erfolgschancen hatte, stellten sie sich in ihrer Mehrheit zeitweilig ebenfalls hinter Brüning. Dabei gaben sie den Kampf gegen die „Halbheiten" des nunmehr profiliertesten Zentrumpolitikers, den Schleicher – bei aller Anerkennung seiner Leistungen – für „nicht brutal und energisch genug und zu stark an parlamentarische und gewerkschaftliche Gewohnheiten gebunden" hielt, nicht auf. Im Gegenteil. In komplizierten Auseinandersetzungen über einzelne Fragen der Wirtschafts-, Sozial- und Notverordnungspolitik, in denen bisweilen sogar Ausdrücke wie „infamer Lügner" und „perfider Lümmel" fielen, wurde Brüning von den scharfmacherischen Ruhrmagnaten nicht nur generell kritisiert, sondern – wie die marxistische Geschichtswissenschaft an zahlreichen Beispielen im Detail nachgewiesen hat(8) – in vielen konkreten Punkten auf deren besonders aggressive Forderungen festgelegt. Dabei bat der neue Kanzler oft nur, die Form zu wahren und zu bedenken, daß „der Eindruck vermieden werden müsse, daß die Reichsregierung ... unter dem Diktat der rheinisch-westfälischen Schwerindustrie stehe".

Ausschlaggebend für die Grundhaltung der extrem reaktionären

Großindustriellen gegenüber Brüning war jedoch nicht sein Zurückweichen in Einzelfragen, sondern die generelle Erkenntnis, daß er, wie die profaschistische „Deutsche Zeitung“ ohne Umschweife schrieb, die Aufgabe übernommen hatte, „den Abbruch des Gebäudes von Weimar“ durchzuführen und deshalb trotz aller Streitigkeiten ihr Mann war.(9) Dabei berücksichtigten die Scharfmacher insbesondere, daß Brüning die faschistische Opposition, die sich im Hintergrund schon auf den brutalen Gewaltangriff vorbereitete, nach eigenem Eingeständnis bewußt förderte, weil deren scharfe Kritik die Verhandlungsbasis einer „klugen Regierung“ gegenüber dem Ausland stärke, daß er Gewähr gegen eine zu frühe Regierungsbeteiligung Hitlers bot, die dem Faschismus „die Zugkraft“ genommen hätte, und daß Brünings gesamte politische Tätigkeit, nach einem bekannten Wort der „Deutschen Allgemeinen Zeitung“, „die Vorfrucht der nationalen Diktatur“ bedeutete und das Volk an die Diktatur „gewöhnte“.(10) Bei letzterem hatten sie namentlich auch die Vorbereitung der Ideologie des politischen Klerikalismus im Auge, die die kleinbürgerlichen Massen immmer empfänglicher für das Gift des Faschismus machte.

Wie weit die Parallelität volksgemeinschaftlich-klerikaler und nazistischer Massenbeeinflussung im einzelnen ging, sei dabei an einem gewissermaßen bis in die Gegenwart hineinreichenden Beispiel illlustriert, nämlich an einigen Sätzen aus einer programmatischen Rede, die einer der engsten Mitarbeiter Brünings, der spätere erste BRD-Minister für „gesamtdeutsche“ Fragen (richtiger: Anti-DDR-Minister), Jacob Kaiser, 1932 hielt. Nicht anders als die Propagandisten der nationalsozialistischen „Arbeiter“partei, begann Kaiser damals mit Phrasen über den Wert der Arbeiterschaft für Volk und Staat und fuhr dann fort: „Volk ist uns die Gesamtheit aller Schichten, Gruppen, Gemeinschaften und Stände. Volk sind uns aber auch alle Menschen deutscher Zunge und deutschen Blutes, deutschen Glaubens und deutscher Kultur, die jenseits der heutigen Grenzen des Reiches leben ... Die Predigt des Klassenkampfes hat das einheitliche Volksbewußtsein stark untergraben ... Wir, die christliche Arbeiterschaft, haben diesem Klassenkampf immer ablehnend gegenübergestanden ... Wir wollen nicht den ewigen Kampfeszustand der Klassen und Stände gegeneinander ... Die Aufgabe der nächsten Zukunft heißt: soziale Volksführung. Nur wenn der Staat sozial geführt wird, kann Klassenkampf und Parteigeist überwunden werden ... Wenn unsere Überzeugung richtig ist – und sie ist es –, daß die Volkserneuerung nur aus den breiten Schichten des Volkes kommen kann, dann ist es bei uns, der christlichen Arbeiterschaft, den wahrhaft volksdeutschen Gedanken, der in seiner Liebe, seiner Sorge und seinem Glauben über die engen Grenzen des Reiches hinausgreift, zu pflegen. Das Bewußtsein deutscher Volksgeschichte liegt uns, die wir in der Tradition des Christentums wurzeln, im Blute. Das legt uns die Pflicht auf, die Kulturmission des Deutschtums in der Welt stärker als andere Gruppen des Volkes zu pflegen."

Wenn derartige Tiraden der Brüning nahestehenden christlichen Gewerkschaftsführer, die sich durch ihre nach dem 30. Januar 1933 erfolgten Aufrufe zur „Gleichschaltung von innen heraus"(11) ergänzen ließen, auch die enge geistige Verwandtschaft von Faschismus und politischem Klerikalismus dokumentieren, so dürfen doch in Anbetracht der oben erwähnten gravierenden taktischen Meinungsverschiedenheiten zwischen den um diese Leute gruppierten Praktikanten der verfassungsmäßig bemäntelten Diktatur und den Befürwortern einer offenen Gewaltherrschaft der reaktionärsten, am meisten chauvinistischen, am meisten imperialistischen Elemente des Finanzkapitals, das heißt zwischen schwarzer und brauner Reaktion, keine Gleichheitszeichen gesetzt werden. Insofern scheint die Argumentation der bürgerlichen Geschichtsschreibung, die unermüdlich unterstreicht, daß Brüning kein „Drittes Reich" Hitlerscher Prägung gewollt habe, zunächst recht plausibel.

Wie sah aber das Reich aus, das dem ersten Präsidialkanzler vorschwebte? Durchaus zutreffend charakterisierte es die linksdemokratische Zeitschrift „Weltbühne" als „einen von christ-katholischer Ethik überglänzten straffen Militärstaat", als den „kategorischen preußischen Imperativ mit Weihrauch und Orgelklang". In einem solchen Staat war der Nazipartei die Rolle einer der tragenden Säulen zugedacht, doch sollte sie, weil man – um mit Hindenburg zu sprechen – befürchtete, daß ihre Anhängerschaft „mehr sozialistisch als national" sei,(12) unter Kontrolle der schon im Dienste des Imperialismus bewährten Rechtspolitiker gehalten werden. Diese Bestrebungen, die faschistische Partei unter die Vormundschaft erfahrener Reaktionäre und Militärs zu stellen, werden von der Geschichtsschreibung der BRD seit über dreißig Jahren als Versuche bezeichnet, den Faschismus zu „zähmen". Wie gerissen doch hier ein rührseliges Wort in das politische Vokabular aufgenommen wird! Da sich der unbefangene Leser historischer Darstellungen unter „Zähmung" die von einem furchtlosen und anerkennenswerten Dompteur kunstgerecht bewerkstelligte Wandlung eines dem Menschen feindlichen wilden Tieres in ein ihm nützliches, seinen Befehlen gehorchendes willenloses Wesen vorstellt, soll mit diesem Wort der Eindruck erweckt werden, als hätten Brüning und die hinter ihm stehenden Kreise (namentlich der im Zusammenhang mit den „Zähmungsbestrebungen" immer wieder erwähnte General Schleicher, der Brüning zum Kanzler machte, unter dessen Nachfolger Reichswehrminister wurde und schließlich selbst das Kanzleramt übernahm) die antidemokratische Bestie des Faschismus in ein dem parlamentarischen Staat aus der Hand fressendes und seine Wunden beleckendes harmloses Tierchen „umerziehen" wollen. Doch das ist eine glatte Geschichtslüge. Die Präsidialkanzler, die Generalität und auch die noch Vorbehalte gegenüber Hitler hegenden Monopolherren strebten ja keineswegs eine Gesundung der Republik an, sondern trachteten vielmehr danach, die Schlinge fester zuzuziehen, die den Weimarer Staat erdrosseln sollte. Sie wollten nicht eine Wandlung des Faschismus herbeiführen, sondern setzten – ganz im Gegenteil – alles daran, eine solche Wandlung zu verhindern, weil sie nämlich befürchteten, die sozialistischen Stimmungen der Nazianhänger könnten die faschistische Führerclique hinwegfegen und die in Bewegung geratenen kleinbürgerlichen Millionen in eine tatsächlich antikapitalistische Richtung lenken. General Schleicher unterschied ausdrücklich zwei Strömungen in der Nazibewegung – die von Hitler verkörperte Strömung der „Mitarbeit" und die „revolutionäre", aufsässige Strömung, die es unter allen Umständen zu überwinden gelte. Und Großreeder Cuno, einer der einflußreichsten Hintermänner Brünings, knüpfte an die Feststellung, daß die „antikapitalistische Ideologie ... Herz und Hirn der jungen Generation zu ergreifen drohe", die Beschwörung: „Gelingt es nicht, den wertvollen Kern der nationalistischen Bewegung auf legalem Wege zu verantwortlicher Mitarbeit am Staat zu gewinnen, so könnte deren radikaler Flügel sich von der jetzigen Führung abwenden."(13)

Die bekannten Aussprüche höchster Repräsentanten der Reichswehrführung und der Industriellenverbände über ihr Bestreben, die faschistische Partei „auf legalem Wege" an der Macht zu beteiligen, zielten also nicht – wie die Bonner Professoren heute ihren Lesern weismachen wollen – darauf ab, den „wilden" Hitler zu verdrängen und die NSDAP als „normale" bürgerliche Partei in das politische Getriebe der Republik zu integrieren, sondern verfolgten vielmehr

das Ziel, den konzernhörigen Hitler und seine Komplicen an der Spitze der faschistischen Bewegung zu erhalten und diese Bewegung nicht in Versuchung zu führen, in allzu spektakulärer Weise gegen die Republik aufzutreten, weil derartige, objektiv gegen einen imperialistischen Staat gerichtete Aktionen in einen gefährlichen Aufschwung der antikapitalistischen Stimmungen von Millionen Kleinbürgern und Halbproletariern auszumünden drohten.
Das Bestreben, die Faschisten „auf legalem Wege“ an die Macht heranzuführen, sie zunächst mit der massenpolitischen Absicherung der imperialistischen Herrschaft zu betrauen, die Ausarbeitung und Durchführung der reaktionären Wirtschafts- und Sozialgesetzgebung dagegen den vom kleinbürgerlichen Stimmungsbarometer unabhängigeren „Fachleuten“ aus den Reihen der traditionellen bürgerlichen Parteien zu überlassen, kam konkret in den Bemühungen um die Bildung einer rechtsbürgerlich-faschistischen Koalitionsregierung zum Ausdruck. Aber gerade der Schaffung einer solchen Regierung stimmten Hitler und seine Kumpane, die ihren Einfluß nicht zuletzt der Losung „Alles oder Nichts“ verdankten, nicht zu, weil sie die Verantwortung für eine unpopuläre Politik nur gleichzeitig mit der Blankovollmacht für die Entfessselung eines schrankenlosen Terrors übernehmen wollten, um die durch ihre volksfeindliche Regierungspraxis zwangsläufig anwachsende Enttäuschung ihrer Anhänger mit neuen Mitteln niederkämpfen zu können.
So spitzte sich die Auseinandersetzung zwischen den im Staate maßgebenden imperialistischen Politikern und den Nazis mehr und mehr um den faschistischen Anspruch auf Alleinherrschaft zu. Wenn Carl v. Ossietzky zutreffend vermerkte, Brüning wolle „nur die Anmaßung des Faschismus, seinen Anspruch auf Alleinherrschaft, brechen, nicht ihn selbst“, so muß hinzugefügt werden, daß es sich dabei nicht nur um einen Rivalitätskampf imperialistischer Gruppierungen, sondern, wie angedeutet, zugleich um Meinungsverschiedenheiten über die Sicherung einer kleinbürgerlichen Massenbasis des angestrebten brutal antidemokratischen Staates handelte.
Um nur ein kleines Beispiel dafür anzuführen, wie die „Zähmungspolitik“ in der Praxis angewandt wurde, sei auf die berüchtigten Boxheimer Dokumente von 1931 hingewiesen, die ein gewisser Dr. Best, hessischer Gerichtsassessor, vorsorglich für den Tag der faschistischen Machtübernahme angefertigt hatte. Dieses geheime Schriftstück, das die Etablierung einer vollkommenen Willkürherrschaft mit Todesstrafe gegen jede antinazistische Betätigung, Streik usw.

vorsah, löste wegen seiner unglaublichen Brutalität die Empörung sogar weiter durchaus antikommunistischer und antisozialdemokratischer bürgerlicher Kreise aus. Brüning nahm aber dieses Dokument „nicht so ernst“ und beeilte sich zu verkünden, daß Hitler (der anderthalb Jahre später die hier konzipierte Willkürherrschaft errichtete) sich von Bests Programm distanziert habe. Best wurde zwar ein Hochverratsverfahren angehängt, doch durfte er, da sein Motiv – die „Überwindung der Kommune“ – als ehrenhaft anerkannt wurde, weiter als Richter am hessischen Staatsgerichtshof fungieren! Vergleichbar ist diese Ungeheuerlichkeit nur – und darin liegt System! – mit der Tatsache, daß derselbe Best, seit 1942 faschistischer Bevollmächtigter im okkupierten Dänemark, 1948 von einem Gericht der westlichen Alliierten zum Tode verurteilt wurde, aber schon drei Jahre später, auf freien Fuß gesetzt, in „Freiheit und Demokratie“ der Bundesrepublik ein neues Leben zur „Überwindung der Kommune“ beginnen konnte und lange Zeit als Wirtschaftsjurist beim Stinneskonzern tätig war.

Rückt somit die bürgerliche These von Brünings „Gegnerschaft“ gegen den Faschismus in sehr bedenkliches Licht, erweist sich die Legende von den „Zähmungsbestrebungen“ gegenüber der Nazipartei als Umschreibung einer Politik, die den imperialistischen Kern des Hitlerfaschismus gegen die von unzufriedenen Nazianhängern herbeigesehnten grundlegenden gesellschaftlichen Veränderungen absichern sollte, entpuppt sich das Brüningsche Staatsideal – vom Standpunkt der Arbeiterklasse und aller anderen Werktätigen aus gesehen – als ein weitaus größeres Übel als die Weimarer Republik in ihrem „Normalzustand“ (und dies gilt es besonders bei der noch zu behandelnden sozialdemokratischen Maxime vom „kleineren Übel“ zu beachten), so wird Brünings Funktion im Prozeß der Eskalation profaschistischer Vorentscheidungen erst vollends deutlich, wenn man den Weg der Lawine, die er ins Rollen brachte, nicht nur bis zu jenem Punkt verfolgt, den er anvisiert hatte, sondern sich auch klarmacht, wohin dieser Weg seiner inneren Konsequenz nach weiterführen mußte.

Brüning war sich nämlich genau der ihm zugedachten Funktion bewußt, die in der ersten Phase (1. Brüningkabinett) darin bestand, die – nach Schleichers Worten – „in der Zügelführung abgenutzte“ Sozialdemokratie von der Regierungsverantwortung in die Rolle einer tolerierenden Partei zu drängen, also in die Rolle einer Partei, die als Opposition auftritt und als Komplice handelt, in der zwei-

ten – nicht ganz geglückten – Phase (2. Brüningkabinett) aber schon die Aufgabe hatte, die Sozialdemokratie auch als Tolerierungspartner abzulösen und sie durch die immer engere Bindungen zur Nazipartei suchenden Deutschnationalen zu ersetzen.
Wie schon das erste Sondierungsgespräch Hindenburgs mit Brüning über dessen mögliche Kanzlerschaft beweist, legte sich der Kanzlerkandidat voll Rechenschaft über die Dynamik der von ihm geforderten Politik ab. Von Schleicher darüber informiert, daß man „eine Präsidialregierung brauche, die den Reichstag nach Hause schickt", daß es also um die Zerstörung des parlamentarischen Systems als solchem ging, erklärte er dem Reichspräsidenten, die Große Koalition möge noch – gewissermaßen, um dem Präsidialkabinett einen optimalen Start zu sichern – möglichst viele „entscheidende soziale, wirtschaftliche und finanzielle Reformmaßnahmen durchführen", danach aber werde er, Brüning, sich „keinem aus vaterländischer Überzeugung erfolgendem Ruf" Hindenburgs mehr verschließen.(14)
Die ersten Worte, mit denen der neue Kanzler wenig später vor den Reichstag trat, enthielten denn auch, wie bekannt, eine massive Drohung, daß das Parlament sich entweder entschließen müsse zu parieren oder auseinandergejagt würde. Hinter dieser Drohung standen gleich zwei von Hindenburg unterzeichnete Vollmachten zur Auflösung des Reichstages, die Brüning – wie wir heute wissen – in der Tasche hatte, und eine auf seine Anregung unmittelbar nach Übernahme des Kanzlerpostens angefertigte Ausarbeitung, in der ein Ministerialdirektor juristische Tips gab, wie die Verfassung mit einem Federstrich faktisch außer Kraft zu setzen sei.(15) Obwohl nämlich Artikel 54 der Verfassung ausdrücklich festlegte, daß der Reichskanzler und die Reichsminister zu ihrer Amtsführung des Vertrauens des Reichstages bedurften und daß jeder von ihnen zurücktreten müsse, wenn ihm der Reichstag sein Vertrauen entziehe, hieß es in dieser Ausarbeitung, daß die Stellung des Reichskabinetts auch nach einem Mißtrauensvotum des Reichstages unverändert (!) bleibe, solange der Reichspräsident Kanzler und Minister nicht entlasssen habe. Einer so auf gesetzwidriger Grundlage weiterbestehenden Regierung wurde sogar das Recht zugebilligt, mit Artikel 48 zu regieren.
Daß Brüning bei der Untergrabung des parlamentarischen Staates vor keinen noch so üblen Tricks zurückscheute, beweist auch eine andere, sieben Monate später ebenfalls auf seine Initiative angefertigte Ausarbeitung zur gleichen Frage. Da der Reichstag nach der

Verfassung (Artikel 48, Absatz 3) das Recht hatte, Notverordnungen aufzuheben, wurde in dieser Ausarbeitung vorgeschlagen, der Reichspräsident solle die Regierung in künftigen Notverordnungen nur ganz allgemein dazu ermächtigen, bestimmte Ausführungsverordnungen zu erlassen. Hebe der Reichstag dann eine solche Notverordnung auf, so würden die Ausführungsverordnungen, also die konkreten Regierungsmaßnahmen, in Kraft bleiben, weil diese nur durch ein Initialgesetz rückgängig gemacht werden könnten, welches (bei zu erwartender Ablehnung durch den Reichsrat) einer Zweidrittelmehrheit im Parlament bedürfe.(16) Grundsätzlich gegen diesen Vorschlag wandte sich innerhalb der Regierung nur der bald darauf aus dem Kabinett ausgebootete linke Zentrumsminister Joseph Wirth, der schon unter Hermann Müller den Plänen eines Ermächtigungsgesetzes als „unvereinbar mit einem demokratischen Verfassungsleben" entgegengetreten war und jetzt die Vernichtung des Kontrollrechts des Reichstages als unmöglich bezeichnete.(17) Die übrigen auf die Verfassung vereidigten Minister äußerten keine prinzipiellen Bedenken gegen die in Aussicht genommene flagrante Verletzung des republikanischen Grundgesetzes. Ihnen bereitete es lediglich Kopfschmerzen, daß bei dem vorgeschlagenen Verfahren der Reichsrat (die Vertretung der Länder und preußischen Provinzen) an politischem Gewicht gewinnen würde, während die Monopolbourgeoisie doch gerade die stärkere Unterordnung der Landes- und Provinzialregierungen unter eine straffe Zentralgewalt forderte.

Durch die Haltung der rechten sozialdemokratischen Führer wurden Brüning und seine Minister jedoch zunächst der Sorge um die Rettung der Notverordnungspolitik mit juristischen Spitzfindigkeiten enthoben. Diese Führer wanden sich lediglich hin und her, weil sie sich vor den Massen ein Alibi für ihre Tolerierungspolitik verschaffen wollten. Um dem Zentrumskanzler wenigstens dürftige verbale Zugeständnisse an das parlamentarische System abzulocken, schreckte der sozialdemokratische Sprecher Keil nicht davor zurück, im Reichstagsplenum zu erklären, seine Fraktion sei nicht „zimperlich" und könne sich um des Allgemeinwohls willen auch an die Regierung „anbiedern".(18) Und selbst als Brüning hart blieb und eine Kraftprobe mit dem Reichstag provozierte, rührten die SPD-Führer keinen Finger, um die Notverordnungspolitik zu vereiteln. So unsympathisch ihnen der Präsidialkurs war, krochen sie doch lieber vor ihm zu Kreuze als gemeinsam mit den Kommunisten eine Volksbewegung zur Verteidigung der Republik ins Leben zu rufen.

Bis zu einem gewissen Grade selbst von einer solchen völligen Prinzipienlosigkeit der sozialdemokratischen Politik erstaunt, erklärte der Kanzler im engsten Kreise, daß „der Abbau der Sozialpolitik ... mit der Sozialdemokratie leichter durchführbar (sei) als mit der Rechten“. Dabei verstand er es ausgezeichnet, die SPD-Führer immer wieder von neuem auf diese prinzipienlose Linie festzulegen. Vor allem bediente er sich dazu – nach den Worten Staatssekretär Pünders, wie eines „Fallbeils“ – der Drohung, im Falle eines Aufmuckens der sozialdemokratischen Reichstagsfraktion gegen die Präsidialregierung im Reich, die Zentrumsminister aus der sozialdemokratisch geführten preußischen Koalitionsregierung zurückzuziehen und so die um ihre Exekutivposten im bürgerlichen Staat bangenden rechten Sozialdemokraten auch noch von ihren letzten Ministersesseln zu vertreiben.(19)
In der zweiten Phase seines Präsidialkurses bemühte sich Brüning programmgemäß, die Deutschnationalen fester an seine Regierung zu binden. Dabei soll der Ausdruck „programmgemäß“ keinesfalls bedeuten, daß diese Entwicklungen reibungslos vor sich gingen. Hinter den Kulissen wurde, wie beispielsweise in einer Unterredung des Präsidentensohnes Hindenburg jun. mit dem Großreeder Cuno, davon gesprochen, daß man Brüning „die Peitsche und Sporen geben (müsse), um ihn vorwärts zu treiben“; und selbst der alte Hindenburg, der die ihm offenbar unbekannten Namen der für hohe Staatsposten empfohlenen Politiker stotternd von kleinen Zettelchen ablas, vermochte den DNVP-Chef Hugenberg nicht zu einer wohlwollenden Haltung gegenüber Brüning zu überreden. Entscheidend war jedoch – und in diesem Sinne kann man von einem „programmgemäßen“ Verhalten Brünings sprechen –, daß der Kanzler sich zu einer „Erweiterung seines Kabinetts nach rechts“ (2. Brüningkabinett) entschloß, als, wie er es seinen Kollegen gegenüber nannte, „gewisse Wirtschaftskreise“ eine Mißstimmmung über die bisherige Politik äußerten, die die „Deutsche Allgemeine Zeitung“ dahingehend präzisierte, „daß die Tolerierungspolitik der Sozialdemokratie, so konsequent sie durchgehalten wurde, doch ein furchtbarer Hemmschuh für jede Reform“ sei und daß „das System der Notverordnungen, das eine Zeitlang ein ausgezeichnetes Aushilfsmittel der Staatsführung gewesen sein mag, ... sich totgelaufen“ habe.(20)
Die im einzelnen noch zu behandelnden gewaltigen Abwehraktionen der revolutionären Arbeiterklasse gegen die antidemokratische und

sozialreaktionäre Offensive Brünings, die starre Haltung der Deutschnationalen sowie die fortschreitende Enttäuschung der Monopolbourgeoisie über die sich ständig verringernde Massenbasis der Hugenberg-Partei und die im Zusammenhang damit immer häufiger geäußerten Forderungen, die Nazis sofort in die Regierung hineinzunehmen, erschwerten es dem zweiten Brüningkabinett (seit 9. Oktober 1931), das ihm vorgegebene Programm voll zu erfüllen. Schacht gesteht z. B. in seinen Memoiren, daß er sich seit Januar 1931 veranlaßt sah, „beim deutschen Kanzler und bei anderen Politikern, mit denen ich Verbindung besaß, darauf zu drängen, daß die Nationalsozialisten baldmöglichst in eine Koalitionsregierung hineingenommen würden".(21) Und der Erzmilitarist General Rüdiger von der Goltz, der seinerzeit an der Spitze der deutschen Interventionstruppen gegen die junge russische Sowjetrepublik gestanden hatte, übermittelte Reichspräsident Hindenburg im Juli des gleichen Jahres im Auftrag der „Wirtschaftspolitischen Vereinigung Frankfurt a. M." ein Schreiben, in dem gleicherweise die Einbeziehung der Faschisten in die Regierung gefordert wurde. „Unvereinbar mit der Verfassung", hieß es dort, „wird die heute weitaus stärkste Partei, die NSDAP, von jedem Einfluß ausgeschaltet, ebenso die hinter ihr stehende DNVP und die Frontkämpfer des Stahlhelms ... Die nationale Opposition, getragen von der Vaterlandsliebe der gesunden deutschen Jugend, diszipliniert und von Männern geführt, die den Beweis ihrer Bedeutung im täglichen Kampf gegen den Bolschewismus geliefert haben, fordert ihr Recht. Und wir deutschen Wirtschaftsführer, die wir politisch sehend geworden sind, stehen hinter ihr ... Kein Staatstreich und keine Gewalt sind unsere Hoffnung, nur die Vollziehung des obersten Grundsatzes der Demokratie (! – W. R.), daß die Regierung des Vertrauens des Volkes bedarf, das heißt, daß der stärksten nationalen Partei die Regierung übertragen wird."(22) Dieses Schreiben war von Vertretern zahlreicher Mammutkonzerne (darunter der IG Farbenindustrie und der Kruppwerke) sowie von mehreren reaktionären Junkern unterzeichnet.

Wenig später, am 11. und 12. Oktober 1931, stellten sich namhafte Repräsentanten der Industrie- und Bankwelt auf dem berüchtigten Harzburger Treffen in aller Öffentlichkeit hinter Hitler und die mit ihm Arm in Arm auftretenden Führer der Deutschnationalen Partei (Hugenberg), des Stahlhelms (Seldte und Duesterberg), des Alldeutschen Verbandes (Claß), der Vereinigten „Vaterländischen

Verbände" (General v. d. Goltz), des junkerlichen Reichslandbundes (Graf v. Kalckreuth) sowie hinter die dort ebenfalls anwesenden Hohenzollernprinzen (Eitel Friedrich v. Preußen) und konterrevolutionären Generäle (v. Lüttwitz, v. Seeckt). Mit dieser Elite der Totengräber der Weimarer Republik konferierten in Bad Harzburg die Großbankiers Schacht und v. Stauß (Deutsche Bank), die Vertreter der Vereinigten Stahlwerke Thyssen, Poensgen und Brandi, die Werftherren Blohm und Gok, der Eisengroßhändler Ravené, Schlenker vom Langnamverein und viele andere. Dieses Treffen vereinte alle extrem reaktionären Kräfte in Deutschland und faßte die verschiedenen Strömungen der faschistischen Reaktion zusammen. Obwohl die „Harzburger Front", in der sich die Gegensätze innerhalb der Monopolbourgeoisie widerspiegelten, infolge der Rivalität von NSDAP und Deutschnationalen zu keinen entscheidenden Aktionen fähig war, ließ ihr Entstehen doch die ganze Größe der faschistischen Gefahr erkennen. In ihrer Entschließung diffamierten die Harzburger Verschwörer die Weimarer Republik als ein Regime des „Blutterrors des Marxismus", des „fortschreitenden Kulturbolschewismus", der „politischen, wirtschaftlichen und militärischen Entmannung Deutschlands" und forderten einen „starken nationalen Staat", um die „Pflichterfüllung und Opfer aller Volksgenossen" durchzusetzen.

Brüning, den die Harzburger Kumpane, um ihn in den Augen Hindenburgs zu verteufeln, als „schwarz angestrichenen Sozialdemokraten" bezeichneten, rührte keinen Finger, um die antirepublikanische Fronde zu zerschlagen. Im Gegenteil. Er steckte – und darauf muß gerade im Zusammenhang mit der hier erörterten Brüningschen Gesamtkonzeption verwiesen werden – schon in den ersten Monaten seiner Regierungszeit Fühler für spätere (dann auch von seinen Nachfolgern Papen und Schleicher nicht bewältigte) Phasen der Präsidialpolitik aus, nämlich für die Einbeziehung der Faschisten in die Regierung. Nachdem die Nazis bei der Reichstagswahl am 14. September 1930 mit 107 Abgeordneten in das Parlament eingezogen waren, kamen auf seine Initiative zahlreiche Begegnungen seiner Mitarbeiter mit führenden Faschisten zustande, und zweimal traf er selbst mit Hitler zusammen, mit dem er sich zwar nicht über einzelne Punkte eines Regierungsprogramms einigen konnte, dem er aber seine „Hochachtung" und die „Gemeinsamkeit der Kulturideale" bescheinigte. Daß dieses positive Urteil des Zentrumskanzlers über Hitler nicht auf die irreführende Schönrednerei des

Naziführers zurückzuführen war, sondern im Grunde dem faschistischen Programm galt, beweisen auch spätere Aussprüche Brünings. So erklärte er im März 1933, nachdem die Faschisten den Reichstagsbrand inszeniert und einen mörderischen Terror gegen alle fortschrittlichen Kräfte entfesselt hatten: „Hitler ist ein anständiger Mensch, gemäßigt und verständig, vernünftigen Argumenten zugänglicher, als der Ton seiner Sprache und die Tätlichkeiten seiner Unterführer vermuten lassen. Er mangelt nicht des religiösen Gewissens."(23)

Bleibt somit nichts daran zu deuteln, daß Brüning sich bewußt in den Dienst einer Politik stellte, die im Endergebnis zur unbemäntelten, von den Faschisten zumindest mitgetragenen Diktatur der Monopole führen sollte, so lohnt es sich auch, anhand der konkreten Regierungsmaßnahmen des Zentrumskanzlers zu überprüfen, ob er tatsächlich – woran angeblich (nach den oben erwähnten bürgerlichen Einschätzungen) kein „vernünftiger Mensch" zweifeln könne – „verantwortlich für sein Land" handeln wollte oder ob seine Tätigkeit nicht vielmehr von den Interessen jener kleinen parasitären Gruppe bestimmt wurde, deren Profitstreben Deutschlands größtes Unglück war. Umschreibt man diese Gruppe, nämlich die führenden deutschen Monopolherren, wie es die bürgerlichen Politiker und Geschichtsschreiber oftmals tun, mit dem harmlos klingenden Terminus „die Wirtschaft", so erweist sich, daß die berüchtigten Brüningschen „Notverordnungen zur Sicherung der Wirtschaft" im buchstäblichen Sinne Not für das Land verordneten, um die Wirtschaft, d. h. das Monopolkapital, gegen Profit- und Machtverlust abzusichern. Schon das erste durch Notverordnung realisierte Wirtschaftsprogrammm der Brüningregierung, das u. a. Zollerhöhungen, also auch die Steigerung der Verbraucherpreise für die wichtigsten Lebensmittel, den weiteren Abbau der Erwerbslosenunterstützung, eine 10prozentige Erhöhung der Ledigensteuer, die Einführung einer Sondersteuer für Beamte und Staatsangestellte sowie die einer ungestaffelten Bürgersteuer vorsah, dem Volke also nur Bürden auferlegte, wurde vom Reichsverband der deutschen Industrie als „Anfang einer Umkehr" begrüßt.(24) Die Analyse der weiteren Notverordnungen „zur Sicherung von Wirtschaft und Finanzen" könnte ganze (leider bis heute noch nicht geschriebene) Bücher füllen. Diese Verordnungen brachten im einzelnen rigorose Senkungen der Löhne und Gehälter, Kürzungen der Renten und Unterstützungen, Herabsetzung der Unterstützungsfristen, Verschlechterung der Unterstüt-

zungsbedingungen, Einführung neuer Massensteuern (Krisensteuer) und Herabsetzung der Steuersätze für Besitzende. Man braucht nur die Forderungen der Großindustriellen, beispielsweise den von Vögler ausgearbeiteten „Deutschen Plan" oder die drei Tage nach der Wahl Krupps zum Vorsitzenden des Reichsverbandes (25. September 1931) für den Reichskanzler ausgearbeitete Erklärung der Spitzenverbände der deutschen Wirtschaft, mit dem Inhalt der einzelnen Notverordnungen zu vergleichen, um sich davon zu überzeugen, daß Brüning die dort aufgestellten Punkte – „harte und entschlossene Politik", Ausgabenabbau des Staates, Steuersenkungen für die Industrie, Herabdrücken der Reallöhne und aller sozialen Ausgaben, Durchbrechung der Tarif- und Schlichtungsgesetzgebung – erfüllte, nie aber daran dachte, jene sozialen Forderungen zu erfüllen, die die Arbeiterorganisationen erhoben und die zum Teil auch (allerdings aus rein demagogischen Motiven) abgeschwächt von einzelnen bürgerlichen Parteien übernommen wurden. Mehr noch. Brüning erfüllte auch einen großen Teil jener Forderungen der Monopolherren, die so offensichtlich volksfeindlich waren, daß die Industriellenverbände es nicht einmal wagten, sie in allgemein zugänglichen Denkschriften niederzulegen. Dabei handelte es sich insbesondere um direkte Zuschüsse an Monopolunternehmen, um Stützungskredite, Garantien und Bürgschaften, Einnahmeverzicht des Staates und Abgabe staatlicher Vermögen, Überbezahlungen beim Verkauf von Industrieprodukten an den Staat u. ä. All diese Subventionen betrugen für die Jahre 1929 bis 1933 nach vorsichtigen Schätzungen die immense Summe von 6 Milliarden Mark.(25)
Blättert man heute in den Kabinettsprotokollen und anderen Geheimakten der Brüningzeit, so findet man auf Schritt und Tritt Vermerke darüber, daß den Großbanken, den Stahlmonopolen, den Maschinenbaukonzernen, den Großreedereien und anderen Riesenunternehmen unter diesem oder jenem Vorwand Millionen und aber Millionen Mark zugeschoben wurden. Häufig hieß es in den dazu vorgelegten Dokumenten, daß diese Betriebe große Bedeutung für die Forcierung der Rüstung besäßen und deshalb unterstützt werden müßten.(26) Dabei hielt sich Brüning in den meisten Fällen an die Weisung, die der Monopolgewaltige Silverberg in die Worte kleidete, daß der Staat zwar autoritär sein müsse, aber nicht in das „Parterre des Wirtschaftslebens" hinabsteigen, sich also nicht im einzelnen in die Geschäftsführung der Industrieunternehmen einmischen dürfe.(27)

In den Kabinettsprotokollen findet man Notizen darüber, daß Brüning die Staffelung der Bürgersteuer (also die differenzierte Besteuerung von Millionären und Arbeitslosen!) „selbstverständlich“ für undurchführbar hielt, daß dringend benötigte Durchführungsbestimmungen zu Notverordnungen nicht fertiggestellt werden konnten, weil über gewisse Einzelheiten noch mit „der Industrie“ verhandelt würde u. ä. Beim Zusammenbruch der Danatbank, der Dresdner Bank und mehrerer kleinerer Banken im Juli 1931, einem Ereignis, das einen einschneidenden Tiefpunkt der Wirtschaftskrise markierte, machte sich die Regierung zum direkten Willensvollstrecker der um Vögler und Silverberg gruppierten Monopolkreise. Nach der auch sonst bei Verstaatlichungen von Großunternehmen praktizierten Maxime, daß Profite in die Taschen der Finanzkapitalisten gehören, Verluste aber „sozialisiert“, d. h. auf den Steuerzahler abgewälzt werden müssen, sprang das Reich für die bankrotten Bankherren in die Bresche. Bei der Ausarbeitung der dazu erforderlichen Verordnungen wurde kein einziger Vertreter der Steuerzahler gehört, dafür aber tagelang mit den untereinander wie die Wölfe kämpfenden Großbankiers beraten. Auf den Anwesenheitslisten der Ministerbesprechungen finden sich die Namen von Wassermann (Deutsche Bank), Solmssen und Danatbank-Chef Goldschmidt (dem Brüning – nach Goldschmidts eigenen Worten – später zu verstehen gab, er halte ihn „zumindest nicht für einen größeren Schwindler als die anderen Bankdirektoren“), von Pferdmenges (der vorschlug, Krupp in den Aufsichtsrat der Dresdner Bank zu kooptieren), von Fürstenberg, Reinhart, Guttmann und natürlich auch von Vögler, Silverberg, den IG Farben-Bossen Schmitz, Bücher und tutti quanti. Wessen Interessen die Regierungsverordnungen über die Banken danach entsprachen, bedarf wohl keiner Erläuterung.(28)

Brüning erklärte sich im Herbst 1931 ausdrücklich damit einverstanden, seine zweite Regierung im verstärkten Maße von „führenden Kräften der Wirtschaft“ beraten zu lassen, und stimmte demzufolge der Ernennung eines (dann allerdings wegen innerer Widersprüche arbeitsunfähigen) „Wirtschaftsbeirates“ zu, dem Vögler, Borsig, Schmitz, Silverberg, drei Bankdirektoren, drei Junker sowie – nach den Worten des Industriemanagers Brandi – „um des lieben Friedens willen“ einige reformistische und christliche Gewerkschaftsführer angehörten.

Es erübrigt sich wohl, weitere Beispiele anzuführen, um zu beweisen, daß Brünings Politik nicht dem „Wohle des Landes“, d. h. der All-

gemeinheit, sondern den Klasseninteressen der schlimmsten Feinde des deutschen Volkes entsprach. Da von bürgerlichen Historikern besonders häufig versucht wird, die (nach oben zitierten Interpretationen für „vernünftige Menschen" unanfechtbare) These von dem lauteren Willen Brünings, seinem Volke zu dienen, an seiner Außenpolitik zu exemplifizieren, seien jedoch noch einige Worte über die auswärtige Politik des ersten Präsidialkanzlers gesagt. Prinzipiell unterschieden sich weder Brünings außenpolitische Ziele noch seine Taktik von denen Stresemanns. Der Unterschied zwischen der Situation Mitte der zwanziger und Anfang der dreißiger Jahre bestand lediglich darin, daß Deutschland – nicht zuletzt durch Stresemanns „Finassieren" – erheblich auf dem Wege der Realisierung seiner Revanchebestrebungen vorangekommen war und jetzt in manchen Punkten schon handfeste Forderungen stellen konnte, die es in der Locarno-Ära nur vage anzudeuten gewagt hatte. Die rüstungsmäßige Stärkung Deutschlands, der Aufschwung der faschistischen Bewegung im Inneren und die im imperialistischen Westen immer offener verkündeten Kreuzzugspläne gegen die Sowjetunion ermöglichten es den deutschen Außenpolitikern jetzt auch, auf einen Großteil ihrer pazifistischen Phraseologie zu verzichten.
Nach dem Regierungsantritt Brünings spitzten sich besonders die deutsch-französischen Beziehungen zu. Das lag einmal daran, daß das zunächst von der Wirtschaftskrise unvergleichlich weniger in Mitleidenschaft gezogene Frankreich seine günstige Wirtschaftslage zur Verdrängung Deutschlands von den südosteuropäischen Absatzmärkten auszunutzen suchte. Eine noch größere Rolle spielte aber der Umstand, daß Deutschland mit Riesenschritten dabei war, sich die Position einer militärischen Großmacht zurückzuerobern, und damit erneut die schwarzen Wolken eines Überfalls auf Frankreich am Horizont auftauchten. Die französische Großbourgeoisie, die die nationalen Interessen ihres Landes ebenso mit Füßen trat wie die Großbourgeoisie aller anderen Länder, reagierte auf diese Entwicklung jedoch nicht mit einer konsequenten Kampfansage an den deutschen Militarismus, sondern versuchte, den deutsch-französischen Gegensatz auf Kosten der Sowjetunion und auch auf Kosten ihrer imperialistischen Rivalen sowie der zum Ausbeutungsfeld der Großmächte erklärten kleineren Staaten zu überbrücken. Darin bestand der tiefere Sinn des sogenannten Paneuropa-Memorandums des französischen Außenministers Briand vom Mai 1930, hinter dem – wie hinter allen europäischen Integrationsplänen – der Gedanke

stand, den Kontinent unter der Vorherrschaft des stärksten europäischen imperialistischen Staates gegen die Sowjetunion zusammenzuschließen. Da Briand nicht verkannte, daß Frankreichs Stellung als stärkste Macht des europäischen Imperialismus bereits in Frage gestellt war, deklarierte er die Notwendigkeit, alle wirtschaftlichen Probleme den politischen Problemen unterzuordnen, d. h. die „Einigung" des kapitalistischen Europas unter Gesichtspunkten zu vollziehen, unter denen das hochgerüstete Frankreich Deutschland noch überlegen war und unter denen man die noch gültigen Bestimmungen des Versailler Vertrages zur Grundlage der Integration erklären konnte. Das widersprach den deutschen Bestrebungen, die darauf abzielten, das ökonomische Potential für die Veränderung des Status quo in die Waagschale zu werfen, das Sicherheitsproblem aus der internationalen Politik auszuklammern und den Versailler Vertrag endgültig zu beseitigen. Deshalb erklärte Außenminister Curtius bei der Beratung der Antwortnote auf das Briandsche Memorandum, die Note müsse zu „einem Begräbnis erster Klasse" für die französische Initiative werden und „andererseits der deutschen Außenpolitik als Plattform für die weitere Verfolgung ihrer politischen Ziele dienen". Zu diesen Zielen bemerkte Brüning, daß sie in der Errichtung eines Europas beständen, „in dem Deutschland seinen ausreichenden natürlichen Lebensraum haben müsse", und Curtius ergänzte vielsagend: „Die Frage, wo Europas Grenze im Osten liege, sei zur Zeit politisch unentschieden."(29)
Fragt man nach dem Klasseninhalt der deutschen Außenpolitik unter Brüning, so darf man auch den „Zufall" nicht unberücksichtigt lassen, daß das Auswärtige Amt genau in dem Moment erklärte, Deutschlands Möglichkeiten lägen „nur im Osten und Südosten" und seien nur „mit neuen Mitteln und Methoden zu realisieren", als IG Farben-Chef Duisberg die These aufstellte, daß das „europäische Problem von der Südostecke aus aufgerollt" werden müsse,(30) und die deutschen Großindustriellen begannen, neue Expansionsmethoden zu praktizieren. Darüber, wie diese neuen Methoden in der Ära Brüning verwirklicht wurden, berichtete 1938, als man kein Blatt mehr vor den Mund zu nehmen müssen glaubte, u. a. Krupp-Schwager Freiherr von Wilmowsky. Auf einer Mitgliederversammlung des Mitteleuropäischen Wirtschaftstages plauderte er aus, daß die Schwer-, Chemie- und Elektroindustrie 1930 zur „Erweiterung des bislang vernachlässigten Südost-Geschäfts" die Schaffung einer Zentralstelle beschlossen und dafür den in Wien beheimateten und

als neutral geltenden Mitteleuropäischen Wirtschaftstag ausersehen hatte. Ohne die Sache an die große Glocke zu hängen, sei es in kurzer Frist gelungen, „die Organisation zu dem Instrument auszubauen, das sich die interessierten Kreise der Industrie gewünscht hatten".(31) Den Vorsitz übernahm nämlich Wilmowsky, sein Stellvertreter wurde der Spionagefachmann der IG Farben, Ilgner, zum Geschäftsführer bestellte man den bisherigen zweiten Geschäftsführer des Langnamvereins. Außerdem wurde die gesamte Leitung der Organisation „erneuert", indem man den nachmaligen Spitzenrepräsentanten des BRD-Finanzkapitals, Großbankier Abs, den späteren Bonner Bundesbankpräsidenten Blessing (damals Vertreter der Kontinentalen Öl-AG) und „führende Herren" der AEG, des Mannesmann-Konzerns, des Siemens-Konzerns und anderer Großunternehmen hineinnahm.
Kennt man diese Zusammensetzung des Südost-Expansions-Komitees der deutschen Monopolbourgeoisie, so braucht man nicht einmal Duisbergs Ausspruch anzuführen, daß eine deutsch-österreichische Zollunion den „ersten Schritt (der) regionalen Einleitung für einen größeren mitteleuropäischen Wirtschaftsraum bilden kann", um zu begreifen, in wessen Interesse Brünings Außenminister Curtius spurte, als er im März 1931 Vorverhandlungen über eine deutsch-österreichische Zollunion zum Abschluß brachte. Nach 1945 erklärte dieser Kronzeuge der BRD-Geschichtsschreibung in seinen Memoiren allerdings scheinheilig über das Zollunionsprojekt (das übrigens – wie die deutschen „Anschluß"pläne 1919 – am Widerstand des französischen Finanzkapitals scheiterte), daß er sich, friedfertig wie die Brüningregierung gewesen sei, für den deutsch-österreichischen wirtschaftlichen Zusammenschluß eingesetzt habe, um den politischen „Anschluß", d. h. die Annexion Österreichs, ad calendas graecas (zu deutsch: bis auf den Sankt-Nimmerleins-Tag) zu verschieben. In den Kabinettsprotokollen des Jahres 1931 läßt sich jedoch das genaue Gegenteil davon nachlesen. Curtius sagte nach der dortigen Aufzeichnung: „Politisch sei der Anschluß noch nicht reif, wirtschaftlich könne er jetzt, unter vorsichtiger Berücksichtigung der außenpolitischen Schwierigkeiten . . ., entscheidend gefördert werden."(32) Er identifizierte sich also vollinhaltlich mit dem zur gleichen Zeit formulierten außenpolitischen Programm von Edmund Stinnes (eines Sohnes des 1924 verstorbenen Ruhrkönigs), in dem es hieß: „Die Ausweitung des deutschen Raumes nach Osten und Südosten Europas erscheint mir derzeit nicht durch Verschiebung der Ostgrenzen mög-

lich, aber durch deren weitgehende Auflösung (z. B. durch Zollvereine). Dann sollte es angehen, bis zu den Pripjatsümpfen und der Donaumündung unserem unerträglich zusammengedrängten Volk Lebensraum, Ackerland und Arbeitsgelegenheit zu geben, im Anschluß an die zahlreichen Keimzellen deutscher Kultur, Kolonisation und Sprache, die sich bereits in diesen Gebieten befinden."

Die zitierten Sätze entstammen sinnfälligerweise einem Brief des jungen Stinnes an den Nazichef, in dem weiter zu lesen ist: „Einer überlegten Führung Aufgabe dürfte es ... sein, im Sinne der vorgenannten großen Deutschen (Friedrich II., Freiherr vom Stein und Bismarck – W. R.) nicht nur Ideen und Glauben – ganz wie von Ihnen gewollt – zu wecken, sondern auch die Unterordnung unter das bei heutiger Konstellation Erreichbare zu verlangen, damit nicht Tod, Elend, Zerfall und Chaos das Ende größter Hoffnungen werde. Ich weiß aus unserer Unterredung sehr wohl, sehr verehrter Herr Hitler, daß Sie die Grenzen des heutzutage Möglichen durchaus kennen, nur vorsichtigst Schritt nach Schritt eine Stufe nach der anderen hochsteigen wollen. Ich hoffe zuversichtlich, es gelingt Ihnen auch, diese unendlich schwere Aufgabe (zu lösen)."(33)

Diese Fakten und Zitate, die durch Belege über die Brüningsche Aufrüstungs-, Reparations- und Antisowjetpolitik ergänzt werden könnten, lassen keinen Zweifel daran, daß die Außenpolitik des ersten Präsidialkanzlers eine direkte Vorstufe der Hitlerschen Expansionspolitik darstellte, also ebenfalls in jeder Beziehung gegen die Interessen des deutschen Volkes verstieß. Um diesen Tatbestand zu verdunkeln, heben die Historiker der BRD immer wieder hervor, daß Brüning (im Mai 1932) von noch reaktionäreren Kräften, die später z. T. unmittelbar an der Machtübertragung an Hitler beteiligt waren, gestürzt wurde, also doch keinen profaschistischen Kurs gesteuert haben könne. Sie erwähnen dabei vielfach das von Brüning selbst geprägte Wort über sein durch Intrigen von Hindenburg verursachtes Scheitern „hundert Meter vor dem Ziel". Hier übersehen sie beflissen, daß der erste Präsidialkanzler in dieselbe Grube fiel, die er mit seinen politischen Hintermännern dem Kanzler der Großen Koalition, Hermann Müller, gegraben hatte. So wie dieser mit der Annahme des Youngplanes den Weg für eine weit offener aggressive Regierung freigelegt hatte, erledigte Brüning mit der faktisch endgültigen Aufhebung der Reparationsverpflichtungen (Hoover-Memorandum 1931), mit seinen praktisch nicht mehr rückgängig zu machenden (wenn auch vertragsmäßig noch nicht in allen

Einzelheiten fixierten) Vereinbarungen mit England und den USA über Kreditgewährung, deutsche Wiederaufrüstung und den „Rechtsanspruch" auf die Außerkraftsetzung des Versailler Vertrages all jene „Schmutzarbeiten", die unter einem Zentrumskanzler besser bewältigt werden konnten als unter einem deutschnationalen oder faschistischen Regierungschef. Denn Brünings Auftreten auf der politischen Aschenbahn war keineswegs, wie die marxistische Geschichtsschreibung schon betont hat, ein Ein-Mann-Lauf, sondern eine Etappe in der Stafette, die von Stresemann über die Präsidialregierungen zu Hitler führte. Brüning wurde in dieser Stafette der Stab aus der Hand genommen, als er den Abschnitt, für den er am geeignetsten war, durcheilt hatte. Wenn heute jemand behauptet, Brünings Ziel sei nicht – wie oben nachgewiesen – „ausreichender natürlicher Lebensraum für Deutschland", also der Aggressionskrieg im Interesse des deutschen Monopolkapitals gewesen, sondern „lediglich" die Unsummen verschlingende, dann aber nicht zum Einsatz zu bringende „gleichberechtigte" Wiederaufrüstung Deutschlands, so spekuliert er nicht nur auf die völlige Unfähigkeit seiner Zuhörer zum logischen Denken, sondern ignoriert auch bewußt die schrecklichen Erfahrungen des deutschen Volkes und der Völker Europas mit der Wiederaufrüstung des imperialistischen Deutschlands, die bisher stets in einen verbrecherischen infernalischen Krieg ausmündete.

Nach allem Gesagten kann der „vernünftige Mensch", an den die Geschichtsschreibung der BRD bei der Beurteilung Brünings immer wieder appelliert, zwar Verständnis dafür aufbringen, daß aufrechte Demokraten und Revolutionäre, voller Empörung über die verwerfliche Präsidialpolitik und in dem Bestreben, die Massen gegen den profaschistischen Kurs zu mobilisieren, den präfaschistischen Zentrumskanzler unrichtig als Faschisten bezeichneten; fassungslos muß sich aber jeder „vernünftige Mensch" fragen, wie die zutiefst antinationale Politik Brünings von verantwortungsbewußten Parteiführern, die sich als Interessenverteter der Arbeiterklasse und aller anderen Werktätigen bezeichneten, als „kleineres Übel" akzeptiert und unterstützt werden konnte. Genau das aber taten die rechten sozialdemokratischen Führer. Sie argumentierten mit der völlig undialektischen, einer Milchmädchen-Rechnung gleichenden Überlegung, daß Brüning ja nicht so schlimm sei wie Hitler, und rechtfertigten damit ihr Eintreten für den Zentrumskanzler, das sie zwar oft durch lautstarke Phrasen verdunkelten, von dem sie aber in entscheidenden Momenten keinen Schritt abwichen. Selbst als Faschisten und Deutschnationale mit theatralischem Gehabe für kurze Zeit aus der „Quasselbude“ des Reichstages auszogen und sich dadurch eine kommunistisch-sozialdemokratische Mehrheit im Parlament ergab, weigerte sich die sozialdemokratische Fraktion nicht nur, Brüning das Mißtrauen auszusprechen, sondern wagte es nicht einmal, die Hand gegen auch nur eine einzige sozialreaktionäre Maßnahme der Präsidialregierung zu erheben. Trug die Weimarer Republik als bürgerlich-demokratischer Staat, in dem das Monopolkapital der entscheidende Machtfaktor war, schon vom ersten Tage ihres Bestehens an die Keime ihres Untergangs in einer unbemäntelten Diktatur der aggressivsten Kreise der Monopolbourgeoisie in sich, so markierte die Politik des „kleineren Übels“, d. h. die Politik der Unterordnung der größten Arbeiterorganisationen unter einen profaschistischen Kurs, den Anfang der Endphase des Weimarer Staates.

Natürlich wußten die rechten sozialdemokratischen Führer, die diese Politik als der Weisheit letzten Schluß ausgaben, was jedermann weiß, nämlich daß es von Grund auf verfehlt ist, eine erste Pestbeule am Körper eines Kranken – auch wenn sie „nicht so schlimm“ scheint wie ein den ganzen Körper bedeckendes Eitergeflecht – zu bekämpfen, indem man sie hegt und pflegt. Das historische Versagen dieser Führer bestand jedoch darin, daß sie die Brüningsche Politik nicht als eine solche Pestbeule erkannten, weil sie längst den Klassenstandpunkt des Proletariats aufgegeben hatten, von dem aus allein die gesellschaftliche Entwicklung zutreffend eingeschätzt werden kann. Deshalb betrachteten sie die formaldemokratisch orientierten bürgerlichen Parteien als einzig mögliche Verbündete im Kampf gegen die – wiederum nur formal verstandene – Diktatur und versagten sich dem klassenmäßig zu verankernden Bündnis mit der revolutionären Partei des Proletariats. Um ihre Partnerschaftschancen mit den bürgerlich-parlamentarischen Parteien nicht zu verspielen, paßten sie sich immer mehr an deren Politik an, die sich ihrerseits von Woche zu Woche, von Monat zu Monat mehr dem Faschismus anpaßte. So unterdrückten sie zunehmend den immer wieder hervortretenden Willen breitester Kreise ihrer Anhängerschaft zu antiimperialistischen Aktionen und verhinderten die Herstellung der von den Kommunisten angestrebten proletarischen antifaschistischen Einheitsfront, die angesichts der Sammlung der imperialistischen Reaktion dringender notwendig war als je zuvor.

Wie weit sich die sozialdemokratische Führung schon vom Klassenstandpunkt des Proletariats entfernt hatte, beleuchtete schlaglichtartig der letzte Parteitag der SPD vor dem Faschismus (Ende Mai bis Anfang Juni 1931 in Leipzig), auf dem der Hauptreferent Fritz Tarnow im Zusammenhang mit der Weltwirtschaftskrise geradezu unglaubliche Ausführungen über die Mission der Arbeiterklasse machte. Er erklärte nämlich, das Proletariat hätte eine „Doppelrolle" am „Krankenlager des Kapitalismus" zu spielen: die des Arztes, „der ernsthaft heilen will", und die des Erben, der „lieber heute als morgen die ganze Hinterlassenschaft des kapitalistischen Systems in Empfang nehmen" möchte.(34) Faktisch bedeutete das, man solle „im Augenblick nicht so sehr (!!) daran denken, daß wir doch Erben sind", deshalb auf die Anwendung des „Giftes" (wie Tarnow den Klassenkampf apostrophierte) gegenüber dem Klassenfeind verzichten und dem Patienten, der im Krankenbett schon den Stahl zur Erdolchung auch der Sozialdemokratie und der Republik versteckt hielt, Medizin aus Blut und Tränen der werktätigen Massen reichen.
Wie schon 1918/19 und 1923 beschwor die sozialdemokratische Führung somit die Arbeiter, die politische und ökonomische Schwächung des Kapitalismus nicht zu dessen Sturz auszunutzen, sondern erklärte, daß es unverantwortlich wäre, ihm jetzt, „wo er schon röchelt", den Gnadenstoß versetzen zu wollen. Begründet wurde diese schmähliche Kapitulation – nicht anders als 1918/19 – mit sentimentalem Geflenne darüber, daß „die heutigen Leiden der Massen draußen ... noch unerhört vermehrt" würden, falls die „Wirtschaft" völlig zusammenbräche. Daß Tarnow damit die wahrhaftig unerhörte Vermehrung der Leiden des deutschen Volkes im Bombenhagel, Elend und moralischer Verkommenheit des zweiten Weltkrieges mit vorbereiten half, will die heutige sozialdemokratische Geschichtsschreibung, die sich ungern der Rezepte von Leipzig erinnert, nicht wahrhaben. Rechtfertigt sie doch gegenwärtig wiederum die trotz jener fürchterlichen Erfahrung nach 1945 erneut (wenn auch modifiziert) von den sozialdemokratischen Führern in der BRD praktizierte Politik, die zunächst die „Gesundung" der Wirtschaft auf bestehender (= imperialistischer) Grundlage als Vorbedingung für die Vervollkommnung der „sozialen Marktwirtschaft" und das in weite Ferne verschobene „Hineinwachsen" in einen „demokratischen Sozialismus" proklamierte und so abermals die Saat einer nationalen Katastrophe in deutsche Erde legte.

Um nicht ganz das Gesicht vor den antiimperialistisch gesonnenen sozialdemokratischen Arbeitern zu verlieren, würzte Tarnow sein Leipziger Referat mit hohlen Redensarten darüber, daß die sozialdemokratische „Generalidee", der Sozialismus, trotz allem nicht vergessen sei. An die These aus der Zeit der relativen Stabilisierung des Kapitalismus anknüpfend, derzufolge die imperialistische Wirtschaft sich friedlich und langsam in eine sozialistische Wirtschaft verwandele, erklärte er sogar – die Brüningschen Notverordnungen als „Einsatz der gesellschaftlichen Macht" zur Rettung der Gesamtwirtschaft interpretierend –, daß „bereits starke Fundamente und tragende Konstruktionen für den sozialistischen Bau der Zukunft vorhanden", ja daß diese Fundamente und Konstruktionen in den letzten Jahren stärker geworden seien!
Diese völlige Fehleinschätzung der gesellschaftlichen Gesamtsituation im allgemeinen und der Funktion der Brüningregierung im besonderen seitens der sozialdemokratischen Führung legte der kommunistischen Einheitsfrontpolitik ungeheure Hemmnisse in den Weg. Die Kommunisten, die sich, getreu dem Vermächtnis von Marx und Engels, als berufene Totengräber des Kapitalismus betrachteten, konnten sich nicht über Grundlinien des antiimperialistischen Kampfes mit Politikern einigen, die ihr Hauptanliegen darin sahen, dem Kapitalismus erneut zu Kräften zu verhelfen. Dennoch war die KPD unermüdlich bestrebt – und das offenbarte die Elastizität und Lebensfähigkeit ihrer Politik –, auch die nichtkommunistischen Arbeitermassen, also in erster Linie die sozialdemokratisch orientierten Proleten, in Aktionen gegen die profaschistische Politik Brünings, für die Behauptung der Reste der bürgerlichen Demokratie, für die Verteidigung der unmittelbaren Lebensinteressen der Werktätigen einzubeziehen. Die KPD trat im Ringen gegen Brüning und den hinter ihm zur Macht drängenden Faschismus keineswegs, wie die bürgerliche Geschichtsschreibung verleumderisch unterstellt, nur mit der „fruchtlosen" Deklarierung ihres politischen Endzieles – der Diktatur des Proletariats – auf, sondern verband den Kampf gegen die imperialistische Klassenherrschaft organisch mit dem konsequenten Eintreten für die konkreten tagespolitischen Forderungen der Werktätigen.
Die Kommunisten setzten sich überall dort für die unmittelbaren Belange der Werktätigen ein, wo es galt, ein paar Pfennige Lohnerhöhung zu erreichen, die Arbeitsbedingungen in den Betrieben zu verbessern, die Betriebsräte zu stärken, die Notlage der Erwerbs-

losen zu mildern, Zwangsexmittierungen zu verhindern, die Schulreaktion zurückzudrängen, die Pressefreiheit zu sichern, soziale Errungenschaften zu verteidigen, neue Steuervorlagen zu Fall zu bringen und demokratische Rechte zu schützen. Dabei sagten sie aber den Werktätigen stets unzweideutig, daß alle Teilerfolge bei derartigen Aktionen niemals die Grundfrage der Klassenauseinandersetzungen, nämlich die Frage der Macht, entscheiden konnten. Sie gingen davon aus, daß es zur Erziehung und Schulung der Massen, zur Zerstörung der verhängnisvollen sozialdemokratisch-parlamentarischen Illusionen von der Möglichkeit des allmählichen Hineinwachsens in den Sozialismus erforderlich war, unermüdlich die Idee der Diktatur des Proletariats zu propagieren. Zugleich mußten sie aber den Arbeitern erklären, daß der Kampf angesichts des Kräfteverhältnisses der Klassen in Deutschland zunächst noch nicht um die Errichtung der Diktatur des Proletariats geführt werden konnte, sondern daß es vorerst darauf ankam, die Massen in unzähligen Aktionen, durch die Schaffung der Einheitsfront an den Kampf um eine Übergangsregierung zur proletarischen Macht heranzuführen.
Zwar vermochte die KPD diese überaus komplizierte Aufgabe der Bestimmung des Verhältnisses zwischen dem demokratischen Kampf gegen den deutschen Imperialismus und dessen faschistische Stoßtrupps und dem Kampf für ein sozialistisches Deutschland noch nicht völlig zu lösen, verstand es aber – und hier stellte sie die Kunst ihrer Massenführung erneut unter Beweis –, den Werktätigen durch Verfechtung ihrer Teil- und Einzelforderungen vor Augen zu führen, daß nur eine antiimperialistische, fest auf dem proletarischen Klassenstandpunkt stehende Partei imstande ist, konsequent auch für die elementarsten Rechte und Freiheiten der Massen einzutreten.
In ihrem Arbeitsbeschaffungsplan vom Mai 1931 ließ die KPD, die das kapitalistische System und insbesondere das Sparprogramm der Brüningregierung als Schuldige am millionenfachen Elend der Erwerbslosen und Kurzarbeiter anprangerte, keinen Zweifel an ihrem politischen Ziel, den Kapitalismus zu stürzen, entwickelte aber den gegebenen Verhältnissen und dem Bewußtseinsstand auch der nichtkommunistischen Massen entsprechende detaillierte Forderungen, die nicht nur unter den Bedingungen des bürgerlichen Staates erzwungen werden konnten, sondern durch ihre Verwirklichung die demokratischen Elemente im Gefüge der Weimarer Republik erheblich gestärkt hätten. Neben zahlreichen Punkten zur Linderung der

Not der Massen durch rationellere Ausnutzung der vorhandenen Arbeitsmöglichkeiten (Verbot von Überstunden, Verkürzung der Arbeitszeit bei vollem Lohnausgleich, Herabsetzung der Rentengrenze bei gleichzeitiger Aufbesserung der Renten, Verbot von Betriebsstillegungen usw.) sah der kommunistische Arbeitsbeschaffungsplan die systematische Sanierung der Elendsquartiere, die Modernisierung und Erweiterung des Eisenbahn-, Straßen- und Kanalnetzes, die Durchführung von umfangreichen Meliorationsarbeiten, die Errichtung neuer Krankenhäuser, Kinderheime, Sportanlagen usw. vor. Entscheidend an diesem Plan war, daß er eine präzise Antwort auf die Frage nach der Finanzierung einer großzügigen Arbeitsbeschaffung gab. Nicht nur, daß nachgewiesen wurde, wo die erforderlichen Gelder hergenommen werden konnten. Wichtig war vor allem, daß die vorgeschlagenen Maßnahmen zugleich auf eine Schwächung der antidemokratischen und antirepublikanischen Kräfte abzielten. Deshalb forderte die KPD: „Streichung aller Ausgaben für militärische Zwecke ... Streichung aller Reichs-, Landes- und Gemeindezuschüsse an die verschiedenen Kirchen ... Erhebung einer (einmaligen) Millionärsteuer ... Besteuerung von Dividenden und Aufsichtsratstantiemen in Höhe von 20 Prozent ... Offenlegung der Steuerlisten, Aufhebung des Bankgeheimnisses zur Verhinderung der Steuerhinterziehung und der Kapitalflucht. Beschlagnahme aller Vermögen der Besitzenden, die Kapital ins Ausland verschieben."(35)

Der Arbeitsbeschaffungsplan der KPD war nicht ein vereinzeltes Dokument, sondern entsprach der gesamten, durch Hunderte von Dokumenten und Tausende von Aktionen untermauerten Politik der deutschen Kommunisten. Berühmt geworden ist das ebenfalls im Mai 1931 verkündete Bauernhilfsprogramm der Kommunistischen Partei, das den Hauptstoß gegen die Junker richtete und mit der Forderung der entschädigungslosen Enteignung der Großgrundbesitzer, der Niederschlagung der Schulden der Klein- und Mittelbauern, der Senkung bzw. Aufhebung unerträglicher Steuern, der Abschaffung der ruinösen Zölle einen auch unter nichtsozialistischen Bedingungen gangbaren Weg zur Linderung des Massenelends auf dem Lande wies.(36) Die konsequent antiimperialistische und antifaschistische Linie der KPD kam auch in den zutiefst demokratischen speziellen Hilfsprogrammen für weitere Bevölkerungsgruppen zum Ausdruck, die die Partei zur Verteidigung der Interessen der Beamten und Angestellten, der Kleingewerbetreibenden und Kleinhändler, der Mieter und Rentner, zum Schutze der Jugend und der Frauen

ausarbeitete. „Diese detaillierten Vorschläge der KPD, die die ‚Programmerklärung zur nationalen und sozialen Befreiung des deutschen Volkes' konkretisierten, trugen wesentlich dazu bei, die Verbindung der KPD mit den werktätigen Massen zu festigen, den Kampf gegen die Brüningschen Notverordnungen und die Verelendungspolitik des Monopolkapitals zu intensivieren und der sozialen und nationalen Demagogie der Nazis und ihrem rasch wachsenden Einfluß auf die kleinbürgerlichen Schichten zu begegnen."(37)
Wo immer es damals zu offenen Auseinandersetzungen zwischen Reaktion und Demokratie, zwischen Kapital und Arbeit kam, standen die deutschen Kommunisten in der ersten Reihe der Streiter gegen Ausbeutung, Entrechtung, antinationale Politik und wiesen den um die Erhaltung ihrer Lebensgrundlagen kämpfenden Werktätigen Weg und Ziel. Unter größten persönlichen Entbehrungen, weder den zu jahrelangem Elend verurteilenden ökonomischen Terror der Unternehmer noch die Schlägerkolonnen der faschistischen Streikbrecher, die schießwütige Polizei und die Klassenjustiz fürchtend, stellten sich Kommunisten an die Spitze der großen Streikkämpfe jener Jahre – des Streiks gegen den Mansfelder Kriegsverbrecherkonzern im Juni–Juli 1930, des Berliner Metallarbeiterstreiks im Oktober 1930, der Ruhrarbeiterstreiks im Juli 1930 und im Januar 1931 und vieler anderer. Über jede dieser proletarischen Kampfaktionen könnte man erschütternde, dem Heldenmut der deutschen Kommunisten unvergängliche Denkmäler setzende Bücher verfassen. Über einen dieser Streiks, den Streik bei Mansfeld, hat der marxistische Historiker Werner Imig ein solches Buch geschrieben,(38) das an einem einzigen Beispiel die Anatomie des gesamten Klassenkampfes der damaligen Zeit darlegt. Alles, was sich im Reichsmaßstabe auf ökonomischer und politischer Ebene abspielte, spiegelte sich im Kampf der Mansfelder Kumpel gegen die Konzernherren des Kupferbergbaus wider. Da erfährt man, wie die Wirtschaftskrise in Deutschland im einzelnen mit der Krise des internationalen Kapitalismus zusammenhing, wie die Unternehmer den schwächsten Punkt der Arbeiterfront abtasteten, mit welchen Mitteln die Mammutkonzerne und hinter ihnen stehende Großbanken in ganz konkreten Einzelfragen auf die Reichsregierung und die Landesbehörden einwirkten, wie sich die Reichswehrführung im Interesse der Rüstungsmagnaten in die Wirtschafts- und Finanzpolitik einmischte, wie die bürgerlichen Parteien und auch die sozialdemokratische Führung die Weisungen der Monopolherren befolgten, auf welche Weise die zen-

tral gelenkte Presse die Öffentlichkeit gegen die kämpfende Arbeiterschaft aufzuputschen versuchte, wie der Streikbruch organisiert und der Terroreinsatz der Polizei kaltblütig-provokatorisch vorbereitet wurde, welch schmähliche Rolle die reformistische Gewerkschaftsbürokratie spielte, die hinter den Kulissen mit den Todfeinden der Arbeiter gemeinsame Sache machte. Die detaillierte Erforschung dieses Streiks vermittelt aber vor allem eine Vorstellung vom hohen Verantwortungsbewußtsein der Kommunisten vor den Arbeitern und dem gesamten werktätigen Volk, von ihrer hervorragenden Organisationsfähigkeit, ihrem unbeugsamen Willen zur Herstellung der Arbeitereinheit, ihrem Vermögen, jede günstige Gelegenheit auszunutzen, die Massen zusammenzuschließen, von ihrem selbstlosen Heroismus und ihrer klugen Einschätzung der jeweiligen konkreten Erfolgschancen. Nur zutiefst ergriffen und voller Bewunderung kann man in den Schilderungen der damaligen Streikkämpfe lesen, wie die in unvorstellbarem Elend lebenden Kleinbauern und Gärtner, Kleinhändler und Erwerbslosen dem Rufe der Kommunistischen Partei zur Solidarität mit den Streikenden folgten, wie sie ihre letzten Groschen für die Streikfront opferten, hier einen Laib Brot und dort eine Mahlzeit, derer sie und ihre Kinder selbst so dringend bedurft hätten, für ihre mutig im Kampf ausharrenden Brüder spendeten.

In der verschärften Klassenkampfsituation der beginnenden dreißiger Jahre sah sich die Kommunistische Partei Deutschlands immer und immer wieder vor neue komplizierte, in ihrer Tragweite bisweilen auf den ersten Blick schwer überschaubare Probleme gestellt, die eine rasche Lösung erheischten. Obwohl die Kommunisten planmäßig aus den Betrieben hinausgedrängt und ihre Namen auf „schwarze Listen" gesetzt wurden, galt es, die Organisationsprinzipien einer revolutionären Partei neuen Typus mit der Betriebszelle als Grundeinheit der Partei auszubauen und zu festigen. Obwohl die reformistischen Gewerkschaftsführer, die eine „Theorie" von der Unmöglichkeit des Streiks unter den Bedingungen der Krise entwickelten, zu Massenausschlüssen revolutionärer Arbeiter aus den Gewerkschaften übergingen, obwohl sich demzufolge ganze Verbände von Ausgeschlossenen bildeten, mußte die Spaltung der Gewerkschaftsbewegung verhindert und die revolutionäre Gewerkschaftsopposition darauf orientiert werden, das Hauptfeld ihrer Arbeit innerhalb der reformistisch geführten, den Kerntrupp des Industrieproletariats umfassenden Gewerkschaften zu sehen. Obwohl die sozialdemokratische Führung sich immer mehr dem Antikommunismus verschrieb, durfte im Interesse des antifaschistischen Kampfes nichts unversucht gelassen werden, um die Mauer, die die sozialdemokratischen Arbeiter von den kommunistischen trennte, niederzureißen. Obwohl der Pauperisierungsprozeß der nichtproletarischen Werktätigen dazu führte, daß die materielle Lage dieser Schichten sich oft kaum noch von der materiellen Lage der Arbeiterklasse unterschied, war es nötig, weiter eine differenzierte Bündnispolitik zu betreiben und neue Praktiken auf diesem Gebiet zu entwickeln.

Es gelang der KPD nicht immer auf Anhieb, die aus der Klassenkampfsituation erwachsenden rechtsopportunistischen und dogmatischen Tendenzen völlig zu überwinden, die der operativen Lösung dieser und ähnlicher Fragen im Wege standen. Besserwisserisch lamentieren können darüber jedoch nur jene die Dialektik des Klassenkampfes verkennenden Kleinbürger, die nicht begreifen, daß eine revolutionäre Partei – wie das Leben selbst, in dem sie wurzelt – nie ein fertiges Gebilde ist, sondern daß es zu ihrem Wesen gehört, im Klassenkampf neu entstehende Aufgaben zu erfassen und sich in harten Auseinandersetzungen zum richtigen Wege ihrer Bewältigung durchzuringen.

So gesehen, ist es entscheidend, daß die KPD auch zu Beginn der dreißiger Jahre, wie ihre gesamte Massenpolitik, ihre Beurteilung der Gewerkschaftsfrage, die von ihr einberufenen Volks- und Bauernkongresse, ihre Einheitsfrontbestrebungen u.v.a. bezeugen, stets – um einen Beschluß des Zentralkomitees vom November 1931 anzuführen – fest auf „dem ehernen Fundament (stand), auf dem Marx und Engels die Strategie und Taktik der revolutionären Arbeiterbewegung aufgebaut haben", sich nicht von Stimmungen und Ressentiments leiten ließ und unbeirrt die Verwandlung Deutschlands in einen antiimperialistischen, alle demokratischen Möglichkeiten ausschöpfenden, sozialistischen Staat im Auge behielt.

Der soeben zitierte Beschluß des ZK der KPD(39) wandte sich konkret gegen den individuellen Terror, dem einige proletarische Revolutionäre angesichts des sich ständig verstärkenden faschistischen Terrors zuneigten. „Ohne auch nur einen Augenblick lang auf die Anwendung aller zweckmäßigen Kampfmittel zu verzichten", stellte die Parteiführung in diesem Dokument fest, „ohne auch nur im geringsten die kommunistische Losung des organisierten proletarischen Massenselbstschutzes gegen die faschistischen Überfälle und Gewalttaten einzuschränken, erklärt das Zentralkomitee jede Verfechtung oder Duldung der terroristischen Ideologie und Praxis für vollkommen unzulässig." Die Partei stellte sich eindeutig auf den Standpunkt, daß die Methoden, derer sich das Proletariat bei der Erfüllung seiner historischen Mission bedienen muß, die „Methoden der Massenorganisationen und des Massenkampfes" sind. Damit wandte sich die Partei zugleich an alle ehrlich demokratischen, für das Volk eintretenden und auf das Volk vertrauenden nichtkommunistischen Kräfte und appellierte, unbeschadet aller Meinungsverschiedenheiten in großen und kleinen Einzelfragen, an diese Kräfte, gemeinsam mit den Kommunisten für die akut bedrohten Lebensrechte der Massen, gegen die verhängnisvolle Brüningpolitik und gegen den anrollenden Faschismus zu kämpfen.

Vierzehntes Kapitel

1932: Antifaschistische Aktion gegen Papen, Schleicher, Hitler

Als die Weimarer Republik in den letzten Zügen lag, wurde in Deutschland unablässig gewählt. 1932 fanden zwei Wahlgänge der Präsidentschaftswahlen, zweimal Wahlen zum Reichstag sowie Landtagswahlen in Preußen, Bayern, Württemberg, Thüringen, Hessen und einigen kleineren Ländern statt. Doch diese Wahl-Hochsaison bedeutete keineswegs, daß sich die herrschenden Kreise des parlamentarischen Staates nun etwa in letzter Stunde um den Willen der Wähler geschert und nach „demokratischem Brauch" Anweisungen der Bürger zur Führung der Regierungsgeschäfte eingeholt hätten. Mitnichten. Die mit gewaltigem Aufwand gewählten Parlamente wurden meist nur für Stunden einberufen, um dann, nachdem man ihnen antiparlamentarische Verordnungen der Regierungen zur Kenntnis gegeben hatte, zwangsweise auf längere Zeit vertagt zu werden. Wie weit die Mißachtung der gewählten Körperschaften ging, wurde deutlich, als ein Reichskanzler des Jahres 1932, Franz v. Papen, bei einer Vertrauensabstimmung im Reichstag – ein einmaliges Ereignis in der ganzen Geschichte der Weimarer Republik! – nicht einmal sieben Prozent der Abgeordneten (42 von 608) hinter sich bringen konnte, aber dennoch im Amt blieb und vom Reichspräsidenten sogar ermächtigt wurde, die ungehorsame Volksvertretung auseinanderzujagen. Der von der Mehrheit der mündigen Deutschen wiedergewählte Präsident Hindenburg hielt sich nämlich nicht an die Willensäußerung seiner Wähler, sondern ließ seinen Schützling Papen erst – und auch da noch schweren Herzens – fallen, als ein Dutzend Monopolherren ihn in einer Eingabe kategorisch dazu aufforderten, sich von einem Manne zu trennen, dem es nicht gelang, sich mit Hitler über einen risikolosen Übergang zur faschistischen Herrschaftsform zu einigen.

Der Sinn der scheinbar sinnlosen Wahlen des Jahres 1932 bestand in etwas anderem. Die Wahlkampagnen sollten den reaktionärsten und militantesten Kräften des Imperialismus, den Faschisten, optimale Möglichkeiten geben, um die politische Atmosphäre durch blutigen Terror, maßlose Demagogie, sich überschlagenden Antikommunismus und Chauvinismus anzuheizen und um ihre ungeduldig nach Veränderungen der bestehenden Verhältnisse drängenden Anhänger von der Komplicenschaft der nazistischen Führer mit den Nutznießern dieser Verhältnisse abzulenken. Die Wahlergebnisse sollten die „Hitlerei“, wie man damals bisweilen sagte, dem Ausland gegenüber als eine „echte Volksbewegung“ legitimieren, gegen die nun mal kein Kraut gewachsen sei, und den Politikern in den Hauptstädten des imperialistischen Westens zugleich den Gedanken oktroyieren, daß man klug daran tue, einem vom Taumel des Nationalismus ergriffenen Deutschland weitreichende politische, militärische und wirtschaftliche Zugeständnisse einzuräumen und nicht ruhig zuzusehen, bis sich die Mehrheit des deutschen Volkes – worauf das stetige Anwachsen der kommunistischen Stimmen schließen ließ – eines Tages für die Errichtung einer sozialistischen Staatsmacht im Herzen Europas entscheiden würde. Nicht zuletzt sollte mit Hilfe der Wahlen ausgelotet werden, ob die faschistische Partei in der Lage sei, ihren Vormarsch bis über den Tiefpunkt der Wirtschaftskrise hinaus, also bis zu einem Zeitpunkt fortzusetzen, an dem es am günstigsten sein würde, Hitler und seine Kumpane an die Macht zu bringen, um sie den einfachen Menschen als „Bändiger der wirtschaftlichen Not“ präsentieren zu können. Besondere Bedeutung in letztgenannter Hinsicht hatten die Reichstagswahlen vom November, die stattfanden, als sich bereits deutliche Symptome des Übergangs von der Krise zur Depression abzeichneten. Da die Nazis bei diesen Wahlen zwei Millionen Stimmen verloren, zogen die Schwerindustriellen (und nicht nur sie allein), wie Großbankier Kurt v. Schröder 1945 im Nürnberger Hauptkriegsverbrecherprozeß aussagte, die Schlußfolgerung, daß die Forcierung des faschistischen Machtantritts nun „eine Sache von besonderer Dringlichkeit“ geworden sei.(1)

In erster Linie spiegelten die Wahlen des Jahres 1932 jedoch die Tatsache wider – und darin bestand ihr hervorstechendstes Ergebnis –, daß *die Kräfte des Faschismus schneller wuchsen als die antifaschistische Bewegung*. Beim zweiten Wahlgang der Präsidentschaftswahlen im April konnte die hitlerfaschistische NSDAP, die bereits bei der Reichstagswahl vor zwei Jahren einen 700prozentigen Stimmenzuwachs errungen hatte, ihre Stimmenzahl im Vergleich zum

September 1930 mehr als verdoppeln. In den Ländern, in denen vier Jahre (seit 1928) nicht gewählt worden war, verbuchten die Nazis außergewöhnliche Erfolge: 1540 Prozent Stimmenzuwachs in Württemberg, 1350 Prozent in Preußen, 500 Prozent in Bayern. Wenn sie bei den Juliwahlen zum Reichstag auch kaum über ihre Wählerzahlen vom April hinauskamen und im November sogar 15 Prozent ihrer Stimmen einbüßten, so blieben sie doch auch im Herbst 1932 noch die weitaus stärkste Partei. Allerdings wurde die rückläufige Tendenz des faschistischen Masseneinflusses bereits erkennbar: Wenn die NSDAP im Juli mit 13,7 Mill. Stimmen über eine halbe Million mehr Wähler verfügt hatte als die langsam an Einfluß verlierende SPD und die von Wahl zu Wahl im Schnitt etwa 15 Prozent gewinnende KPD zusammen, so erhielt sie im November (11,7 Mill. Stimmen) schon wieder anderthalb Millionen Stimmen weniger als die beiden Arbeiterparteien (SPD: 7,2 Mill., KPD: knapp 6 Mill.) zusammen.

Das Tragische bei dieser an sich hoffnungerweckenden Entwicklung war aber, daß die Funktion der Wahlen des Jahres 1932 u. a. ja gerade darin bestand, einen Keil in die mehr als 13millionenköpfige antifaschistische Wählermasse der beiden Arbeiterparteien zu treiben, die sozialdemokratischen Anhänger den reaktionären Gewalthabern unterzuordnen und mit der Politik des „kleineren Übels" das – wie Clara Zetkin sagte – größte aller Übel zu erzeugen, nämlich die Massen an Passivität zu gewöhnen.(2) Am deutlichsten kam dies bei den Präsidentschaftswahlen zum Ausdruck, bei denen Hindenburg (wie wir aus seiner nächsten Umgebung wissen) sich überhaupt nur entschloß, wieder zu kandidieren, weil er fürchtete, daß sonst ein „kommunistisch-sozialdemokratischer Koalitions-Kandidat" Hitler eine Niederlage zufügen und die gesamte nationalistische Phalanx zurückwerfen werde.(3) Trotz dieser arbeiterfeindlichen Zielsetzung der Hindenburgschen Kandidatur verzichtete die SPD auf die Aufstellung eines eigenen Präsidentschaftsanwärters, der auch der Unterstützung der Kommunisten sicher gewesen wäre und – man erinnere sich nur, welche gewaltige Ausstrahlungskraft das kommunistisch-sozialdemokratische Zusammengehen beim Kampf um die Fürstenenteignung auf das demokratische Kleinbürger- und Bürgertum gehabt hatte – auch die nazifeindlichen nichtproletarischen Massen um sich geschart hätte. Statt dessen zog sie, wie bereits im Zusammenhang mit der Charakteristik Hindenburgs erwähnt, mit der Losung in den Wahlkampf:

„Du mußt es jedem Wähler sagen:
Für Hindenburg, heißt Hitler schlagen!"

Während der kommunistische Präsidentschaftskandidat, Ernst Thälmann, dem Volke die später nur allzu bitter bestätigte Wahrheit zurief, daß Hindenburg Hitler und Hitler den Krieg bedeute, führte der SPD-Parteivorstand die selbstmörderische Maxime vom „kleineren Übel" ad absurdum und ließ die Hindenburg-Schlacht vom Fußvolk der Sozialdemokratie und vom Pionierkorps der Gewerkschaften gewinnen. So wurden die größten deutschen Arbeiterorganisationen, die einst Bismarck standgehalten und in der Vorkriegsinternationale als vorbildlich gegolten hatten, für den Triumph des Seniorchefs der Konterrevolution eingespannt. Das in seiner Mehrheit über die Auswüchse des Imperialismus empörte, den Krieg verabscheuende deutsche Volk wurde dazu verführt, seine Stimmen zu 90 Prozent für Kandidaten zu geben, die nur verschiedene Nuancen der imperialistisch-militaristischen Reaktion darstellten. Es mutet heute geradezu unglaublich an, daß die sozialdemokratische Führung auch nach der Wiederwahl Hindenburgs, als dieser offensichtlich einen noch extremeren Rechtskurs zu steuern begann, seinen Erfolg als „Sieg der Verfassung und Demokratie" hinstellte.(4)

Sofort nach seiner Wiederwahl leitete Hindenburg entscheidende Schritte zur Stärkung der faschistischen Positionen im Staate ein. Mit ausdrücklicher Billigung Brünings erwog er bereits Anfang Mai, einen „Appell an die Parteien zum Zusammenwirken der Gruppen vom Zentrum bis zu den Nationalsozialisten" zu richten, versuchte also, die Hindenburg- und Hitlerfronde – ausschließlich der Sozialdemokratie, der er seinen Wahlsieg verdankte! – zu einer einheitlichen reaktionären Kampffront zusammenzuschließen. Als sein nächstes Ziel erklärte er, „dahin zu wirken, daß eine Zusammenarbeit der Parteien vom Zentrum bis zu den Nationalsozialisten zwecks Ermöglichung der Regierungsumbildung in Preußen (lies: zwecks Ausbootung der SPD aus der Landesregierung – W. R.) zustande käme". Wenn Brüning auch bat, mit der Hineinnahme der Faschisten in die Reichsregierung aus außenpolitischen Erwägungen bis nach Abschluß der internationalen Genfer Abrüstungskonferenz und der Lausanner Reparationskonferenz zu warten, so waren die Führer der von Brüning repräsentierten Zentrumspartei doch bedingungslos mit der sofortigen Bildung eines schwarz-braunen Regierungsblocks einverstanden. Kaas und Perlitius sprachen sich gegenüber dem Reichspräsidenten für eine „klare Übernahme der Verantwortung durch die

Rechtsparteien unter Einbeziehung der NSDAP in die (Reichs-)Regierung" aus.(5)
Auch die engsten Berater Hindenburgs, denen er erfahrungsgemäß stets Folge geleistet hatte, drängten immer energischer darauf, den Faschisten einige Schlüsselministerien oder sogar das Kanzleramt zu überlassen. Reichswehrminister Groener, der seit der Umbildung des Brüningkabinetts im Oktober 1931 auch Innenminister war, also die beiden im Falle eines Bürgerkriegs wichtigsten Reichsressorts in Personalunion verwaltete, hatte schon im Jahre 1932 nach einer Unterredung mit dem Nazichef in einer Befehlshaberbesprechung geäußert, Hitler sei ein sympathischer, bescheidener und ordentlicher Mensch, dessen „Absichten zum Guten des Reiches" er, Groener, fördern werde. Hindenburg-Intimus Freiherr v. Lüninck forderte im Mai die Einsetzung einer faschistischen Regierung, und General Schleicher notierte wenig später: „Ich muß also ... versuchen, den Alten Herrn zu einer Kanzlerschaft Hitlers zu bekommen."(6)
Die Kommunisten erkannten, in welch ungeheure Gefahr Deutschland durch den rapiden Aufschwung des Faschismus geraten war, der – nach einem Worte der greisen Revolutionärin Clara Zetkin – „das kämpfende Leben der vom Kapitalismus Ausgesogenen und Niedergetretenen restlos zerstampfen" sollte. Auf der Plenartagung des ZK am 24. Mai 1932 wies Ernst Thälmann mahnend darauf hin, daß „das Tempo der Faschisierung und andererseits der Entwicklung der revolutionären Bewegung uns dazu verpflichtet ..., neue Wege einzuschlagen ..., die Partei zu einer wirklichen Einheitsfront von unten, zur Auslösung von Kämpfen und neuen Massenaktionen auf verschiedenen Gebieten" herumzureißen. In einer Unterredung mit sozialdemokratischen Funktionären hob er etwas später illusionslos die Größe der Gefahr hervor, daß „aus Deutschland ein Land des Galgens und des Scheiterhaufens wird". In ihrer letzten Rede im deutschen Reichstag erklärte die Kampfgefährtin von Lenin und Bebel, von Karl Liebknecht und Rosa Luxemburg, Clara Zetkin, daß der von den Kommunisten zum höchsten Ziel erhobene Kampf für die völlige Befreiung der werktätigen Massen zuförderst die Niederkämpfung der zerfleischenden Nöte der Gegenwart, die Verhinderung eines neuen Weltvölkergemetzels und die Abwehr des faschistischen Stoßtrupps des Imperialismus erfordere. „Das Gebot der Stunde", fuhr sie fort, „ist die Einheitsfront aller Werktätigen, um den Faschismus zurückzuwerfen, um damit den Versklavten und Ausgebeuteten *die Kraft und die Macht ihrer Organisationen zu er-*

halten, ja, sogar ihr physisches Leben. Vor dieser zwingenden geschichtlichen Notwendigkeit müssen alle fesselnden und trennenden politischen, gewerkschaftlichen, religiösen und weltanschaulichen Einstellungen zurücktreten. Alle Bedrohten, alle Leidenden, alle Befreiungssehnsüchtigen gehören in die Einheitsfront gegen den Faschismus und seine Beauftragten in der Regierung! Die Selbstbehauptung der Werktätigen gegen den Faschismus ist die nächste unerläßliche Voraussetzung für die Einheitsfront im Kampfe gegen Krise, imperialistische Kriege und ihre Ursache, die kapitalistische Produktionsweise."(7)

Die kommunistische Führung appellierte unermüdlich an ihre Anhänger, „mit mehr Initiative und größerer Kühnheit die große Einheitsfrontaktion zu steigern". Sie betonte immer wieder, daß es darauf ankomme, „leicht verständlich aufgestellte Forderungen" zu finden und auf diese Weise „die erste Plattform (zu) bilden, um sozialdemokratische Arbeiter an den Kampf heranzuführen".(8) Derartige allen Arbeitern verständliche Forderungen betrafen in erster Linie die Abwehr der von Regierung und Unternehmern auf allen Ebenen geführten Offensive gegen Löhne, Arbeitsrecht und Sozialleistungen sowie die Organisierung des Massenselbstschutzes gegen die bestialisch wütenden faschistischen Mordbanden.

Bei Überfällen auf Arbeiterdemonstrationen und -versammlungen, bei Anschlägen auf kommunistische und sozialdemokratische Funktionäre hatten SA-Banditen 1930 77 und 1931 114 Arbeiter ermordet. Mehrere Tausend klassenbewußter Proleten waren zum Teil schwer verwundet worden. Anfang 1932 nahm der faschistische Terror noch schrecklichere Ausmaße an. Angesichts dieser blutigen Provokationen setzten sich immer mehr sozialdemokratische Arbeiter dafür ein, die faschistischen Rollkommandos gemeinsam mit den Kommunisten zurückzuschlagen. Oftmals wehrten sich Mitglieder des Reichsbanners und des illegalen Roten Frontkämpferbundes und seiner Nachfolgeorganisationen gemeinsam gegen faschistische Überfälle.

Am 23. April 1932 eilten, um nur dieses Beispiel zu erwähnen, Angehörige kommunistischer Selbstschutzformationen in Bernau bei Berlin Reichsbannerleuten zu Hilfe, die von nazistischen Mordbrennern angegriffen worden waren. Am folgenden Tage wiederholten die faschistischen Schlägertrupps ihren Überfall, trafen aber auf eine geeinte Front von kommunistischen und sozialdemokratischen Genossen, von denen sie in die Flucht geschlagen wurden. Nicht minder bezeichnend für die politische Gesamtsituation jener Tage war jedoch, daß der sozialdemokratische Landrat von Bernau und der zuständige, der SPD angehörende stellvertretende Regierungspräsident am 25. April eine kommunistisch-sozialdemokratische Einheitsfrontdemonstration verboten, die der antifaschistischen Kampfentschlossenheit der Bernauer Werktätigen Ausdruck verleihen sollte. Dennoch bildete sich in Bernau (wie auch in verschiedenen anderen Orten) ein einheitliches Maikomitee aus sozialdemokratischen Gewerkschaftsfunktionären und Kommunisten, das die Durchführung einer gemeinsamen Maikundgebung aller Arbeiterorganisationen in die Hand nahm.

Trotz ihrer unendlich bitteren Erfahrungen mit allen Versuchen, die sozialdemokratischen Führer für antiimperialistische Aktionen zu gewinnen, scheuten die Kommunisten keine Anstrengungen, um – wie Ernst Thälmann formulierte – das für den antifaschistischen Kampf Wichtigste zu erreichen, nämlich die Mauer zwischen den sozialdemokratischen und kommunistischen Arbeitern niederzureißen.(9) Angesichts der durch den drohenden Faschismus heraufbeschworenen tödlichen Gefahr für die deutsche Arbeiterbewegung und das gesamte deutsche Volk war die Kommunistische Partei zu bedeutenden Zugeständnissen an die sozialdemokratische Führung und sogar an die Führung der Zentrumspartei, der viele christliche, dem Faschismus ablehnend gegenüberstehende Arbeiter folgten, bereit. Um nach den Neuwahlen in Preußen am 24. April die Wahl eines faschistischen Landtagspräsidenten zu verhindern, erklärte der kommunistische Sprecher im Landesparlament, Wilhelm Pieck, beispielsweise, daß die KPD unter zwei Bedingungen (Aufhebung des Versammlungs- und Demonstrationsverbotes in Preußen und Nichtdurchführung der vom neuen Reichskanzler Papen notverordneten Legalisierung der faschistischen Mordorganisationen) bereit sei, für die Kandidaten der SPD und des Zentrums zu stimmen, ohne selbst Anspruch auf den Posten eines stellvertretenden Landtagspräsidenten zu erheben. Als SPD und Zentrum dieses Angebot ablehnten, trat die KPD sogar von den genannten beiden Bedingungen zurück und verlangte nur, daß sich die sozialdemokratische und die Zentrumsfraktion gegen die Wahl eines Faschisten oder eines Deutschnationalen wenden sollten. Doch die SPD-Führer distanzierten sich von jeglichem Zusammengehen mit der KPD, und das Zentrum machte, indem es dem faschistischen Kandidaten Kerrl seine Stimme gab, gemeinsame Sache mit der NSDAP und der DNVP. Selbst als die kommunistische Landtagsfraktion wenig später beantragte, das vorübergehende Verbot des sozialdemokratischen „Vorwärts" und der katholischen „Kölnischen Volkszeitung" aufzuheben, beteiligten sich die sozialdemokratischen und Zentrumsabgeordneten nicht an der Abstimmung!(10) Das war wahrlich der Gipfel der Kapitulationspolitik.

Da die zentralen sozialdemokratischen Führungsgremien grundsätzlich jede Abmachung mit der Kommunistischen Partei ablehnten, mußten die Kommunisten versuchen, auf lokaler Ebene zu Einheitsfrontabkommen mit den sozialdemokratischen, freigewerkschaftlichen und Reichsbannerorganisationen zu gelangen. Aufschlußreich ist, was ein Lagebericht des von dem Deutschnationalen v. Gayl geleiteten Reichsinnenministeriums im Juli 1932 über diese Bemühungen aussagte. „Sie", heißt es in diesem Dokument über die SPD, „geht sogar so weit, daß sie Funktionäre, Ortsgruppenvorsitzende usw., die sich trotzdem in lokale Verhandlungen mit der KPD einließen, entweder aus der Partei ausschließt oder die Schuldigen veranlaßt, ihre gegebene Zustimmung zur Teilnahme an Einheitsfrontkomitees oder -aktionen zurückzuziehen." Dennoch mußte der Lagebericht feststellen: „Demgegenüber bemüht sich die KPD weiter, eine Einheitsfront im lokalen Maßstabe herzustellen ... Im ganzen Reich gehen die praktischen Einheitsfrontaktionen weiter. SPD-Betriebsräte erscheinen als Delegierte ihrer Kameraden in kommunistischen Versammlungen; in Duisburg erörterten Funktionäre der Eisernen Front (einer Dachorganisation der SPD und aller reformistischen Verbände – W. R.) im Parteibüro der KPD Einheitsfrontmaßnahmen. Gemeinsame Sargwachen und Beteiligung bei Beerdigungen (der von den Faschisten ermordeten Arbeiter – W. R.) sind schon überall die Regel, ebenso wie bei oder nach nationalsozialistischen Aufmärschen regelmäßig wirklich überparteiliche Demonstrationen veranstaltet werden. Sozialdemokraten erscheinen bei den vielerorts veranstalteten antifaschistischen Kongressen der KPD, wenn auch noch nicht in der von der KPD erhofften Zahl; Gewerkschaftsfunktionäre erklären, daß man die entgegengehaltene Bruderhand der KPD nicht zurückweisen dürfe, und äußern Kritik an der Politik von SPD und ADGB."(11)

Die neue Qualität der kommunistischen Einheitsfrontpolitik kam am offensichtlichsten in der Proklamierung der Antifaschistischen Aktion am 25. Mai 1932 – eine knappe Woche, bevor Brüning durch den noch reaktionäreren Reichskanzler Papen ersetzt wurde – zum

Ausdruck. Die Antifaschistische Aktion war ein überparteiliches Kampfbündnis kommunistischer, sozialdemokratischer, christlicher, gewerkschaftlich organisierter und unorganisierter Arbeiter, das sich – wie es im ersten Aufruf zu dieser Aktion hieß – die Aufgabe stellte, „alle Kräfte der Arbeiterklasse und der von ihr geführten Millionen Werktätigen in Stadt und Land zum Einsatz (zu) bringen, um der Faschisierung in Deutschland Einhalt zu gebieten, um den blutigen Plan des Hitlerfaschismus zu vereiteln, der die offene, faschistische Diktatur über Deutschland aufrichten will ... Die Antifaschistische Aktion muß durch den Massenkampf für eure Forderungen, für die Verteidigung der Lebensinteressen aller Werktätigen, durch die Streiks der Betriebsarbeiter, durch die Massenaktionen der Millionen Erwerbslosen, durch den politischen Massenstreik der geeinten Arbeiterklasse dem Hitlerfaschismus den Weg zur Macht verlegen!“(12)

Die Antifaschistische Aktion orientierte auf den Zusammenschluß aller zum Kampf gegen den Faschismus bereiten Werktätigen, unabhängig von ihrer Parteizugehörigkeit, ihrem Glauben und ihrer Weltanschauung, und enthielt damit Grundelemente der späteren Politik der Volksfront und der Nationalen Front des Demokratischen Deutschland, die nach 1945 zur Errichtung der antifaschistisch-demokratischen Ordnung im Osten unseres Vaterlandes und schließlich zur Einbeziehung der überwältigenden Mehrheit der Bevölkerung in den sozialistischen Aufbau in der Deutschen Demokratischen Republik führte.

Mit der Proklamierung einer antifaschistischen Volksbewegung versuchte die KPD, den für Deutschland schicksalsbestimmenden Wettlauf zwischen dem Wachstum des Faschismus und dem Erstarken der Arbeiterbewegung zugunsten des Proletariats und seiner Verbündeten zu entscheiden. Hinter die Losungen der Antifaschistischen Aktion stellten sich zahlreiche sozialdemokratische Arbeiter, Reichsbannerleute, Gewerkschafter. In vielen Betrieben und Stempelstellen entstanden Einheitskomitees der „Antifa“, die Kampfmaßnahmen für die Durchsetzung der Forderungen der Werktätigen in die Wege leiteten und die Abwehr des faschistischen Terrors organisierten. Doch zeigten sich zugleich überall die verhängnisvollen Auswirkungen des in der SPD kultivierten Antikommunismus, der die Mehrheit der sozialdemokratischen Arbeiter daran hinderte, die von ihren Führern boykottierte Antifaschistische Aktion vertrauensvoll zu unterstützen.

Die Antifaschistische Aktion prangerte das am 1. Juni von Hindenburg eingesetzte „Kabinett der Barone“ unter Franz v. Papen als Regierung der finstersten Reaktion und der drohenden Militärdiktatur an. „Die Papen-Regierung“, hieß es im Aufruf der KPD vom 5. Juni, „betreibt die Vorbereitung der offenen, faschistischen Diktatur in Deutschland! Die Papen-Regierung ist die Platzhalterin des Hitlerfaschismus, des Dritten Reichs, der faschistischen Zuchthausbarbarei und Galgenherrschaft.“(13)

Dieser Regierung, aus der Hitler am 30. Januar fünf Minister in sein Kabinett übernehmen konnte, gehörten sechs Freiherren, ein Graf, zwei weitere Adlige und fünf meist eng mit den großen Monopolen liierte Bürgerliche – alles ehemalige kaiserliche Offiziere – an. Einer der Papenschen Minister, Magnus Freiherr von Braun, den das BRD-Fernsehen 1968 anläßlich seines 90. Geburtstages als ehrenwerten alten Herrn und rührenden Familienvater im Kreise seiner drei Söhne – des SS-Sturmbannführers und amerikanischen Raketenspezialisten Wernher von Braun, des Direktors des Chrysler-Konzerns in Detroit und des Bonner Botschafters bei der UNO – präsentierte, erinnert sich in seinen Memoiren selbstgefällig an das Jahr 1932. „Es ließ sich wirklich nicht leugnen“, schreibt er, „daß das Milieu, aus dem die meisten von uns stammten, recht homogen war. Papen, Gayl, Eltz und ich gehörten Potsdamer Garderegimentern an. Schleicher war Regimentskamerad von Vater und Sohn Hindenburg ... (Der Reichspräsident) fühlte sich in der Gesellschaft seiner neuen Kabinettsmitglieder wohl und zufrieden.“(14)

Auch Papen selbst, der 1933 Vizekanzler Hitlers und danach dessen Sonderbotschafter wurde, 1945/46 vor dem Hauptkriegsverbrechertribunal stand, wo er zwar – gegen den Protest der Sowjetunion – der Verurteilung entging, und bis zu seinem Tode in der BRD einen „standesgemäßen“ Lebensabend genoß, schwelgt in seinen arroganten Büchern(15) voller Genugtuung in jener Zeit, da er sich, wie einer seiner politischen Rivalen spöttelte, einbildete, der „würdigste Erbe Bismarcks“ und „Generaldirektor Gottes“ auf deutschem Boden zu sein. Allerdings werden seine Schriften auch in der BRD von allen ernst zu nehmenden Historikern als haarsträubende Fälschungen abgelehnt. Diese Haltung der bürgerlichen Geschichtsschreibung gegenüber einem der treuesten Diener des deutschen Imperialismus läßt sich zum Teil durch die nicht zu verleugnende, mit Unverfrorenheit gepaarte Dummheit Papens erklären, zum Teil auch dadurch, daß er als offener und charakterloser Komplice des Nazichefs nicht in die verlogene Konzeption von der angeblichen Hitlergegnerschaft der Präsidialkabinette hineinpaßt. Ausschlaggebend für die negative Bewertung des „gewiß nicht mehr als fünftklassigen“ Politikers Papen(16) durch die moderne bürgerliche Geschichtsschreibung ist jedoch die einfache Tatsache, daß es ihm als Kanzler nicht gelang, den ihm zugedachten Auftrag voll zu erfüllen, nämlich den Faschismus ohne größere Erschütterungen an die Macht heranzuführen. Daran war jedoch nicht – wie seine Kritiker aus dem imperialistischen Lager andeuten – seine geradezu sprichwörtliche Ungeschicklichkeit schuld, die ihn schon während des ersten Weltkrieges, als er Militärattaché in Washington war, leichtfertig eine Aktentasche mit Dokumenten über seine Sabotagetätigkeit verlieren ließ und auch auf seiner diplomatischen Laufbahn in Mexiko, Wien und Ankara zu ähnlichen „Pannen“ führte. Papen scheiterte vielmehr einerseits an den mächtigen, noch näher zu beschreibenden Abwehraktionen der Arbeiterklasse gegen seine reaktionäre Offensive, andererseits an den scharfen inneren Gegensätzen im Lager der herrschenden Klasse.

Dabei schien zunächst gerade Papen seiner vielfältigen Verbindungen wegen (und diesem Umstand hatte er sein Kanzleramt zu verdanken) als der geeignetste Mann zur Überbrückung der mannigfaltigen Widersprüche im Lager der Reaktion. Als westfälischer Katholik, päpstlicher Geheimkämmerer und langjähriger „Rechtsaußen“ der Zentrumspartei (der er erst bei der Übernahme des Kanzlerpostens den Rücken kehrte) hatte er gute Beziehungen zu führenden Kreisen des politischen Klerikalismus. Als Sprößling einer alten Adelsfamilie, ehemaliger Angehöriger des Pagenkorps, kaiserlicher Gardeoffizier und Diplomat stand er sich auch glänzend mit der monarchistischen Elite und der Reichswehrführung. Durch Einheirat in die mit Stumm verwandte Familie des Inhabers der großen saarländischen Steingutfabrik Villeroy & Boch sicherte er sich nicht nur ein beträchtliches Vermögen, sondern wurde auch in den Clan der großen westdeutschen Fabrikanten aufgenommen und konnte seine Fühler bis in französische Industriellenkreise hinein ausstrecken. Zugleich unterhielt er beste Beziehungen zu vielen ostelbischen Junkern, abgetakelten Fürsten, Führern „vaterländischer Verbände“ und zu Vertrauten des Reichspräsidenten, die – wie er – im preußischen Herrenklub verkehrten und dessen Gesicht prägten. Über seinen Duzfreund General Schleicher hatte er auch schon erste Fäden zu Hitler gesponnen. So war er in gewissem Sinne ein Sammelrepräsentant der gesamten, noch nicht (oder wenigstens nicht völlig) offen unter der

Hakenkreuzfahne marschierenden Reaktion und schien dazu ausersehen, im Namen dieser Fronde endgültig Abmachungen mit den Faschisten über die Modalitäten ihres Machtantritts zu treffen.

Als Vorgabe für die Verhandlungen mit den Nazis erfüllte Papen, kaum daß er den Kanzlersessel erklommen hatte, die beiden dringlichsten Forderungen der Faschisten: Er jagte den Reichstag auseinander, um der NSDAP durch Neuwahlen eine stärkere Vertretung im Parlament zu sichern, und hob das Verbot der faschistischen Terrororganisationen SA und SS auf. Dieses Verbot, das im Grunde auf dem Papier geblieben war, hatte Brüning auf Empfehlung Groeners und dessen politischen Beraters Schleicher zwischen den beiden Wahlgängen der Präsidentschaftswahl erlassen, um die sozialdemokratischen Wähler für Hindenburg zu ködern und zugleich ein Faustpfand für den bevorstehenden Kuhhandel mit Hitler über dessen Einbeziehung in die Regierung in die Hand zu bekommen. Der ewige Intrigant Schleicher hatte diesen Schritt auch angeregt, um Hitler und Brüning zu entzweien und letzteren, falls notwendig, durch eine Stellungnahme der Reichswehr gegen das Verbot über Nacht aus dem Wege räumen zu können.

Die Aufhebung des SA- und SS-Verbots führte sofort zu einem sprunghaften Anwachsen des faschistischen Straßenterrors. Sonntag für Sonntag, d. h. an den Tagen, an denen die meisten politischen Kundgebungen stattfanden, floß in den Arbeitervorstädten der Industriezentren Proletarierblut auf das Pflaster. Am 26. Juni hatten die proletarischen Organisationen fünf Tote zu beklagen, am 3. Juli die gleiche Zahl, am 10. Juli 19 Tote, am 17. Juli 18 Tote...

Mit einer derartigen Entwicklung hatte Papen natürlich gerechnet. Die Empörung über die Gewalttätigkeiten, die bis weit in die noch nicht vom Faschismus verseuchten Kreise des Kleinbürgertums und Bürgertums hineinreichte, kam ihm sogar zustatten, weil er die Polizei, die den Landesregierungen unterstand, der Unfähigkeit beschuldigen konnte, die „öffentliche Ordnung" aufrechtzuerhalten, und damit Gelegenheit erhielt, ganz allgemein Stimmung für eine „durchgreifende Macht" und insbesondere für die geplante Absetzung der geschäftsführenden preußischen Regierung unter Braun und Severing zu machen.

Papens Spekulationen, daß sich die Arbeiterklasse durch den legalisierten Naziterror einschüchtern lassen werde, waren jedoch auf Sand gebaut. Die Überfälle der Faschisten veranlaßten Kommunisten, Sozialdemokraten, christliche Arbeiter, sich zu Selbstschutzformationen zusammenzuschließen, deren erfolgreiches Auftreten dem antifaschistischen Einheitswillen mächtigen Auftrieb gab. Nach der Proklamierung der Antifaschistischen Aktion schossen diese Formationen in Betrieben und Häuserblocks, in Stempelstellen und Laubenkolonien wie Pilze aus dem Boden. Im September 1932 zählten die antifaschistischen Schutzstaffeln in Berlin 12 000 bis 13 000 Mitglieder, in Hamburg 6 000, in Plauen 1 000, in Zwickau 700.(17) Es gab kaum eine größere Stadt, in der kein proletarischer Massenselbstschutz entstand. Bisweilen gehörten den Staffeln bis zu 50 Prozent parteilose Arbeiter und zahlreiche Sozialdemokraten an. In den Kampfausschüssen, die die Tätigkeit der Staffeln in den einzelnen Städten und Betrieben leiteten, wirkten Funktionäre des kommunistischen Kampfbundes gegen den Faschismus, des sozialdemokratischen Reichsbanners, der proletarischen Jugendverbände Hand in Hand. Dem wehrhaften Kampf der Arbeiter gegen den faschistischen Straßenterror, der gewaltige Opfer kostete, blieb der Erfolg nicht versagt. Im August flutete die nazistische Terrorwelle zurück.

Papen hatte auch nicht damit gerechnet, daß Hitler seinen Alleinanspruch auf die Macht so stur aufrechterhalten und sich weigern werde, das Kabinett der Barone zu tolerieren. Dabei war der Nazichef, der die Aufhebung des SA- und SS-Verbots sowie die Reichstagsauflösung als Schwäche seiner Rivalen im reaktionären Lager wertete, jetzt weniger denn je bereit, die Mitverantwortung für die unpopulären antisozialen Maßnahmen der im ganzen Volke verhaßten Regierung zu übernehmen und damit seine Massenbasis zu untergraben. Davon überzeugt, daß ihm das Erbe des Präsidialkanzlers zufallen werde, hielt er seine Anhänger in einigen Fällen nicht einmal von der Beteiligung an gegen Papen gerichteten Kampfmaßnahmen zurück, die objektiv den Gesamtinteressen der herrschenden Klasse zuwiderliefen. Als Hindenburg Hitler im November wegen eines solchen Schrittes, nämlich wegen der – allerdings inkonsequenten und schließlich sogar im Streikbruch gipfelnden – Teilnahme der NSBO am Berliner Verkehrsarbeiterstreik zur Rede stellte, antwortete der Faschistenführer: „Die Leute sind sehr erbittert. Wenn ich meine Leute von der Beteiligung abgehalten hätte, hätte der Streik doch stattgefunden, aber ich hätte meine Anhänger in der Arbeiterschaft verloren."(18)

So verhärtete sich der Gegensatz zwischen jenen von Papen repräsentierten Kräften der Reaktion, die Hitler, ihre eigene politische Machtstellung bewahrend, in die Regierung bringen wollten, und dem

Nazichef, der seinen Alleinanspruch auf immer mehr bedingungslos zu ihm haltende Monopolherren, Junker und Militärs stützen konnte, zusehends. Deutlich wurde die Verhärtung dieses Gegensatzes u. a. an der Auseinandersetzung über den Mord in Potempa, der die gesamte deutsche Öffentlichkeit aufwühlte.
Diese von SA-Banditen an einem antifaschistischen Arbeiter verübte Bluttat offenbarte schlaglichtartig die ganze Bestialität der faschistischen Terroristen und ließ ahnen, welche Schrecken Deutschland bevorstanden, wenn es nicht gelingen würde, die Errichtung der Hitlerdiktatur zu verhindern. In der Nacht vom 9. zum 10. August 1932 war eine Horde nazistischer Schläger im oberschlesischen Dorf Potempa bei Beuthen in die Wohnung des Arbeiters Piecuch eingedrungen, hatte dessen vor Entsetzen schreiende Mutter beiseite geschoben und vor ihren Augen mit Dolchen auf den im Bett liegenden jungen Proleten eingestochen. Dann hatten die Banditen den bis zur Unkenntlichkeit Zugerichteten auf den Fußboden gezerrt, ihn buchstäblich zertrampelt und schließlich noch ein paar Pistolenkugeln in seinen Leib gejagt. Fünf der Mörder wurden vor eins der Sondergerichte gestellt, die kurz zuvor durch eine Notverordnung „gegen politische Gewaltakte" gebildet worden waren und das Recht erhalten hatten, auch Todesurteile zu fällen. Der Verteidiger der feigen und verrohten Verbrecher, der spätere faschistische Generalgouverneur im okkupierten Polen, Frank, rechtfertigte die Bluttat vor Gericht mit den ungeheuerlichen Worten, daß es sich ja „bloß um die Unschädlichmachung eines doppelten Minusmenschen, der polnischer Aufständischer und Kommunist zugleich war", gehandelt habe. Unter dem Druck der öffentlichen Meinung mußte das Gericht die verkommenen faschistischen Subjekte zum Tode verurteilen. Daraufhin entfachten die Nazis eine wüste Kampagne gegen die Papenregierung. Hitler sandte den Mördern von Potempa, die er mit „meine Kameraden" anredete, ein provokatorisches Telegramm, in dem er erklärte, die „Ehre" der Mörder sei seine „Ehre".
Wie weit die hinter Papen stehenden Kreise schon bereit waren, Hitler nachzugeben, geht daraus hervor, daß der Kanzler die Banditen von Potempa begnadigte. Wenige Monate später entließ Hitler, der nun das höchste Regierungsamt innehatte, seine Mordkumpane aus der Haft, dekorierte sie mit dem „Blutorden" und placierte sie auf dem Nürnberger Parteitag in der Ehrenloge an seiner Seite . . .
Die Unzufriedenheit der hinter Papen stehenden Kreise mit dessen Kurs stieg auch, weil der neue deutsche Regierungschef keine spek-

takulären außenpolitischen Erfolge zu erringen vermochte. Da er zwischen den revanchistischen Forderungen nach einer Totalrevision des Versailler Vertrages und den Bemühungen lavieren mußte, Deutschland gegenüber dem Ausland nicht, wie ein Diplomat schrieb, „in die taktisch ungünstige Stellung des Friedenssaboteurs zu bringen“,(19) konnte er wohl die offene faschistische Aggressionspolitik entscheidend vorbereiten, aber keinen Anspruch darauf erheben, von der chauvinistischen Meute dafür belohnt zu werden. Zwar wußte jeder Eingeweihte, daß die drei Milliarden Mark, die sich Papen im Namen Deutschlands laut Schlußakte der Lausanner Reparationskonferenz als Abschlagszahlung an Stelle der fast 114 Milliarden des Youngplanes zu zahlen verpflichtete, nie gezahlt werden würden, doch war mit einer solchen Abmachung der faschistischen Propaganda, die u. a. mit der Losung „Schluß mit den Tributen!“ operierte, nicht der Wind aus den Segeln zu nehmen. Ähnlich verhielt es sich mit der Realisierung der revanchistischen Forderung nach offener Wiederaufrüstung, die die von interimperialistischen Gegensätzen zerrissene sogenannte Abrüstungskonferenz hinauszögerte. Reichswehrminister Schleicher konnte zwar in einer Rundfunkansprache am 21. Juli über den „Umbau“ der Wehrmacht in mehr als durchsichtigen Redewendungen ankündigen, daß sich Deutschland künftig nicht mehr an die Rüstungsbeschränkungen des Versailler Vertrages halten werde, doch hatten die Nazis weiterhin die Möglichkeit, die Republik der Unfähigkeit zu bezichtigen, die international anerkannte und unbeschränkte deutsche „Wehrhoheit“ zu erringen. Erfolglos blieben auch Papens Bemühungen um den Abschluß eines deutsch-französischen Antisowjetpaktes. Einmal widersetzten sich die USA und England einer separaten Abmachung der beiden Kontinentalmächte; zum anderen verlangte die französische Monopolbourgeoisie Sicherheitsgarantien gegen einen künftigen militärischen Überfall Deutschlands und begriff sehr wohl, daß derartige Garantien seitens der auf tönernden Füßen stehenden Papenregierung wertlos sein würden.

Wenn sich Papen dennoch mehr als fünf Monate an der Spitze der Regierung zu halten vermochte, so vor allem deshalb, weil ein Punkt seines Programms – die Absetzung der sozialdemokratisch geführten Koalitionsregierung in Preußen – den Interessen aller Fraktionen der offenen Reaktion entsprach und er sich durch die Verwirklichung dieses Punktes noch für einige Wochen Kredit selbst bei den in der Öffentlichkeit gegen ihn auftretenden Faschisten verschaffen konnte.

Bei der Amtsenthebung der preußischen Regierung ging es nicht nur darum, die Sozialdemokraten aus der letzten ihnen verbliebenen Regierungsposition hinauszuwerfen. Die profaschistischen Kräfte hatten es vor allem darauf abgesehen, die dem sozialdemokratischen preußischen Innenminister Severing unterstehende und als verfassungstreu geltende Landespolizei in die Hand zu bekommen, die zahlenmäßig und im Hinblick auf ihre Ausrüstung den einzigen mit der Reichswehr vergleichbaren Machtfaktor in Deutschland darstellte und deshalb in einem möglichen Bürgerkrieg eine außerordentliche Rolle spielen konnte. Zugleich sollte das verfassungswidrige Eingreifen des Reichs gegen Preußen endgültig testen, ob die sozialdemokratische Führung bei einem weiteren Staatsstreich – etwa bei der unbefristeten Vertagung des Reichstages und bei der Auslieferung der ganzen Machtfülle an Hitler – imstande sein würde, ihre Anhänger von wirksamen Aktionen gegen ein Diktaturregime abzuhalten.
Denn daß die sozialdemokratische Führung von sich aus nicht zur Rettung des Weimarer Parlamentarismus aufrufen würde, war den Staatsstreichlern von Anfang an klar. Obwohl es bereits die Spatzen von den Dächern pfiffen, daß Papen und sein Innenminister Gayl beschlossen hatten, die Preußenregierung mit Hilfe der Reichswehr abzusetzen (ein formaler Kabinettsbeschluß darüber war am 12. Juli gefaßt worden), einigte sich der SPD-Parteivorstand am 16. Juli darüber, „bei allem, was kommen möge, die Rechtsgrundlage der Verfassung nicht zu verlassen", d. h. der zu erwartenden Gewalt keine Gewalt entgegenzusetzen. Um die sozialdemokratischen Arbeiter davon abzuhalten, unabhängig vom SPD-Parteivorstand Vorbereitungen zur Abwehr des Staatsstreiches in die Wege zu leiten, schrieb der „Vorwärts" allerdings am nächsten Tage, daß die „verantwortlichen Organisationen" des Proletariats, d. h. die SPD, die Gewerkschaften und das Reichsbanner, „wenn es um die Lebens- und Grundrechte der Arbeiterklasse geht, ohne zu zaudern mit der vollen Wucht der Organisationen zuschlagen" würden.(20) In Wirklichkeit versuchte die sozialdemokratische Führung jedoch nur – wenn überhaupt – den Staatsstreich zu verhindern, indem sie die ärgste Reaktion von rechts überrundete: Severing erließ am 13. Juli eine derart arbeiterfeindliche Verfügung an die preußische Polizei, daß einer der Hauptinitiatoren des Staatsstreiches, Reichsinnenminister Gayl, im Kabinett erklärte, nun sei der Reichsregierung „der Boden für die geplante Aktion in Preußen entzogen". Die Nazis fürchteten schon, Papen werde nun auf den Schlag gegen die Preußenregierung,

in dem sie einen der wichtigsten Schritte zur Beseitigung der Republik sahen, verzichten. Der faschistische Landtagspräsident Kerrl forderte in einem Brief an den Reichskanzler, das Reich solle die preußische Polizeigewalt übernehmen, und Hitler drohte in einem Telegramm an den gleichen Adressaten, daß er eine blutige Katastrophe inszenieren werde, falls die Reichsregierung der „unverantwortlichen" preußischen Polizeipolitik kein Ende setze. Offenbar schalteten sich auch einige Monopolherren persönlich in die Vorbereitung des Staatsstreiches ein. Auf jeden Fall ist bekannt, daß der wenige Tage später zur kommissarischen Verwaltung des preußischen Innenressorts bestellte Franz Bracht, Oberbürgermeister der Krupp-Monopole Essen, engster politischer Berater Krupps und Testamentsvollstrecker des Ruhrkönigs Hugo Stinnes, unmittelbar vor der Amtsenthebung der preußischen Regierung mit Gustav Krupp konferierte.(21)

Nach gründlicher Vorbereitung schlugen die sich auf die Reichswehr stützenden Staatsstreichler am 20. Juli los. Papen bestellte den preußischen Innenminister, den Sozialdemokraten Severing, der Ministerpräsidenten Otto Braun vertrat (Braun hatte sich „krankheitshalber" zurückgezogen, weil er meinte, nun sollten die Nazis einmal zeigen, „was sie können"), und den Minister für Volkswohlfahrt, den Zentrumsmann Hirtsiefer, zu sich und eröffnete ihnen, daß ihre Regierung abgesetzt sei, er – Papen – kommissarisch das Amt des Regierungschefs übernehme, Bracht als kommissarischen Innenminister und den Essener Polizeipräsidenten Melcher, auf dessen Befehl gerade vor 14 Tagen sechs Arbeiter bei einer Demonstration erschossen worden waren, als Polizeipräsidenten von Berlin einsetze. Der sozialdemokratische Geschichtsschreiber Stampfer (damals Chefredakteur des „Vorwärts") berichtet gerührt, daß Papen – „Kavalier auch im Staatsstreich" – Severing seiner „persönlichen Hochachtung" versicherte, übergeht dagegen die Bereitschaft der kommunistischen und sozialdemokratischen Arbeiter zum Abwehrkampf gegen den Verfassungsbruch mit einigen der üblichen Verleumdungen gegenüber der KPD und dem lapidaren Satz: „Wie große Arbeitermassen (bei einer Abwehraktion – W. R.) mitgemacht hätten, war nicht zu übersehen." Diese lahme Entschuldigung für das völlige Versagen der sozialdemokratischen Führung wird sogar durch einen Historiker der BRD, der der Sozialdemokratie zumindest sehr nahe steht, Erich Matthias, als grobe Fälschung entlarvt. Matthias schreibt, daß Berlin, nachdem sich die Kunde vom Staatsstreich wie ein Lauffeuer verbreitet hatte,

„bereit“ gewesen sei: Die Straßen waren voller Menschen, die die Faust zum Gruße des von Severing verbotenen Roten Frontkämpferbundes ballten; Reichsbannereinheiten warteten im Alarmzustand an ihren Treffpunkten auf zentrale Befehle; Stoßtrupps des Reichsbanners hatten aus eigener Initiative Stellung um das preußische Innenministerium und das Gebäude des Berliner Rundfunks bezogen, um sie nötigenfalls zu besetzen; die Arbeiter der Elektrizitäts-, Gas- und Wasserwerke sowie vieler anderer Betriebe warteten auf die Proklamierung des Generalstreiks.(22) Dabei verschweigt Matthias noch weitgehend die Bereitschaft der Kommunisten zum gemeinsamen Kampf mit den sozialdemokratischen Organisationen und Arbeitern, verschweigt also das entscheidende Moment, daß nämlich die Möglichkeit bestand, die Arbeiterklasse geschlossen in den Kampf gegen die Staatsstreichler zu führen und der Reaktion eine Abfuhr zu erteilen, die als Vorentscheidung für die Abwehr der Hitlerdiktatur von ebensolcher positiven Bedeutung gewesen wäre, wie die Kapitulation der SPD von negativer Bedeutung war.
Die KPD erinnerte die Massen an die erfolgreichen Generalstreiks gegen Kapp und Cuno und erklärte in einem schon in den Mittagsstunden in Berlin verteilten Flugblatt: „Die Kommunistische Partei richtet angesichts der Aufrichtung der Militärdiktatur durch die Regierung Papen-Schleicher den Appell an die deutsche Arbeiterschaft, den Generalstreik ... durchzuführen.“ Die KPD wandte sich ausdrücklich an die Sozialdemokratische Partei und den ADGB mit der Aufforderung, gemeinsam mit den Kommunisten den Generalstreik zu proklamieren, „wie es dem Willen der Millionenmassen auch der sozialdemokratischen und freigewerkschaftlichen Arbeiter entspricht“.(23)
Severing, auf den die Blicke von Millionen gerichtet waren, tat aber – und hier handelte er im Auftrag und im Einvernehmen mit dem sozialdemokratischen Parteivorstand – alles, um Aktionen der Arbeiterklasse zu verhindern und die ihm ergebenen Polizeieinheiten vom Eingreifen für den Schutz der Verfassung abzuhalten. Er erklärte Papen und Bracht gegenüber zwar in lächerlich anmutender heldischer Pose, er werde nur der Gewalt weichen, meinte damit aber nicht etwa, daß er der reaktionären Gewalt die Gewalt der proletarischen Organisationen und der noch verfassungstreuen Exekutivorgane des Staates entgegenzusetzen gedenke. O nein! Seinem bombastischen Ausspruch fügte er den bescheidenen Rat hinzu, man möge die Anwendung der „Gewalt“ bis zur Dunkelheit hinauszögern, da sich

die auf Anweisungen der sozialdemokratischen Führer wartenden Arbeiter dann enttäuscht von den Straßen zurückgezogen haben würden. Dieser Rat wurde denn von den Staatsstreichlern auch befolgt. Abends erschien ein Reichswehrleutnant mit zwei Soldaten in Severings Arbeitszimmer, erklärte, er verkörpere die „Gewalt", und gab dem Mann, von dessen Wort jetzt das Schicksal der Verfassung abhing, damit den Vorwand, sich lautlos und „überwältigt" zurückzuziehen. Einige Tage später hielt Severing zwar eine „fesselnde Rede" zum Thema „Verteidigung der Demokratie", doch tat er dies hinter verschlossenen Türen im Sitzungssaal der sozialdemokratischen Reichstagsfraktion. Und die Fraktion wußte nichts Besseres zu beschließen, als ... die Rede zu den Akten zu nehmen!

Am 20. Juli, noch während die Reichsbannerformationen auf den Befehl zum Einsatz warteten, wandte sich der sozialdemokratische Parteivorstand mit einem Aufruf an seine Anhänger, in dem alle kommunistischen Angebote zur Aktionseinheit gegen Papen mit dem wahrhaft unverzeihlichen Satz zurückgewiesen wurden: „Wilden Parolen von unbefugter Seite ist Widerstand zu leisten!" So orientierte die sozialdemokratische Führung auf den Widerstand nicht gegen den militaristisch-profaschistischen Staatsstreich, der die Agonie der Weimarer Republik einleitete, sondern auf den Widerstand gegen die antifaschistische Einheitsfront.

Der gleiche Aufruf des sozialdemokratischen Parteivorstandes vertröstete die Arbeiter damit, daß „der Kampf um die Wiederherstellung geordneter Rechtszustände in der deutschen Republik ... zunächst mit aller Kraft als Wahlkampf zu führen" sei. Und in einem gewerkschaftlichen Aufruf vom gleichen Tage hieß es: „Noch ist die Lage in Preußen nicht endgültig entschieden. Der Staatsgerichtshof ist angerufen." Dieser Aufruf befindet sich übrigens auch in den Akten der Reichskanzlei, wo er mit zwei Vermerken versehen ist, nämlich: Empfang „ergebenst bestätigt" und: „Von dem Inhalt hat der Herr Reichskanzler (hier folgen die gestrichenen Worte: „mit Interesse" – W. R.) Kenntnis genommen."(24) Goebbels hatte allen Grund, frohlockend in sein Tagebuch zu schreiben: „SPD und Gewerkschaften rühren nicht einen Finger ... Sie danken feige ab." Steckte nicht eine in allen Phasen der Weimarer Republik praktizierte Konzeption der Hilfestellung für die imperialistische Reaktion hinter diesem schmählichen Versagen der SPD, so müßte man sagen, die sozialdemokratische Führung sei von Blindheit geschlagen gewesen. Denn glich es nicht selbstmörderischer Dummheit, die Hoff-

nung auf die Rettung der Republik mit dem unfähigen Parlament und der Klassenjustiz in Verbindung zu bringen, die bei der Verfolgung demokratischer, antimilitaristischer und revolutionärer Kräfte, bei der Schonung von Fememördern, Putschisten und faschistischen Verbrechern tausendfach bewiesen hatte, daß sie Fleisch vom Fleische und Blut vom Blute der extremen Reaktion war? Clara Zetkin bemerkte sarkastisch, die Klage Preußens beim Staatsgerichtshof „hieße den Teufel bei seiner Großmutter verklagen".(25)
Wie nicht anders zu erwarten, versagten denn Parlament und Staatsgerichtshof auch völlig. Der am 31. Juli gewählte Reichstag trat überhaupt nur zu zwei kurzen Sitzungen zusammen und ließ sich dann von Papen widerstandslos auseinanderjagen. Der Staatsgerichtshof fällte am 25. Oktober, als Papen bereits die meisten sozialdemokratischen und republikanisch gesinnten Regierungspräsidenten, Polizeipräsidenten usw. zwangspensioniert und durch extreme Reaktionäre ersetzt hatte, im Prozeß Preußen contra Reich ein Urteil, das die preußische Regierung zwar nominell im Amte ließ, alle ihre Rechte und Pflichten aber auf die Staatsstreichler übertrug und so den Verfassungsbruch faktisch sanktionierte.
Es würde sich kaum lohnen, auf diese tragische Justizkomödie einzugehen, wenn nicht vor einigen Jahren die Memoiren des seine „politische Theorie" als höchste geisteswissenschaftliche Weisheit preisenden damaligen Ministerialdirektors Arnold Brecht erschienen wären, den die abgesetzte Preußenregierung mit der Führung ihres Prozesses betraut hatte. Denn diese Memoiren machen nochmals deutlich, wie weit die sozialdemokratische Spitzengarnitur gefallen war, die sich weigerte, die Arbeiterklasse zum Kampf für die Verteidigung ihrer Errungenschaften aufzurufen und statt dessen zum Anwalt der Verfassung einen äußerst beschränkten, die Situation überhaupt nicht erfassenden und außerparlamentarische Aktionen als Todsünde verabscheuenden bürgerlichen Verwaltungsbeamten berief. Brecht, der den Prozeß als seine persönliche Angelegenheit betrachtete („Brecht gegen Bracht" – „Recht gegen Macht"), entblödet sich nicht zu berichten, daß es ihm „glücklich über den Rücken" gerieselt sei, als er den Urteilsspruch vernahm! Aus seiner Froschperspektive sieht er nämlich in dieser Gerichtsentscheidung einen „Sieg für Wahrheit, Gerechtigkeit und Freiheit" im größten Verfassungsprozeß der Geschichte! Ungehalten war er nur darüber, daß Papen und seine Kommissare auch nach dem Urteil den nun aller Weisungsbefugnisse beraubten SPD- und Zentrumsministern nicht ihre Amtsräume zu-

rückgaben. „Es wäre ferner ein selbstverständlicher Akt guter Manieren gewesen“, schreibt er weiter, „daß die Reichskommissare die preußischen Minister aufgesucht und so zumindest die rudimentärsten persönlichen Beziehungen aufgenommen hätten, wie das selbst bei feindlicher Besatzung üblich ist.“ Mit diesem Standpunkt identifizierten sich auch die SPD-Minister, auf die Millionen sozialdemokratischer Anhänger als Beschützer des Staates von Weimar bauten. Otto Braun unterzeichnete ein von Brecht aufgesetztes Schreiben an Hindenburg, in dem es hieß, es sei nicht seine Absicht, „der Arbeit der Herren Reichskommissare irgendwelche Schwierigkeiten zu bereiten“, er möchte nur bitten, „die wenig ritterliche Art und Weise, in der Kommissare des Reichs die Mitglieder der rechtmäßigen Landesregierung Preußens behandelten, abzustellen“.(26) Die völlige Kapitulation der sozialdemokratischen Führer vor dem profaschistischen Staatsstreich Papens fügte der Arbeiterklasse gewaltigen Schaden zu. Viele zum antifaschistischen Kampf bereite Proleten begannen zu verzweifeln. Sie fragten sich, was das Millionenheer der SPD- und Gewerkschaftsmitglieder gegen den über straffe Organisationen verfügenden Hitler ausrichten könne, wenn es nicht einmal imstande war, dem gänzlich ohne Rückhalt in der Bevölkerung auftretenden Papen Paroli zu bieten. Unter den sozialdemokratischen Arbeitern kamen Stimmungen auf, die besagten, daß es nun keine Kraft mehr gäbe, die Hitler den Weg zur Macht verlegen könne. Viele Kommunisten bezweifelten, ob es gelingen würde, den von ihrer Parteiführung nachdrücklich betonten Gedanken zu verwirklichen, daß man, um Deutschland vor dem Untergang in der Barbarei zu retten, trotz alledem versuchen müsse, die an der Spitze mächtiger Organisationen stehenden reformistischen Führer für gemeinsame Aktionen gegen Militarismus und Faschismus zu gewinnen.

Papen profitierte indes zunächst von seinem erfolgreichen Staatsstreich. Einflußreiche Monopolherren, Krupp, Siemens, Bosch u. a., erkannten ihn als ihren Mann an und waren – wie wir z. B. aus dem Arbeitsplan der Regierung vom 22. August(27) wissen – bereit, ihm Weisungen für seine weitere Notverordnungspolitik zu erteilen. So konnte der Kanzler, der bereits vorher eine abermalige Kürzung der Arbeitslosen-, Krisen- und Wohlfahrtsunterstützung sowie die Einführung einer die Massen hart treffenden Salzsteuer notverordnet hatte, am 4. September mit einer großen Verordnung hervortreten, die den Unternehmern faktisch freie Hand für den uneingeschränkten Lohnabbau einräumte und das Tarifrecht zerstörte.

Diese einschneidendste aller sozialreaktionären Notverordnungen der Weimarer Zeit zeigte der Monopolbourgeoisie jedoch zugleich, daß das Proletariat, obgleich weitgehend seiner demokratischen Rechte beraubt, ihrer Macht Grenzen zu setzen vermochte. Geführt von der Kommunistischen Partei und der Revolutionären Gewerkschaftsopposition, schwoll eine unter Krisenbedingungen bisher für unmöglich gehaltene Streikwelle an, die sozialdemokratische und freigewerkschaftliche Arbeiter, Unorganisierte und sogar der faschistischen Partei angehörige Proleten mitriß.

Den Hintergrund dieser gewaltigen Streikbewegung bildeten zahlreiche regionale Einheitskongresse und Konferenzen, in denen sich die wachsende Autorität der Antifaschistischen Aktion manifestierte. Anfang September fanden solche Veranstaltungen in Halle, Berlin, Düsseldorf und Leipzig statt. Am 24. und 25. September tagte ein antifaschistischer Kongreß des Bezirks Mittelrhein in Köln, am 12. Oktober in Hamburg, am 14. Oktober in Dresden und am folgenden Tage in Mannheim. Diesen Kongressen folgten Tagungen der Einheitsausschüsse in Bremen, in Südwestdeutschland (Weinheim), im Ruhrgebiet. Die Antifaschistische Aktion hatte Hunderttausende und Millionen von Werktätigen in allen Teilen Deutschlands ergriffen.

„Arbeitendes Volk, heraus zum Kampf!", appellierte die KPD an die Massen. „Volk der Arbeit, aufgewacht, und erkenne deine Macht! Kein Papen-Schleicher-Kabinett, kein Trustmagnat, kein Fabrik- und Zechenkönig, kein Krautjunker kann euch nur einen Pfennig vom Lohn nehmen, wenn ihr in brüderlicher, kämpferischer Geschlossenheit zusammensteht und jeden Unternehmerangriff mit betrieblichem Kampf beantwortet."(28) In 1 100 Fabriken und Werken leisteten die Arbeiter in der Zeit vom September bis Dezember 1932 derartigen Aufrufen Folge. In Berlin, Hamburg, Bochum, Chemnitz, Dresden, Görlitz, Kassel, Weißenfels, Mannheim, Gotha, Hagen, Limburg, Pirmasens und vielen anderen Städten konnten die Arbeiter durch ihre Aktionen die Durchführung des durch Notverordnung erlaubten Lohnraubs und die Durchbrechung des Tarifrechts verhindern. In vielen Betrieben nahmen die Unternehmer den bereits angekündigten Lohnabbau zurück, sobald sich Kampfausschüsse der Belegschaften bildeten. Die deutsche Arbeiterklasse war dabei, die von der Regierung verfügte und von den reformistischen Gewerkschaftsführern geduldete neue sozialreaktionäre Offensive des Monopolkapitals zurückzuschlagen und damit einen für die antifaschistische proletarische Einheit höchst bedeutsamen Sieg zu erringen.

Den Höhepunkt der Herbststreikwelle bildete der dramatische Berliner Verkehrsarbeiterstreik vom 3. bis 7. November, der die Hauptstadt an den Rand einer bürgerkriegsähnlichen Situation heranführte. Dieser Ausstand, der erste Streik unter der Regierung Papen in einem Großbetrieb, der sich gegen einen geplanten Lohnraub richtete, entwickelte sich zu einem politischen Kampf größten Ausmaßes. Obwohl von den 22 000 Beschäftigten der Berliner Verkehrsgesellschaft nur 1 500 der Revolutionären Gewerkschaftsopposition angehörten, stimmten 79 Prozent der BVG-Arbeiter für den Streik. Das zeigte deutlich, daß sich die Mehrheit auch der sozialdemokratischen, parteilosen und selbst der vom Nazismus beeinflußten Arbeiter für die Einheit aller Werktätigen gegen die sozialreaktionäre Papendiktatur einsetzte. Von besonderer Bedeutung war, daß sich der Streik nicht irgendwo in einem abgelegenen Fabrikviertel, sondern mitten im Zentrum der Reichshauptstadt, vor den Augen von Millionen abspielte. Obwohl die Lahmlegung des Verkehrs der Bevölkerung viele Unbequemlichkeiten zufügte, stellten sich die Berliner fast geschlossen auf die Seite der Streikenden. Zur Verhinderung des Streikbruchs halfen sie den Verkehrsarbeitern, Straßen aufzureißen, Weichen außer Betrieb zu setzen, von Streikbrechern geführte Straßenbahnwagen umzustürzen. Überall nahmen die Passanten gegen die Polizei Stellung, die mit äußerster Brutalität gegen die Streikenden vorging und einige Arbeiter ermordete. Trotz des Demonstrationsverbotes kam es in vielen Bezirken der Hauptstadt zu Demonstrationen. Die Berliner Bevölkerung hielt, wie es in einem Bericht über den Streik hieß, ihre Hand an der Gurgel des Staates und der Wirtschaft.

Papen war nicht mehr voll Herr der Lage. Der Berliner Verkehrsarbeiterstreik, die Reichstagswahlen am 6. November, bei denen die KPD 6 Millionen Stimmen errang, und das bereits erwähnte Planspiel der Reichswehr, welches feststellte, daß Wehrmacht, Polizei und „Technische Nothilfe" ohne Unterstützung der faschistischen Mordkommandos nicht imstande sein würden, einen Belagerungszustand durchzusetzen, gaben der Regierung Papen den Rest. Die Monopolherren konnten keinen Kanzler gebrauchen, der sich außerstande erwies, Hitler unter Umgehung des Risikos eines Bürgerkrieges an die Macht zu bringen. In einem Bericht, den die Reichsregierung in der zweiten Novemberhälfte über eine Versammlung der maßgebenden Ruhrindustriellen erhielt, hieß es: „Die Tagung des Langnamvereins in Düsseldorf, die wohl ursprünglich im Rahmen

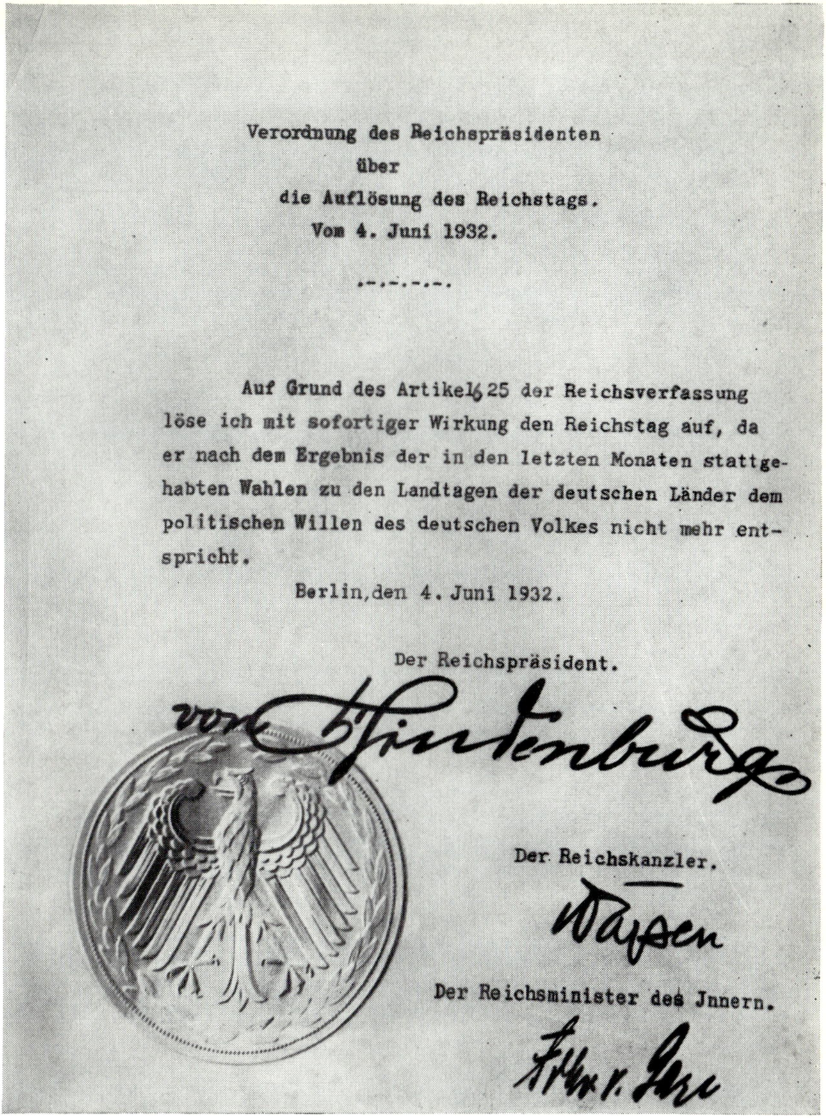

Verordnung des Reichspräsidenten
über
die Auflösung des Reichstags.
Vom 4. Juni 1932.

.-.-.-.-.

Auf Grund des Artikels 25 der Reichsverfassung löse ich mit sofortiger Wirkung den Reichstag auf, da er nach dem Ergebnis der in den letzten Monaten stattgehabten Wahlen zu den Landtagen der deutschen Länder dem politischen Willen des deutschen Volkes nicht mehr entspricht.

Berlin, den 4. Juni 1932.

Der Reichspräsident.

von Hindenburg

Der Reichskanzler.

Papen

Der Reichsminister des Jnnern.

Urkunde über die Auflösung des Reichstages. Juni 1932

Reichskanzler Papen auf dem „Stahlhelm“-Treffen in Wilhelmshaven, 1932

Reichstagswahl. November 1932. Vor einem Wahllokal

Plakat der KPD zur Reichstagswahl. November 1932

des Papen-Programms und zur Stützung (seiner Regierung – W. R.) vorgesehen war, ergab anläßlich der zwanglosen Unterhaltung die unübersehbare Tatsache, daß fast die gesamte Industrie die Berufung Hitlers, *gleichgültig unter welchen Umständen*, wünscht. Während man noch vor wenigen Wochen Papen zugejubelt hat, ist man heute der Auffassung, daß es der größte Fehler sei, wenn Hitler auch unter Vorbringung ernsthafter Gründe, nicht mit der Regierungsbildung beauftragt würde."(29)

Am 17. November erfolgte dann bekanntlich die Eingabe führender Industrieller, Bankiers und Junker an Hindenburg mit der kategorischen Forderung, Hitler zum Reichskanzler zu berufen. Unter dieser Eingabe, in der die Bedenken Hindenburgs und seiner Kamarilla gegen die „sozialistische" Demagogie der Faschisten mit der Bemerkung entkräftet wurde, daß derartige „Schlacken und Fehler, die jeder Massenbewegung notgedrungen anhaften", ausgemerzt werden könnten, standen die Namenszüge von Schacht, Schröder, Thyssen, Graf Kalckreuth, Woermann, Rosterg u. a. Auch Reusch, Springorum und Vögler identifizierten sich ausdrücklich mit der Petition.(30)

Da es den Totengräbern der Weimarer Republik jetzt nur noch darum ging, mit der faschistischen Führung die personelle Besetzung der Ministerposten und die Einzelheiten der ersten politischen und wirtschaftlichen Maßnahmen der Hitlerregierung abzusprechen, die Verhandlungen darüber aber angesichts der verschiedenen Gruppeninteressen des Monopolkapitals einige Wochen erfordern würden, mußte – weil Papen nicht mehr zu halten war – zunächst eine Übergangsregierung eingesetzt werden. Dies geschah am 3. Dezember mit der Berufung General Schleichers zum Reichskanzler.

Schleicher, der besonders eng mit der von dem Großindustriellen Otto Wolff repräsentierten Gruppe rheinisch-westfälischer Monopolherren liiert war und ausgezeichnete Verbindungen zu den IG Farben, zu Krupp und zu verschiedenen Junkerkreisen unterhielt, war besonders daran interessiert, der Reichswehr unter der künftigen Regierung des „Dilettanten" Hitler eine Schlüsselstellung im Staate zu bewahren, und bemühte sich deshalb, seine neue Machtstellung zur Beeinflussung der schwebenden Verhandlungen mit den faschistischen Führern auszunutzen. Um den Nazichef dabei unter Druck setzen zu können, versuchte er, die mit Hitler rivalisierenden NSDAP-Bosse, insbesondere Gregor Strasser, auf seine Seite zu ziehen und sich die Unterstützung der reformistischen Gewerkschaftsführer zu sichern, die – nach den Worten eines zeitgenössischen Beobachters – wie geprügelte Hunde jedem aus der Hand zu fressen bereit waren, der ihnen noch eine Lebenshoffung ließ. Schleichers Konzeption erlitt jedoch nach einer Woche Schiffbruch, da Hitler sich gegenüber Gregor Strasser durchsetzte und die Mitgliedermassen der Gewerkschaften ihre Führung zwangen, jedes Paktieren mit dem profaschistischen General aufzugeben.

Die Kommunistische Partei rief angesichts der bedrohlichen Entwicklung zum Millionenalarm im ganzen Land auf, um die Werktätigen Deutschlands in letzter Stunde vor dem Mordbeil und Mordstahl des Faschismus zu schützen. Die Antifaschistische Aktion löste zahlreiche Aktionen gegen die Elendspolitik der Schleicherregierung, gegen den zum entscheidenden Schlage ausholenden Faschismus aus. Hunderttausende sozialdemokratischer und parteiloser Arbeiter, die bisher ihren Antikommunismus nicht hatten überwinden können, begriffen, daß es um Leben und Tod der Arbeiterbewegung ging, und reihten sich in die zu antifaschistischen Sturmwochen aufrufende Antifaschistische Aktion ein. Doch die sozialdemokratische Führung schlug weiterhin die Angebote der Kommunisten zum gemeinsamen Kampf gegen die alles überschattende Gefahr der faschistischen Diktatur aus.

So trat die Weimarer Republik in das Jahr 1933 als ein von seinen Gründern, Gestaltern und Befürwortern im Stich gelassenes Staatsgebilde ein. Nur diejenigen, die noch heute in der BRD als vermeintliche Mörder der Republik diffamiert und verfemt werden – die Kommunisten – waren bereit, sich unter Aufopferung ihres Lebens für die Verteidigung der Reste der bürgerlichen Demokratie einzusetzen und den aus der Novemberrevolution hervorgegangenen Staat vor der Zertrümmerung zu bewahren.

Fünfzehntes Kapitel

1933: Der Weimarer Tragödie letzter Monat

Die gravierendsten Ereignisse der letzten 30 Tage der Weimarer Republik sind rasch erzählt. Hinter dem Rücken der Massen einigten sich die großen Monopolherren, als deren Anwalt u. a. auch wieder der von persönlichem Ehrgeiz getriebene Papen auftrat, mit der nazistischen Führungsclique über die Modalitäten der Errichtung der faschistischen Diktatur. Hitler, Papen und Bankier v. Schröder trafen sich am 4. Januar 1933 zu Geheimbesprechungen in Köln. Am folgenden Tage konferierte Hitler mit Vögler, Springorum und Kirdorf. Am 7. Januar fand wiederum ein Treffen der „Wirtschaftsführer" mit Hitler, Göring und Heß statt. Aufzeichnungen über weitere Geheimverhandlungen liegen noch heute, für die Forschung unzugänglich, in den Panzerschränken der Konzerne der BRD.

Die Zentrumspartei, die Deutschnationalen, der Stahlhelm und der reaktionäre Landbund, die unbedingt mit von der Partie sein wollten, plädierten für eine – wie es der Zentrumsvorsitzende Kaas in seiner Neujahrsbotschaft nannte – Sammlung „von der Führerseite her"(1). Hindenburg stellte seine Bedenken gegen die Übertragung der gesamten Machtfülle an Hitler immer mehr zurück, weil sich der Nazichef bereit erklärte, auch einige von den Monopolherren bestimmte Minister, die nicht der NSDAP angehörten, in die Regierung aufzunehmen. Zudem hatte der Reichspräsident Angst vor Enthüllungen über Bestechung und Korruption bei der „Osthilfe" für die Junker, die von einem Reichstagsausschuß angekündigt waren, und sah in der Berufung des Nazichefs zum Kanzler den einzigen Weg, um das Parlament endgültig mundtot zu machen.

Bei dem an sich völlig unbedeutenden Wahlkampf in dem winzigen Ländchen Lippe bemühten sich die Faschisten, ihr durch die Stimmenverluste bei den Reichstagswahlen vom 6. November angeschlagenes massenpolitisches Prestige wiederherzustellen. Alle Nazigrößen erschienen in Detmold, der Hauptstadt Lippes; Millionen von Mark wurden für die Entfesselung einer demagogischen Wahlkampagne geopfert, die alles auf diesem Gebiet Dagewesene überbot. Dennoch blieb die Wählerzahl der Nazis in Lippe hinter der vom Juli 1932 zurück.

Die Kommunistische Partei ließ nichts unversucht, um der Faschisierung Einhalt zu gebieten und den Generalstreik für den Fall der Errichtung der Hitlerdiktatur vorzubereiten. „Wir rufen die Antifaschisten Deutschlands auf zum höchsten Alarm!", hieß es im Appell des ZK der KPD vom 21. Januar 1933, „Ballt eure Massenkraft im Zeichen der Einheitsfront gegen die Welle des faschistischen Terrors, gegen die Kapitalsangriffe und gegen die sozialreaktionären Maßnahmen der Schleicher-Bracht, der Industriekönige und der Krautjunker zu einer millionenstarken, vorwärtsstürmenden Front zusammen!" In anderen Aufrufen mahnte die KPD: „Hitler in der Regierung – das bedeutet: Entfesselung des braunen Mordterrors der SA! ... Hitler in der Regierung – das bedeutet: den Angriff auf eure letzten Rechte, die Vorbereitung des Verbotes eurer kommunistischen Presse und eurer Kommunistischen Partei! ... An die Stelle der ‚sozialen' Phrasen treten die Bajonette der Reichswehr und die Revolver der mordenden SA- und SS-Kolonnen. Schamloser Raub der Löhne, schrankenloser Terror der braunen Mordpest, Zertrampelung der letzten spärlichen Überreste der Rechte der Arbeiterklasse, hemmungsloser Kurs auf den imperialistischen Krieg – das alles steht unmittelbar bevor."(2)

Ihrem antifaschistischen Kampfwillen Ausdruck gebend, marschierten am 25. Januar 1933 über 130 000 Kommunisten, Sozialdemokraten und Parteilose vor den Sitz des Zentralkomitees der KPD in Berlin auf. Diese Demonstration war eine der eindrucksvollsten Kundgebungen in der gesamten Geschichte der deutschen Arbeiterbewegung. Trotz eisigen Windes und einer Temperatur von 18 Grad Kälte zogen die Kolonnen der schlecht gekleideten und ungenügend ernährten Arbeiter zum Karl-Liebknecht-Haus und defilierten an den Führern der Kommunistischen Partei, Ernst Thälmann, Franz Dahlem, Wilhelm Florin, John Schehr, Walter Ulbricht und anderen, die mit zum Gruße geballter Faust auf einer Tribüne standen, vorbei. Diszipliniert wiesen die Demonstranten alle Provokationen der Polizei zurück. Wo die Polizisten das Singen von Kampfliedern verboten, erschallten Sprechchöre. Verlangten Polizeioffiziere, die sich mitunter mit gezogenem Revolver den Marschkolonnen entgegenstellten, auch die Sprechchöre einzustellen, so pfiffen Tausende und Zehntausende die revolutionären Lieder der Arbeiterklasse. An den Straßenkreuzungen, wo die Polizei die Kolonnen aufhielt, um die frierenden Arbeiter zu zermürben, reichten Proletarierfrauen heißen Tee und Kaffee und bezeugten so ihre Solidarität mit den Demonstranten.

Am 30. Januar, als die konkreten Vereinbarungen zwischen den Spitzen der Monopolbourgeoisie und der Führerclique der Nazis perfekt waren und Hindenburg Hitler zum Reichskanzler ernannte, überbrachte Walter Ulbricht im Auftrage des Zentralkomitees der KPD dem Parteivorstand der SPD ein Angebot zur Aktionseinheit, das unverzügliche Maßnahmen zur Verhinderung der faschistischen Diktatur vorsah. Die Kommunistische Partei, hieß es in diesem Dokument, wendet sich „an den ADGB, an den Afa-Bund, an die SPD und die christlichen Gewerkschaften mit der Aufforderung, gemeinsam mit den Kommunisten den Generalstreik gegen die faschistische Diktatur der Hitler, Hugenberg, Papen, gegen die Zerschlagung der Arbeiterorganisationen, für die Freiheit der Arbeiterklasse durchzuführen!“(3) Die reformistischen und christlichen Gewerkschaftsführer und der sozialdemokratische Parteivorstand lehnten jedoch auch jetzt wieder alle Vorschläge der KPD zur Herstellung der Einheitsfront ab und verhinderten damit den Zusammenschluß der antifaschistischen Massen, der allein Deutschland vor der blutigsten und schrecklichsten Etappe seiner Geschichte hätte bewahren können. „Die Kraft der Kommunisten und derjenigen Sozialdemokraten, die zum antifaschistischen Kampf bereit waren, reichte allein nicht aus, über den Widerstand sozialdemokratischer Führer hinweg die antifaschistische Aktionseinheit der Arbeiterklasse und der übrigen werktätigen Massen herzustellen.“(4) So nahm das faschistische Unheil seinen Lauf. Die Stunde des Untergangs der Weimarer Republik war gekommen.

Nicht zuletzt auf Grund der deutschen Erfahrungen haben die Kommunisten klar formuliert, daß „der Machtantritt des Faschismus . . . nicht die *einfache Ersetzung* einer bürgerlichen Regierung durch eine andere (ist), sondern die *Ablösung* einer Staatsform der Bourgeoisie, der bürgerlichen Demokratie, durch eine andere, durch die . . . *offene terroristische Diktatur der reaktionärsten, am meisten chauvinistischen, am meisten imperialistischen Elemente des Finanzkapitals*“.(5) Sie haben aber zugleich keinen Zweifel daran gelassen, daß die politische Grundlinie des NS-Staates, die brutale, jedes Menschenrecht mit Füßen tretende Aggression nach innen und außen, insgesamt gesehen von den gleichen – jetzt allerdings weitaus rabiater auftretenden – Monopolherren bestimmt wurde, die schon in der Weimarer Republik das Heft in der Hand hielten. Ohne zu verkennen, daß dem faschistischen Machtmechanismus spezifische Merkmale anhafteten, daß der Nazismus die traditionellen bürgerlichen Parteien zerstörte, daß seine Organisationen mit dem Staatsapparat verschmolzen, unterstreicht die marxistische Geschichtsschreibung – die Kontinuität in der diskontinuierlichen Entwicklung des Imperialismus hervorhebend –, daß das Hitlerregime im wesentlichen die Ministerialbürokratie und die Verwaltung der Weimarer Republik, ihre Wehrmacht und ihre Diplomatie, ihre Justiz und ihr Bildungswesen übernehmen konnte.

Ganz im Gegensatz dazu ist die bürgerliche Geschichtsschreibung bemüht, das Hitlersche „Dritte Reich“ als eine einmalige, durch besonders ungünstige Zufälle bedingte, weder mit der Weimarer Vergangenheit noch mit der späteren Bonner Wirklichkeit zusammenhängende Fehlentwicklung hinzustellen. Um über den gemeinsamen Klassencharakter der ersten deutschen bürgerlichen Republik und der faschistischen Diktatur hinwegzutäuschen, verschweigen die imperialistischen Historiker die Rolle der Monopolherren und der von ihnen in höchste Staatsämter lancierten Politiker bei der Vorbereitung des Faschismus und bestreiten, daß das Großkapital die entscheidenden Momente der faschistischen Politik konzipierte und durchsetzte. Im elften Kapitel dieser Darstellung wurde bereits gezeigt, daß die verschiedenen Überlegungen der Historiker der BRD anläßlich des Unterganges der Weimarer Republik sowie ihre unterschiedlichen Erklärungen dieser Entwicklung von den gegenwärtigen Erfordernissen der imperialistischen Politik bestimmt werden. Das soll hier nicht wiederholt werden. Hingewiesen sei jedoch auf eine Ende der sechziger Jahre erschienene Untersuchung über die „Ursachen des Zusammenbruchs der Weimarer Republik und ihre Lehren“, die bei näherem Hinsehen erkennen läßt, daß es den Autoren derartiger Abhandlungen vor allem darum geht, den von hohem nationalem Verantwortungsbewußtsein getragenen Kampf der deutschen Kommunisten gegen den Faschismus verleumderisch zu entstellen und „wissenschaftliche“ Rezepte zur künftigen Niederhaltung des Kommunismus zu entwickeln. Unkelbach – so heißt der Verfasser der genannten Untersuchung(6) –, der sich übrigens gegen „inadäquate Übertragungen“ naturwissenschaftlicher Begriffe auf die Politik wendet, aber mit Termini wie „politische Parallelschaltung“, „lineare Kausalreihe“, „Entropiegesetz“

nur so um sich wirft, führt das Scheitern der Weimarer Republik auf eine „Kausalkette“ aus mehreren Dutzend „Determinanten“ zurück, die noch Erstaunen darüber erwecke, daß die Republik nicht eher zusammengebrochen sei. Indem er als Glieder dieser Kette die Erbitterung über den Versailler Vertrag, die Wirtschaftskrise, die Arbeitslosigkeit, das „obrigkeitsstaatliche Denken“, ungenügende Information, „mangelnde Vitalität der Exponenten der demokratischen Parteien“, „Leichtfertigkeit bei der Besetzung von Schlüsselposten“ und ähnliche vollkommen willkürlich ausgewählte, zum Teil sekundäre und oft genug imaginäre Fakten aufzählt, versucht er den Eindruck zu erwecken, als habe er die unterschiedlichsten Tatbestände allseitig erfaßt und zu einer erschöpfenden Analyse verarbeitet. Als dieses wissenschaftlich frisierten Pudels Kern erweist sich jedoch die höchst simple und die Totalität des Geschehens negierende Überlegung, daß der Zusammenbruch der Republik durch ein Wahlrecht ausgelöst worden sei, das seiner Bestimmung nicht entsprochen habe, weil es der Kommunistischen Partei die Möglichkeit gab, starke Positionen in den Parlamenten und im politischen Leben überhaupt zu erobern. Minutiös errechnet Unkelbach beispielsweise, daß die KPD bei einem auf „wissenschaftlicher Grundlage“ aufgebauten absoluten Mehrheitswahlrecht bei den Reichstagswahlen im Juli 1932 trotz ihrer 5,3 Millionen Wähler kein einziges Mandat im Parlament erhalten hätte, daß also keine „kommunistische Gefahr“ und somit keine Erschütterung der Gesellschaft entstanden wäre.

Da nun bekannt ist, daß die Weimarer Republik nicht durch die von den Kommunisten angestrebte Diktatur des Proletariats, sondern durch das hitlerfaschistische „Dritte Reich“ abgelöst wurde, weiß man im ersten Augenblick nicht recht, worauf Unkelbach hinaus will. Erinnert man sich jedoch der Worte des diesem „Forscher“ nahestehenden Historikers Conze, daß die Weimarer Republik „durch eine wie immer geartete (!!) verfassungsmäßige Stabilität“ hätte ersetzt werden müssen,(7) so wird sowohl Unkelbachs Gedankengang sowie dessen unmittelbare Bezogenheit auf den Bonner Staat klar. Dieser Gedankengang läuft nämlich darauf hinaus, daß man damals mit Hilfe eines undemokratischen Wahlsystems (analog der Fünfprozentklausel, die – nach Unkelbach – „für die bisherige Entwicklung der Bundesrepublik . . . nicht ohne Nutzen“ war) die Kommunisten von der politischen Bildfläche hätte verdrängen müssen, um eine „verfassungsmäßige Stabilität“ – klarer gesagt: die unumschränkte Herrschaft des Monopolkapitals – ohne Überspitzungen und

unliebsame Begleiterscheinungen aufbauen zu können, daß es also zweckmäßiger gewesen wäre, den Weg zur endgültigen Liquidierung der Ergebnisse der Novemberrevolution und des ersten Weltkrieges ohne Hitler, der sich letzten Endes als Versager erwies, zu gehen.
Daß diese Art von zufallsgespeister Zweckinterpretation der Vergangenheit nicht das entfernteste mehr mit Objektivität zu tun hat, ist offensichtlich. Historische Tatbestände – und das gilt natürlich auch für das Ende der Weimarer Republik – können nur durch eine Wissenschaft erkannt, gewogen und erklärt werden, die von den gesellschaftlichen Entwicklungsgesetzen ausgeht und, jedem Schematismus abhold, auch sich neu entwickelnde Gesetzmäßigkeiten aufzudecken vermag. Eine solide Wissenschaft aber ist nur der marxistische historische Materialismus.

Lenin, der genialste Interpret des historischen Materialismus, war schon während der russischen Revolution von 1905/07, der ersten Volksrevolution in der modernen Epoche, zu der Erkenntnis gelangt, daß das Proletariat als einzig konsequent revolutionäre Kraft im Zeitalter des Imperialismus berufen ist, sich an die Spitze auch bürgerlich-demokratischer Revolutionen zu stellen. War die Bourgeoisie im 18. und 19. Jahrhundert, als es noch kein Industrieproletariat gab, rückhaltlos an grundlegenden gesellschaftlichen Umwälzungen interessiert, so konnte sie sich jetzt, da sie sich selbst in eine historisch überlebte Klasse verwandelt hatte, nicht mehr für den uneingeschränkten gesellschaftlichen Fortschritt einsetzen. Nunmehr, schrieb Lenin, ist es „für die Bourgeoisie ... vorteilhaft, sich gegen das Proletariat auf einige Überreste der alten Zeit zu stützen, zum Beispiel auf die Monarchie, auf das stehende Heer und dgl. mehr. Für die Bourgeoisie ist es vorteilhaft, daß die bürgerliche Revolution nicht gar zu entschieden alle Überreste der alten Zeit hinwegfegt, sondern einige von ihnen bestehen läßt, daß also diese Revolution nicht völlig konsequent ist, nicht bis zu Ende geht, nicht entschieden und schonungslos ist." Hieraus ergibt sich, daß die Bourgeoisie unter imperialistischen Verhältnissen als Bremsblock der revolutionären Entwicklung auch in der bürgerlich-demokratischen Revolution auftritt.
Lenin erklärte unzweideutig, daß eine bürgerliche Revolution durch ihre politischen und sozialökonomischen Umgestaltungen die Bedürfnisse der Entwicklung des Kapitalismus zum Audruck bringt. „Aber daraus folgt keineswegs," fuhr er fort, „daß die demokratische

(ihrem gesellschaftlich-ökonomischen Inhalt nach bürgerliche) Umwälzung für das Proletariat nicht von *größtem* Interesse wäre ... Die *bürgerliche Revolution* (ist – W. R.) *für das Proletariat im höchsten Grade vorteilhaft.* Die bürgerliche Revolution ist im Interesse des Proletariats *unbedingt* notwendig. Je vollständiger und entschiedener, je konsequenter die bürgerliche Revolution sein wird, desto gesicherter wird der Kampf des Proletariats gegen die Bourgeoisie für den Sozialismus sein ... Aus dieser Schlußfolgerung ergibt sich übrigens auch die These, daß *in einem gewissen Sinne* die bürgerliche Revolution für das Proletariat *vorteilhafter* ist als für die Bourgeoisie."(8)

Diese Erkenntnis über die Hegemonialrolle der Arbeiterklasse in der bürgerlich-demokratischen Revolution im Zeitalter des Imperialismus ist ein unabdingbarer Bestandteil der Leninschen Revolutionslehre, die 1917 ihre welthistorische Feuerprobe bestand, als die russischen Arbeiter und Bauern unter der Führung der bolschewistischen Partei von der bürgerlich-demokratischen Februarrevolution zur siegreichen sozialistischen Oktoberrevolution voranstürmten. Für die Erforschung der Geschichte der Weimarer Republik ist diese Leninsche Erkenntnis besonders auch deshalb von Bedeutung, weil sie – in mancher Beziehung womöglich noch nachhaltiger als durch den Weg vom russischen Februar zum Oktober – durch die deutsche Novemberrevolution bestätigt wurde, in der die Bourgeoisie mit allen Mitteln versuchte, die alte halbabsolutistische Staatsmaschinerie und ihre wichtigsten Organe (Reichs- und Verwaltungsinstitutionen, Heer, Justiz usw.) zu erhalten, um sich gegen die für grundsätzliche demokratische Umgestaltungen eintretende Arbeiterklasse einsetzen zu können. Doch nicht nur das. In der Novemberrevolution und in der aus ihr hervorgegangenen Weimarer Republik schlugen – wie zum Beispiel bei der Niederwerfung des Kapp-Putsches – die zur sozialistischen Umwälzung voranstrebenden Arbeiter ihr Leben für die Verteidigung der bürgerlich-demokratischen Errungenschaften in die Schanze, während maßgebende Kreise der Bourgeoisie mit der monarchistischen Konterrevolution paktierten.

In der Endphase der Weimarer Republik, als die weltgeschichtliche Konstellation durch den für Feind und Freund unübersehbaren Aufstieg des ersten sozialistischen Staates der Erde, der Sowjetunion, und durch das gewaltige Wachstum der revolutionären Bewegung in den kapitalistischen Ländern gekennzeichnet war, offenbarte sich die antidemokratische Grundhaltung der Bourgeoisie in neuer Quali-

tät. Jetzt traten Großkapitalisten und imperialistische Politiker nicht einmal mehr zögernd für bescheidene bürgerlich-demokratische Reformen ein, sondern setzten sich, selbst zum Inbegriff der Reaktion geworden und jede fortschrittsfeindliche Regung fördernd, für die rigorose Rückgängigmachung früherer Reformen dieser Art ein.
So ergab sich Anfang der dreißiger Jahre in Deutschland eine Situation, in der allein die Arbeiterklasse und jene anderen werktätigen Schichten, die die Führungsmission des Proletariats anerkannten, für die Verteidigung der bürgerlichen Demokratie eintraten. Nur Unkenntnis der durch die Praxis bestätigten Leninschen Revolutionslehre und böswilliger Antikommunismus können zu der Unterstellung verleiten, daß die Kommunistische Partei Deutschlands, weil sie den bürgerlichen Klassencharakter des Weimarer Staates anprangerte und bekämpfte, ein schlechthin negatives Verhältnis zur ersten deutschen Republik gehabt hätte. Die von den Kommunisten immer und immer wieder im Interesse aller Werktätigen erhobenen demokratischen Forderungen, ihr furchtloser Einsatz gegen die Soldateska und Schlägerbanden der Noske, Lüttwitz und Hitler, ihre Versuche, die 1919 deklarierten bürgerlich-demokratischen Rechte und Freiheiten weitgehend zu realisieren und ihre Bemühungen, die Anschläge des Unternehmertums auf die Sozial- und Arbeitsgesetzgebung der Republik zu vereiteln, ihre Bestrebungen, die Möglichkeiten der Weimarer Verfassung voll für die Zurückdrängung des Monarchismus und Militarismus auszuschöpfen, schließlich ihre Initiative und Bereitschaft beim Papenschen Staatsstreich gegen Preußen und bei der Machtübertragung an Hitler gemeinsam mit allen Republikanern zur Entscheidungsschlacht für die Rettung der Republik anzutreten, beweisen unwiderlegbar, daß die KPD den Platz des Weimarer Staates im Kampf zwischen Reaktion und Fortschritt richtig erkannt hatte. Eben weil sie klar sah, daß es in diesem Kampf keinen Stillstand geben kann, stellte sich die Partei der Kommunisten, wo immer die Reaktion zur Offensive überging, schützend vor die Errungenschaften von Weimar und versuchte dort, wo sich Möglichkeiten dazu boten, im bürgerlich-parlamentarischen Staat Brückenköpfe für die künftige Errichtung der Macht der Arbeiterklasse zu schaffen. Denn darüber, daß die einzige Garantie gegen Krisen, Ausbeutung und Aggressionskrieg, gegen alle permanenten Verbrechen des Imperialismus am deutschen Volke allein in der Lösung der Machtfrage zugunsten der Arbeiterklasse und ihrer Verbündeten bestand, konnte es für eine den historischen Lehren Rechnung tragende,

von kleinbürgerlichen Illusionen über eine „Klassenharmonie" freie revolutionäre Partei keinen Zweifel geben.

Wenn das an der Verteidigung der bürgerlich-demokratischen Ordnung gegen den Faschismus interessierte deutsche Proletariat 1932/33 Hitler den Weg zur Macht nicht zu verlegen und die Erdrosselung der Republik nicht zu verhindern vermochte, so lag dies vor allem an der die Arbeiterklasse zerreißenden Spaltung, für die die rechte sozialdemokratische Führung voll verantwortlich ist. Wie weit die Verwandlung dieser Führung in ein bloßes Anhängsel der militanten Großbourgeoisie damals bereits fortgeschritten war, zeigt u. a. die Tatsache, daß die höchsten SPD-Funktionäre, die 1918 noch einige formal-demokratische Reformen angestrebt und verwirklicht hatten, jetzt keinen Finger zu rühren bereit waren, um die Weimarer Verfassung zu verteidigen. Vom Antikommunismus verblendet, wandte sich der Parteivorstand der SPD sogar gegen solche Vereinbarungen lokaler sozialdemokratischer und kommunistischer Organisationen zum gemeinsamen Kampf gegen die faschistische Partei und den SA-Terror, in denen die voneinander abweichenden politischen Endziele der beiden Arbeiterparteien mit keinem Wort erwähnt wurden. Resigniert stellte ein einflußreicher Spitzenfunktionär der SPD später über eine Sitzung der sozialdemokratischen Reichstagsfraktion in einer für die Republik schicksalhaften Situation (nach der Ernennung Papens zum Reichskanzler) fest, man habe zwar eine Weile debattiert, doch: „Zu beschließen gab es nichts, *denn wir hatten nichts mehr zu sagen.*"(9)

So ließ sich die Sozialdemokratie, hinter der noch mehr als sieben Millionen Wähler standen und mit der sechs Millionen kommunistische Anhänger sowie zahlreiche Parteilose und Jugendliche gemeinsam zu handeln bereit waren, von der Monopolbourgeoisie in entscheidender Stunde der deutschen Geschichte vorschreiben, ob sie handeln dürfe oder nicht. Das war ein wahrhaft klägliches Ende einer Arbeiterpartei! Sich wohl kaum dessen bewußt, wie zutreffend er seine und seiner Kollegen im sozialdemokratischen Parteivorstand jämmerliche Rolle charakterisierte, schrieb Otto Braun in einem Privatbrief an einen bürgerlichen Politiker: „Wie ein Dienstbote, der gestohlen hat, und den man das Haus nicht mehr betreten läßt, aus dem Amte gejagt zu werden, das ist reichlich bitter."(10)

Versucht man, die verhängnisvolle Spaltung der deutschen Arbeiterklasse von 1918/19 bis 1932/33 mit einem Blick zu erfassen, so zeigt sich, daß ihre beiden Flügel – der reformistische und der revolutionäre – deshalb nicht zusammenkommen konnten, weil die sozialdemokratische Führung sowohl in der Geburts- wie in der Todesstunde der Republik gegen die Grundinteressen der Arbeiterklasse verstieß und einer proletarischen Aktionseinheit damit den Boden entzog. 1918/19, als die Möglichkeit des Herankommens an die sozialistische Umwälzung bestand, leistete diese Führung dem Rufe der Monopolbourgeoisie und der Generalität zur Rettung der verderbten imperialistischen Ordnung Folge; 1932/33, als es erforderlich war, die Reste der bürgerlich-demokratischen Errungenschaften mit allen Mitteln zu verteidigen, ließ sie sich – wiederum von der Monopolbourgeoisie und der Generalität – widerstandslos davonjagen.

Dieses schmähliche Verhalten hinderte die deutsche Arbeiterklasse in den Jahren zwischen 1918 und 1933 daran, Deutschlands Zukunft zum Guten zu wenden. Wegen dieses schmählichen Verhaltens konnte damals die durch den imperialistischen Klassencharakter des Weimarer Staates bestimmte politische und gesellschaftliche Entwicklung nicht aufgehalten werden, auf die das große Wort Friedrich Schillers zutrifft:

„Das eben ist der Fluch der bösen Tat,
daß sie fortzeugend immer Böses muß gebären.“

Abkürzungen

A	Abendausgabe
AA	Auswärtiges Amt
AAP	*Akten zur deutschen Auswärtigen Politik 1918–1945*, Serie B, Göttingen 1966 f.
ADV	Alldeutscher Verband
BdR	Büro des Reichspräsidenten
BzG	*Beiträge zur Geschichte der Arbeiterbewegung*
DNVP	Deutschnationale Volkspartei
DuM VII/1	*Dokumente und Materialien zur Geschichte der deutschen Arbeiterbewegung*, hg. vom Institut für Marxismus-Leninismus beim ZK der SED, Bd. VII, 1. Halbbd., Berlin 1966
DuM VII/2	dto., 2. Halbbd.
DVP	Deutsche Volkspartei
GdA	*Geschichte der deutschen Arbeiterbewegung in acht Bänden*, hg. vom Institut für Marxismus-Leninismus beim ZK der SED, Berlin 1966
JfG	*Jahrbuch für Geschichte*
M	Morgenausgabe
MA	Militärarchiv der DDR, Potsdam
MS	Manuskript
NNI	*Novaja i novejšaja istorija*
RdI	Reichsministerium des Innern
Reichsverband	*Veröffentlichungen des Reichsverbandes der deutschen Industrie*
RK	Reichskanzlei
RWM	Reichswirtschaftsministerium
VjhZg	*Vierteljahreshefte für Zeitgeschichte*
Wako	Waffenstillstandskommission
WZ Halle	*Wissenschaftliche Zeitschrift der Martin-Luther-Universität Halle-Wittenberg*, Gesellschafts- und Sprachwissenschaftliche Reihe
WZ Jena	*Wissenschaftliche Zeitschrift der Friedrich-Schiller-Universität Jena*, Gesellschafts- und Sprachwissenschaftliche Reihe

ZfG	*Zeitschrift für Geschichtswissenschaft*
ZfM	*Zeitschrift für Militärgeschichte*
ZStA	Zentrales Staatsarchiv der DDR, Potsdam

Anmerkungen

Zu Kapitel 1

1 *Die Deutsche Nationalversammlung 1919/20*, hg. v. E. Heilfron, Bd. 5, Berlin o. J., S. 452 f.
2 *Ebenda*, Bd. 1, S. 6, 9; Bd. 2, S. 918 f.
3 *Vorwärts* v. 3. 3. 1919 (M).
4 *Dorothea Groener-Geyer*, General Groener, Soldat und Staatsmann, Frankfurt/M. 1955, S. 159; *Wilhelm Groener*, Lebenserinnerungen, Göttingen 1957, S. 468 f.
5 Zur Weimarer Verfassung, vgl. *Verfassungen und Verfassungswirklichkeit in der deutschen Geschichte*, Berlin 1968, S. 49 ff.
6 Vgl. *W. I. Lenin*, Werke, Bd. 28, Berlin 1972, S. 102 f.
7 Vgl. *Illustrierte Geschichte der Novemberrevolution in Deutschland*, hg. vom Institut für Marxismus-Leninismus beim ZK der SED, Berlin 1978, S. 434.
8 Vgl. *Max Prinz v. Baden*, Erinnerungen und Dokumente, Stuttgart/Berlin/Leipzig 1927, S. 592; *Dorothea Groener-Geyer*, S. 194.
9 Vgl. *W. I. Lenin*, Werke, Bd. 32, Berlin 1974, S. 537 f.
10 Vgl. *ebenda*, Bd. 28, S. 193.
11 *Karl Liebknecht*, Gesammelte Reden und Schriften, Bd. 9, Berlin 1971, S. 631.
12 Vgl. *Max Prinz v. Baden*, S. 580; *Correspondenzblatt der Generalkommission der Gewerkschaften Deutschlands* v. 28. 9. 1918.
13 Zit. nach: *Lothar Berthold/Helmut Neef*, Militarismus und Opportunismus gegen die Novemberrevolution, Berlin 1978, S. 434.
14 Vgl. *W. I. Lenin*, Werke, Bd. 33, Berlin 1973, S. 433.
15 Vgl. *ebenda*, Bd. 28, S. 284.
16 *Erich Otto Volkmann*, Revolution über Deutschland, Oldenburg 1930, S. 121.
17 *Vossische Zeitung* v. 22. 11. 1927 (M); *Rheinischer Merkur* v. 2. 3. 1962.
18 Vgl. *Walter Oehme*, Damals in der Reichskanzlei, Berlin 1958, S. 33; *Günter Schmidt*, Zur Staats- und Machtfrage in der Novemberrevolution, in: *JfG*, Bd. 2, Berlin 1967, S. 249 ff.
19 Vgl. *Heinz Habedank*, Um Mitbestimmung und Nationalisierung während der Novemberrevolution und im Frühjahr 1919, Berlin 1968, S. 121.

20 Vgl. u. a. Flugblatt der „Zentrale für Heimatdienst" v. 12. 2. 1919, MA, Nr. R–18, Bl. 17; Leitartikel des *Vorwärts* v. 5. 12. 1918 (zit. nach: *DuM* II/2, S. 538); *Germania* v. 31. 7. 1919.

21 Vgl. *Horst Schumacher/Feliks Tych*, Julian Marchlewski-Karski, Berlin 1966, S. 285.

22 Protokoll der Kabinettssitzung vom 9. 3. 1920, ZStA, RK, Film 493/895, Nr. D 744093.

23 *Vorwärts* v. 9. 5. 1920 (M).

24 *Wilhelm Keil*, Erlebnisse eines Sozialdemokraten, Bd. 2, Stuttgart 1948, S. 122.

25 *Revolutionäre deutsche Parteiprogramme*, hg. und eingel. von Lothar Berthold und Ernst Diehl, Berlin 1967, S. 109, 113.

26 *Wilhelm Groener*, S. 477.

27 Vgl. *Eduard Stadtler*, Als Antibolschewist 1918/19, Düsseldorf 1935, S. 46, 52.

28 *stern*, 1961, Nr. 47.

29 Vgl. *Klassenkampf. Tradition. Sozialismus.* Von den Anfängen der Geschichte des deutschen Volkes bis zur Gestaltung der entwickelten sozialistischen Gesellschaft in der Deutschen Demokratischen Republik. Grundriß, Berlin 1978 (im folgenden: *Klassenkampf*), S. 385.

30 *Dorothea Groener-Geyer*, S. 129; *Wilhelm Groener*, S. 478.

31 MA, Nr. 9548, Bl. 046.

32 Protokoll der Kabinettssitzung vom 15. 8. 1919, ZStA, RK, Film 492/894, Nr. D 742 970 f.

33 Vgl. *Dorothea Groener-Geyer*, S. 168; *Reichsverband*, H. 3 (Juli 1919), S. 4.

34 *W. I. Lenin*, Werke, Bd. 28, S. 377.

35 *Karl Marx/Friedrich Engels*, Werke, Bd. 8, Berlin 1975, S. 127 (Hervorhebungen von mir – W. R.).

36 *W. I. Lenin*, Werke, Bd. 28, S. 243.

37 Vgl. *Dorothea Groener-Geyer*, S. 386.

38 *Reichsverband*, H. 3, S. 15; Aufzeichnung über die Sitzung des Zentralvorstandes der Zentralen Arbeitsgemeinschaft vom 19. 3. 1919, ZStA, RWM, Nr. 5519, Bl. 136.

39 Protokolle der Kabinettssitzungen vom 9. und 12. 5. 1919, ZStA, RK, Film 490/892, Nr. D 740201 und D 742212.

40 Äußerungen Eberts und Davids in der Kabinettssitzung vom 22. 3. 1919, ZStA, RK, Film 490/892, Nr. D 741815.

41 Protokoll der Kabinettssitzung vom 14. 5. 1920, ZStA, RK, Film 494/896, Nr. D 744 838.

42 *Die Deutsche Nationalversammlung*, Bd. 5, S. 166 f; vgl. auch *Wolfgang Ruge*, Matthias Erzberger. Eine politische Biographie, Berlin 1976, S. 110.

43 Vgl. *Max v. Stockhausen*, Sechs Jahre Reichskanzlei, Bonn 1954, S. 44; ZStA, AA, Handakte Legationsrat Roediger, Bl. 295; ebenda RWM,

Nr. 1847, Bl. 67 ff. (Aufzeichnung über die Besprechung in Spa, 18. 5. 1919); *Vossische Zeitung* v. 22. 3. 1919 (M).

44 *Erich Eyck*, Geschichte der Weimarer Republik, Bd. 2, Erlenbach-Zürich/Stuttgart 1959, S. 23.

45 Protokoll der Kabinettssitzung vom 24. 4. 1919, ZStA, RK, Film 490/892, Nr. D 742 107.

46 Erzberger an Pacelli, 24. 3. 1919, ZStA, Wako, Nr. 457, Bl. 10.

47 *Dorothea Groener-Geyer*, S. 139; Wortlaut des genannten Dokuments (nach dem Bundesarchiv Koblenz) in: *Neues Deutschland* v. 2. 9. 1967.

48 Zit. nach *Siegfried Vietzke*, Deutschland zwischen Sozialismus und Imperialismus, Berlin 1967, S. 55 (Hervorhebungen von mir – W. R.).

49 Protokoll der Kabinettssitzung vom 28. 3. 1919, ZStA, RK, Film 490/892, Nr. D 741 870.

50 Aufruf der KPD zu den Reichstagswahlen 1920, in: *DuM*, VII/I, S. 258.

51 Zit. nach: *Wolfgang Ruge*, Zur chauvinistischen Propaganda, gegen den Versailler Vertrag 1919–1929, in: *JfG*, Bd. 1, S. 69.

Zu Kapitel 2

1 Vgl. *Dorothea Groener-Geyer*, S. 123.

2 *Ebenda*, S. 143.

3 *Friedrich v. Rabenau*, Seeckt. Aus seinem Leben 1918–1936. Leipzig 1940, S. 118.

4 Vgl. *Paul Sethe*, Der Mord an Rathenau, in: *Welt am Sonntag* v. 10. 6. 1962; *Erich Eyck*, Bd. I, S. 227 f.

5 *Harry Graf Kessler*, Walter Rathenau, Wiesbaden, o. J., S. 284.

6 *Gaston Raphael*, Hugo Stinnes, Berlin 1925, S. 108.

7 *Waldemar Pabst*, Spartakus, in: *Revolutionen der Weltgeschichte*, München 1933, S. 827; *Margarete Ludendorff*, Als ich Ludendorffs Frau war, München 1920, S. 209.

8 *Wilhelm Hoegner*, Die verratene Republik, München 1958, S. 62.

9 MA, Nr. R 4454, Bl. 1 ff.

10 Textauszüge aus diesem Verfassungsentwurf bei *Erwin Könnemann*, Aus den Schubläden früherer Notständler, in: *Neues Deutschland* v. 25. 1. 1968.

11 Vgl. *Erwin Könnemann/Hans-Joachim Krusch*, Aktionseinheit contra Kapp-Putsch, Berlin 1972.

12 *Friedrich v. Rabenau*, S. 221.

13 Aus dem Aufruf der KPD-Organisation Erzgebirge-Vogtland vom 13./14. 3. 1920 (zit. nach: *GdA*, Bd. 3, S. 585) – Die folgenden Angaben stützen sich im wesentlichen auf *Erwin Könnemann/Hans-Joachim Krusch.*

14 Vgl. Westarp an Kapp, 28. 10. 1920, ZStA, Nachlaß Kuno Graf Westarp, Nr. 124, Bl. 49; *Wolfgang Hartenstein*, Die Anfänge der Deutschen Volks-

partei 1918–1920, Düsseldorf 1962, S. 149 ff.; ferner Entschließung der Parteileitung der DNVP vom 14. 3. 1920, ZStA, DNVP, Nr. 5, Bl. 100; *Schlesische Zeitung* v. 15. 3. 1920; außerdem *Wolfgang Ruge*, Stresemann, Berlin 1966, S. 57 ff.

15 *Hans v. Kessel*, Handgranaten und rote Fahnen, Berlin 1933, S. 296.

16 Aufzeichnung Westarps, 18. 3. 1920, ZStA, DNVP, Nr. 5, Bl. 45.

17 Aufruf der Zentrale der KPD vom 18. 3. 1920, in: *DuM*, VII/1, S. 200 f.; Kundgebung des ADGB, der Afa und des Deutschen Beamtenbundes vom 18. 3. 1920, in: *ebenda*, S. 221.

18 Äußerung Schiffers in der Kabinettssitzung vom 26. 3. 1920, ZStA, RK, Film 493/895, Nr. D 744 166.

19 ZStA, Nachlaß Kuno Graf Westarp, Nr. 125, Bl. 15; *Wolfgang Ruge*, Stresemann, S. 61.

20 Pabst an Schiele, 20. 4. 1920, ZStA, Nachlaß Kuno Graf Westarp, Nr. 124, Bl. 5.

21 Vgl. Trimborns Rede anläßlich der 50-Jahresfeier der Zentrumspartei, in: *Vorwärts* v. 3. 5. 1921 (M); Niederschrift Hergts über die Verhandlungen der Parteiführer am 18. 3. 1920, ZStA, DNVP, Nr. 6, Bl. 79–84 b.

22 *DuM*, VII/1, S. 223, Fußnote.

23 *Erwin Könnemann*, Protokolle Albert Südekums aus den Tagen nach dem Kapp-Putsch, in: BzG, 2/1966, S. 264 ff.

24 Niederschrift Hergts über die Verhandlungen der Parteiführer am 18. 3. 1920.

25 Protokoll der Kabinettssitzung vom 5. 7. 1920, ZStA, RK, Film 494/896, Nr. D 745 122 f.

26 ZStA, Nachlaß Luetgebrune (Mikrofilm), Nr. 2299/3523.

27 *Erwin Könnemann*, Protokolle Albert Südekums, S. 278.

28 Protokoll der Kabinettssitzung vom 26. 6. 1920, ZStA, RK, Film 494/896, Nr. D 745 059.

29 Vgl. Aufruf des Parteivorstandes der SPD vom 22. 3. 1920, in: *DuM*, VII/I, S. 222 ff. und Beschluß der Vorstände des ADGB, der Afa, der Berliner Gewerkschaftskommission, der SPD und der USPD vom 22. 3. 1920 (nachts 12 Uhr), in: *GdA*, Bd. 3, S. 588.

30 *Fritz Fomferra*, Die „Jungens" vom Ernestine-Schacht standen immer in vorderster Reihe, in: *Arbeitereinheit siegt über Militaristen*, Berlin 1960, S. 48 ff.

31 *Erich Otto Volkmann*, S. 329.

32 Leitartikel der *Roten Fahne* v. 27. 3. 1920 „Der Kampf geht weiter!", zit. nach: *DuM* VII/1, S. 239 f.; Erklärung der Zentrale der KPD vom 23. 3. 1920, zit. nach: *GdA*, Bd. 3, S. 589.

33 Protokoll der Kabinettssitzung vom 21. 3. 1920, ZStA, RK, Film 493/895, Nr. D 744 163.

34 Protokoll der Kabinettssitzung vom 27. 3. 1920, ZStA, RK, Film 493/895, Nr. D 744 170.

35 Protokoll der Kabinettssitzung vom 29. 3. 1920, ebenda, Nr. D 744 174.

36 Vgl. Punkt 9 des Bielefelder Abkommens, in: *GdA*, Bd. 3, S. 591 und Punkt 2 der „Ausführungsbestimmungen" (*Vorwärts* v. 30. 3. 1920 [M]).

37 *Vorwärts* v. 30. 3. 1920 (M); Protokoll der Kabinettssitzung vom 29. 3. 1920, ZStA, RK, Film 493/895, Nr. D 744 175.

38 Aufruf der Zentrale der KPD vom 4. 4. 1920 „Rettet das Ruhrrevier!", zit. nach: *DuM* VII/1, S. 245.

39 Protokoll der Kabinettssitzung vom 29. 3. 1920, ZStA, RK, Film 493/895, Nr. D 744 175.

40 Zit. nach: *E. Brauer*, Der Ruhraufstand von 1920, Berlin 1930, S. 94.

41 Vgl. *Ernst Thälmann*, Reden und Aufsätze zur Geschichte der deutschen Arbeiterbewegung, Bd. 1, Berlin 1958, S. 13.

42 *Klassenkampf*, S. 401.

43 Resolution des 4. Parteitages der KPD (14.–15. 4. 1920) über den Kapp-Putsch, in: *DuM* VII/1, S. 254.

44 Vgl. *W. I. Lenin*, Werke, Bd. 31, Berlin 1966, S. 335.

45 Vgl. *Wolfgang Ruge*, Deutschnationale Volkspartei (DNVP) 1918 bis 1933, in: *Handbuch der bürgerlichen Parteien in Deutschland*, Bd. 1, Leipzig 1968, S. 731.

Zu Kapitel 3

1 Zit. nach: *Hans-Hermann Hartwich*, Arbeitsmarkt, Verbände und Staat 1918–1933, Berlin(West) 1967, S. 333.

2 *Deutsche Führerbriefe*, 1932, Nr. 72 und 73, zit. nach: *GdA*, Bd. 4, S. 594 f. (Hervorhebungen von mir – W. R.).

3 Aussprüche des DNVP-Führers Hans Schlange-Schöningen aus dem Jahre 1925, des Vorsitzenden des ADV, Heinrich Claß, aus dem Jahre 1921 und Stresemanns vor Übernahme des Reichskanzleramtes im August 1923, zit. nach: *Manfred Weissbecker*, Zur Herausbildung extrem antikommunistischer Organisationen und der „antibolschewistischen" Propaganda in Deutschland während der ersten Jahre nach der Großen Sozialistischen Oktoberrevolution, in: *WZ Jena*, 4/1967, S. 494; ZStA, ADV, Nr. 129, Bl. 25, und *Gustav Stresemann*, Vermächtnis, Der Nachlaß in drei Bänden, Bd. 2, Berlin 1932, S. 78.

4 Vgl. Flugblatt der DNVP vom April 1920, ZStA, DNVP, Nr. 490, Bl. 23; den Brief des Deutschnationalen Chr. Berlin an Claß vom 26. 1. 1921, ZStA, ADV, Nr. 248, Bl. 39; das Schreiben Hergts an den Kreisvorsitzenden der DNVP Sagan, Oberst v. Kuczkowski, Sept. 1921, ebenda, Bl. 39.

5 Kabinettsprotokoll vom 9. 9. 1920, ZStA, RK, Film 495/897, Nr. D 745 559 und D 745 558.

6 Vgl. Telegramm des Botschafters der USA in Deutschland, Alanson B. Houghton, an seine Regierung über eine Unterredung mit Hugo Stinnes am 21. September 1923, auszugsweise in: *GdA*, Bd. 3, S. 662 f.

7 ZStA, DNVP, Nr. 4, Bl. 40 ff.

8 *Reichsverband*, H. 32 (Oktober 1926), S. 65.

9 Vgl. Zeugenaussage Hitlers im Prozeß der Ulmer Reichswehroffiziere; *Deutsche Allgemeine Zeitung* v. 25. 9. 1930 (A); *ebenda*, 26. 9. 1930 (M).

10 Vgl. *Fritz Arndt*, Vorbereitungen der Reichswehr für den militärischen Ausnahmezustand (Dokumentation zur Planübung vom 25.–26. 11. 1932), in: ZfM, 2/1965, S. 201.

11 Vgl. *Vorwärts* v. 31. 1. 1933 (M).

12 *Walter Ulbricht*, Referat zum „Grundriß der Geschichte der deutschen Arbeiterbewegung“, in: *Einheit*, Sonderheft, August 1962, S. 14.

13 Vgl. *W. I. Lenin*, Werke, Bd. 31, Berlin 1974, S. 79 ff.

14 Resolution zur politischen Lage des Zentralausschusses der KPD vom 16. und 17. 11. 1921, in: *DuM* VII/1, S. 616; *Franz Hammer*, Theodor Neubauer, Berlin 1967, S. 88; *Rote Fahne* v. 3. 9. 1925; Antwort Ernst Thälmanns vom 8. 7. 1932 auf Fragen von Funktionären der SPD und des Reichsbanners, in: *Die Antifaschistische Aktion.* Dokumentation und Chronik, hg. von Heinz Karl und Erika Kücklich, Berlin 1965, S. 167.

15 Vgl. *W. I. Lenin*, Werke, Bd. 32, S. 546, 504.

16 *Deutsche Nationalzeitung und Soldatenzeitung* v. 26. 7. 1968.

17 Vgl. *DuM* VII/1, S. 229; *W. I. Lenin*, Werke, Bd. 31, S. 97.

18 Politisches Rundschreiben der Zentrale der KPD v. 8. 12. 1921, in: *DuM* VII/1, S. 630.

19 Entwurf des Programms der KPD von 1922, zit. nach: *BzG*, 6/1967, S. 1039.

20 Aufruf der Zentrale und des Zentralausschusses der KPD v. 22. 7. 1922, in: *DuM* VII/2, S. 121.

21 *Franz Hammer*, S. 68.

Zu Kapitel 4

1 Vgl. *Dokumenty vnešnej politiki SSSR*, Bd. V, Moskau 1961, S. 226.

2 Vgl. *W. I. Lenin*, Werke, Bd. 33, S. 342.

3 Vgl. *Rote Fahne* v. 21. 4. 1922.

4 *W. I. Lenin*, Werke, Bd. 31, S. 472.

5 Vgl. den Vertraulichen Divisionsbericht der Eisernen Division v. 26. 6. 1919, in: *Militarismus gegen Sowjetmacht 1917 bis 1919*, Berlin 1967, S. 272.

6 Kabinettsprotokoll vom 24. 11. 1919, ZStA, RK, Film 492/894, Nr. D 743454.

7 Kabinettsprotokolle vom 22. 4. 1919 und 23. 6. 1921, ZStA, RK, Film 490/893, Nr. D 742 067 und Film 499/901, Nr. D 748 573.

8 Kabinettsprotokolle vom 19. 4. und 22. 5. 1922, ZStA, RK, Film 503/920, Nr. 751 539 f. und 751 884 f.

9 Schreiben Dirksens an den Bankier Eduard Baron v. Heydt, ZStA, Nachlaß Herbert v. Dirksen, Nr. 4, Bl. 286.

10 Kabinettsprotokoll vom 20. 3. 1931, ZStA, RK, Film 735/2004, Nr. PI/D 786 191.

11 Kabinettsprotokoll vom 22. 5. 1930, ZStA, RK, Film 750/2019, Nr. D 783 736 und 783 749.

Zu Kapitel 5

1 Schreiben der Hauptgeschäftsstelle der DNVP vom 27. 7. 1923 an die Reichskanzlei, ZStA, RK, Film 2385/3541, Nr. 533 988.

2 Resolution des Zentralausschusses der KPD vom 15./16. 10. 1922, in: *DuM* VII/2, S. 189.

3 Vgl. *George W. F. Hallgarten*, Hitler, Reichswehr und Industrie, Frankfurt/Main 1955, S. 54 ff.

4 Aktionsprogramm des Reichsbetriebsrätekongresses 23.–25. 11. 1922, in: *DuM* VII/2, S. 194 ff.

5 Aufruf an das Proletariat Englands, Frankreichs, Belgiens, Italiens und der Tschechoslowakei, in: *ebenda*, S. 197.

6 *Berliner Börsen-Courier* v. 10. 3. 1923 (M).

7 *Ebenda* v. 14. 2. 1923 (M).

8 ZStA, DNVP, Nr. 4, Bl. 91 f.

9 Vgl. *Günter Hortzschansky*, Der nationale Verrat der deutschen Monopolherren während des Ruhrkampfes 1923, Berlin 1961, S. 52.

10 *Ferdinand Friedensburg*, Die Weimarer Republik, Berlin 1946, S. 30.

11 Vgl. *Günter Hortzschansky*, S. 108 f., S. 251 f.

12 *Günter Hortzschansky*; *Manfred Uhlemann*, Arbeiterjugend gegen Cuno und Poincaré, Berlin 1960; *Heinz Köller*, Kampfbündnis an der Seine, Ruhr und Spree, Berlin 1963; *Wilhelm Ersil*, Aktionseinheit stürzt Cuno, Berlin 1963; *Wolfgang Ruge*, Die Stellungnahme der Sowjetunion gegen die Besetzung des Ruhrgebietes 1923, Berlin 1962; *Heinz Habedank*, Zur Geschichte des Hamburger Aufstandes 1923, Berlin 1958; D. S. *Davidovič*, Revoljucionnyj krizis 1923 g. v. Germanii i Gamburgskoe vosstanie, Moskau 1963.

13 *GdA*, Bd. 3, S. 376.

14 *Die Rote Fahne* v. 11. 1. 1933.

15 *DuM* VII/2, S. 210 ff.

16 Aufruf des Reichsausschusses der deutschen Betriebsräte ... vom 27. 1. 1923, in: *ebenda*, S. 218 ff.

17 *DuM* VII/2, S. 457 ff.

18 Vgl. *Gustav Stresemann*, Bd. 1, S. 117; Telegramm des Nationalklubs vom 22. 10. 1923 an den Reichskanzler, ZStA, RK, Film 2385/3541, Nr. K 534 032.

19 Zit. nach der Reichsbanner-Zeitschrift *Kämpfer*, in: *Ernst Schneller*: Arbeiterklasse und Wehrpolitik, Berlin 1960, S. 339.

20 *Max v. Stockhausen*, S. 76.
21 Vgl. Kabinettsprotokoll vom 16. 11. 1923, ZStA, RK, Film 756/2025, Nr. D 757 784.
22 Vgl. *Max v. Stockhausen*, S. 94.
23 *BZ am Mittag*, v. 27. 2. 1924.

Zu Kapitel 6

1 *Dokumente zur deutschen Geschichte 1924–1929*, hg. von Wolfgang Ruge und Wolfgang Schumann, Berlin 1975, S. 35.
2 Vgl. *Gustav Stresemann*, Bd. 2, S. 553 ff.
3 *Dokumente zur deutschen Geschichte 1924–1929*, S. 35.
4 *Ludwig Zimmermann*, Deutsche Außenpolitik in der Ära der Weimarer Republik, Göttingen 1958, S. 267.
5 *AAP*, Bd. I/1, S. 745.
6 Schreiben v. d. Ostens an Westarp v. 9. 1. 1920, ZStA, Nachlaß Kuno Graf Westarp, Nr. 114, Bl. 15 f.
7 *AAP*, Bd. I/1, S. 545.
8 *Ebenda*, Bd. II/2, S. 7.
9 *Gustav Stresemann*, Bd. 1, S. 347 f.
10 *AAP*, Bd. I/1, S. 728.
11 *Gustav Stresemann*, Bd. 2, S. 555.
12 Rede Gustav Stresemanns vor dem Vorstand der DVP, 22. 11. 1925, in: *VjhZg*, 4/1967, S. 425.
13 *Gustav Stresemann*, Bd. 1, S. 17.
14 *AAP*, Bd. I/1, S. 731.
15 *Ebenda*, S. 745.
16 *Ebenda*, S. 743 f.
17 Vgl. Rede Brandts vom 10. 5. 1968 in Mainz, in: *Presse- und Informationsbulletin der Bundesregierung* v. 11. 5. 1968, S. 495.
18 *Walter Ulbricht*, Rede auf der 10. Sitzung der Volkskammer der DDR am 9. 8. 1968, in: *Neues Deutschland* v. 10. 8. 1968.
19 *Viscont d'Abernon*, Ein Botschafter der Zeitwende, Bd. 1, Leipzig 1930, S. 31.
20 *Hans W. Gatzke*, Von Rapallo nach Berlin, in: *VjhZg*, 1/1956, S. 12.
21 *Derselbe*, Dokumentation zu den deutsch-russischen Beziehungen im Sommer 1918, in: ebenda, 3/1955, S. 94.
22 *Gustav Stresemann*, Bd. 1, S. 260.
23 *Hans W. Gatzke*, Von Rapallo, S. 1, Anmerkung 7.
24 Vgl. Deutsche Sitzungsniederschriften der Konferenz von Locarno, in: *Locarno-Konferenz 1925*, Eine Dokumentensammlung, Berlin 1962, S. 171 f.
25 *Herbert v. Dirksen*, Moskau – Tokio – London, Stuttgart 1949, S. 83; *Gustav Stresemann*, Bd. 3, S. 151.

26 *AAP*, Bd. I/1, S. 736.

27 Vgl. *Jahrbuch der Geschichte der Völker der UdSSR und der volksdemokratischen Länder Europas*, Bd. 4, Berlin 1960, S. 68 ff.; *Gerhard Fuchs*, Aggressive Planungen des deutschen Imperialismus gegenüber der Tschechoslowakei in der Zeit der Weimarer Republik, in: *ZfG*, 10/1968, S. 1309 ff.

28 *Gerhard Fuchs*, S. 1315.

29 Vgl. z. B. *Wolfgang Ruge*, Ein Dokument über die Förderung der antipolnischen Revanchepolitik des imperialistischen Deutschland durch Vertreter des sowjetfeindlichen britischen Finanzkapitals im Jahre 1926, in: *ZfG*, 7/1961, S. 1607 ff.

30 *AAP*, Bd. I/1, S. 730, 733, 735.

31 *Ebenda*, S. 70.

32 *Anneliese Thimme*, Gustav Stresemann, Hannover u. Frankfurt a. M. 1957, S. 93.

33 *AAP*, Bd. I/1, S. 68 ff.

34 *Gustav Stresemann*, Bd. 2, S. 592 ff.

35 *Gerhard Fuchs*, S. 1314.

36 *AAP*, Bd. I/1, S. 739 f., 744, 735, 739.

37 *Vgl. darüber Locarno-Konferenz 1925.* Einleitung (S. 7–44); *Wolfgang Ruge*, Stresemann, S. 140 ff.

38 *Ernst Thälmann*, Bd. 1, S. 286 f. Zum folgenden vgl. auch *Norbert Madloch*, Der Kampf der KPD 1925 gegen den Locarnopakt und für eine demokratische und friedliche deutsche Außenpolitik, in: *ZfG*, 2/1964, S. 231 ff.; *Claus Remer*, Deutsche Arbeiterdelegation in der Sowjetunion, Berlin 1963.

39 Vgl. *Ernst Thälmann*, Bd. 1, S. 301, 305, 309 f.

40 *Locarno-Konferenz 1925*, S. 215.

41 Zit. nach: *Alfons Steiniger*, Der Nürnberger Prozeß, Berlin 1958, S. 134.

42 Vgl. *Heinz Habedank*, Der Feind steht rechts, Berlin 1965, S. 208.

43 Vgl. *Erich Eyck*, Bd. 2, S. 188 f.; *Vorwärts* v. 4. 7. 1928 (M) (Regierungserklärung Hermann Müllers); *Wilhelm Keil*, Bd. 2, S. 341.

Zu Kapitel 7

1 Zur militärischen Laufbahn Hindenburgs und seiner Präsidentschaft vgl. *Wolfgang Ruge*, Hindenburg, Porträt eines Militaristen, Berlin 1977.

2 *Bruno Frei*, Carl v. Ossietzky, Berlin/Weimar 1966, S. 194.

3 *Generalfeldmarschall v. Hindenburg*, Aus meinem Leben, Berlin 1933, S. 43, 47.

4 Handschreiben Hindenburgs an Helfferich v. 2. 6. 1920, in: *Berliner Zeitung* v. 1. 8. 1964; Denkschrift über den polnischen Grenzstreifen, in: *Walther Hubatsch*, Hindenburg und der Staat, Göttingen 1966, S. 173.

5 *Wilhelm Groener*, S. 512.

6 *Dorothea Groener-Geyer*, S. 226; vgl. auch *Francis L. Carsten*, Reichswehr und Politik, Berlin 1965, S. 320.

7 *Axel Frhr. v. Freytagh-Loringhoven*, Deutschnationale Volkspartei, Berlin 1931, S. 48.

8 Darlegungen Hindenburgs vom 25. 2. 1932, in: *Walther Hubatsch*, S. 316.

9 Zit. nach: *Die Menschheit* (Heidelberg) v. 29. 7. 1927.

10 *Otto Braun*, Von Weimar bis Hitler, Hamburg 1949, S. 159.

11 Protokoll der Kabinettssitzung vom 4. 6. 1920, ZStA, RK, Film 2385/3541, Nr. K 534 187 ff.

12 *Otto Gessler*, Reichswehrpolitik in der Weimarer Zeit, Stuttgart 1958, S. 272.

13 *Wilhelm Hoegner*, S. 196.

14 Schreiben Hindenburgs an Marx v. 4. 2. 1927 und 22. 11. 1926 in: *Walther Hubatsch*, S. 268, 247; *Karl Dietrich Bracher*, Die Auflösung der Weimarer Republik, Stuttgart/Düsseldorf 1957, S. 306.

15 Schreiben Külz' an Meissner v. 22. 11. 1926, in: *Walther Hubatsch*, S. 247; *Walther Vogel*, Erlebnisse und Gespräche mit Hindenburg, Berlin 1932, S. 110.

16 Vgl. den Wahlaufruf Westarps, zit. nach: *Carl v. Ossietzky*, Schriften, Berlin und Weimar 1966, Bd. 2, S. 36.

Zu Kapitel 8

1 Vgl. *DuM* VII/2, S. 77.

2 Vgl. *Geschichte der Sozialistischen Einheitspartei Deutschlands. Abriß, Berlin 1978, S. 48.*

3 Zentrales Staatsarchiv der Volkswirtschaft der UdSSR, Moskau, f. 413, op. 17, Nr. 342, Bl. 218 f.

4 Zentrales Staatsarchiv der Oktoberrevolution, Moskau f. 5451, op. 10, Nr. 296, Bl. 2 ff.; ZStA, RdI, Nr. 13 394/5, Bl. 22.

5 Vgl. *Ernst Thälmann*, Bd. 1, S. 375 ff.

6 Diese und die folgenden Zahlen sowie Zitate sind z. T. entnommen: *Erwin Könnemann*, Die Verhinderung der entschädigungslosen Enteignung der Fürsten 1925/26, in: WZ Halle, 1958, S. 541 ff.

7 Zit. nach: *Heinz Habedank*, Der Feind steht rechts, S. 37.

Zu Kapitel 9

1 *Carl Duisberg*, Abhandlungen, Vorträge und Reden aus den Jahren 1922 bis 1933, Berlin/Leipzig 1933, S. 29.
2 Referat Prof. H. Beckeraths, zit. nach: *Wolfgang Schlicker*, „Freiwilliger" Arbeitsdienst und Arbeitsdienstpflicht 1919–1933, Phil. Diss., Potsdam 1968 (MS), Bd. 2, S. 29 f.
3 Vgl. *Kurt Gossweiler*, Bund zur Erneuerung des Reiches, in: *Die bürgerlichen Parteien in Deutschland*, Bd. 1, S. 197 f.
4 ZStA, BdR, BII/2/1, Nr. 38, zit. nach: *Ingeburg Silbermann*, Die Rolle Hindenburgs beim Abbau der Weimarer Demokratie. Dissertationsfragment (MS), Kap. 1, S. 5 ff.
5 Vgl. *Fritz Poetzsch*, Handausgabe der Reichsverfassung vom 11. August 1919, Berlin 1919, S. 51.
6 Text des Aide-mémoire vgl. in: *GdA*, Bd. 4, S. 485 ff.
7 Die Zitate sind dem Auszug aus der Niederschrift über die Besprechung von Vertretern des Präsidiums des Reichsverbandes der deutschen Industrie und der Reichsregierung am 24. 11. 1927, in: *ebenda*, S. 487 ff., entnommen.
8 *Wolfgang Schlicker*, Bd. 2, S. 25.
9 *Sozialdemokratischer Parteitag 1927 in Kiel*, Berlin 1927, S. 168 f.
10 *Sozialdemokratischer Parteitag, Magdeburg 1929 vom 26. bis 31. Mai*, Berlin 1929, S. 109 ff.
11 *Sozialdemokratischer Parteitag 1925 in Heidelberg*, Berlin 1925, S. 5 ff.
12 *Heinz Karl*, Zur Entwicklung der politischen Konzeption der KPD im Kampf gegen den antidemokratischen Kurs des wiedererstarkenden deutschen Imperialismus von 1925–1928, in: *BzG*, 6/1968, S. 1001. – Die im folgenden angeführten Beispiele sind ebenfalls diesem Artikel entnommen.
13 Protokoll der Kabinettssitzung vom 14. 4. 1928, ZStA, RK, Film 741/2010, Nr. D 776 773.
14 *Otto Braun*, S. 154.

Zu Kapitel 10

1 Protokoll der Kabinettssitzung vom 10. 8. 1928, ZStA, RK, Film 742/2011, Nr. D 777 671 (vgl. auch ff.).
2 *Dorothea Groener-Geyer*, S. 272 f.
3 Zit. bei: *Heinz Habedank*, Der Feind steht rechts, S. 101.
4 *Vorwärts* v. 22. 8. 1928 (M).
5 Vgl. *Vorwärts* v. 26. 8. 1928 (M).
6 Schreiben des SPD-Vorstandes (gez. Hermann Müller) an das Sekretariat der Sozialistischen Arbeiterinternationale vom 15. 2. 1927, ZStA, Nachlaß

Hermann Müller, Nr. 83, Bl. 3; Notiz über Telefonat Hermann Müller-Paul Löbe 30. 12. 1927, ebenda, Nr. 2, Bl. 160.

7 Schreiben Hermann Müllers an Prof. Sinzheimer v. 14. 3. 1927, ebenda, Nr. 1, Bl. 124.

8 *Sozialdemokratischer Parteitag, Magdeburg 1929*, S. 288.

9 Vgl. *Otto-Ernst Schüddekopf*, Das Heer und die Republik, Hannover/Frankfurt a. M. 1955, S. 253.

10 Aus dem Wahlaufruf der KPD, April 1928, zit. nach: *Reichstagshandbuch*, IV. Wahlperiode 1928, Berlin 1928, S. 168.

11 Zit. nach: *Heinz Habedank*, Der Feind steht rechts, S. 115.

12 Vgl. *Ernst Thälmann*, Bd. 1, S. 529 f.

13 Vgl. *Wolfgang Ruge*, Deutschland 1917–1933, Berlin 1978, S. 325.

14 *Günter Schmidt*, Die Wirtschaftskämpfe der deutschen Arbeiter während der Periode der relativen Stabilisierung des Kapitalismus (MS), S. 77.

15 *Julius Curtius*, Sechs Jahre Minister der Deutschen Republik, Heidelberg 1948, S. 72.

16 *Hans Dress/Manfred Hampel/Werner Imig*, Zur Politik der Hermann-Müller-Regierung 1928–1930, in: *ZfG*, 8/1962, S. 1873 (vgl. ferner die dort angegebenen Quellen).

17 Zit. bei: *Ernst Laboor*, Der Kampf der deutschen Arbeiterklasse gegen Militarismus und Kriegsgefahr 1927 bis 1929, Berlin 1961, S. 266.

18 Zit. bei: *Carl v. Ossietzky*, Bd. I, S. 372.

19 Vgl. *ebenda*, S. 380 f.; *Heinz Habedank*, Der Feind steht rechts, S. 136 ff.

Zu Kapitel 11

1 Die folgenden Angaben sind entnommen: *Jürgen Kuczynski*, Die Geschichte der Lage der Arbeiter unter dem Kapitalismus, Bd. 5, Berlin 1966, S. 208 ff.; *Wolfgang Ruge*, Deutschland von 1917 bis 1933, S. 343 ff.; *Statistisches Jahrbuch für das Deutsche Reich 1933*, S. 285.

2 Vgl. z. B. *Die Staats- und Wirtschaftskrise des Deutschen Reiches 1929/33*, hg. von Werner Conze und Hans Raupach, Stuttgart 1967, S. 9.

3 Vgl. *Katja Haferkorn*, Das Ende der Weimarer Republik in der westdeutschen Geschichtsschreibung, in: *BzG*, 6/1965, S. 1055 ff.

4 *Hjalmar Schacht*, Abrechnung mit Hitler, Hamburg 1948; *derselbe*, 1933 – wie eine Demokratie starb, Düsseldorf/Wien 1968; *Helmut Heiber*, Die Republik von Weimar, München 1966, S. 276.

5 Vgl. *Katja Haferkorn*, S. 1056 ff.; ferner *Otto Braun*, S. 5; *Albert Schwarz*, Die Weimarer Republik, Konstanz 1953, S. 195; *Ludwig Zimmermann*, S. 473 f.; *Theodor Eschenburg*, Die improvisierte Demokratie, München 1963, S. 60; *Hans Herzfeld*, Die Weimarer Republik, Frankfurt a. M./Berlin (West) 1966, S. 158.

6 Vgl. *Karl Buchheim*, Die Weimarer Republik, München 1960.

7 Namentlich von Karl Dietrich Bracher, Vf. des Werkes Die Auflösung der Weimarer Republik.

8 *Die Staats- und Wirtschaftskrise des Deutschen Reiches*, S. 177 ff.

9 *Richard Scheringer*, Das große Los, Berlin 1961, S. 237. (Feder war der Autor der 25 Punkte).

10 Vgl. *Albert Norden*, Fälscher, Berlin 1959, S. 129 ff.; *Walter Görlitz/Herbert A. Quint*, Hitler. Eine Biographie, Stuttgart 1952, S. 198; *Joachim Hellwig/Wolfgang Weiß*, So macht man Kanzler, Berlin o. J., S. 41.

11 *Wolfgang Ruge*, Die deutsche Monopolbourgeoisie und die revolutionäre Krise 1919–1923, in: *Germanskij imperializm i militariszm*, Moskau 1965, S. 114 f.

12 *Henry Ashby Turner, jr.*, Faschismus und Kapitalismus in Deutschland, Göttingen 1972, S. 49 ff.

13 Vgl. *Der rote Aufbau*, 1/1932, S. 18, 31.

14 Vgl. *GdA*, Bd. 4, S. 527 f.

15 Vgl. *Wolfgang Ruge*, Die „Deutsche Allgemeine Zeitung" und die Brüning-Regierung. Zur Rolle der Großbourgeoisie bei der Vorbereitung des Faschismus, in: *ZfG*, 1/1968, S. 29, 31.

16 Vgl. *Klaus Drobisch*, Der Freundeskreis Himmler, in: *ZfG*, 2/1960, S. 304 ff.

17 Vgl. *Hjalmar Schacht*, 1933; *Emil Helfferich*, 1932–1946, Tatsachen; ein Beitrag zur Wahrheitsfindung, Oldenburg 1968.

18 *Deutsche Allgemeine Zeitung* v. 29. 9. 1930 (A).

19 Vgl. u. a. *Fritz Klein*, Neue Dokumente zur Rolle Schachts bei der Vorbereitung der Hitlerdiktatur, in: *ZfG*, 4/1957, S. 818 ff.

20 *Franz Reuter*, Schacht, Stuttgart/Berlin 1937, S. 118 ff.

21 Vgl. *Kurt Gossweiler/Alfred Schlicht*, Junker und NSDAP 1931/1932, in: *ZfG*, 4/1967, S. 644 ff.

22 *Albert Norden*, Lehren deutscher Geschichte, Berlin 1950, S. 164. Zum folgenden vgl. *ebenda*, S. 157 ff.

23 Vgl. *Wolfgang Ruge*, Deutschnationale Volkspartei, S. 718.

24 Vgl. die o.g. Quellen und *George W. F. Hallgarten*, S. 120; *A. A. Galkin*, Germanskij fašizm, Moskau 1967, S. 14 ff.

Zu Kapitel 12

1 *Waffen für den Klassenkampf*, Beschlüsse des XII. Parteitages der KPD, Berlin o. J., S. 16.

2 *Geschichte der Sozialistischen Einheitspartei Deutschlands*, S. 53.

3 Vgl. *Klaus Mammach*, Bemerkungen über die Wende der KPD zum Kampf gegen den Faschismus, in: *BzG*, 4/1963, S. 664 ff.

4 Zit. nach: *GdA*, Bd. 4, S. 528 f.

5 *Revolutionäre deutsche Parteiprogramme*, S. 119 ff.

6 *Klassenkampf*, S. 431.

7 Vgl. die Zitate aus der sozialdemokratischen Zeitschrift *Gesellschaft* u. a. bei *L. I. Gincberg*, Hitlers Sprung zur Macht, in: *NNI*, 1/1968, S. 92 f.; *Carl v. Ossietzky*, Bd. 2, S. 43; Breitscheid an Dirksen, 13. 4. 1931, ZStA, Nachlaß Herbert v. Dirksen, Nr. 7, Bl. 35 (Hervorhebungen von mir – W. R.).

8 *Otto Braun*, S. 277; *Wilhelm Keil*, Bd. 2, S. 452, 357.

9 *Irving Fetscher*, Zur Kritik des sowjetmarxistischen Faschismusbegriffs, in: *Von Weimar zu Hitler 1930–1933*, hg. von Gotthard Jasper, Köln/Berlin (West)1968, S. 158.

10 *Wolfgang Ruge*, Die „Deutsche Allgemeine Zeitung", S. 37 (zum folgenden vgl. ebenda, S. 24 ff.); *Karl Dietrich Bracher*, S. 440 f.

11 *Hans Dress/Manfred Hampel/Werner Imig*, S. 1888; Nachlaß Chefredakteur der Deutschen Allgemeinen Zeitung (darüber vgl. *Wolfgang Ruge*, Die „Deutsche Allgemeine Zeitung", S. 20) Aktennotiz Kleins über Unterredung mit Dingeldey v. 17. 9. 1931.

12 *Edith Hoerisch-Ruppel*, Die deutschen Monopolisten und ihre Gläubiger, Habilitationsschrift (MS), Berlin 1962, S. 302; Kabinettsprotokoll vom 4. 10. 1930, ZStA, RK, Film 751/2020, Nr. D 785 029.

13 *Erich Eyck*, Bd. 2, S. 226.

14 *Fritz Klein*, Zur Vorbereitung der faschistischen Diktatur durch die deutsche Großbourgeoisie (1929–1932), in: *ZfG*, 6/1953, S. 890; *Karl Dietrich Bracher*, S. 323; *Reichsverband*, H. 49.

15 *Thilo Vogelsang*, Neue Dokumente zur Geschichte der Reichswehr 1930 bis 1933, in: *VjhZG*, 2/1954, S. 414, 404; *Karl Dietrich Bracher*, S. 323.

16 *Berliner Tageblatt* v. 15. 2. 1931 (M) (Hervorhebungen von mir – W. R.).

17 *Vorwärts* v. 20. 11. 1959 (Hervorhebungen von mir – W. R.).

18 *Vorwärts* v. 14. 11. 1968.

19 *W. I. Lenin*, Werke, Bd. 27, Berlin 1972, S. 254.

Zu Kapitel 13

1 Diese Memoiren bestätigen, daß die marxistisch-leninistische Geschichtswissenschaft den ersten Präsidialkanzler seit jeher in allen wichtigen Fragen zutreffend eingeschätzt hat. Dazu vgl. *Wolfgang Ruge*, Heinrich Brünings postume Selbstentlarvung, in: *ZfG*, 10/1971, S. 1261 ff.; derselbe, Hindenburg, S. 337 ff.

2 Vgl. *Heinrich Brüning*, Memoiren 1918–1934, Stuttgart 1970, S. 140, 378, 195.

3 Äußerung Severings bei der Beratung der Kandidatur des Reichsbankprä-

sidenten, Kabinettsprotokoll vom 7. 3. 1930, ZStA, RK, Film 749/2018, Nr. D 783 125.

4 *Verhandlungen des Reichstags,* Bd. 446, S. 2194; vgl. auch *Gottfried R. Treviranus,* Zur Rolle und zur Person Kurt v. Schleichers, in: *Staat, Wirtschaft und Politik in der Weimarer Republik,* S. 371.

5 *Deutsche Allgemeine Zeitung* v. 29. 10. 1930 (M).

6 Brünings Mahnruf „Hundert Meter vor dem Ziel"; aus einer bisher unbekannten Rede des Reichskanzlers, in: *Frankfurter Allgemeine Zeitung* v. 22. 11. 1965.

7 Vgl. *Gottfried R. Treviranus,* Das Ende von Weimar, Düsseldorf/Wien 1968, S. 293; *Dorothea Groener-Geyer,* S. 279, 278; ZStA, BdR, Nr. 23, Bl. 218.

8 Vgl. *Wolfgang Ruge,* Die „Deutsche Allgemeine Zeitung".

9 Zit. nach: ZStA, RdI, Nr. 26 033, Bl. 190.

10 Vgl. *Heinrich Brüning,* Die Vereinigten Staaten und Europa, o. O. 1954, S. 4; *Deutsche Allgemeine Zeitung* v. 25. 12. 1930 (M); *Fritz Klein,* Zur Vorbereitung, S. 895.

11 *Erich Kostborst,* Jacob Kaiser. Der Arbeiterführer, Stuttgart/Berlin(West)/Köln/Mainz 1967, S. 257 ff., 279.

12 *Carl v. Ossietzky,* Bd. 2, S. 232 und 18; *Walther Hubatsch,* S. 306.

13 *Thilo Vogelsang,* S. 416; *Wilhelm Cuno,* Der Krieg nach dem Kriege, o. O. 1931, S. 19 ff.

14 *Gottfried R. Treviranus,* Das Ende von Weimar, S. 115; *Rudolf Morsey,* Neue Quellen zur Vorgeschichte der Reichskanzlerschaft Brünings, in: *Staat, Wirtschaft und Politik in der Weimarer Republik,* S. 213 f.

15 Kabinettsprotokoll vom 3. 4. 1930, ZStA, RK, Film 749/2018, Nr. D 783 230, D. 783 233; Unterlage zur Ministerbesprechung am selbigen Tage, *ebenda,* BdR, Nr. 46, Bl. 92.

16 Kabinettsprotokoll vom 30. 11. 1930, ZStA, RK, Film 752/2021, Nr. D 785 384.

17 Kabinettsprotokolle vom 24. 1. und 30. 11. 1930, ZStA, RK, Film 750/2019, Nr. D 784 087 und Film 752/2021, Nr. D 785 387.

18 Vgl. *Wolfgang Ruge,* Deutschland von 1917 bis 1933, S. 362.

19 Vgl. derselbe, Die „Deutsche Allgemeine Zeitung", S. 35 (zahlreiche Zitate des folgenden Abschnittes sind ebenfalls dieser Untersuchung entnommen); *Hermann Pünder,* Politik in der Reichskanzlei, Stuttgart 1961, S. 76; Kabinettsprotokoll vom 30. 11. 1930, ZStA, RK, Film 752/2021, Nr. D 785 385.

20 Kabinettsprotokoll vom 7. 10. 1931, ZStA, RK, Film 738/2007, Nr. D 788 466; *Deutsche Allgemeine Zeitung* v. 5. 10. 1931 (M) und 8. 10. 1931 (M).

21 *Hjalmar Schacht,* Abrechnung mit Hitler, S. 5.

22 ZStA, BdR, Nr. 46, Bl. 139 ff.; vgl. auch *Lothar Berthold,* Das Programm der KPD zur nationalen und sozialen Befreiung des deutschen Volkes,

Berlin 1956, S. 188 f.; *Kurt Schützle*, Reichswehr wider die Nation, Berlin 1963, S. 116.

23 Vgl. *Hermann Pünder*, S. 65; *Gottfried R. Treviranus*, Das Ende von Weimar, S. 382.

24 *Reichsverband*, H. 55, S. 19.

25 *I. M. Faingar*, Die Entwicklung des deutschen Monopolkapitals, Berlin 1959, S. 109.

26 Vgl. z. B. Kabinettsprotokolle vom 4. 5. und 14. 8. 1931 (Sanierung Borsigs), ZStA, RK, Film 736/2005/P1, Nr. D 786 840, D 786 865, D 787 522 f. und die z. T. speziell dieser Thematik gewidmeten Arbeiten von *Werner Imig* (Streik bei Mansfeld 1930, Berlin 1958) und *Gerhard Volkland* (Hintergründe und politische Auswirkungen der Gelsenkirchen-Affäre im Jahre 1932, in: *ZfG*, 2/1963, S. 289 ff.).

27 *Edith Hoerisch-Ruppel*, S. 302.

28 Kabinettsprotokolle vom 30. 11. 1930, 8., 12. und 13. 7. sowie 3. 8. 1931 und Protokoll des Wirtschaftsausschusses der Sachverständigen (mit Beteiligung Brünings) vom 22. 8. 1931, ZStA, RK, Film 752/2021 Nr. D 785 378 und Film 736/2005/P1, Nr. 786 906, 786 975 ff., 786 989, 787 589 f.; *Hermann Pünder*, S. 154 f.; vgl. auch *Rolf Sonnemann/Rudolf Sauerzapf*, Monopole und Staat in Deutschland 1917–1933, in: *Monopole und Staat in Deutschland 1917–1945*, Berlin 1966, S. 25.

29 Kabinettsprotokolle vom 5. und 8. 7. 1930, ZStA, RK, Film 750/2019, Nr. D 784 243, D 784 289, D 784 293.

30 Geheime Denkschrift des Auswärtigen Amtes über Deutschlands Möglichkeiten vom Juli 1930, ZStA, RdI, Nr. 25842, Bl. 129 ff.; *Carl Duisberg*, S. 175.

31 Vortrag Wilmowskys am 22. 1. 1938, zit. nach: *Bericht des Deutschen Wirtschaftsinstituts*, Nr. 7/8, Berlin 1957, S. 13.

32 *Carl Duisberg*, S. 351; *Julius Curtius*, S. 209; Kabinettsprotokoll vom 9. 3. 1931, ZStA, RK, Film 735/2004/P1, Nr. 786 143.

33 *Weltherrschaft im Visier.* Dokumente zu den Europa- und Weltherrschaftsplänen des deutschen Imperialismus von der Jahrhundertwende bis Mai 1945, hg. u. eingel. v. Wolfgang Schumann u. Ludwig Nestler, Berlin 1975, S. 222.

34 *Sozialdemokratischer Parteitag in Leipzig 1931*, Berlin 1931, S. 45 f.

35 Vgl. *GdA*, Bd. 4, S. 551 f.

36 Abgedruckt in: *ebenda*, S. 545 ff.

37 *Klassenkampf*, S. 433.

38 *Werner Imig*, Streik bei Mansfeld 1930.

39 Abgedruckt in: *GdA*, Bd. 4, S. 558 f.

Zu Kapitel 14

1 *George W. F. Hallgarten*, S. 116.
2 *Clara Zetkin*, Bd. 3, S. 415.
3 Staatssekretär Meissner an Carl Andres, 5. 3. 1932, ZStA, BdR (Präsidialkanzlei), Nr. 0/4, Bl. 108.
4 *Vorwärts* v. 5. 3. 1932 (M); *Carl v. Ossietzky*, Bd. 2, S. 41 u. 44; *Erich Matthias/Rudolf Morsey*, Das Ende der Parteien 1933, Düsseldorf 1960, S. 219; vgl. auch *Friedrich Stampfer*, S. 615.
5 *Walter Hubatsch*, S. 319 ff., 324; *Rudolf Morsey*, Der Weg in die Diktatur 1918–1933, München 1962, S. 103.
6 *Dorothea Groener-Geyer*, S. 285 f.; vgl. auch S. 294; Frhr. v. Lüninck an Hindenburg, 31. 5. 1932, ZStA, BdR, Nr. 47, Bl. 50 f.; *F. L. Carsten*, S. 424.
7 Vgl. Zitate in: *GdA*, Bd. 4, S. 582, 568 f.; *Die Antifaschistische Aktion*, S. 164; *Clara Zetkin*, Bd. 3, S. 417 f. (Hervorhebungen von mir – W. R.).
8 Rundschreiben der Reichsfraktionsleitung der Kommunisten in der RGO v. 11. 5. 1932, in: *Die Antifaschistische Aktion*, S. 10, 14.
9 Vgl. *GdA*, Bd. 4, S. 569.
10 Vgl. ebenda, S. 346 f., 577 ff.
11 Abgedruckt in: ebenda, S. 583 f.
12 *Die Antifaschistische Aktion*, S. 33.
13 Ebenda, S. 78.
14 Zit. nach: *Friedrich J. Lucas*, Hindenburg als Reichspräsident, Bonn 1959, S. 72.
15 *Franz v. Papen*, Der Wahrheit eine Gasse, München 1952; *derselbe*, Vom Scheitern einer Demokratie, 1930–1933, Mainz 1968.
16 *John W. Wheeler-Bennett*, Die Nemesis der Macht, Düsseldorf 1954, S. 267.
17 *Die Antifaschistische Aktion*, S. 251 ff.
18 *Walther Hubatsch*, S. 351.
19 ZStA, Nachlaß Herbert v. Dirksen, Nr. 51, Bl. 346.
20 Zit. nach: *GdA*, Bd. 4, S. 353, 586.
21 *Albert Norden*. Der 20. Juli 1932, in: *Neues Deutschland* v. 20. 7. 1962; *Joachim Petzold*. Der Staatsstreich vom 20. Juli 1932 in Preußen, in: *ZfG*, 6/1956, S. 1164 f.
22 *Friedrich Stampfer*, S. 630 f.; *Erich Matthias*, Die Sozialdemokratische Partei, in: *Erich Matthias/Rudolf Morsey*, Das Ende der Parteien, S. 140 f.
23 Zit. nach: *GdA*, Bd. 4, S. 587 f.
24 *Wilhelm Keil*, Bd. 2, S. 457; *GdA*, Bd. 4, S. 590 f.; ZStA, RK, Film 2385/3541, Nr. K 534 219.
25 *Clara Zetkin*, Bd. 3, S. 415 f.
26 *Arnold Brecht*, Mit der Kraft des Geistes, Lebenserinnerungen 1927 bis 1967, Stuttgart 1967, S. 229, 233, 236 f.

27 ZStA, BdR, Nr. 56, Bd. 212.
28 *Die Antifaschistische Aktion*, S. 241.
29 Zit. nach: ZStA, Nachlaß Bracht bei *Wolfgang Schlicker*, Bd. 2, S. 137 (Hervorhebungen von mir – W. R.).
30 Vgl. *GdA*, Bd. 4, S. 380 f., 599 f.

Zu Kapitel 15

1 *Rudolf Morsey*, Die deutsche Zentrumspartei, S. 334.
2 *Die Antifaschistische Aktion*, S. 335 f., 347 f., 354.
3 Zit. nach: *GdA*, Bd. 5, S. 13.
4 Ebenda, Bd. 4, S. 385.
5 *Wilhelm Pieck/Georgi Dimitroff/Palmiro Togliatti*, Die Offensive des Faschismus und die Aufgaben der Kommunisten im Kampf für die Volksfront gegen Krieg und Faschismus, Berlin 1960, S. 88, 87.
6 *Helmut Unkelbach*, Ursachen des Zusammenbruchs der Weimarer Republik und ihre Lehren, in: *Staat, Wirtschaft und Politik in der Weimarer Republik*, S. 393 ff.; vgl. auch *Friedrich Schäfer*, Zur Frage des Wahlrechts in der Weimarer Republik, *ebenda*, S. 119 ff.
7 *Werner Conze*, Die politischen Entscheidungen in Deutschland 1929 bis 1933, in: *Die Staats- und Wirtschaftskrise des Deutschen Reiches 1929/33*, S. 177 f.
8 *W. I. Lenin*, Werke, Bd. 9, Berlin 1973, S. 37 und 35.
9 *Wilhelm Keil*, Bd. 2, S. 448 (Hervorhebungen von mir – W. R.).
10 *Arnold Brecht*, S. 209.

Personenregister

Abernon, Lord Edgar d' 130
Abs, Hermann Josef 270
Adenauer, Konrad 123, 159, 182

Ballestrem, Franz Graf v. 254
Barlach, Ernst 204
Barth, Emil 20
Bauer, Gustav 16 f., 50, 64, 93, 95
Bebel, August 16, 286
Becher, Johannes R. 150
Becker, Johannes 103
Berber, Anita 149
Berg, Alban 149
Bergmann, Carl 182
Best, Werner 258 f.
Beukenburg, Wilhelm 35 f.
Bismarck, Otto Fürst v. 28, 132, 239, 271, 285, 291
Blessing, Karl 270
Blohm, Rudolf 264
Born, Max 148
Borsig, Ernst v. 25, 224, 267
Bosch, Robert 36, 182, 302
Bracher, Karl Dietrich 245
Bracht, Franz 298 f., 301, 308
Brandi, Ernst 242, 264, 267
Brandler, Heinrich 113, 117
Brandt, Willy 130, 247 f.
Braun, Magnus Frhr. v. 291
Braun, Otto 70, 191, 209, 234, 239, 240, 245, 293, 298, 302, 316
Braun, Wernher v. 291
Brecht, Arnold 301 f.
Brecht, Bertolt 149
Bredel, Willi 151
Breitensträter 149
Breitscheid, Rudolf 239
Briand, Aristide 268 f.
Brockdorff-Rantzau, Ulrich Graf v. 34, 93 f., 131, 201
Brüning, Heinrich 98, 123, 159, 161, 241, 244, 250–273, 275 f., 278, 281, 285, 289, 293
Bücher, Hermann 267
Bürgel, Bruno H. 204

Chamberlain, Sir Austin 132
Chaplin, Charlie 148
Claß, Heinrich 225, 263
Clemenceau, Georges 38
Conger, Seymoor B. 38
Conze, Werner 220, 311
Crispien, Arthur 59
Cuno, Wilhelm 103–110, 114 f., 182, 241, 257, 262, 299
Curtius, Julius 184, 196, 208, 243, 269 f.

Dahlem, Franz 308
Dante Alighieri 215
David, Eduard 7, 16, 64
Dawes, Charles G. 139
Dengel, Philipp 165
Deterding, Henry 231

Deutsch, Felix 25
Diehn, August 231
Dietrich, Hermann 197, 254
Dietrich, Marlene 148
Dingeldey, Eduard 242 f.
Dirksen, Herbert v. 97, 132
Dittmann, Wilhelm 20, 185, 239
Dix, Otto 151
Duesterberg, Theodor 263
Duisberg, Carl 36, 180, 231 f., 269 f.

Eberlein, Hugo 165
Ebert, Friedrich 10, 12, 16, 19–21, 25, 29, 47, 50 f., 54, 57, 60, 73, 88, 95, 103, 115, 121, 154
Eckener, Hugo 148
Ehrhardt, Hermann 49, 60
Eichler, Willi 245
Einstein, Albert 148, 158, 204
Eisenstein, Sergej 148
Eisner, Kurt 11
Eitel Friedrich, Prinz v. Preußen 264
Eltz-Rübenach, Paul Frhr. v. 291
Engels, Friedrich 14 f., 276, 280
Epp, Franz Ritter v. 65
Erzberger, Matthias 35–37, 73, 92 f.
Ewert, Arthur 165

Feder, Gottfried 225, 228
Fehrenbach, Konstantin 59, 69
Fetscher, Irving 240 f.
Feuchtwanger, Lion 151
Fischer, Otto Christian 231
Fischer, Richard 10–12
Flick, Friedrich 231
Florin, Wilhelm 165, 308
Ford, Henry 95, 231
Frank, Hans 295
Frank, Leonhard 151
Freiberger, Xaver 142
Freytagh-Loringhoven, Axel Frhr. v. 156
Friedrich II. 271
Fürstenberg, Carl 267
Funk, Walter 231
Furtwängler, Wilhelm 151

Gayl, Wilhelm Frhr. v. 289, 291, 297
Genscher, Hans-Dietrich 247
Gerlach, Hellmuth v. 151, 173
Geschke, Ottomar 165
Geßler, Otto 72
Goebbels, Joseph 223, 230, 239, 300
Göring, Hermann 229, 307
Goethe, Johann Wolfgang v. 10, 220
Gok, Gottfried 264
Goldschmidt, Jakob 182, 267
Goltz, Rüdiger Graf v. d. 263 f.
Gothein, Georg 57, 155
Groener, Wilhelm 12, 19 f., 25 f., 32, 37, 42, 59, 72, 103, 154 f., 160 f., 182, 196 f., 202, 240, 245, 254, 286, 293
Gropius, Walter 151, 205
Grossmann, Stefan 173
Grosz, George 150 f.
Grzesinski, Albert 209, 211
Guttmann, Bernhard 267

Haase, Hugo 20
Hagen, Louis 123, 253
Hallgarten, George W. F. 231
Hammerstein-Equord, Kurt Frhr. v. 254
Heartfield, John 150, 204
Heckert, Fritz 112, 143, 165
Heines, Edmund 239
Heisenberg, Werner 148
Helfferich, Emil 227
Helfferich, Karl 104, 106, 128
Henckel-Donnersmarck, Guido Graf v. 254
Hergt, Oskar 56, 72
Herle, Jacob 231
Heß, Rudolf 307
Hilferding, Rudolf 185 f., 197, 244
Hiller, Kurt 173
Himmler, Heinrich 227

Hindemith, Paul 151
Hindenburg, Oskar v. Beneckendorff und v. 160, 262, 291
Hindenburg, Paul v. Beneckendorff und v. 49, 136, 152–159, 161 f., 169, 176, 183, 189, 191 f., 195, 203, 244 f., 251, 256, 260, 262 bis 264, 271, 282, 284–286, 290 f., 293 f., 302, 305, 307, 309
Hirsch, Paul 56
Hirtsiefer, Heinrich 298
Hitler, Adolf 7, 35, 37 f., 42, 47, 73 bis 75, 84, 115, 123, 134, 156, 159, 161, 180, 207, 218, 220, 222 f., 225–230, 232–234, 236 bis 242, 250, 254–259, 263–265, 271 f., 282–286, 290–295, 297 bis 299, 302, 304–312, 314 f.
Höllein, Emil 143
Hoernle, Edwin 143
Hompel, Adolf ten 253
Hoover, Herbert 271
Hünefeld, Günther Frhr. v. 148
Hugenberg, Alfred 35 f., 48, 73 f., 156, 158, 228 f., 231, 244, 262 f., 309

Ilgner, Max 270
Imig, Werner 278

Jacobsohn, Siegfried 173
Jagow, Traugott v. 57
Jogiches, Leo 27
Junkers, Hugo 148

Kaas, Ludwig 285, 307
Kaiser, Jacob 255
Kalckreuth, Eberhard Graf v. 182, 264, 305
Kandinski, Wassili 151
Kapp, Wolfgang 23, 48, 51–57, 59 bis 61, 64, 66, 68–72, 75–77, 81 f., 93, 114, 118, 155, 180, 233, 299, 313
Karl I. 29
Kastl, Ludwig 231
Kautsky, Karl 95
Keil, Wilhelm 146, 240, 261
Kellermann, Bernhard 204
Kellermann, Otto 231
Kerrl, Hanns 288, 298
Keudell, Walther v. 180, 189
Kiesinger, Kurt-Georg 247
Kirdorf, Emil 35, 224 f., 307
Kläber, Kurt 150
Klöckner, Peter 231, 253
Knepper, Heinrich 231
Koch (-Weser), Erich 197
Köhl, Hermann 148
Koenen, Wilhelm 165
Koeth, Joseph 21, 124
Kollwitz, Käthe 151, 173, 205
Krupp v. Bohlen und Halbach, Gustav 48, 104, 145, 179, 182, 264, 266 f., 269, 298, 302, 305
Kuczynski, Robert 172 f.

Lampel, Martin 149
Landsberg, Otto 20
Lao-tse 50
Lask, Berta 151
Legien, Carl 16, 47
Lehmann-Rußbüldt, Otto 173
Lenin, W. I. 15, 17, 19, 31 f., 68, 77 f., 80, 82, 92, 111, 114, 249, 286, 312–314
Lessing, Theodor 151
Leviné, Eugen 27
Lichtschlag 11, 65
Liebermann, Max 151
Liebknecht, Karl 15, 18, 25–27, 92, 110, 164, 202, 286
Liebknecht, Wilhelm 16
Liedtke, Harry 148
Litwinow, M. M. 89, 98, 201
Lloyd George, David 87 f.
Löbe, Paul 159, 201
Loesch, Carl Christian v. 134, 140

Ludendorff, Erich 17, 47–49, 51, 55, 119, 139, 153 f.
Ludwig XVI. 29
Lüninck, Hermann Frhr. v. 158, 286
Lüttwitz, Walther Frhr. v. 47 f., 51 f., 54–57, 65, 68, 264, 314
Luther, Hans 103, 179 f., 182
Luxemburg, Rosa 15, 25–27, 92, 286

Maercker, Georg 9, 11
Maltzan, Ago Frhr. v. 88 f., 93 f.
Mankiewitz, Paul 25
Mann, Heinrich 151, 204
Mann, Thomas 150
Marchlewski (= Karski), Julian 22
Marx, Karl 14 f., 31, 276, 280
Marx, Wilhelm 123 f., 178–180, 183 f.
Matthias, Erich 298 f.
Meissner, Otto 240
Melcher, Kurt 298
Mendelssohn, Franz v. 182
Mies van der Rohe, Ludwig 151
Möhl, Arnold v. 158
Moeller van den Bruck, Arthur 223
Moldenhauer, Paul 196
Müller, Hermann 64, 191 f., 194–197, 201, 207–209, 211, 234, 238, 242 bis 247, 250, 261, 271
Mussolini, Benito 151, 226

Neubauer, Theodor 79, 83
Nietzsche, Friedrich 223
Norden, Albert 230
Noske, Gustav 12, 25 f., 29, 49–51, 54 f., 59, 61–63, 81, 182, 194, 245, 314
Nuschke, Otto 173, 205

Oldenburg-Januschau, Elard v. 160
Ossietzky, Carl v. 32, 151, 161, 173, 200, 227, 239, 258

Pabst, Waldemar 25, 47 f., 55
Pacelli, Eugenio (= Pius XII.) 37
Papen, Franz v. 42, 75, 84, 160, 182, 207, 240 f., 264, 282, 288 f., 291 bis 305, 307, 309, 314 f.
Pechstein, Max 205
Perlitius, Ludwig 285
Pferdmenges, Robert 123, 254, 267
Pieck, Wilhelm 112, 165, 288
Piecuch 295
Piscator, Erwin 149, 173
Poensgen, Ernst 231, 264
Poincaré, Raymond 107, 109
Prenzel 149
Preuß, Hugo 10 f.
Pünder, Hermann 240, 262

Quidde, Ludwig 173

Rabold, Emil 173
Rathenau, Walther 46, 73, 85–89, 95
Rauscher, Ulrich 128
Ravené, Louis 264
Rechberg, Arnold 131
Reinhardt, Friedrich 50
Reinhardt, Max 149
Reinhart, Friedrich 231, 267
Remarque, Erich Maria 150
Remmele, Hermann 165
Renn, Ludwig 150
Rennenkampf, Paul Georg Edler v. 153
Reusch, Paul 35 f., 48, 70, 182, 305
Röchling, Hermann 182
Rosenberg, Friedrich v. 103
Rosterg, August 231, 305
Rothermere, Lord Harold 231
Rupprecht, Kronprinz v. Bayern 106
Rykow, A. I. 166

Sacco, Nicola 150
Schacht, Hjalmar 37, 92, 218, 227, 229, 232, 243 f., 263 f., 305
Scheel, Walter 247
Schehr, John 308
Scheidemann, Philipp 10, 12, 16 f., 19–21, 25, 34, 47

Schiele, Martin 57
Schiffer, Eugen 50, 57
Schiller, Friedrich v. 316
Schleicher, Kurt v. 42, 160, 239–241, 244, 254, 257, 259 f., 264, 282, 286, 291–293, 296, 299, 303, 305 f., 308
Schlenker, Max 264
Schmidt, Helmut 247
Schmidt, Robert 16, 23
Schmitt, Carl 115
Schmitt 231
Schmitz, Hermann 254, 267
Schneller, Ernst 165
Scholz, Ernst 244
Schröder, Kurt v. 123, 283, 305, 307
Schulz, Karl 204
Schulz 65
Schwarz, Albert 204
Schwarz, Xaver 230
Seeckt, Hans v. 36, 42, 50, 59, 93, 121–123, 264
Seghers, Anna 150
Seldte, Franz 263
Severing, Carl 63 f., 103, 159, 195, 208 f., 211, 243, 245, 251, 293, 297–300
Siemens, Carl Friedrich v. 25, 36, 241, 270, 302
Silverberg, Paul 74, 123, 254, 266 f.
Solmssen, Georg Adolf 267
Spengler, Oswald 223
Springorum, Fritz 182, 305, 307
Stampfer, Friedrich 245
Stauß, Emil Georg v. 229, 264
Stein, Karl Frhr. vom und zum 271
Stinnes, Edmund 259, 270 f.
Stinnes, Hugo 25, 35 f., 41, 46–48, 54, 73, 100, 102, 104, 107, 118 f., 139, 270, 298
Stoecker, Helene 173
Stoecker, Walter 143, 165
Stolberg-Wernigerode, Albrecht Graf zu 136
Strasser, Gregor 305 f.
Stresemann, Gustav 56, 69, 114 f., 118, 121–123, 125–140, 143 f., 146, 193, 268, 272
Stülpnagel, Joachim v. 37
Stumm, Frhr. v. 254, 292
Südekum, Albert 16 f.

Tarnow, Fritz 274 f.
Tauber, Richard 148
Taut, Bruno 205
Tengelmann, Wilhelm 231
Thälmann, Ernst 66, 79, 112, 114, 120, 141 f., 156, 161, 165, 168, 205, 235 f., 285 f., 288, 308
Thalheimer, August 113
Thrasolt, Ernst 173
Thyssen, Fritz 151, 182, 224, 230 bis 232, 264, 305
Toller, Ernst 149
Tomski, M. P. 166
Trimborn, Karl 56
Tschitscherin, G. W. 86, 201
Tucholsky, Kurt 150, 173
Turek, Ludwig 150

Ulbricht, Walter 112, 165, 308
Unkelbach, Helmut 311 f.

Valentin, Hermann 149
Vanzetti, Bartolomeo 150
Vögler, Albert 25, 36, 182, 185, 231, 266 f., 305, 307
Vogelstein, Theodor 22
Vogler, Heinrich 150

Wangenheim, Conrad Frhr. v. 57
Warmbold, Hermann 241, 254
Wassermann, Oscar 267
Watter, Oskar Frhr. v. 61, 63–65
Weill, Kurt 151
Weinert, Erich 28, 150
Weiskopf, F. C. 151
Welk, Ehm 149

Westarp, Kuno Graf v. 245
Wilhelm, Kronprinz v. Preußen 127
Wilhelm II. 27, 29, 154, 159 f., 170, 183
Wilmowski, Tilo Frhr. v. 182, 269 f.
Wilson, Woodrow 38, 137
Wirth, Joseph 85, 88 f., 95, 103, 261
Wissell, Rudolf 33, 208
Woermann, Kurt 305
Wolf, Friedrich 149
Wolff, Otto 254, 305
Wolff, Theodor 246

Young, Owen D. 243, 296

Zeigner, Erich 117 f.
Zetkin, Clara 94, 112, 165 f., 284, 286, 301
Zille, Heinrich 151, 173, 205
Zörgiebel, Karl 209–211, 233 f.
Zuckmayer, Carl 149
Zweig, Arnold 150, 205
Zweig, Stefan 99

Die Bildvorlagen stellten in dankenswerter Weise zur Verfügung:
Institut für Marxismus-Leninismus beim ZK der SED, Zentrales Parteiarchiv; Museum für Deutsche Geschichte, Berlin; Zentralbild, Berlin; Deutsche Fotothek, Dresden

DM. 14^{80}